Willner – Taschenlexikon der Schmetterlinge Europas

Wolfgang Willner

Taschenlexikon der Schmetterlinge Europas

Die häufigsten Nachtfalter im Porträt

Quelle & Meyer Verlag Wiebelsheim

Über den Autor

Wolfgang Willner ist Naturfotograf und -filmer und beschäftigt sich seit seiner Kindheit mit der heimischen Flora und Fauna. Seine besondere Begeisterung gilt den Schmetterlingen und den Käfern. Er ist außerdem ehrenamtlicher Mitarbeiter beim Bund Naturschutz in Bayern e.V.

Bibliografische Information der Deutschen Nationalbibliothek
Die Deutsche Nationalbibliothek verzeichnet diese Publikation in der Deutschen Nationalbibliografie; detaillierte bibliografische Daten sind im Internet über http://dnb.d-nb.de abrufbar.

www.quelle-meyer.de

Umschlagabbildungen: Wolfgang Willner
Druck und Verarbeitung: Himmer GmbH Druckerei & Verlag, Augsburg
Printed in Germany/Imprimé en Allemagne
ISBN 978-3-494-01634-4

Inhaltsverzeichnis

Einführung

Seit mittlerweile 35 Jahren begleiten mich die heimischen Schmetterlinge durchs Leben. Während vieler Exkursionen und Leuchtabende faszinierte mich diese Insektenordnung und offenbarte mir einen Teil ihrer Vielfalt. Doch konnte ich bisher nur einen Bruchteil dieser Artenfülle selbst beobachten und fotografieren. Die Kenntnisse und das Interesse an der Natur und speziell der Insekten wurden mir von meinem Vater vermittelt und die Fotografie der heimischen Natur wurde Beruf und Lebensinhalt. Es ist sehr wichtig, von dieser Faszination etwas an folgende Generationen zu vermitteln, da auch die Zahl der Berufs- und Hobbyentomologen in Zeiten einer zunehmenden Verarmung der heimischen Fauna und Flora zurückgeht. Da sie eine Vielzahl von Lebensräumen bewohnen, ist vor allem die Fülle der vielen auf Umwelteinflüsse und Beeinträchtigung sensibel reagierenden Nachtfalter ein wichtiger Bioindikator als Anzeiger für den Zustand unserer Natur. Ihr Verschwinden und Erscheinen in Roten Listen warnen uns vor massiven Veränderungen und Gefahren für die Artenvielfalt. Allein in Deutschland gibt es etwa 3.700 Arten von Groß- und Kleinschmetterlingen, in ganz Europa über 10.200, und nur ein kleiner Teil davon (190 Arten in Deutschland) sind Tagfalter. Doch ist diese Abgrenzung oft willkürlich und nicht immer realitätsnah. So sind die Widderchen (*Zygaenidae*), Sackträger (*Psychidae*) und Glasflügler (*Sesiidae*) eigentlich tagaktiv. Aus Gründen des Umfangs und der Form habe ich die Familien trotzdem dem Nachtfalterband zugeordnet. Viele andere in diesem Band enthaltene Arten sind ebenfalls tagaktiv.

Kleinschmetterlinge sind überaus artenreich und zählen ebenfalls zu den Nachtfaltern. Sie können von kleinsten, wenigen Millimeter messenden Vertretern bis zu durchaus stattlicheren Exemplaren von mehreren Zentimetern reichen. Vielfach werden im allgemeinen Sprachgebrauch kleine und unscheinbare Nachtfalterarten als „Motten“ bezeichnet. Allerdings sind im wissenschaftlichen Sinn damit nur einige Familien von Kleinschmetterlingen wie Echte Motten (*Tineidae*), Faulholzmotten (*Oecophoridae*), Gespinst- und Knospenmotten (*Yponomeutidae*) und eine Reihe weiterer gemeint. Die Raupen der Nachtfalter unterscheiden sich von den Raupen der zu den Großschmetterlingen zählenden Tagfalter auch durch das sehr viel breitere Nahrungsspektrum. Es umfasst Nadeln von Nadelbäumen, Pilze, Algen, Flechten, Moose, Farne, verrottetes Pflanzenmaterial, Wurzeln oder auch Holz. Auch können Nachtfalter viele weitere Lebensräume (z. B. Vorratskammern, Häuser, Gewässer) bewohnen, die Tagfaltern verschlossen bleiben. Ein erstes Erkennungsmerkmal sind die Fühler, die bei Nachtfaltern meist fadenförmig gekämmt oder gefiedert sind, während sie bei Tagfaltern an den Enden keulenförmig verdickt sind. Um die Tiere eindeutiger zu bestimmen, ist es manchmal nötig die Falter einzufangen.

Bei Nachtfaltern ist die nähere Betrachtung im Gegensatz zu vielen Tagfaltern allerdings etwas einfacher, da viele Arten tagsüber oft ruhig an ihrem Sitzplatz verharren oder nachts an Lichtquellen anzutreffen sind. Die Beobachtung und Erforschung der heimischen Schmetterlingsfauna ist wichtig, um die Vorkommen nach Art, Zeit und Fundort zu dokumentieren. So lässt sich mehr über Fragestellungen der Biologie, der Nahrung der Raupe, des Verhaltens, des Lebensraumes und der Raupen- und Flugzeiten und weiterer Aspekte erfahren. Vieles ist bei einer ganzen Reihe von Nachtfaltern noch nicht bis ins Detail erforscht und bildet auch die Grundlage für Fragen des Naturschutzes und Themenstellungen wie z. B., welche Einflüsse der Klimawandel auf die Schmetterlingsfauna ausübt. Man kann verschiedene Methoden zum Bestimmen der Nachtfalter anwenden. Die einfachste ist, ein Netz zu benutzen, um die Tiere tagsüber aus der Vegetation aufzuscheuchen, an Blüten abzufangen oder nachts mit einer praktischen Stirnlampe zu keschern. Etwas aufwendiger ist die Nutzung von Lampen mit hohem Ultraviolett-Anteil, der viele Nachtfalterarten anlockt. Hierbei werden Lampen an Stativen oder Aufhängevorrichtungen befestigt und mit gazeartigen Schirmen überstülpt oder weiße Tücher befestigt, an denen sich die Tiere absetzen können. Eine weitere Möglichkeit bietet im Herbst, Winter und Frühjahr der Einsatz von Köderflüssigkeit, bestehend aus Rotwein-, Zucker- und Biermischungen, die auch Arten anlockt, die nicht auf Lichtfallen reagieren. Viele Nachtfalterexperten haben dafür spezielle Rezepte und fügen überreife Bananen, Äpfel oder auch hochprozentigere Getränke hinzu. Man bestreicht oder besprüht je nach Konsistenz mit dieser Lösung nach Sonnenuntergang Baumstämme, Blätter oder sogenannte Köderschnüre aus Hanf.

Abb. 1: Lampen mit hohem Ultraviolett-Anteil

Bei der Beschreibung der Arten beschränke ich mich auf die auch für den Laien sichtbaren und möglichen Merkmale, da es nicht sinnvoll ist, die Falter jedes Mal zu fangen, zu beunruhigen und vielleicht sogar zu schädigen. Bei vielen Arten ist dies zudem naturschutzrechtlich untersagt und nur mit behördlicher Ausnahmegenehmigung für wissenschaftliche Zwecke zulässig.

Es sind meist markante Zeichnungen der Flügel mit Bänderungen, Punkten und Flecken sowie Färbungen, die Anhaltspunkte für eine Zuordnung liefern. Viele dieser Nachtfalterarten sind andererseits aber nur durch Präparation und Genitaluntersuchungen der Männchen unter dem Mikroskop eindeutig bestimmbar. Für die tiefer gehende wissenschaftliche Beschäftigung verweise ich im Anhang auf die einschlägige Fachliteratur, wo man unter anderem mehr über die Methoden zur Bestimmung schwieriger Falterarten erfährt.

Der Verlag hat sich dankenswerterweise entschieden zwei Bände zu produzieren: einen Band über Tag- und einen über Nachtfalter. Im vorliegenden Nachtfalterband ist eine Auswahl europäischer Arten aufgeführt. Mein Dank gilt besonders den Kollegen, die mir bei der Suche nach Informationen und Bildmaterial geholfen haben. Vor allem Heinrich Vogel, der mich mit seinen Bildern und bei der Korrektur tatkräftig unterstützte, und Robert Hirmer, der ebenfalls Bildmaterial bereitstellte, seien hier genannt.

Dieses Buch soll dem interessierten Laien und auch etwas erfahreneren Schmetterlingsbeobachter zu Hause und bei Exkursionen in der Natur helfen, europäische Schmetterlingsarten kennenzulernen. Dem Autor ist es ein Anliegen, Verständnis für den Schutz dieser faszinierenden, aber hoch bedrohten Tiergruppe zu wecken.

Ihr Verschwinden in unserer Natur und das Erscheinen in Roten Listen warnt uns vor massiven Veränderungen und Gefahren für die Artenvielfalt. Nachtfalter gelten als sogenannte Bioindikatoren, als Anzeiger für den Zustand unserer Natur. Die Bände sollen sowohl dem Laien einen Einstieg in die Beschäftigung mit dieser vielfältigen Welt ermöglichen als auch dem Fortgeschrittenen einen Überblick geben. Ich beschränke mich auf die notwendigsten Fachausdrücke und Bestimmungsgrundlagen, um den eigentlichen Akteuren möglichst viel Raum für Bilder und die wichtigen Artinformationen zu überlassen. Für weitergehende Fragen zur Bestimmung und Biologie sei auf zahlreiche Werke der Fachliteratur und die entsprechenden Internetadressen und -foren im Anhang verwiesen. Die Falterarten sind lebend und wo vorhanden auch im Raupenstadium abgebildet.

Körperbau

Eine Einführung in die Merkmale des Körperbaus und die verschiedenen Entwicklungsstadien der Nachtfalter soll bei der Bestimmung und dem Verständnis der Biologie der Tiere helfen. Die Grundprinzipien des Bauplans entsprechen denen anderer Insektengruppen, wie z. B. Heuschrecken, Wespen oder Käfern. Die Tiere haben kein inneres Skelett; ihre Außenhülle, der Chitinpanzer, schützt vor Umwelteinflüssen. Diese starre

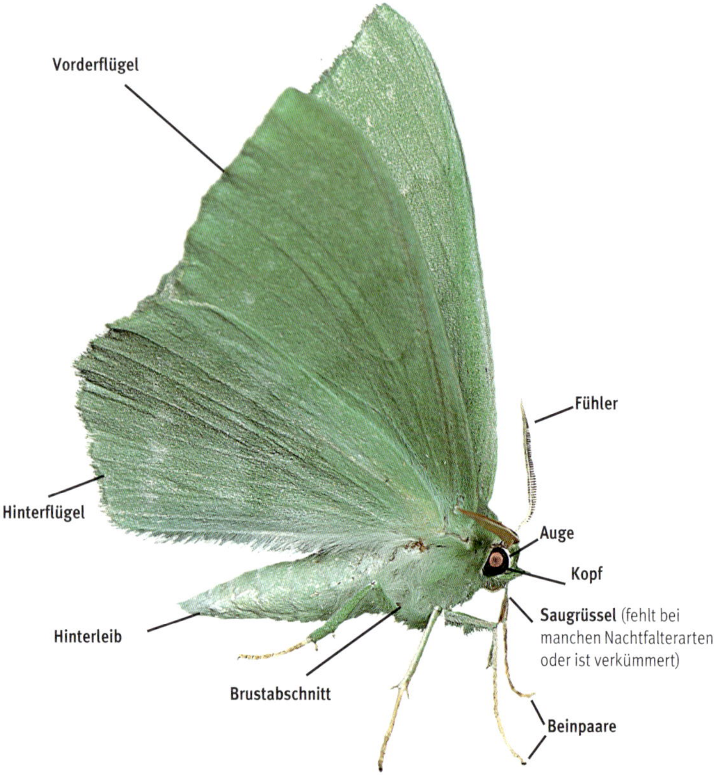

Abb. 2a: Grünes Blatt, Seitenansicht

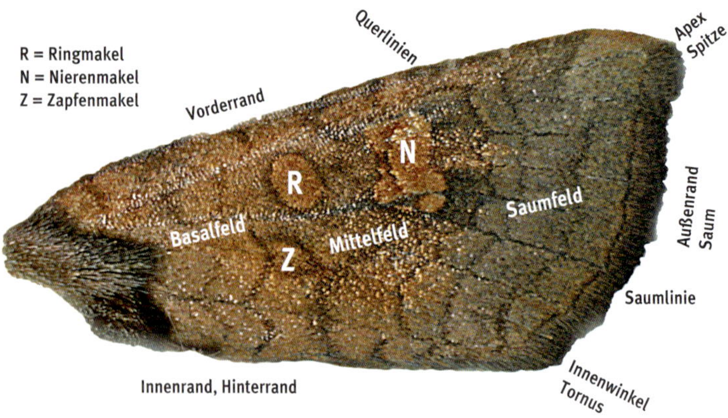

Abb. 2b: Flügeldetail der Gelbbraunen Stengeleule

Hülle gliedert sich in Ringe, die durch flexible Häute verbunden sind. Die gut erkennbaren drei Abschnitte sind der Kopf (Caput), die Brust (Thorax) und der Hinterleib (Abdomen).

Der Kopf trägt die Augen, die fadenförmigen oder gekämmten Fühler und die Mundwerkzeuge. Das Sehvermögen ist sehr begrenzt und lässt nur eine grob gerasterte Wahrnehmung, ausreichend für die Erfassung von Bewegungen, Umrissen und Farben von Blüten, auf kurze Distanz zu. Das Erkennen der Farben ist sowohl für das Aufspüren von Nektarquellen als auch bei manchen Arten für die Partnerfindung wichtig. Zusätzlich nehmen sie ultraviolettes Licht wahr und finden so Blüten, die Farbmuster im UV-Bereich zeigen. Die Palpen (Tastwerkzeuge) sitzen links und rechts der zum Saugrüssel umgebildeten Mundwerkzeuge. Dieser ist zweigeteilt und bildet aus zwei Rinnen ein flexibles Rohr, das aufgerollt werden kann. Er hat eine Reihe von Sinneszellen, die dem Tast- und Geschmackssinn dienen. An der Brust sitzen sowohl die Flügel als auch die drei Beinpaare. Die sogenannten „Flügelherzen" sorgen für die Durchblutung der Flügel. Die Flügelpaare bestehen aus flachen, doppelhäutigen Membranen und sind das wichtigste und auffälligste Merkmal der Falter. Bei einer Reihe von Nachtfalterarten, wie etwa beim Frostspanner (*Erannis defoliaria*), haben die Weibchen verkümmerte oder nur stummelartige Flügel. Da sie sich in Nähe des künftigen Eiablageplatzes aufhalten und auch keine Nahrung zu sich nehmen müssen, haben sich im Laufe ihrer Evolution Flügel erübrigt.

Im Hinterleib befinden sich neben dem Darm die komplexen und vor allem bei den Weibchen großen Fortpflanzungsorgane. Sie besitzen eine Öffnung zur Begattung und eine Begattungstasche, wo die Spermatophore (das Behältnis der Spermien, das vom Männchen abgegeben wird) abgelegt wird. Die Eier werden über eine weitere Öffnung, in die der Eileiter mündet, abgelegt. Die Befruchtung mit den Spermien erfolgt im Eileiter erst kurz vor der Ablage. Ein Sekret aus den bei einem Teil der Nachtfalter vorhandenen Kittdrüsen dient dem Anheften der Eier. Arten, denen diese Drüse fehlt, verfügen über eine zusammenschiebbare Legeröhre. Die männlichen Geschlechtsorgane bestehen aus Klammerorganen in Form eines aus Chitin gebildeten, ringähnlichen Gebildes, seitlich von zwei Klappen, den sogenannten Valven, flankiert, die das Weibchen wie eine Pinzette festhalten. Dazwischen ist das eigentliche Begattungsglied angeordnet. Die Form und Ausprägung dieser Kopulationsorgane sind wichtige Bestimmungsmerkmale.

Entwicklungsstadien bei Nachtfaltern

Die Entwicklung der Nachtfalter findet als vollständige Verwandlung (Metamorphose) über vier Stadien vom Ei, Raupe und Puppe bis zum fertigen Falter statt.

Das Ei

Bei Nachtfaltern variieren die Formen von Eiern und Gelegen von kugelförmig, abgeplattet, oval, zylindrisch, eingekerbt oder glatt und auch die Farben sind sehr unterschiedlich. Oft verändern sie sich je nach Entwicklungsstand von hell nach dunkel. Eine feste Hülle umgibt den Dotter zur Ernährung für den Embryo bis zur Entwicklung zur Raupe. Dieses Stadium der Entwicklung kann zwischen einigen Tagen und einer Woche, bei im Ei überwinternden Arten aber auch mehrere Monate dauern. Sie werden einzeln oder in Gelegen an oder nahe der Nahrungspflanzen abgelegt.

Abb. 3: Verschiedene Eiformen. a: Eigelege des Abendpfauenauges, b: Eier des Birkenspanners, c: Ei des Weißen Gabelschwanzes, d: Eigelege des Kleinen Nachtpfauenauges

Die Raupe

Die äußere Form der Larvenstadien der Nachtfalter ist meist mehr oder weniger annähernd länglich-walzenförmig. Variationen treten in Aussehen, Farbe oder Behaarung auf. So gibt es bei vielen Familien, wie z. B. den Trägspinnern (*Lymantriidae*) und anderen, oft behaarte, borsten-, stachelartige oder warzenförmige Fortsätze auf der Raupenoberfläche. Raupen der Schwärmer (*Sphingidae*) sind grünlich über gelblich, bräunlich, rötlich oder ganz schwarz gefärbt und mehr oder weniger glatt und unbehaart. Die roten, schwarzen und gelben Färbungen dienen als Warnfarbe der Abschreckung von Fressfeinden. Zum Beispiel führt beim Wolfsmilchschwärmer (*Hyles euphorbiae*) die Nahrungsaufnahme zu einer Anreicherung von für potenzielle Fressfeinde giftigen Alkaloiden aus seinen Nahrungspflanzen, verschiedenen Wolfsmilcharten (*Euphorbia* sp.).

Der Raupenkörper unterteilt sich in 14 Abschnitte bzw. Segmente. Der Kopf verfügt über sechs Paar Punktaugen, die nur eine Hell-Dunkel-Unterscheidung ermöglichen und zum Zerkauen der Nahrung geeignete Mandibeln. An der Unterlippe sitzen Spinndrüsen, die einen Faden zur Fixierung oder Fortbewegung auf glatten Oberflächen wie Blättern, zum Spinnen eines gemeinschaftlichen Raupennestes oder zum Zusammenspinnen von Blättern produzieren. Die drei Brustsegmente tragen je ein Beinpaar. Am 3.

Abb. 4: Verschiedene Raupenformen. a: Schwammspinnerraupe, b: Stachelbeerspannerraupe, c: Raupe des Buchen-Streckfußes, d: Raupe des Großen Gabelschwanzes

bis 6. Hinterleibssegment sitzen vier Bauchbeinpaare, die Haftorgane besitzen, um sich auch an glatten Oberflächen festhalten zu können, und am Ende ein letztes Paar Beine, die sogenannten Nachschieber. Das Innere der Raupe besteht zum größten Teil aus den Verdauungsorganen. An der Seite befinden sich kleine Löcher, die Atemöffnungen (Stigmen). Die Zunahme an Größe und Gewicht dieser Phase des Fressens erfordert mehrfaches, meist vier- bis sechsmaliges Häuten der Raupe, da die Raupenhaut nicht mitwächst. Die Dauer des Raupenstadiums beträgt temperaturabhängig durchschnittlich 20 bis 40 Tage, kann bei verschiedenen Arten aber auch mehrere Monate, und wenn es überwinternde Vertreter sind, bis zu 22 Monaten dauern.

Die Puppe

Die Puppe ist das Stadium der vollständigen Umwandlung von der Raupe zum Falter. Sie ist vorne starr und am Hinterleib mit beschränkt beweglichen Segmenten ausgestattet. Das Gewebe wird während der ein- bis dreiwöchigen, bei überwinternden Arten aber auch mehrere Monate dauernden Entwicklung vollständig aufgelöst und in die Organe des erwachsenen Nachtfalters umgebaut. Einige der europäischen Nachtfalter verpuppen sich zum Schutz in einem Gespinst zwischen Pflanzenresten, Falllaub oder Moos, unter Steinen, in Pflanzenstängeln oder sie bauen sich wie der Weidenbohrer (*Cossus cossus*) einen stabilen Kokon aus Holz und Borkenbestandteilen zur Verpuppung am Erdboden oder an Baumborke. Andere, wie z. B. einige Schwärmer, formen sich Höhlen im Erdboden. Einige wenige verpuppen sich auch frei an Pflanzen.

Abb. 5: Verschiedene Puppenformen der Nachtfalter. a: Puppe des Buchenspinners, b: Puppe des Fledermausschwärmers

Der Falter

Die fertig entwickelten Falter müssen sich aus den Puppenhüllen befreien, indem sie diese an vorbestimmten Nahtstellen durch Körperbewegungen auftrennen. Darüber hinaus müssen sich manche noch aus einem harten Kokon mithilfe von Sekreten, die das robuste Gespinst an einer Stelle auflösen und eine Öffnung schaffen, befreien. Andere müssen sich durchs Erdreich nach oben kämpfen. Dies alles geschieht mit den kleinen, schlaffen, zusammengefalteten Flügeln, die nur selten beim Schlupfvorgang durch Störung oder sonstige Probleme beschädigt werden können. Die Falter suchen eine geeignete Stelle an einer Pflanze oder anderen senkrechten Strukturen, wo sie frei hängend ihre Flügel mit Blutflüssigkeit und Luft aufpumpen. In dieser Zeit sind alle Falter leicht angreifbare Beute für Fressfeinde. Sie können noch nicht fliegen, weil die Flügel und der Körper an der Luft erst einmal aushärten müssen. Vor dem ersten Flug geben sie noch eine Flüssigkeit, den sogenannten „Puppenharn“, das Meconium, ab; es besteht aus überflüssigen Körpersekreten, die während des Puppenstadiums nicht ausgeschieden werden konnten. Dieses Wunder der Metamorphose der vollständigen Verwandlung des Eis zur Imago wird durch Hormone gesteuert.

Lebensweise der Nachtfalter

Nahrungsaufnahme

Während ihrer Lebenszeit als Falter von wenigen Tagen über mehrere Wochen, vereinzelt auch Monaten, sind sie mit der Suche nach Nahrung und auch gleichzeitig nach Eiablageplätzen und Paarungsmöglichkeiten beschäftigt. Die hauptsächliche Nahrung besteht aus Blütennektar, in dem Zucker und Aminosäuren enthalten sind. Auch Tau, Baumsäfte oder reife, in Gärung übergegangene Früchte werden genutzt. Einige Arten nutzen die Ausscheidungen von Blattläusen, den sogenannten Honigtau, oder nehmen im feuchten Boden, in Pfützen, in Exkrementen oder im Schweiß gelöste Minerale auf. Die sehr langen Rüssel einiger Schwärmer (*Sphingidae*) sind eine Anpassung an die Verfügbarkeit der Blüten abhängig von der Jahreszeit und ihrer Flugzeit. Sie können damit auch sehr lange, röhrenförmige Blüten nutzen. Oft wird auch die Nahrungspflanze bevorzugt genutzt, wenn sie zur selben Zeit blüht. Bei den Nachtfaltern existiert eine Reihe von Arten, die nur einen verkümmerten, zur Nahrungsaufnahme ungeeigneten Rüssel besitzen. Es sind meist spät fliegende Eulen oder Spanner und andere, die überwintern und von ihren schon während des Raupenstadiums aufgenommenen Nahrungsreserven zehren und auch keine lange Lebensdauer erreichen.

Wärmeregulation

Nachtfalter benötigen wie viele andere Insektenarten einen bestimmten Temperaturbereich, um aktiv werden zu können. Die Flügelmuskulatur arbeitet in der Regel bei den meisten Arten in einem Körpertemperaturbereich zwischen 30 und 38 °C optimal. Bei Nachtfaltern kann man bei vielen Arten das hochfrequente Flügelschlagen als Methode zur Erhöhung der Körpertemperatur beobachten. Im Gegensatz zu den Tagfaltern sind aber viele unserer heimischen Arten wesentlich unempfindlicher gegen niedrige Temperaturen.

Partnerfindung

Die männlichen Nachtfalter werden in der Regel von den Weibchen mithilfe von Pheromonen aus einer Drüse am Hinterleib angelockt. Dabei spielen im Gegensatz zu den Tagfaltern Balz oder Revierverhalten keine Rolle. Die Pheromone verteilen sich in Windrichtung und bei manchen Arten, wie z. B.

Abb. 6: Kleines Nachtpfauenauge, Männchen

beim Kleinen Nachtpfauenauge (*Saturnia pavonia*), können Männchen mithilfe ihrer gefiederten Antennen diese Pheromonspuren bei günstigen Bedingungen über Entfernungen von mehreren Kilometern wahrnehmen. Sie fliegen im Suchflug im Zickzack auf die Quelle zu. Auch können sich Nachtfalter mehrmals paaren.

Eiablage

Der passende Standort für die Ablage der Eier ist von großer Bedeutung für den Erfolg der Nachkommen. Die Raupe sollte ein ausreichendes und

Abb. 7: Eiablage beim Kleinen Nachtpfauenauge

gutes Nahrungsangebot vorfinden. Die klimatischen Bedingungen sollten stimmen und möglichst wenig Fressfeinde oder Parasiten vorhanden sein. Die Weibchen beginnen meist nachts mit der Eiablage. Die Eier werden einzeln an Blättern, als Gelege oder auch ringförmig um einen Grashalm oder einen dünnen Ast abgelegt.

Lebensweise der Raupe

Die Raupen leben in der Regel von pflanzlicher Nahrung wie z. B. Blättern, Blüten, Knospen, Flechten, Pilzen, Holz oder verrottenden organischen Resten. Die Raupen müssen in der Lage sein, ihre Futterpflanzen zu erkennen, wofür sie mit Rezeptoren im Bereich ihrer Mundwerkzeuge ausgestattet sind. Da viele Raupen überwintern, ist es im Frühjahr oft notwendig, eine neue Futterpflanze aufzusuchen. Das Interesse der Raupen liegt in der Anreicherung von Proteinen während ihrer Entwicklung. Eine Reihe von Arten ist bei der Auswahl ihrer Kost sehr selektiv und frisst nur eine einzige Pflanzenart. Diese Ernährungsweise nennt man „monophag“. Im Gegensatz dazu ernähren sich die meisten Nachtfalter im Raupenstadium von verschiedenen und manche sogar von einer Vielzahl von Pflanzenarten, also „polyphag“. Raupen, die an einander verwandten Pflanzenarten fressen, nennt man oligophag, wobei bei manchen europaweit vorkommenden, in Deutschland nur als oligophag bekannten Arten in einem anderen Land die Nutzung auch anderer Pflanzenfamilien und damit auf ganz Europa bezogen ein polyphages Verhalten nachweisbar ist. Der Zeitpunkt des Schlüpfens der Raupe muss mit dem Vorhandensein der betreffenden Futterpflanze übereinstimmen. Sie benötigen für ihr Wachstum, die Entwicklung, ihre spätere Fitness und ihre Fortpflanzungsfähigkeit als Falter Stickstoffverbindungen wie Aminosäuren und vor allem Proteine. Ausschlaggebend sind auch die Witterungsbedingungen, da Nahrungsaufnahme und Häutungsfähigkeit von der Temperatur abhängig sind. Ein kleinerer Teil von Nachtfalterarten überwintert als Imagines oder im Eistadium. Der größte Teil überwintert als Raupe oder Puppe und versteckt sich dazu in Grashorsten, in der Streuschicht oder in einem selbst gebauten Unterschlupf an den Blättern seiner Futterpflanze. Sie graben sich zur Verpuppung in den Boden oder verpuppen sich in Totholz oder unter der Borke von Bäumen. Sie reduzieren zum Schutz vor Frost ihren Wassergehalt und lagern Eiweißstoffe und Glycerin in ihren Zellen ein, um zu verhindern, dass sich Eiskristalle bilden, die die Zellen zerstören.

Wanderverhalten

Unter den Nachtfaltern gibt es viele wandernde Arten, wie das Taubenschwänzchen (*Macroglossum stellatarum*), den Linienschwärmer (*Hyles livornica*), den Oleanderschwärmer (*Daphnis nerii*), den riesigen Totenkopfschwärmer (*Acherontia atropos*) oder auch Gammaeulen (*Autographa gamma*), die zum Teil große Strecken zurücklegen und im schnellen Flug manche Jahre im Frühjahr aus Nordafrika bis nach Mittel- und Nordeuropa vordringen können. Dabei sind sowohl Massen- als auch Einzelwanderungen bekannt. Die Gründe dafür sind vielfältig, so sind wahrscheinlich vor allem äußere Einflüsse (Witterungs- und klimatische Bedingungen, Nahrungsangebot, Verteilung und Länge der Sonneneinstrahlung während des Tages) ausschlaggebend. Vieles dazu ist nach wie vor wenig erforscht. Die Orientierung der Falter könnte von der Windrichtung und -stärke, dem Stand von Sonne, Mond oder Sternen, markanten Landschaftsbestandteilen oder dem Erdmagnetfeld beeinflusst werden. Man unterscheidet verschiedene Arten von Wanderverhalten. Es gibt Saisonwanderer, die zu bestimmten Zeitpunkten andere Gebiete aufsuchen. Ihre Nachkommen wandern dann wieder zurück in die ursprünglichen Gebiete. Sind sie zu spät eingewandert, können sie nicht mehr zurück und sterben bei fallenden Temperaturen. Man bezeichnet solche Individuen als „Irrgäste". Zu dieser Kategorie zählen der Totenkopfschwärmer (*Acherontia atropos*) oder der Windenschwärmer (*Agrius convulvoli*). Eine weitere Gruppe bilden die Binnenwanderer, die sich im Bereich ihrer Verbreitung bewegen und nicht mehr in ihr Ursprungsgebiet zurückwandern. Vereinzelt können sie auch in entfernteren Gebieten außerhalb ihrer Verbreitung als Irrgäste angetroffen werden. Zu ihnen gehören Arten wie das Taubenschwänzchen (*Macroglossum stellatarum*), der Linienschwärmer und andere.

Fressfeinde, Parasiten und Krankheiten

Schmetterlinge sind eine begehrte Beute einer Vielzahl von Jägern. Einige Vogelarten sind wendig und geschickt genug, um die Falter sogar im Flug zu erbeuten, wie die exotisch anmutenden Bienenfresser.

Die Raupen zur Massenvermehrung neigender Arten sind zur Aufzuchtzeit der Jungen wichtiger Bestandteil des Speisezettels vieler Vogelarten. Auch unter den Insekten jagen viele Arten Schmetterlinge. Libellen können ab und zu einen der Falter ergreifen, dabei wird nur der Körper verzehrt und die Flügel bleiben übrig. Einige Krabbenspinnenarten haben sich auf die Ansitzjagd auf Blüten spezialisiert. Dies geht so weit, dass das Weibchen einer bestimmten Art, der Veränderlichen Krabbenspinne (*Misumena vatia*), sich an die Farbe der Blüte, auf der sie sitzt, anpassen kann. Mit etwas Geduld fällt der eine oder andere Falter auf den Hinterhalt herein. Auch Raubfliegen können Falter fangen. Waldameisen, Raubwanzen und sogar Heuschrecken wie das Grüne Heupferd erbeuten mit viel Glück Schmetterlinge beim Blütenbesuch oder am Boden.

Abb. 8a: Grünes Heupferd mit Nachtfalter

Die Raupen der Falter sind einer Vielzahl von Fressfeinden ausgesetzt. Ameisen, Spinnen, Wespen und Käfer machen Jagd auf sie. Die Gemeine Sandwespe (*Ammophila sabulosa*) lähmt die Raupen mit einem Stich und schleppt sie anschließend als lebenden, aber bewegungsunfähigen Nahrungsvorrat zu ihrer Brut ins Nest.

Unter den Schlupf- (*Ichneumonidae*), Brack- (*Braconidae*) und Erzwespen (*Chalcidoidea*) gibt es eine Reihe von Arten, die Raupen und Puppen parasitieren. Sie stechen ihr Opfer an und legen ihre Eier in den Körper. Die Larven fressen sich regelrecht durch die weiterlebende Raupe oder Puppe und schlüpfen zuletzt. Die Raupe stirbt dabei wenig später. Manche Parasitoide sind auf ganz bestimmte Tagfalterarten oder -familien spezialisiert,

Abb. 8b: Kurzstiel-Sandwespe mit Eulenraupe

Abb. 8c: parasitierte Raupe des Großen Gabelschwanzes

andere befallen zahlreiche Wirtsarten. Im Raupenstadium können aber auch Infektionen durch Bakterien, Viren und Pilze auftreten. Vor allem der Pilzbefall wird durch anhaltend feuchte Witterung erheblich begünstigt. Amphibien wie Erdkröten, Eidechsen, Säugetiere wie Spitzmäuse, Fledermäuse und Maulwürfe stellen Raupen, Puppen und Schmetterlingen nach. Sogar eine Pflanzenfamilie ist in der Lage, Schmetterlinge passiv zu erbeuten. Die drei heimischen Sonnentauarten sind potenzielle, klebrige Fallen für Falter und andere Insektenarten. Infektionen durch Viren, Pilze und Bakterien sind bei bestimmten Witterungsbedingungen, wie anhaltend hoher Feuchtigkeit oder Niederschlägen, ein weiterer bestandsregelnder Faktor.

Doch sind Schmetterlinge nicht ganz hilflos ihren Fressfeinden ausgesetzt. Die einen arbeiten mit dem Überraschungseffekt. Sie tragen die Warnfarben Rot oder Gelb auf ihren Hinterflügeln. Manche haben noch eine Stufe mehr zur Verfügung: Sie zeigen Augenzeichnungen auf den Hinterflügeln, wie das Abendpfauenauge. Bei einer Störung klappen die Vorderflügel blitzartig nach oben und die Augenzeichnung wird sichtbar. Den Überraschungseffekt kann der Falter jetzt nützen und mit etwas Glück den Angreifer verwirren. Manche Nachtfalter sind in der Lage, mit ihren „Ohren“, den sogenannten Tympanalorganen, die Ultraschall-Ortungslaute von Fledermäusen wahrzunehmen. Sie lassen sich dann unkontrolliert fallen, fliegen Ausweichbewegungen oder begeben sich in den Sturzflug.

Viele Raupen weichen ihren Feinden einfach aus, indem sie tagsüber versteckt ruhen und nur nachts fressen. Auch hier kommt die Methode des Tragens von den Warnfarben Rot und Gelb in verschiedenen Kombinationen zum Einsatz. Diese Raupen ernähren sich von giftigen Pflanzen und bauen deren Inhaltsstoffe in den Körper ein. Auch die Falter enthalten

Abb. 9: Detail von der Augenzeichnung des Abendpfauenauges

später noch die Giftstoffe. Raupen, die in großen Mengen auftreten, leben oft in Gemeinschaftsnestern oder bauen widerstandsfähige Gespinste. Andere Nachtfalter sind im Raupen- und Puppenstadium perfekt an ihren Untergrund angepasst und somit schwer zu entdecken. Manche Raupen verstecken sich tagsüber und fressen nur nachts oder lassen sich bei Berührung zu Boden fallen.

Lebensräume der Nachtfalter

Abb. 10a: Lebensraum Trockenrasen

Abb. 10b: Lebensraum Garten

Zum Bestimmen und Auffinden unserer heimischen Schmetterlinge ist es hilfreich zu wissen, wo man suchen muss bzw. in welchem Lebensraum man sich gerade befindet, wenn man Schmetterlinge beobachtet, die man nicht kennt. Viele unserer Falter können nur in ganz bestimmten Biotopen leben. Zu jeder Art finden sich im Buch der oder die entsprechenden Lebensräume, in denen die Art lebt, aufgeführt.

Abb. 10c: Lebensraum Hecken

Abb. 10d: Lebensraum Wald

Abb. 10e: Lebensraum Wiese

Abb. 10f: Lebensraum Gewässer

Gefährdung und Schutz unserer Tag- und Nachtfalter

Kaum eine andere Ordnung eignet sich so gut, um den Zustand unserer Natur zu beschreiben wie die Schmetterlinge. Sie haben auch erheblich unter den von Menschen gemachten Umwelteinflüssen zu leiden, weil sie so empfindlich auf Veränderungen ihrer Lebensbedingungen reagieren. Viele Schmetterlinge haben sich auf ganz bestimmte Lebensräume spezialisiert. Im Laufe der Evolution haben sie ihre ökologischen Nischen mit ganz speziellen klimatischen Bedingungen und vielen anderen Faktoren wie dem Nahrungspflanzenangebot gefunden. Schon das Verschwinden einer bestimmten Pflanzenart, an die die Raupe einer dieser hochspezialisierten Arten gebunden ist, führt unweigerlich zum Aussterben. Dies mag vielleicht auf den ersten Blick als Nachteil erscheinen, hat aber durchaus einen Sinn. Das Nutzen dieser Nahrungspflanze vermeidet nämlich Konkurrenz zu anderen Arten. So könnten theoretisch an jeder Pflanzenart eines solchen Lebensraumes Raupen einer anderen Schmetterlingsart leben. Damit erhöht sich die Anzahl der am Standort möglichen Arten erheblich. Hinzu kommt, dass sich einige Falter daran angepasst haben, giftige Inhaltsstoffe, die gewisse Pflanzen zur Abwehr von Fressfeinden eingelagert haben, zu verwerten. Darüber hinaus können diese Schmetterlingsarten die Gifte zu ihrem eigenen Schutz vor Fressfeinden im Körper speichern. Die Zeiten, zu denen Raupe und Falter leben, sind von Art zu Art unterschiedlich, so verteilt sich auch zeitlich die Nutzung des Nahrungsangebotes. Zusätzlich werden oft verschiedene Teile der Pflanzen genutzt, sodass die Raupen jener Arten, die an denselben Pflanzen leben, auch nicht Nahrungskonkurrenten sein müssen.

Nicht nur die zunehmende Zersiedelung, Bebauung, Versiegelung durch Straßenbau und weitere Infrastrukturmaßnahmen, sondern vor allem auch die rapide Intensivierung der Landwirtschaft nach dem Zweiten Weltkrieg haben zum Verlust von Lebensräumen geführt. Feuchtgebiete wurden entwässert und in Äcker verwandelt, Moore abgetorft, Magerrasen gedüngt und in Maisäcker verwandelt. Landschaftsstrukturen, wie Hecken, Feldgehölze und Brachen, wurden durch Flurbereinigungen vernichtet, Waldlichtungen aufgeforstet und ganze Laubwälder in Nadelholzmonokulturen verwandelt. Der damit einhergehende Verlust vieler lebensnotwendiger Nahrungspflanzen raubte den Raupen der Falterarten die Lebensgrundlage.

Überall wurde diese intensive Landwirtschaft vorangetrieben. Der Einsatz von Dünge- und Spritzmitteln findet flächendeckend statt und beeinflusst selbst die Falterbestände in angrenzenden Naturschutzgebieten. Zudem sind mittlerweile Pestizide mit immer höherer Giftwirkung wie die umstrittenden Neonikotinoide und Glyphosat im Einsatz, die einen verheerenden Einfluss auf alle Insekten ausüben. Wiesen, so wie man sie sich vorstellt, mit einer bunten Vielfalt an Blütenpflanzen, existieren heute praktisch nicht mehr. Die Überdüngung mit Gülle und Mineraldüngern hat aus ihnen intensiv genutzte Fettwiesen mit einigen wenigen dominierenden Pflanzenarten, wie dem Löwenzahn gemacht. Hier kann kein Schmetterling mehr leben. Wenn sich doch einmal einer dorthin verirrt und sogar noch Eier ablegen sollte, wird seine Raupe mitsamt der Nahrungspflanze durch kurz aufeinander folgendes Mähen erledigt. Die in Wiesen fliegenden Schmetterlingsarten benötigen bestimmte Pflanzen für ihre Raupen, da sie vielfach auf eine Art spezialisiert sind. Die Stickstoffgaben vertragen die meisten dieser Pflanzenarten nicht und verschwinden ebenso wie die Falter. Schließlich wächst der Eintrag von Stickstoff, der mit jedem Regen aus der Luft ausgewaschen wird, auch noch aus Quellen wie dem Verkehr, Industrie und Haushalten auf mittlerweile weit mehr als 30 kg pro Hektar und Jahr. Zu allem Überdruss werden in unserem so ordnungsliebenden Land ohne ersichtlichen Grund auch noch Flächen an Weg- und Straßenränder ständig und intensiv gemäht. Hier, wo die Landwirtschaft mit ihren Giften und Düngern nicht hinkommt, wäre oft noch Platz für eine Fülle von Blütenpflanzen, die den Faltern Nahrung und Eiablagemöglichkeiten bieten könnten. Das mittlerweile wie eine Ersatzreligion gepredigte und angeblich so unverzichtbare Wirtschaftswachstum trägt durch ausufernde Bautätigkeit und damit einhergehende Flächenversiegelung dazu bei,

Abb. 11a: Abgetorftes, zerstörtes Moor in Norddeutschland

dass der Druck auf die Intensivierung der landwirtschaftlichen Produktionsflächen und der wenigen verbliebenen extensiv genutzten Bereiche weiter zunimmt.

Die althergebrachten Nutzungen, wie die extensive Mahd von Wiesen zum passenden Zeitpunkt oder eine angemessene, nicht zu intensive Beweidung vieler Flächen, ist unrentabel und aufgegeben worden. Viele aus Sicht des Naturschutzes wertvolle Biotope verbuschen und bewalden sich wieder. Weiterer Lebensraumverlust ist die Folge. Große Teile dieser Biotope in unserer Landschaft sind erst durch solche angepasste Nutzungsformen entstanden.

Die Auswirkungen, die der Klimawandel für die Falterpopulationen mit sich bringt, lassen sich in ersten Studien nur grob abschätzen. Vor allem empfindliche Arten mit hohen Ansprüchen an ihre Lebensräume werden vermutlich darunter zusätzlich zu leiden haben, wenn sich die klimatischen Bedingungen ändern. Die Auswirkungen der Gentechnik in der Landwirtschaft können weitere Probleme nicht nur für unsere Schmetterlinge mit sich bringen. Vorgänge, Mechanismen und Wechselwirkungen durch das Freisetzen genveränderter Organismen lassen sich in der freien Natur wohl erst in Jahrzehnten abschätzen.

Die derzeitige Naturschutzgesetzgebung trägt zum Erhalt der Artenvielfalt unserer Tag- und Nachtfalter nur wenig bei, da die eigentlichen Gefährdungsursachen, der Lebensraumverlust, die landwirtschaftliche Intensivierung durch Gesetze, wie die Bundesartenschutzverordnung oder die Naturschutzgesetzgebung der einzelnen Bundesländer und der europäischen Mitgliedsstaaten, kaum beschränkt werden. Es werden hauptsäch-

Abb. 11b: Überdüngung mit Gülle

lich nur Fang, Sammeln oder Störung eingeschränkt, während beispielsweise „gute landwirtschaftliche Praxis" oft ausdrücklich davon ausgenommen wird, selbst wenn dies in der Natur zur Vernichtung ganzer Falterpopulationen führen kann. In Roten Listen wird die Gefährdungssituation der einzelnen Arten aufgeführt. Man findet mittlerweile einen großen Anteil von europäischen Arten in den Kategorien „vom Aussterben bedroht", „stark gefährdet" oder „gefährdet", ohne dass dies wirklich ernsthafte Konsequenzen für den Umgang mit deren sensiblen Lebensräumen hat. Europaweit sind der Bedrohungsgrad, die Größe noch verbliebener Populationen und die Ursachen der Gefährdung oft nicht einmal annähernd ausreichend erfasst. So wird der Artenschwund sich weiter fortsetzen. Nur ein grundlegender Wertewandel der Gesellschaft und vonseiten des Gesetzgebers kann hier etwas verändern. Im Buch werden Gefährdungsursachen nach folgender Auflistung angegeben:

Naturschutzstatus

1. Biotopverlust von Magerrasen, Moorstandorten, Feuchtwiesen und Grünland durch Entwässerung, intensive landwirtschaftliche Nutzung, Düngung oder intensiven, industriellen Torfabbau.
2. Biotopverlust durch forstliche Nutzungsänderungen. Lebensraumverlust durch Nutzungsintensivierung, Bebauung. Verlust von extensiv genutzten Bruchwäldern, Auwald-Lichtungen und Weichholzauen. Intensivierung der Waldbewirtschaftung, Aufforstung.
3. Fehlen von traditioneller partieller wechselnder Streuwiesenmahd zum passenden Zeitpunkt. Verbuschung durch fehlende oder extensi-

ve Nutzung (angepasste Beweidung oder Mahd) bzw. falsche Pflege, Überweidung oder Koppelhaltung, Bewaldung bzw. fehlender traditioneller Nutzung, Düngung und Verfilzung der Lebensräume.
4. Verschwinden von Pufferbereichen und Säumen zu landwirtschaftlich intensiv genutzten Flächen oder an Waldrändern. Zu intensive, häufige Mahd und starke Nährstoffeinträge. Überzogene, häufige Mahd von Dämmen, Straßenböschungen, Wegrändern und ähnlichen Lebensräumen.
5. Aufgabe der Nutzung, z. B. Militär auf Truppenübungsplätzen. Verlust offener Kieferwälder mit Sandtrockenrasen.
6. Erschließungsmaßnahmen für Tourismus (Bau von Skipisten).
7. Vernichtung der Nahrungspflanze und deren geeigneter Standorte für die Eiablage durch falsche oder überzogene Pflege und Nutzungsveränderung oder Beseitigung.
8. Fehlen traditioneller Mittelwaldnutzung. Verschwinden von Lichtungen mit Laubbaumjungwuchs. Unterbleiben regelmäßiger Hiebmaßnahmen.
9. Klimaerwärmung.
10. Einsatz von Pestiziden.
11. Mahd und intensive Beweidung der Habitate durch Rinder, Schafe oder Ziegen zu bestimmten Jahreszeiten führen zu erheblichen Bestandsverlusten ohne abgestimmtes Konzept und Rücksicht auf den Artenbestand.
12. Stickstoffeintrag durch die Luft aus Emissionen von Industrie, Verkehr und Haushalten.
13. Verbau, Begradigung und Wasserstandsregulierung von Flüssen, wodurch die Entstehung natürlicher Kiesbänke dauerhaft unterbunden wird. Verbuschung der Sekundärhabitate mit Kiesböden in Abbaugebieten.

Die Gefährdung von Arten wird durch die Einstufung in die vom Bundesamt für Naturschutz (BfN) entwickelten Rote-Liste-Kategorien wiedergegeben. Dabei bedeuten:
0 ausgestorben oder verschollen
1 vom Aussterben bedroht
2 stark gefährdet
3 gefährdet
G Gefährdung unbekannten Ausmaßes
R extrem selten
V Vorwarnliste (noch ungefährdet, verschiedene Faktoren könnten eine Gefährdung in den nächsten zehn Jahren herbeiführen)
D Daten unzureichend

Zum Aufbau des Lexikons

Die Arten sind ihren Familien zugeteilt und alphabetisch entsprechend ihrer Gattungszugehörigkeit aufgeführt.

Wissenschaftliche Namen

Die Namen der Arten gehen ursprünglich auf ein von dem schwedischen Wissenschaftler Carl von Linné im 18. Jahrhundert begründetes System zurück. Jede Tier- oder Pflanzenart hat seither einen eindeutigen Namen, der in Form der „Internationalen Regeln für die Zoologische Nomenklatur" ständig weiterentwickelt wird. Diese wissenschaftliche Bezeichnung besteht aus zwei Wörtern, wobei das erste, mit groß geschriebenem Anfangsbuchstaben, die Gattung bezeichnet und das zweite, klein geschriebene die Art. Auf den zweiteiligen Artnamen folgt in der Regel noch der Name des Autors, der die Art beschrieben hat, sowie das Jahr, in dem diese Beschreibung veröffentlicht wurde. Im vorliegenden Werk habe ich aus Platzgründen darauf verzichtet. In den Beschreibungen sind Gattungs-, Art- und Unterartnamen kursiv gesetzt. Früher wurden auch Varietäten oder Formen entsprechend bezeichnet, worauf man mittlerweile verzichtet. Eine Unterart, die in dem Areal vorkommt, aus dem die Art beschrieben wurde, wird als „Stammform" oder „Nominatform" bzw. „Nominat-Unterart" bezeichnet.

Bei einigen Arten existieren mehrere Namen (Synonyme), die dadurch zustande gekommen sind, dass diese Art früher schon einmal unter einem anderen Namen beschrieben wurde. In solch einem Fall habe ich den später publizierten Namen in Klammern gesetzt. Die Auffassungen von Autoren zur systematischen Stellung einer Art weichen in manchen Fällen voneinander ab, was dazu führen kann, dass es mehrere verschiedene Namen geben kann oder zwei Arten unter demselben Namen geführt werden. In solchen Fällen wird in der Regel ein neuer Name vergeben oder ein bisher als Synonym verwendeter benutzt.

Die Endung eines Familiennamens lautet „idae", einer Unterfamilie „inae", und einer Tribus „ini".

Deutsche Namen

Die deutschen Namen sind in der Regel nicht aussagekräftig für eine exakte Bestimmung einer Art. Schon früh hat man eine Vielzahl von deutschen Namen für den großen Teil der heimischen Schmetterlingswelt erfunden. Dies kann schnell zu Verwechslungen führen. Zwar sind einige der häufigeren oder bekannteren Arten mit ihrem deutschen Namen bei uns im Sprachgebrauch eingebürgert, doch schließt dies Verwechslungen trotzdem nicht aus. Wirkliche Relevanz haben nur die wissenschaftlichen, lateinischen oder griechischen Bezeichnungen. Ich habe für das Buch die deutschen Namen, die auch im Werk von G. Ebert und Mitarbeitern „Die Schmetterlinge Baden-Württembergs" (1991–2005) verwendet wurden, benutzt. Weitere Namen stammen aus dem Lepiforum (www.lepiforum.de).

Literatur

Verwendete und weiterführende Literatur wird im Anhang aufgeführt.

Artbeschreibungen

Körperliche Merkmale: Bei den Artporträts wird kurz auf die Besonderheiten im Körperbau, in der Farbe und bei der Flügelzeichnung eingegangen und Unterschiede zu verwandten oder ähnlichen Arten werden beschrieben. Zur Bezeichnung der einzelnen Körperteile siehe Abbildungen.
Nahrungsquellen: Die Nahrungsgrundlagen der Raupen in Form der, soweit bekannten, Raupenfutterpflanzen werden mit deutschen und wissenschaftlichen Namen aufgeführt.
Entwicklung und Flugzeiten: Zu den Raupen, Puppen und Faltern sind, soweit bekannt, die Entwicklungs-, Schlupf- und Flugzeiten aufgeführt. Außerdem wird der Zeitraum, in dem man erwachsene Tiere (Imagines) der jeweiligen Art in der freien Natur beobachten kann, genannt. Als Basis dienten neben eigenen Beobachtungen vor allem Angaben aus der Literatur.
Lebensraum: Die Lebensräume der jeweiligen Art werden aufgelistet und die vertikale Verbreitung wird angegeben. Auf Höhenangaben wird sehr oft verzichtet, da diese oft mit Vorsicht zu betrachten sind und gerade Fundangaben der Falter in maximal angegebenen Höhenbereichen oft nichts mehr mit dem Habitat der Art zu tun haben.
Systematik: Die Aufgabe der biologischen Systematik ist es, Arten (als Grundeinheit des Systems) festzustellen und sie hierarchisch zu ordnen. Durch die alphabetische Reihenfolge der Arten geht natürlich die verwandtschaftliche Ordnung der Triben verloren, d. h. nahe verwandte Arten werden zum Teil auseinandergerissen.
Die Artenliste in den folgenden Artporträts beruht auf Daten der Checklist von KARSHOLT & RAZOWSKI (1996) sowie der Fauna Europaea (Fauna Europaea Web Service. Last update 22 December 2009. Version 2.1. Available online at http://fauna.naturkundemuseum-berlin.de).

Überfamilie Micropterigoidea

Micropterigidae Familie Urmotten

In Europa kennt man 50 Arten. Die Familie ist nahe mit den Köcherfliegen verwandt und sieht ihnen bis auf die beschuppten, meist metallisch glänzenden Flügel ähnlich. Ein auffälliger Haarschopf am Kopf und lange Fühler sind ebenfalls charakteristisch.

Micropterix calthella

Die Spannweite erreicht 8 bis 10 mm. Die Vorderflügel sind golden und an der Basis lila gefärbt. Wie andere Arten der Familie hat sie ein Haarbüschel auf dem Kopf. Sie besitzt als eine sehr alte und ursprüngliche Falterart wie

Flugzeit	J	F	M	A	M	J	J	A	S	O	N	D

die anderen Vertreter der Familie noch zum Kauen und nicht zum Lecken und Saugen geeignete Mundwerkzeuge, mit denen sie die Pollen verschiedener Pflanzen, wie Hahnenfuß (*Ranunculus* sp.), Schaumkraut (*Cardamine* sp.), Sumpfdotterblume (*Caltha palustris*), Günsel (*Ajuga* sp.), Seggen (*Carex* sp.) oder Weißdorn (*Crataegus* sp.), aufnehmen kann. Die bevorzugt im Sonnenlicht fliegenden Falter leben in einer Generation von April bis Juni. Diese Kleinschmetterlinge sind Bewohner lichter Wälder, Waldränder und -schneisen sowie angrenzender Wiesen. Ihre Verbreitung erstreckt sich auf ganz Europa mit Ausnahme des nördlichen und südlichen Teils.

Micropteryx tunbergella

Flugzeit	J	F	M	A	M	J	J	A	S	O	N	D

Die Spannweite der Flügel erreicht zwischen 7 und 11 mm. Die Vorderflügel sind purpurrot mit goldenen Farbschattierungen. Auffällig ist die gelbe Behaarung am Kopf. Die Ernährung der Raupen ist zurzeit noch weitgehend unbekannt. Die Falter sind tagaktiv und fliegen in einer Generation von Ende März bis Juni. Sie fressen an Pollen von Eichen *(Quercus* sp.), Bergahorn (*Acer pseudoplatanus*) und Weißdorn (*Crataegus* sp.). Die Lebensräume liegen in sonnigen, warmen Laubmischwäldern und Auwäldern in Höhen bis 700 m. Die Art ist in weiten Teilen Europas bis auf Bulgarien, Kroatien, Finnland, Irland, Italien, Portugal und Slowenien verbreitet.

Überfamilie Eriocranioidea

Eriocranidae Familie Trugmotten

Die neun Arten, die in Europa vorkommen, haben in der Regel metallisch gefärbte, schmale Flügel. Die Fühler sind fadenförmig und relativ kurz. Sie sind alle tag- und teilweise nachtaktiv.

Dyseriocrania subpurpurella

Die Flügelspannweite der Falter reicht von 9 bis 14 mm. Die Flügel sind metallisch golden mit schillernden blauen und roten Punkten gefärbt. Die Raupen minieren in den Blättern von Eichen- (*Quercus* sp.) und Birken-

Flugzeit	J	F	M	A	M	J	J	A	S	O	N	D

arten (*Betula* sp.). Sie legen sogenannte Platzminen an und hinterlassen ihren Kot in Form von gewundenen Schnüren. Später verpuppen sich in einem Kokon im Boden und überwintern. Lebensräume sind trockene, warme Laubmisch- und Eichenwäldern, Parks und Gärten. *Dyseriocrania subpurpurella* lebt in ganz Europa mit Ausnahme des hohen Nordens und der Iberischen Halbinsel.

Überfamilie Acanthopteroctetoidea

Acanthopteroctetidae

Die Familie ist in Europa nur durch eine Art auf der Krim (*Catapterix crimaea*) vertreten. Sie gehören zu einer relativ primitiven und wahrscheinlich auch sehr alten Unterordnung. Sie werden zwischen 11 und 16 mm groß und haben einen schlanken Körperbau.

Überfamilie Hepialoidea

Hepialidae Familie Wurzelbohrer

Die Familie hat in Europa 17 Arten. Die zwischen 25 und 75 mm großen Falter leben alle im Gewebe der Wurzeln ihrer Futterpflanzen.

Hepialus humuli (Hopfenwurzelbohrer)

Die Flügelspannweite kann stark bei Männchen und Weibchen zwischen 48 und 75 mm differieren. Das Männchen ist weiß gefärbt, der Kopf und die Brust sind gelblich-braun behaart. Beim gelbbraun gefärbten Weibchen zeigen sich rötlich braune, geschwungene Bänder und Flecken. Die Raupe bohrt sich ab August bis zur Überwinterung und ab April des Folgejahres in den Boden und frisst sich in die Wurzeln und Stängel von Pflanzen wie z.B.

Flugzeit	J	F	M	A	M	J	J	A	S	O	N	D
Raupen	J	F	M	A	M	J	J	A	S	O	N	D

Brennnesseln (*Urtica* sp.), Taubnesseln (*Lamium sp.)*, Großen Sauerampfer (*Rumex acetosa*), Löwenzahn (*Taraxacum* sp.), Gewöhnlichen Hopfen (*Humulus lupulus*) und Kulturpflanzen wie der Kartoffel (*Solanum tuberosum*), Kohl (*Brassica* sp.) und weiteren Arten. Die Lebensräume liegen in Flussauen, Wiesen, Waldlichtungen, an Wegrändern, Feldsäumen, Gärten und Parks von der Ebene bis auf 2000 m in Gebirgsregionen. *H. humuli* erreicht im Norden die Mitte Skandinaviens, die Britischen Inseln, im Westen den Norden Spaniens. Die Verbreitung geht weit über Osteuropa hinaus, im Süden bis Sizilien.

Pharmacis fusconebulosa (Adlerfarn-Wurzelbohrer)

Die Flügelspannweite reicht von 30 bis 50 mm. Aussehen, Farbe, Musterung und Zeichnung der Falter unterscheiden sich oft stark. Die Flügel sind dunkel bis rötlich braun mit mehr oder weniger ausgedehnten weißen Zeichnungselementen, manchmal auch verwaschen und kaum sichtbar. Die Nahrungsgrundlage der Raupe ist bevorzugt der Adlerfarn (*Pteridium aquilinum*) und auch andere Pflanzen. Sie bohrt sich während ihrer zwei- bis dreijährigen Entwicklungszeit in die Wurzeln und Stängel der Pflanze und verpuppt sich nach der zweiten Überwinterung im darauf folgenden

Flugzeit	J	F	M	A	M	J	J	A	S	O	N	D
Raupen	J	F	M	A	M	J	J	A	S	O	N	D

Frühjahr. Die Habitate finden sich in Mischwäldern, Kieferwäldern, Waldrändern, schattigen Lichtungen und feuchten Wiesen bis in Gebirgshöhen. *P. fusconebulosa* besiedelt Mitteleuropa und den Norden.

Pharmacis lupulina (Kleiner Hopfen-Wurzelbohrer)

Männchen und Weibchen des 22 bis 38 mm Spannweite messenden Falters unterscheiden sich in Größe, Farb- und Zeichnungsintensität. Die

Flugzeit	J	F	M	A	M	J	J	A	S	O	N	D
Raupen	J	F	M	A	M	J	J	A	S	O	N	D

Falter können in Farbvarianten von rötlich braun bis graubraun auftreten. Auffällig sind ein mehr oder weniger ausgeprägter, breiter, weißer Längsstrich, beginnend an der Basis, und ein schräg verlaufendes Querband aus Rundflecken. Kopf, Brust und Hinterleib sind stark behaart. Eine Verwechslungsmöglichkeit besteht mit dem Ampfer-Wurzelbohrer (*Triodia sylvina*), der jedoch eine spätere Flugzeit hat. Im Raupenstadium leben sie nach dem Schlupf im Juli an den Wurzeln einer Vielzahl von Pflanzenarten wie Hopfen (*Humulus* sp.), Brennnesseln (*Urtica* sp.), Ampfer (*Rumex* sp.), Wegerich (*Plantago* sp.), Kartoffel (*Solanum tuberosum*), Flieder (*Syringa* sp.), Erdbeeren (*Fragaria* sp.) und vielen anderen. Die Larven überwintern ein- bis zweimal und verpuppen sich ab April im Boden an den Wurzeln. Die Art ist an Waldrändern, auf Wiesen, Magerrasen, Brach- und Ruderalflächen und auch in Parks und Gärten von tiefen Lagen bis ins Bergland über 1000 m zu finden. In Europa ist die Art überall verbreitet mit Ausnahme des hohen Nordens und südlich einer Linie von Sizilien bis Griechenland.

Phymatopus hecta (Heidekraut-Wurzelbohrer)

Das Farbspektrum des 23 bis 30 mm Spannweite messenden Falters reicht von rötlich braun bis graubraun. Zwei Reihen schräg verlaufende, silbrig weiße Querbänder und einzelne Flecken ziehen sich über die Vorderflügel. Kopf, Brust und Hinterleib sind stark behaart. Die Raupen schlüpfen

Flugzeit	J	F	M	A	M	J	J	A	S	O	N	D
Raupen	J	F	M	A	M	J	J	A	S	O	N	D

im Herbst, überwintern in einem Gespinst im Boden und gehen dann bis zur Verpuppung im Frühjahr an die Wurzeln ihrer Nahrungspflanzen wie Farnen, Heidekraut (*Calluna* sp.), Heidelbeeren (*Vaccinium* sp.), Schlüsselblumen (*Primula* sp.), Brennnesseln (*Urtica sp.)* und andere. Als Falter treten sie in einer bis möglicherweise zwei Generationen von Juni bis Ende August auf. Eine Besonderheit ist, dass nicht wie sonst die Weibchen, sondern die Männchen die Sexuallockstoffe absondern, um die Partner zur Paarung anzulocken. Sie halten sich in Lebensräumen wie Waldwiesen, in lichten Laubmischwäldern, an Waldrändern, Weideflächen und Gärten auf, von tiefen Lagen bis ins Bergland. *P. hecta* ist über ganz Europa verbreitet.

Triodia sylvina (Ampferwurzelbohrer)

Der Falter kann je nach Geschlecht Spannweiten zwischen 27 und 45 mm erreichen. Die Farbgebung reicht von graubraun bis dunkelbraun bei den Weibchen und gelbbraun bei den Männchen. Die Vorderflügel tragen weiße, schräg verlaufende Linienzeichnungen und einen hellen Außensaum. Eine leichte Ähnlichkeit besteht mit dem sehr viel früher fliegenden Kleinen Hopfen-Wurzelbohrer *(Pharmacis lupulina)*. Die Raupe schlüpft ab September und bohrt sich in die Wurzeln von Pflanzen wie z. B. Wegerich (*Plantago*), Wilde Möhre (*Daucus carota*), Ampfer (*Rumex* sp.), Malven (*Malva* sp.) oder Kopfsalat (*Lactuca sativa*). Sie überwintert mitunter auch

Flugzeit	J	F	M	A	M	J	J	A	S	O	N	D
Raupen	J	F	M	A	M	J	J	A	S	O	N	D

zweimal in einem Gespinst im Boden und schlüpft im Juni des folgenden Jahres. Als Lebensraum nutzt der Ampferwurzelbohrer sowohl Gärten und Parks als auch Wiesenbereiche, Waldrändern, Lichtungen, Hecken und Feldgehölze in tiefen Lagen bis in Bergregionen und tritt pro Jahr in einer Generation von Ende Juli bis Ende August auf. *T. sylvina* ist in Mittel- und Südeuropa zu finden.

Überfamilie Nepticuloidea

Nepticulidae Familie Zwergminiermotten

Diese Familie hat 269 Arten in Europa mit einer Unterfamilie, den *Nepticulinae*. Die Miniermotten erreichen nur 3 bis 10 mm Flügelspannweite und sind damit die kleinsten Vertreter der Schmetterlinge. Die Raupen minieren verschiedene Teile der Pflanzenarten, an denen sie leben, oder bilden Pflanzengallen aus.

Ectodemia intimella

Die Flügelspannweite erreicht zwischen 5,3 und 6,8 mm. Die Vorderflügel sind anthrazit und besitzen am Innenrand in der Mitte je einen hellen gelblichen Fleck. Die Ränder der Flügel tragen am Hinterende hellgelbe bors-

Flugzeit	J	F	M	A	M	J	J	A	S	O	N	D
Raupen	J	F	M	A	M	J	J	A	S	O	N	D

tenartige Fransen. Der Kopf ist orangerot behaart. Die Augen, Fühler und Beine sind hellgelb gefärbt. Die Raupe miniert in den Blättern verschiedener Weiden wie Grau-Weide (*Salix cinerea*), Sal-Weide (*Salix caprea*), Lorbeer-Weide (*Salix pentandra*), Teeblättrige Weide (*Salix phylicifolia*), Korb-Weide (*Salix viminalis*) und Bruch-Weide (*Salix fragilis*). Pro Jahr erscheint eine Generation zwischen Juni und Juli. *E. intimella* ist in Mittel-, West- und Nordeuropa mit Ausnahme von Norwegen verbreitet. Nach Süden erreicht die Verbreitung den Norden Italiens, des ehemaligen Jugoslawiens und Rumäniens.

Opostegidae

Die Familie hat in Europa sechs Arten in den zwei Unterfamilien *Opostegoidinae* und *Oposteginae*. Sie sind eng mit den *Nepticulidae* verwandt.

Unterfamilie Oposteginae

Opostega salaciella

Die Flügelspannweite beträgt etwa 8 bis 12 mm. Die Falter sind weiß und tragen lange Fransen am Flügelende und an den Hinterflügeln. An der Fühlerbasis befinden sich auffällige, breite Augendeckel. Die Raupen leben vermutlich an Kleinem Sauerampfer (*Rumex acetosella*). Imagines fliegen in einer Generation von Ende Mai bis August, je nach Höhenlage und klimatischen Bedingungen. *O. salaciella* ist in ganz Europa verbreitet.

Flugzeit	J	F	M	A	M	J	J	A	S	O	N	D

Überfamilie Adeloidea

Heliozelidae Familie Erzglanzfalter

In Europa werden zehn Arten zu dieser Familie gezählt. Die Vorderflügelspannweiten der Vertreter liegen zwischen 5 und 9 mm. Die Färbung ist meist metallisch bronzefarben oder dunkel kupferfarbig. Die schmalen Hinterflügel besitzen lange Fransen. Die Raupen zählen zu den Blattminierern.

Adelidae Familie Langhornmotten

Zu dieser Familie werden in Europa 51 Arten in den zwei Unterfamilien *Adelinae* und *Nematopogoninae* gezählt. Kennzeichnend sind die überlangen Fühler. Die Flügel sind in der Regel entweder mit seidig oder metallisch glänzenden Schuppen bedeckt. Die Falter sind tagaktiv. Die Raupen minieren anfangs hauptsächlich die Samenkapseln ihrer Futterpflanzen.

Unterfamilie Adelinae

Adela croesella (Liguster-Langhornfalter)

Die Spannweite der Vorderflügel reicht von 11 bis 14 mm. Die dunkelbraunen Flügel tragen eine breite gelbe Querbinde und messingfarbene,

Flugzeit	J	F	M	A	M	J	J	A	S	O	N	D
Raupen	J	F	M	A	M	J	J	A	S	O	N	D

schmale Längsstriche. Die Antennen der Männchen sind mehr als doppelt so lang wie die Vorderflügel, beim Weibchen nur wenig länger als die Vorderflügel. Die Raupe miniert an den Blüten und Blättern von Juni mit Überwinterung bis zur Verpuppung im März/April des Folgejahres an Gewöhnlichem Liguster (*Ligustrum vulgare*), Gewöhnlichem Sanddorn (*Hippophae rhamnoides*) und anderen. Als Falter leben sie in einer Generation von Anfang Mai bis Mitte Juni an sonnenbeschienenen Hecken, Wald- und Gebüschrändern. *A. croesella* findet sich mit Ausnahme der Iberischen Halbinsel in ganz Europa.

Adela reaumurella (Grüner Langfühler)

Die Falter erreichen eine Flügelspannweite von 14 bis 18 mm. Die Färbung der Vorderflügel geht von metallisch grün bis bronzeartig. Die Hinterflügel sind schwarz und schillern violett.

Flugzeit	J	F	M	A	M	J	J	A	S	O	N	D
Raupen	J	F	M	A	M	J	J	A	S	O	N	D

Die Raupe lebt ab Frühjahr in einem aus Blattteilen gefertigten Sack am Boden von heruntergefallenen Blättern verschiedener Laubbäume wie Buchen (*Fagus* sp.) oder Eichen (*Quercus* sp.) und verpuppt sich nach der Überwinterung. Nach dem Schlupf der einzigen Generation ab Ende März schwärmen die Männchen bis Juni an besonnten Waldrändern um die Äste verschiedener Laubbäume, während die Weibchen im Gebüschbestand warten und die schwärmenden Männchen zur Paarung anfliegen. *A. reaumurella* ist mit Ausnahme der Iberischen Halbinsel in beinahe ganz Europa verbreitet.

Adela violella

Die Spannweite der Vorderflügel erreicht 10 bis 12 mm. Zunächst leben die Raupen ab Juli in den Samenkapseln ihrer Nahrungspflanzen, dem Tüpfel-Johanniskraut (*Hypericum perforatum*) oder dem Behaarten Johanniskraut (*Hypericum hirsutum*), und fressen darin, lassen sich später zu Boden fallen und bauen sich aus Pflanzenresten und Erdmaterial einen Sack, in dem sie sich nach der Überwinterung verpuppen. Die Habitate sind blumenreiche Böschungen, Dämme, Waldränder, Lichtungen, Felsfluren und Wiesen. *A. violella* ist in Europa mit Ausnahme des nördlichen Teils verbreitet.

Flugzeit	J	F	M	A	M	**J**	**J**	A	S	O	N	D

Cauchas rufifrontella

Flugzeit	J	F	M	**A**	M	J	J	A	S	O	N	D

Die Flügelspannweite erreicht 9 bis 12 mm. Besonders auffällig ist der hell-orange-rot behaarte Kopf. Die Raupe lebt an Echtem Baldrian (*Valeriana officinalis*). Die wärmeliebenden Imagines fliegen in einer Generation im April. Sie sind auf Mager- und Halbtrockenrasen in Gärten und Parks anzutreffen. *C. rufifrontella* findet man in Europa nicht auf der Iberischen Halbinsel, in Irland, Großbritannien, den Beneluxländern, Fennoskandinavien, dem Baltikum, der Ukraine, Kroatien und Griechenland.

Cauchas rufimitrella (Rotsilberne Langhornmotte)

Die Vorderflügel erreichen 10 bis 12 mm Spannweite und schillern metallisch bronzefarben bis rötlich. Die Behaarung am Kopf ist dunkel. Bei einem Teil der Falter tritt keinerlei Zeichnung auf. Oftmals finden sich auch

Flugzeit	J	F	M	A	M	J	J	A	S	O	N	D

Exemplare, die einen gelblichen Fleck oder eine Binde aufweisen. Wie bei den meisten Familienvertretern sind die Fühler bei den Weibchen wesentlich kürzer. Es besteht eine Verwechslungsmöglichkeit mit *Adela violella*, die jedoch deutlich dunkler kupferfarbig sind, keinerlei Zeichnung besitzen und deren Fühler wesentlich länger sind. Die Raupe ernährt sich im Jugendstadium ab Mai von Samenkapseln des Wiesenschaumkrauts (*Cardamine pratensis*) und der Gewöhnlichen Knoblauchsrauke (*Alliaria petiolata*). Später lassen sie sich zu Boden fallen, spinnen sich einen Sack aus Pflanzenteilen und verpuppen sich zur Überwinterung darin. Imagines erscheinen in einer Generation pro Jahr von Ende April bis Ende Mai. Die Ränder von Laubmischwäldern, Auwäldern, Lichtungen, Feuchtwiesen und Grünland sind Lebensräume dieser Art. Ihre Höhenverbreitung reicht von der Ebene bis in Bergregionen von über 1500 m. *C. rufimitrella* lebt im Norden Europas bis in Regionen um den Polarkreis, in Mittel-, Süd- und Osteuropa mit Ausnahme der Iberischen Halbinsel und Kleinasien.

Nemophora degeerella (Gebänderte Langhornmotte)

Die Spannweite erreicht 16 bis 23 mm. Die Flügel sind gelb und weisen braune Längsstreifen sowie eine breite gelbe Querbinde auf. Die Fühler der Männchen sind die längsten der Familie und erreichen in etwa die

Flugzeit	J	F	M	A	M	J	J	A	S	O	N	D
Raupen	J	F	M	A	M	J	J	A	S	O	N	D

dreifache Länge derer der Weibchen. Die Raupen minieren ab August in den Blättern krautiger Pflanzen, wie z.B. Buschwindröschen (*Anemone nemorosa*), Ampferarten (*Rumex* sp.), Heidelbeere (*Vaccinium myrtillus*) oder Frühlingsmiere (*Minuartia verna*). Sie leben später am Waldboden in einem aus Pflanzenteilen zusammengewobenen Sack und überwintern, um sich Anfang des Folgejahres zu verpuppen. Ab Mai fliegen die Falter in einer Generation bis Anfang Juli. Lebensräume sind feuchte, beschattete Standorte in lichten Laubwäldern. *N. degeerella* ist in West- und in Mitteleuropa verbreitet, fehlt jedoch auf der Iberischen Halbinsel.

Nemophora metallica (Metallische Langhornmotte)

Die Vorderflügel erreichen Spannweiten zwischen 16 und bis zu 20 mm. Die Hinterflügel sind golden bis – im Bereich der Flügelbasis – kupferfarben glänzend gefärbt, am Flügelaußenrand schwarz bestäubt und tragen schwarze Flügelfransen. Die Behaarung am Kopf ist orangegelb. Die schwarzen Fühler werden zur Spitze hin meist weiß. Die Weibchen haben nur halb so lange Fühler wie die Männchen. Die Raupe lebt im Jugendstadium ab September in den Blütenböden von Wiesen-Witwenblume (*Knautia arvensis*) und Tauben-Skabiose (*Scabiosa columbaria*). Sie lässt sich später zu Boden fallen, spinnt sich einen Sack aus Pflanzenteilen und ver-

Flugzeit	J	F	M	A	M	J	J	A	S	O	N	D
Raupen	J	F	M	A	M	J	J	A	S	O	N	D

puppt sich zur Überwinterung. Die Verpuppung erfolgt ab Mai des Folgejahres. Falter fliegen pro Jahr in einer Generation von Ende Mai bis August. Bevorzugter Lebensraum sind extensiv genutzte, blütenreiche Wiesen, Streuwiesen oder buschfreie Bach- und Wegränder, Trockenrasen und Ruderalflächen. *N. metallica* ist eine häufige Sommerart, die in ganz Europa anzutreffen ist.

Unterfamilie Nematopogoninae

Nematopogon schwarziellus (Braune Langhornmotte)

Die Falter erreichen eine Spannweite von 14 bis 18 mm. Die Grundfarbe ist strohgelb und besitzt keine deutliche Gitterzeichnung wie *N. swammerd-*

Flugzeit	J	F	M	A	M	J	J	A	S	O	N	D
Raupen	J	F	M	A	M	J	J	A	S	O	N	D

amella, mit der sie leicht verwechselt werden kann. Die Raupen leben vom Sommer bis zur Überwinterung als Raupe oder auch als Puppe an verschiedenen Pflanzen, Sträuchern wie Johannisbeere (*Ribes* sp.) und auch Bäumen wie Buchen (*Fagus* sp.) und anderen.Die tagaktiven Imagines erscheinen in einer Generation von April bis Anfang Juli. Die Habitate sind lichte Laubwälder, Waldränder, Hecken, Parks und Gärten. *N. schwarziellus* ist in Mitteleuropa, dem nördlichen Südeuropa und in Osteuropa verbreitet.

Nematopogon swammerdamella (Hellbraune Langhornmotte)

Die Spannweite liegt zwischen 18 und 21 mm. Die Vorderflügel sind hellbraun und tragen eine unauffällige dunklere Musterung. Am Kopf erkennt man eine rötlich gelbe Behaarung. Die Raupe miniert ab Juni in Blättern

Flugzeit	J	F	M	A	M	J	J	A	S	O	N	D
Raupen	J	F	M	A	M	J	J	A	S	O	N	D

von Eichen (*Quercus* sp.) und Rotbuchen (*Fagus sylvatica*), lässt sich zu Boden fallen, spinnt sich einen Sack aus Pflanzenteilen und verpuppt sich zur Überwinterung. Die Falter leben in Laubwäldern und auch Buchen-, Fichten-, Tannenmischwäldern, an Waldrändern, in Gärten und Parks mit Gehölzbestand in einer Generation von Ende März bis Ende Juni. *N. swammerdamella* kommt in ganz Europa mit Ausnahme der Iberischen Halbinsel vor.

Incurvariidae Familie Miniersackmotten

In Europa gibt es 18 Vertreter dieser nur 10 bis 19 mm Flügelspannweite messenden, sehr kleinen Falter. Die Tiere sind graubraun gefärbt und tragen helle Flecken und Binden. Die Raupen minieren die Blätter der Futterpflanzen und bauen sich später einen Sack, mit dem sie sich in der Laubstreu aufhalten.

Unterfamilie Crinopteryginae

Unterfamilie Incurvariinae

Incurvaria masculella (Weißdorn-Miniersackmotte)

Die Spannweite beträgt zwischen 12 und 16 mm. Die Raupen minieren zwischen Mitte Mai bis Mitte Juni die Blätter einer Reihe von Laubgehölzen wie Gemeine Hasel (*Corylus avellana*), Hainbuche (*Carpinus betulus*), Rotbuche

Flugzeit	J	F	M	A	M	J	J	A	S	O	N	D
Raupen	J	F	M	A	M	J	J	A	S	O	N	D

(*Fagus sylvatica*), Edelkastanie (*Castanea sativa*), Eichen (*Quercus* sp.), Linden (*Tilia* sp.), Rosen (*Rosa* sp.), Weißdorne (*Crataegus* sp.) und Heidelbeeren (*Vaccinium* sp.). Später lassen sie sich zu Boden fallen und spinnen sich einen Sack aus Pflanzenteilen. Sie überwintern und verpuppen sich im Frühjahr. Die Falter ähneln sehr *I. oehlmanniella* und fliegen je nach Höhenlage und Klimabedingungen zwischen Ende April und Anfang Juni in einer Generation. Die Lebensräume sind Lichtungen und Ränder von Laubwäldern sowie Ränder von Hecken und Gebüschen vom Flachland bis in Höhen um maximal 1000 m. *I. masculella* ist eine häufige in ganz Europa verbreitete Art.

Incurvaria oehlmanniella

Die Spannweite der Flügel erreicht 14 bis 16 mm. Die Falter ähneln *I. masculella*, besitzen aber gelblichere Flecke auf den Vorderflügeln und einen stets vorhandenen Vorderrandfleck. Die Raupen minieren ab Mai an den Blättern von Heidelbeere (*Vaccinium myrtillus*) und Moltebeeren (*Rubus chamaemorus*). Sie leben später in einem selbst gesponnenen Sack aus Pflanzenteilen in der Laubstreu und verpuppen sich nach der Überwinterung ab Ende März. Pro Jahr erscheint eine Generation je nach Höhenlage und Klima zwischen April und Juli. Sie leben im Hügelland bis in Höhen von über 1100 m an den Rändern von Laubmischwäldern und Gebüschen in angrenzenden Wiesen und Lichtungen. *I. oehlmanniella* ist mit Ausnahme von Portugal, den Mittelmeerinseln und der Ukraine in ganz Europa nachgewiesen.

Flugzeit	J	F	M	A	M	J	J	A	S	O	N	D
Raupen	J	F	M	A	M	J	J	A	S	O	N	D

Prodoxidae Familie Rosen-Blattsackmotten, Yuccamotten

In Europa leben 18 Arten dieser kleinen, etwa zwischen 9 und 20 mm Spannweite messenden Falter mit langen Fühlern. Die Imagines leben meist in einer Generation im Jahr. Als Raupen minieren sie in den Samen, Fruchtkapseln, Blüten, Blättern und Trieben. Die meisten Arten sind bräunlich gefärbt und haben eine helle Flecken- oder Bindenzeichnung.

Lampronia corticella

Flugzeit	J	F	M	A	M	J	J	A	S	O	N	D

Die Flügelspannweite erreicht 10 bis 12 mm. Die Raupen fressen anfangs an den Blüten, später an den Knospen und Trieben, was zu deren Verwelken führt. Falter erscheinen in einer Generation pro Jahr im Mai und Juni. Lebensraum sind lichte Laubmischwälder, Waldränder und Feldgehölze mit Hochstaudenfluren und Beständen der Nahrungspflanze der Raupe, der Brombeere (*Rubus* sect. *Rubus*) und der Himbeere (*Rubus idaeus*), vom Flachland bis in fast 1500 m Höhe. Die europäische Verbreitung schließt die Iberische Halbinsel und die Balkan-Halbinsel aus.

Lampronia flavimitrella (Himbeer-Blattsackfalter)

Die Spannweite erreicht ca. 13 bis 15 mm. Als Raupen lebt die Art an Himbeere (*Rubus idaeus*) und Kratzbeere (*Rubus caesius*). Die Imagines fliegen in einer Generation von Mai bis Juni. Die Habitate der Falter sind

Flugzeit	J	F	M	A	M	J	J	A	S	O	N	D

Hecken und Wälder. Die Verbreitung erstreckt sich auf ganz Europa mit Ausnahme der Iberischen Halbinsel, der Mittelmeerinseln, Teilen Irlands und der Balkan-Halbinsel.

Lampronia luzella

Die Spannweite erreicht etwa 12 mm. Die schwarzbraunen und bläulich-violett schimmernden Vorderflügel tragen ein hellgelbes Band und je zwei Flecken. Die Raupe lebt an Brombeeren (*Rubus* sect. *Rubus*). Die tagaktiven Falter leben in einer Generation von Mai bis Juli. Sie bewohnen bevorzugt Auwälder. In Europa bestehen Vorkommensnachweise für Großbritannien, Irland, die Benelux-Staaten, Frankreich, Mitteleuropa, Italien, Skandinavien, das Baltikum, Russland, Polen, die Tschechische Republik und Rumänien.

Flugzeit	J	F	M	A	M	J	J	A	S	O	N	D

Überfamilie Tischeroidea

Tischeriidae Familie Schopfstirnmotten

In Europa sind zwölf Arten nachgewiesen, die größtenteils metallisch glänzende, hellgelbe, braune bis kupferfarbene Vorderflügel mit Spannweiten zwischen 7 und 9 mm besitzen. Die Stirn ist mit langen abstehenden Schuppen besetzt, die der Art den deutschen Namen geben. Die Raupen minieren und legen in den Blättern ihrer Futterpflanzen wie z.B. Eichen (*Quercus sp.*), Edelkastanien (*Castanea sativa*) oder Rosengewächsen (*Rosaceae*) sogenannte Platzminen an.

Tischeria ekebladella (Eichenminiermotte)

Die Spannweite liegt bei 8 bis 11 mm. Die Raupe miniert die Blätter der Nahrungspflanzen aus der Familie der Eichen wie Roteiche (*Quercus rubra*), Stieleiche (*Q. robur*), Traubeneiche (*Q. petraea*), Flaumeiche (*Q. pubescens*), Edelkastanie (*Castanea sativa*) und andere. Sie überwintert ebenso wie die zweite Generation der Imagines. Die Minen sind als auffällige, große, weiße Flecken auf den Blättern der Eichen zu erkennen. Die gelbbraunen Falter leben in der Regel in einer Generation zwischen Ende Mai und Anfang Juli. In warmen Jahren entwickelt sich im August und September eine zweite, partielle Generation. Die Lebensräume sind sonnige Ränder und Lichtungen von Laub- und Nadelholzmischwäldern sowie Parks mit Eichenbestand. Die Verbreitung von *T. ekebladella* reicht über ganz Europa mit Ausnahme des hohen Nordens.

Flugzeit	J	F	M	A	M	J	J	A	S	O	N	D

Überfamilie Tineoidea

Eriocottidae

In Europa leben acht Arten dieser wenig erforschten Familie.

Psychidae Familie Echte Sackträger

Die Familie besteht in Europa aus 250 Arten in den sieben Unterfamilien *Naryciinae, Taleporiinae, Placodominae, Typhoniinae, Psychinae, Epichnopteryginae, Oiketicinae*. Es sind Falter kleiner bis mittlerer Größe. Während die unscheinbar aussehenden Männchen Flügel tragen, sind die Weibchen in der Regel ungeflügelt. Die Fühlerantennen sind bei den Männchen doppelt befiedert oder gekämmt. Als Raupe bewohnen sie aus Pflanzenteilen oder Sand zusammengesponnene Säcke, die denen von Köcherfliegen nicht unähnlich sind.

Unterfamilie Epichnopteryginae

Bijugis bombycella (Ockergelber Gitter-Sackträger)

Die Flügelspannweite beträgt 9 bis 20 mm. Das Männchen ist gelblich braun gefärbt und trägt ein gitternetzartiges Zeichnungsmuster auf den Vorderflügeln. Die je nach Geschlecht etwa 5 bis 20 mm langen Säcke der Raupe sind aus längs übereinander geschichteten Grashalmen zusammengesponnen. Nach der Überwinterung der Raupe im Sack findet ab ca. Ende April/Anfang Mai die Verpuppung statt. Die Männchen fliegen abhängig von Standort und Witterungsbedingungen zwischen Mitte Mai und Anfang

Flugzeit	J	F	M	A	M	J	J	A	S	O	N	D
Raupen	J	F	M	A	M	J	J	A	S	O	N	D

August in einer Generation bevorzugt auf mageren, ungedüngten, sonnigen, warmen Wiesen von Meeresniveau bis auf ca. 2000 m Höhe. Die Art ist bis auf den Norden über ganz Europa verbreitet.

Epichnopterix plumella (Kleiner Wollsackträger, Wiesen-Sackträger)

Die Spannweite der Männchen erreicht 10 bis 14 mm. Der Körper des Männchens ist fellartig schwarz behaart. Die Fühler sind beidseitig kammartig ausgebildet. Das Weibchen hat nur verkümmerte Flügelansätze und ist rot-

Flugzeit	J	F	M	A	M	J	J	A	S	O	N	D
Raupen	J	F	M	A	M	J	J	A	S	O	N	D

gelb gefärbt. Die Art kann sehr leicht mit Arten wie *E. sieboldii* verwechselt werden. Die Raupen leben nach dem Schlupf im Juli bis zur Überwinterung in einem mit langen Grashalmen versponnenen Raupensack an ihren Nahrungspflanzen wie beispielsweise Blauem Pfeifengras (*Molinia caerulea*), Rot-Schwingel (*Festuca rubra*), Spitz-Wegerich (*Plantago lanceolata*), Wicken (*Vicia* sp.) und anderen. Abhängig von der Höhenlage erstreckt sich die Flugzeit der einen Generation von Mitte April bis spätestens Juli. Ihr Lebensraum sind magere, trockene, sonnige Wiesen, Ruderalflächen und Lichtungen mit Grasbewuchs sowie auch Moorbereiche bis in Höhen von über 1000 m. *E. plumella* hat ihren Verbreitungsschwerpunkt in weiten Teilen Zentral- und Westeuropas, auf den Britischen Inseln bis Osteuropa und ist in Griechenland mit verwandten Arten verwechselbar. Im Norden reicht die Grenze des Vorkommens bis zu einer Linie durch Norddeutschland.

Unterfamilie Naryciinae

Narycia duplicella (Schwarzer Mottensackträger)

Die Spannweite beträgt zwischen 7 und 12 mm. Männchen und Weibchen sind geflügelt. Die Vorderflügel sind schwarzbraun und mit weißen, mehr

Flugzeit	J	F	M	A	M	J	J	A	S	O	N	D
Raupen	J	F	M	A	M	J	J	A	S	O	N	D

oder minder deutlich hervortretenden Fleckenbändern durchzogen. Die Raupe lebt zwischen Juli überwinternd bis Mai des Folgejahres in einem Sack an mit Algen und Flechten bewachsenen Baumstämmen, von denen sie sich ernährt. Eine Generation fliegt pro Jahr im Juni und Juli. Die Weibchen locken die Männchen mit Pheromonen an. Die Habitate bestehen aus Laub- und Nadelholzmischwäldern, auch offenen Lebensräumen und Siedlungsbereich von den niederen Lagen bis auf eine Höhe von etwa 1000 m. *N. duplicella* ist in weiten Teilen Europas verbreitet.

Unterfamilie Oiketicinae

Megalophanes viciella

(Wicken-Sackträger, Hellbrauner Moor-Sackträger)

Die Spannweite der Flügel der Männchen liegt zwischen 20 und 22 mm. Die Weibchen haben keine Flügel. Die Falter können gelblich-braun oder auch dunkelgrau gefärbt sein. Die Fühler der Männchen sind gekämmt. Weibchen sind rötlich gelb gefärbt mit einem schwarzen Kopf und einem walzenförmigen Körper. Die Raupen entwickeln sich in ihrem Sack in einem bis zwei Jahren an den Nahrungspflanzen wie Ampfer (*Rumex* sp.), Heidekraut (*Calluna vulgaris*), Simsen (*Scirpus* sp.), Wicken (*Vicia* sp.),

Flugzeit	J	F	M	A	M	J	J	A	S	O	N	D
Raupen	J	F	M	A	M	J	J	A	S	O	N	D

Moor-Birke (*Betula pubescens*), Gewöhnlichem Faulbaum (*Frangula alnus*) und anderen. Falter erscheinen in einer Generation von Ende Mai bis Juli. Die Männchen leben nur einige Stunden, um sich fortzupflanzen. Zu den Lebensräumen zählen Waldränder, Lichtungen, Feuchtwiesen und Niedermoore. *M. viciella* fehlt in Europa im Westen, weiten Teilen Nordeuropas und in Teilen des Mittelmeerbereiches.

RL 2

Ptilocephala plumifera (Fächerfühler-Sackträger)

Die Spannweite variiert bei Männchen zwischen 11 und 17 mm. Die Art ist schwer zu bestimmen und hat kein einheitliches Erscheinungsbild. Die auffälligen Fühler haben zwischen 20 und 28 Glieder. Die Weibchen sind flügellos, walzenförmig, bräunlich gelb und 5 bis 6 mm lang. Die Raupen leben von September mit Überwinterung bis April an den Nahrungspflanzen wie Ampfer (*Rumex* sp.), Thymian (*Thymus* sp.), Wiesensalbei (*Salvia*

Flugzeit	J	F	M	A	M	J	J	A	S	O	N	D
Raupen	J	F	M	A	M	J	J	A	S	O	N	D

pratensis), Heidekraut (*Calluna vulgaris*) und anderen. Die Falter leben in einer Generation zwischen Februar und Ende Juli. Sie bewohnen Weiden, Almwiesen und alpine Matten. Die Höhenverbreitung liegt zwischen 500 und über 3000 m. *P. plumifera* kommt in fast ganz Europa südlich der Britischen Inseln, in Skandinavien und im Osten bis in den europäischen Teil Russlands vor.

RL 3

Unterfamilien Placodominae, Psychinae, Taleporiinae, Typhoniinae

Tineidae Familie Echte Motten

Für Europa zählt man 283 Arten mit den Unterfamilien *Myrmecozelinae, Perissomastacinae, Meesiinae, Dryadaulinae, Scardiinae, Nemapogoninae, Tineinae, Hapsiferinae, Hieroxestinae, Euplocaminae, Teichobiinae, Setomorphinae, Stathmopolitinae.*

Unterfamilie Dryadaulinae
Unterfamilie Euplocaminae

Euplocamus anthracinalis (Anthrazitmotte)

Die Art erreicht bis zu 34 mm Flügelspannweite. Die Vorderflügel sind schwarz und weisen unterschiedlich große, weiße Flecken auf. Die Fran-

Flugzeit	J	F	M	A	M	J	J	A	S	O	N	D
Raupen	J	F	M	A	M	J	J	A	S	O	N	D

sen haben ein schwarz-weißes Streifenmuster. Die Behaarung an Kopf und Schulter ist gelb. Die Antennen der Männchen sind zweireihig gekämmt. Die Raupen ernähren sich zwischen August bis zur Verpuppung im April des Folgejahres von Baumschwämmen an faulem Holz von Eiche (*Quercus* sp.), Buche (*Fagus* sp.) und anderen Laubhölzern. Im Mai erscheinen sie in einer Generation bis August. Lebensraum sind schattige Laubwälder, Waldränder und Waldlichtungen. In Europa fehlt *E. anthracinalis* auf der Iberischen Halbinsel, in Skandinavien und dem Baltikum.

Unterfamilien Hapsiferinae, Hieroxestinae, Meesiinae, Myrmecozelinae

Unterfamilie Nemapogoninae
Nemapogon clematella

Die Flügelspannweite liegt zwischen 12 und 15 mm. Die Raupe lebt in Pilzen an der Borke verschiedener abgestorbener Laubholzzweige, wie z. B.

Flugzeit	J	F	M	A	M	J	J	A	S	O	N	D
Raupen	J	F	M	A	M	J	J	A	S	O	N	D

von Ulme (*Ulmus* sp.), Eiche (*Quercus* sp.), Rotbuche (*Fagus sylvatica*), Weißdorn (*Crataegus* sp.) oder Erle (*Alnus* sp.). Der weiße, mit dunkelbraunen Bändern und Flecken überzogene Falter lebt je nach Klimabedingungen und Höhenlage in ein bis zwei Generationen von Mai bis Juli und im September. Die Falter fliegen an Waldrändern, in lichten Wäldern und Gehölzsäumen vom Flachland bis in über 1000 m Höhe. In Europa fehlen Nachweise dieser Art in Teilen Osteuropas, Bosniens, Sardiniens, Siziliens, Portugals und Irlands.

Nemapogon cloacella (Korkmotte, Schleusenmotte)

Flugzeit	J	F	M	A	M	J	J	A	S	O	N	D

Die Flügelspannweite der Falter liegt zwischen 10 bis 18 mm. Sie sind dunkelbraun und hell gemustert. Die Raupen leben hauptsächlich an Baumschwämmen, die an Eichentotholz wachsen, können aber auch als Vorratsschädling an Trockenobst, Getreideprodukten und Kork im Siedlungsbereich auftreten. Ab April findet man die Falter in zwei Generationen bis September. Ihr Lebensraum sind Laubmischwälder mit Eichen und Totholzanteil. Die hauptsächlich dämmerungs- und auch tagaktiven Motten sind in ganz Europa verbreitet.

Unterfamilien Perissomasticinae, Scardiinae, Setomorphinae, Stathmopolitinae, Teichobiinae

Unterfamilie Tineiinae

Monopis obviella (Korkmotte, Schleusenmotte)

Die häufigen Falter erreichen 8 bis 13 mm Spannweite. Sie besitzen auffällige helle, gelbliche Streifen entlang des Innenrandes der Vorderflügel. Die Raupe hält sich in den Nestern verschiedener Vogelarten wie z. B. Amseln,

Flugzeit	J	F	M	A	M	J	J	A	S	O	N	D

auch in Taubenschlägen oder in Gewöllen von Greifvögeln auf und ernährt sich von organischen Substanzen wie Federn und Haaren, Blättern, verrottendem Holz und vertrockneten Früchten. Lebensräume sind Gärten, Hecken, Gebüsche und Laubwälder. Die Imagines bilden zwei Generationen und sind von Mai bis in den Oktober hinein zu finden. Sie fliegen nachts Lichtquellen an. Verbreitet ist die Art über ganz Europa bis auf Spanien.

Tinea trinotella

Flugzeit	J	F	M	A	M	J	J	A	S	O	N	D
Raupen	J	F	M	A	M	J	J	A	S	O	N	D

Die Spannweite der Vorderflügel erreicht zwischen 12 bis 19 mm. Der Falter hat am Kopf eine gelbe Behaarung. Die Vorderflügel sind hellbraun mit drei großen, markanten, schwarzen Punkten. Die Raupen finden sich im Juni und in der nächsten Generation von September bis März des Folgejahres in Nestern von Hühnern und Singvögeln wie Buchfinken, Grünfinken, auch in Gespinströhren, und ernähren sich von den wolligen und haarigen Bestandteilen. Nach dem Schlupf fliegen sie je nach Höhenlage und Klimabedingungen in zwei Generationen von April bis August. Die Falter leben in Hochstaudenfluren und gebüschreichen Wiesen, aber auch in lichten Laubwäldern. Es liegen Nachweise aus weiten Teilen Europas vor.

Überfamilie Gracillarioidea

Bucculatricidae Familie Zwergwickler

Die Familie umfasst in Europa 56 Arten sehr kleiner, 5 bis 10 mm Flügelspannweite messender Falter. Die haarartigen Schuppenfortsätze an der Stirn sind auffällig und bilden eine Art Deckel über den Augen. Die Raupen leben anfangs als Blattminierer und in späteren Häutungsstadien frei auf den Blättern. Pro Jahr erscheinen meist zwei bis drei Generationen.

Gracillariidae Familie Blatttütenmotten, Miniermotten und Faltenminierer

252 Arten sind für Europa mit den Unterfamilien *Gracillariinae, Lithocolletinae, Phyllocnistinae* registriert. Es handelt sich um meist kleine bis sehr kleine Tiere mit 4 bis 16 mm Spannweite, deren Raupen charakteristische Minierspuren hinterlassen, anhand derer eine Bestimmung oft möglich ist.

Unterfamilie Gracillariinae

Caloptilia alchimiella

Die Spannweite dieser leicht mit *C. robustella* verwechselbaren Art beträgt 10 bis 14 mm. Der Scheitel ist bei *C. alchimiella* purpurbraun und dunkler als der Körper. Die Raupe miniert anfangs in den Blättern und

Flugzeit	J	F	M	A	M	J	J	A	S	O	N	D

frisst in einem späteren Häutungsstadium auf der Blattoberfläche von Eichen (*Quercus* sp.). Die Verpuppung in einem Kokon findet in zusammengefalteten und eingerollten Blättern statt. Sie treten als Falter in zwei Generationen von Mai bis September auf, von denen die zweite überwintert. Die Habitate bestehen aus lichten Laubwäldern und Parks. Imagines wie auch die Puppen können überwintern. *C. alchimiella* ist in ganz Europa beheimatet.

Caloptilia robustella

Die Spannweite beträgt 10 bis 13 mm. Die Art ähnelt in ihrer bräunlichen Färbung mit einem kürzeren gelblichen dreieckförmigen Fleck der verwandten *C. alchimiella*. Die Zeichnung fällt unterschiedlich aus und der

Flugzeit	J	F	M	A	M	J	J	A	S	O	N	D

Falter ist ohne Genitaluntersuchung nicht immer zweifelsfrei zu bestimmen. Die Raupe miniert anfangs in den Blättern und frisst in einem späteren Häutungsstadium auf der Blattoberfläche von Baumarten wie Eiche (*Quercus* sp.), Edelkastanie (*Castanea sativa*) oder Buche (*Fagus* sp.). Falter erscheinen in mehreren Generationen zwischen April und November. Lebensraum sind Lichtungen, die Ränder von Laubmisch- und Eichenwäldern mit angrenzenden Heideflächen, Trockenrasen und Sandmagerrasen. Die Puppe überwintert. *C. robustella* ist in ganz Europa mit Ausnahme der Balkanhalbinsel nachgewiesen.

Caloptilia stigmatella

Die Falter erreichen Flügelspannweiten zwischen 12 und 14 mm. Die Färbung der Vorderflügel ist dunkelbraun mit einem blauvioletten Schimmer und einem weißen dreieckförmigen Fleck. Am Hinterende der Flügel befinden sich lange Fransen. Die Fühler reichen fast bis zum Hinterende der Flügel. Die Raupen minieren anfangs die Blätter und fressen in einem späteren Häutungsstadium auf der Blattoberfläche verschiedener Weidenarten wie Salweide (*Salix caprea*) und anderen. Vereinzelt werden auch Pappel (*Populus* sp.) und Birke (*Betula* sp.) genutzt. Falter trifft man in zwei Gene-

Flugzeit	J	F	M	A	M	J	J	A	S	O	N	D

rationen von Juni bis Ende September, wobei die Herbstgeneration überwintert. Die Art ist nicht strikt an bestimmte Lebensräume gebunden und findet sich an Waldrändern, Gebüschen und in Siedlungen und Parks mit den Nahrungspflanzen der Raupen von tiefen Lagen bis in 1200 m Höhe. Die Verbreitung erstreckt sich auf ganz Europa.

Parornix atripalpella

Die Falter erreichen Spannweiten von 9 bis 11 mm. Zur Biologie und Lebensweise ist wenig bekannt. Die Raupe miniert an den Blättern von Gewöhnlicher Schlehe *(Prunus spinosa)*. Die Falter leben vermutlich in zwei

Flugzeit	J	F	M	A	M	J	J	A	S	O	N	D

Generationen von Frühjahr bis Sommer. Nachweise der Art sind aus Frankreich, Deutschland, Italien ohne Sizilien, Sardinien, Polen, Schweden und der Schweiz bekannt.

Unterfamilie Lithocolletinae

Cameraria ochridella (Kastanienminiermotte)

Die Spannweite erreicht 7 bis 9 mm. Die Färbung zwischen orange und ockerbraun wird von weißen und schwarzen Querstreifen durchbrochen. An den Enden sind die Flügel abgerundet und mit Haarfransen besetzt. Die Raupengenerationen minieren von Mai bis Oktober die Blätter von Ge-

Flugzeit	J	F	M	A	M	J	J	A	S	O	N	D
Raupen	J	F	M	A	M	J	J	A	S	O	N	D

wöhnlichen Rosskastanien (*Aesculus hippocastanum*), was zum Austrocknen und zum Verwelken führt, jedoch nach bisherigen Beobachtungen die Bäume nicht nachhaltig schädigt. Von April bis Ende September erscheinen drei bis vier Generationen. Lebensraum gibt es für diese Art überall, wo Rosskastanien vorkommen, in freier Natur und im Siedlungsbereich. Die Art wanderte in den 1980er-Jahren aus dem Südosten Europas ein und hat sich stark ausgebreitet. Die Miniermotte dürfte sich mittlerweile vom Balkan ausgehend über weite Teile Mitteleuropas verbreitet haben.

Phyllonorycter heegeriella

Die Spannweite liegt bei 7 bis 9 mm. Die auffällig weiße, nachtaktive Art mit zum Vorderflügelende hin sich verdichtender Bänderzeichnung lebt in zwei nicht klar zu trennenden Generationen zwischen Mai und August. Die Raupen der beiden Generationen minieren von Juli bis Oktober meist am Randbereich die Blätter der Stieleiche (*Quercus robur*) und verpuppen sich in einem Kokon darin. Die Puppe überwintert in dem im Herbst zu Boden gefallenen Blatt. Ihr Lebensraum besteht aus Laub- und Laubmischwäldern und Parks mit Eichenanteilen. Die häufige Art findet man in ganz Europa an ihren Wirtspflanzen.

Flugzeit	J	F	M	A	M	J	J	A	S	O	N	D
Raupen	J	F	M	A	M	J	J	A	S	O	N	D

Phyllonorycter leucographella (Feuerdornminiermotte)

Die Falter erreichen zwischen 8 und 10 mm Flügelspannweite. Die Vorderflügeloberseite ist orange-braun mit einem weißen Strich längs von der Basis ausgehend sowie zwei dorsalen und zwei costalen Steifen und schwarzen Schattierungen im Apikalbereich. Die Larven minieren an Feuerdorn (*Pyracantha* sp.), Weißdorn (*Crataegus* sp.), Gewöhnlicher Eberesche (*Sorbus aucuparia*), Buche (*Fagus* sp.), Apfel (*Malus* sp.), Vogelkirsche (*Prunus* sp.), Zwergmispel (*Cotoneaster* sp.) und Goldregen (*Laburnum* sp.). Meist erscheinen bis zu drei Faltergenerationen von April bis Mai, Ende

Flugzeit	J	F	M	A	M	J	J	A	S	O	N	D

Juli bis August und Oktober. Die Art bewohnt bevorzugt Gärten, Parks, Streuobstwiesen und Laubwälder. Die europäische Verbreitung erstreckt sich ursprünglich auf den Süden Europas von Frankreich über Spanien, Griechenland, Albanien, die südlichen Teile des früheren Jugoslawiens, die Krim, breitet sich mittlerweile mit eingeschleppten Nahrungspflanzen auf nördliche und östliche Bereiche Europas aus.

Phyllonorycter maestingella (Buchenminiermotte)

Die 8 bis 10 mm Spannweite messenden Vorderflügel sind metallisch glänzend gelb bis braun und haben vorne zum Kopf hin je zwei weiße Längs-

Flugzeit	J	F	M	A	M	J	J	A	S	O	N	D
Raupen	J	F	M	A	M	J	J	A	S	O	N	D

streifen. In den hinteren Flügelhälften befinden sich je vier vom Flügelvorderrand ausgehende, schwarz gesäumte, weiße Querstreifen und je drei weiter vom Flügelhinterrand ausgehende weiße Streifen. Das stark verbreiterte Flügelende ist mit Haarfransen besetzt. Die Raupe lebt von Juni bis Juli und in der folgenden Generation von September bis Oktober an den Blättern der Rotbuche (*Fagus sylvatica*). Die Verpuppung und Überwinterung findet im Blatt statt, das zu Boden fällt. Als Falter erscheinen sie in zwei Generationen von April bis Juni und von August bis September. Lebensraum sind Buchenwälder und Gehölzstandorte mit Buchen. Die häufige Buchenminiermotte ist über ganz Europa an Stellen mit Buchenvorkommen verbreitet.

Phyllonorycter quercifoliella (Eichenminiermotte)

Die Spannweite erreicht 7 bis 10 mm. Die Vorderflügel sind fast gänzlich rötlich goldfarben, metallisch glänzend gefärbt. Die Raupen minieren im

Flugzeit	J	F	M	A	M	J	J	A	S	O	N	D
Raupen	J	F	M	A	M	J	J	A	S	O	N	D

Juli und in der Folgegeneration von September bis Oktober die Blätter von Eichenarten wie der Stieleiche (*Quercus robur*), Traubeneiche (*Q. petraea*) und anderen. Die Herbstgeneration verpuppt sich für die Überwinterung in einem Seidenkokon im Blatt. Nach dem Schlupf erscheinen zwei Generationen im April und Mai und wieder im August und September. Als Lebensraum dienen Laubmischwälder mit Eichenanteilen. Die Verbreitung erstreckt sich auf ganz Europa.

Phyllonorycter roboris

Die Flügel erreichen Spannweiten um die 5 bis 7 mm. Die Falter sind weiß mit orange- bis ockerfarbiger, metallisch glänzender Bänderzeichnung. Die Raupe miniert die Blätter einer Reihe verschiedener Eichenarten wie Stieleiche (*Quercus robur*), Adriatische Flaumeiche (*Q. pubescens*), Traubeneiche (*Q. petraea*), Zerreiche (*Q. cerris*) und anderen. Sie verpuppt sich in einem Kokon im Blatt und fällt oft erst im Frühjahr zu Boden. Nach dem Schlupf leben eine bis zwei Generationen im Mai und Juni sowie in tieferen warmen Lagen auch im August und September. Die Art findet in Laubmischwäldern und Gehölzen mit Eichenanteilen ihren Lebensraum. Die Verbreitung erstreckt sich auf ganz Europa.

Flugzeit	J	F	M	A	M	J	J	A	S	O	N	D

Phyllonorycter ulmifoliella

Die kleinen Falter erreichen Flügelspannweiten zwischen 7 und 9 mm. Die Raupen minieren ab Juli und in der Folgegeneration im September und Oktober die Blätter verschiedener Birkenarten wie Hängebirke *(Betula pendula)*, Moorbirke (*B. pubescens*) und andere. Die Verpuppung und Überwinterung erfolgt in einem Kokon innerhalb der Blattmine. Man findet zwei Generationen der Miniermotte von Mai bis Juni und September bis

Flugzeit	J	F	M	A	M	J	J	A	S	O	N	D
Raupen	J	F	M	A	M	J	J	A	S	O	N	D

Oktober. Sie sind an Birkenarten (*Betula* sp.) gebunden und können an den meisten Standorten wie Waldrändern, Lichtungen, Parks und Gärten von den niederen Lagen bis ins Bergland auf 900 m vorkommen. *P. ulmifoliella* lebt in ganz Europa.

Unterfamilie Phyllocnistinae

Phyllocnistis saligna

Die Flügelspannweite liegt bei etwa 7 mm. Die weißen Falter haben im hinteren Drittel der Vorderflügel graue bis braune Zeichnungselemente. Die Larven minieren ab September in charakteristischen stark gewundenen Gangminen verschiedene Weidenarten wie Silber-Weide (*Salix alba)*,

Flugzeit	J	F	M	A	M	J	J	A	S	O	N	D

Trauerweide (*S. babylonica*), Reif-Weide (*S. daphnoides)*, Bruch-Weide (*S. fragilis*), Woll-Weide (*S. lanata*), Korkenzieherweide (*S. matsudana*), Purpur-Weide (*S. purpurea*), (*S. x sepulcralis)*, Mandel-Weide (*S. triandra)* und Korb-Weide (*S. viminalis)*. Die Falter erscheinen in zwei Generationen einmal im Juli und wieder von September bis April und überwintern. Als Lebensräume nutzen sie Waldränder, galerieartige Wälder und Auwälder an Flüssen. Die Nachweise für die Verbreitung erstrecken sich auf ganz Europa außer Irland und wahrscheinlich einige Bereiche der Balkanhalbinsel.

Roeslerstammiidae

Zwei Arten dieser Familie kennt man in Europa. Die Falter sind mit bis zu 15 mm Flügelspannweite sehr klein. In der Regel sind sie dunkelbraun und tragen bronzefarben grünlich schimmernde Vorderflügeloberseiten. Als Raupen minieren sie anfangs Blätter und sind im späteren Stadium auf den Blattoberflächen zu finden, wo sie sich durch Lochfraß z. B. an Linden (*Tilia* sp.) bemerkbar machen. Die Falter erscheinen in einer Generation.

Überfamilie Yponomeutoidea

Yponomeutidae Familie Gespinst- und Knospenmotten

In Europa leben 121 Arten in drei Unterfamilien *Yponomeutinae, Praydinae, Argyresthiinae*. Bei einem großen Teil der Arten sind die Vorderflügel weißlich mit dunklen Punkten und die Hinterflügel grau. Vertreter der *Argyresthiinae* besitzen oft metallisch glänzende Vorderflügel. Sie erreichen Spannweiten von bis zu 25 mm. Zum Teil ernähren sich die Raupen minierend in Blättern und Nadeln, andere von Knospen und Blüten.

Argyresthia brockeella

Die Spannweite der Vorderflügel erreicht 9 bis 12 mm. Die Vorderflügel haben ein grünlich-metallisch-golden-weißes Zeichnungsmuster, das in

Flugzeit	J	F	M	A	M	J	J	A	S	O	N	D
Raupen	J	F	M	A	M	J	J	A	S	O	N	D

Europa nur Verwechslungsmöglichkeiten mit *A. goedartella* zulässt. Die Raupen schlüpfen im August und überwintern. Anfangs leben sie an den Knospen der Nahrungsbäume, später wechseln sie auf Blütenstände und junge Triebe und verpuppen sich im April oder Mai. Die einzige Generation schlüpft im Mai und ist bis Juli und in tieferen Lagen oder in warmen Jahren in einer zweiten Generation von August bis Anfang September zu finden. Die Habitate bestehen aus Laubmischwäldern mit Anteilen der Nahrungsbäume Birke (*Betula* sp.) und Erle (*Alnus* sp.). Die Verbreitung von *A. brockeella* reicht von Mitteleuropa bis ins südöstliche Russland.

Argyresthia goedartella (Erlenblütenmotte)

Die Spannweite der Flügel liegt zwischen 10 und 13 mm. Die Art ähnelt *A. brockeella* und hat im Unterschied zu ihr eine Y-förmige, messingfarbene Zeichnung, die sie gut bestimmbar macht, kann jedoch auch stark variieren und gänzlich messingfarben überzogen sein. Die Raupen minieren

Flugzeit	J	F	M	A	M	J	J	A	S	O	N	D
Raupen	J	F	M	A	M	J	J	A	S	O	N	D

nach dem Schlupf bis zum Herbst in den männlichen Kätzchen oder frischen Trieben von Birke (*Betula* sp.) oder Schwarz-Erle (*Alnus glutinosa*). Sie überwintern und lassen sich im darauf folgenden Jahr Ende März bis April an einem Seidenfaden zu Boden, wo sie sich später an den Stämmen in den Ritzen oder unter loser Borke verpuppen. Die Falter erscheinen in einer Generation von Mai bis Anfang September. Der Lebensraum besteht aus lichten Wäldern mit Birken- und Erlenanteilen vom Flachland bis in Gebirgshöhen von über 2000 m. Die Art ist in Mittel- und Nordeuropa, nach Osten bis Russland, nach Westen bis Südfrankreich verbreitet.

Argyresthia pruniella (Kirschblütenmotte)

Die Vorderflügel erreichen 10 bis 13 mm Spannweite. Die Grundfärbung ist braun mit einem lang gezogenen, breiten, weißen Streifen am Flügelhinterrand. Die Raupe frisst von April bis Mai an den Blütenknospen von Kirschblüten (*Prunus cerasus*, *P. avium*), Birne (*Pyrus* sp.), Mehlbeere (*Sorbus*

Flugzeit	J	F	M	A	M	J	J	A	S	O	N	D
Raupen	J	F	M	A	M	J	J	A	S	O	N	D

sp.), Weißdorn (*Crataegus* sp.) und Hasel (*Corylus* sp.). Später befressen sie die Spitzen der Triebe und können bei Massenvermehrung manchmal Schaden anrichten. Das Überwinterungsstadium ist das Ei. Die Verpuppung erfolgt im Mai oder Juni in einem Gespinst am Boden. Die Falter fliegen in einer Generation von Mai bis Ende August. Sie leben in Laubwäldern, Obstgärten und Streuobstwiesen. In Europa reicht die Verbreitung über Mitteleuropa, den Norden Südeuropas bis Russland.

Argyresthia spinosella (Schlehenknospenmotte)

Die Falter erreichen 9 bis 12 mm Spannweite. Die Vorderflügel sind braunviolett, in der Nähe des Kopfes hellbraun. Der Flügelhinterrand trägt vom Kopf ausgehend einen breiten, weißen Streifen, der durch ein dunkelbraunes Querband unterbrochen wird. Die Raupe ernährt sich nach dem Schlupf im März oder April an Knospen von Gewöhnlicher Schlehe (*Prunus spinosa*) und Pflaume (*Prunus domestica*). Als Falter fliegen sie in einer

Flugzeit	J	F	M	A	M	J	J	A	S	O	N	D
Raupen	J	F	M	A	M	J	J	A	S	O	N	D

Generation von Mai bis Juli. Die Eier überwintern an den Zweigen. Die Imagines leben an Waldrändern, Hecken, Streuobstwiesen und in Gärten mit Obstbäumen. Die Verpuppung findet im Mai in einem Gespinst am Erdboden statt. Die Schlehenknospenmotte ist in Europa häufig und weit verbreitet.

Yponomeuta evonymella (Traubenkirschen-Gespinstmotte)

Die Art erreicht 17 bis 25 mm Spannweite. Die Vorderflügel sind weiß und mit feinen, schwarzen Punkten ausgestattet. Die Raupe schlüpft ab Mai und verbringt bis Juni ihr Wachstum in ausgedehnten Gespinsten mit dem Reifungsfraß an den Blättern von Gewöhnlichen Traubenkirschen (*Prunus*

Flugzeit	J	F	M	A	M	J	J	A	S	O	N	D
Raupen	J	F	M	A	M	J	J	A	S	O	N	D

padus), Sauerkirschen (*Prunus cerasus*), Faulbaum (*Frangula alnus*) und Mehlbeere (*Sorbus* sp.). Bei Massenvermehrungen werden die Gehölze oft vollständig mit Gespinsten überzogen und kahl gefressen. Die Sträucher erholen sich mit dem Johannistrieb relativ schnell wieder. Die Verpuppung findet von Juni bis Juli im Gespinst in Kokons statt. Als Falter leben sie in einer bis zwei Generationen von Juli bis Ende August. Sie nutzen Lebensräume an Waldrändern, Hecken und in Gärten. Die häufige Traubenkirschen-Gespinstmotte ist in ganz Europa anzutreffen.

Yponomeuta irrorella

Die Vorderflügel erreichen im ausgespannten Zustand zwischen 19 und 27 mm. Sie sind weiß gefärbt, tragen drei Reihen schwarzer Punkte und mehrere grau bis bräunlich grau überstäubte Flecken. Die Raupen überwintern im Ei und leben nach dem Schlupf im Mai bis Juni in einem Gespinst an den Trieben und später den Blättern des Gewöhnlichen Pfaffenhütchens (*Euonymus europaeus*). Die Flugzeit der einzigen Generation erstreckt sich von Juni bis August. Die Art bewohnt Ränder und Lichtungen von Laubmischwäldern, Feldgehölzen, Hecken und Gärten. Die Verbreitung erstreckt sich auf Europa mit Ausnahme der Iberischen Halbinsel, Belgiens, Irlands, Norwegens, Finnlands, Estlands und dem westlichen und südlichen Bereich der Balkanhalbinsel.

Flugzeit	J	F	M	A	M	J	J	A	S	O	N	D
Raupen	J	F	M	A	M	J	J	A	S	O	N	D

Yponomeuta plumbella (Faulbaum-Gespinstmotte)

Die Spannweite liegt bei 16 bis 20 mm. Die Vorderflügel sind weiß und tragen schwarze Punkte. In der Mitte befindet sich ein größerer schwarzer Fleck. Die Eier überwintern. Nach dem Schlupf leben die Raupen von April bis Juni in großen Ansammlungen, erst minierend in den Blättern, später in

Flugzeit	J	F	M	A	M	J	J	A	S	O	N	D
Raupen	J	F	M	A	M	J	J	A	S	O	N	D

Gespinsten an Pfaffenhütchen (*Eunonymus europaeus*). Die Verpuppung erfolgt von Juni bis Juli in einem Kokon im Gespinst zwischen den Blättern. Imagines erscheinen in einer Generation von Juli bis Ende August. Raupen und Falter findet man in Wäldern, an Hecken, Gebüschen und auch in Gärten. *Y. plumbella* ist häufig und in ganz Europa zu finden.

Plutellidae Familie Schleier- und Halbmotten

Die Familie hat in Europa 23 Arten. Die kleinen Falter besitzen ein mottenähnliches Aussehen. Sie sind nahe verwandt zur Familie der Gespinst- und Knospenmotten (*Yponomeutidae*). Im Raupenstadium leben sie minierend unter einem feinen Gespinst und bevorzugen als Nahrung Kreuzblütengewächse (*Cruciferae*) und Kaperngewächse (*Capparaceae*).

Plutella xylostella (Kohlschabe)

Die Falter erreichen 12 bis 18 mm Spannweite. Die Grundfarbe der Vorderflügel ist sehr variabel von einfarbig braungrau bis dunkelbraun. Die Raupengenerationen nutzen zwischen Juni und Juli und September bis Oktober Kohl (*Brassica* sp.) und andere Kreuzblütler. Sie minieren anfangs die Blätter und fressen später in einem Gespinst an den Blättern. Hier verpuppen sie sich auch. Möglicherweise gelingt der Herbstgeneration die Überwinterung. Ab Mai bis Juli und von August bis Oktober fliegen in Mitteleuropa mehrere Generationen. Im Süden können bis zu sechs Generationen

Flugzeit	J	F	M	A	M	J	J	A	S	O	N	D
Raupen	J	F	M	A	M	J	J	A	S	O	N	D

auftreten. Die Art gehört zu den Wanderfaltern und ist aus dem Mittelmeer zugewandert und wohl auch eingeschleppt worden. Als Kulturfolger kann sie in fast allen Lebensräumen auftreten. Die Kohlschabe ist in ganz Europa und weltweit verbreitet.

Rhigognostis incarnatella (Rötlicher Schleierfalter)

Die Falter sind bei 17 bis 21 mm Spannweite einer großen Kohlschabe *(Plutella xylostella)* ähnlich. Die Raupe lebt in einem Gespinst und ernährt sich von Gewöhnlicher Nachtviole (*Hesperis matronalis*), Zwiebel-Zahnwurz (*Cardamine bulbífera*), Rauken (*Sisymbrium* sp.), Lauch (*Alliaria* sp.), Gold-

Flugzeit	J	F	M	A	M	J	J	A	S	O	N	D

lack (*Erysimum* sp.) und anderen Pflanzenarten. Falter schlüpfen ab Ende Juli, überwintern und leben noch von März bis Anfang Juni. Als Lebensraum nutzen sie Waldränder mit angrenzendem Gebüsch, Wiesen, Felsfluren und Gärten von der Ebene bis in 1500 m Höhe. *R. incarnatella* ist in den meisten Regionen Europas zu finden.

Glyphipterigidae Familie Rundstirnmotten, Wippmotten

20 Arten gehören in Europa mit den Unterfamilien *Glyphipteriginae, Orthotelinae* und *Acrolepiinae* zur Familie. Die Flügelspannweiten reichen von 6 bis 20 mm. Ein auffälliges Merkmal sind die wippenden Flügelbewegungen (Wippmotten) der Falter im Sitzen. Die Raupen ernähren sich von Gräsern und Binsengewächsen.

Unterfamilie Acrolepiinae (Halbmotten)

Aus Europa sind 25 Arten dieser Unterfamilie bekannt, die sehr eng mit den *Plutellidae* verwandt sind und äußerliche Ähnlichkeiten aufweisen. Ihre Spannweiten erreichen zwischen 12 und 14 mm. Die Raupen minieren in den Blättern oder bohren in Stängeln, Knospen und Samen von beispielsweise Korbblütlern (*Asteraceae*), Lippenblütlern (*Lamiaceae*) und Nachtschattengewächsen (*Solanaceae*).

Unterfamilie Glyphipteriginae

Glyphipterix simpliciella

Die sehr kleinen Falter erreichen nur zwischen 6 und 9 mm Spannweite.

Flugzeit	J	F	M	A	M	J	J	A	S	O	N	D
Raupen	J	F	M	A	M	J	J	A	S	O	N	D

Sie sind grau gefärbt und tragen weiße Streifen. Die Larven nutzen bis zur Überwinterung und im Frühjahr bis etwa April Rohrschwingel (*Festuca arundinacea*) und Wiesen-Knäuelgras (*Dactylis glomerata*) als Nahrungspflanzen und verpuppen sich in den Stängeln. Zwischen Mai und Juli findet man diese Art in einer Generation. *G. simpliciella* ist über weite Teile Europas verbreitet.

Glyphipterix thrasonella

Die Spannweite beträgt 11 bis 15 mm. Die bronzefarbenen Vorderflügel zeigen eine charakteristische Zeichnung aus silberfarbigen Streifen und einem schwarzen Punkt sowie einem länglichen schwarzen Fleck mit kleinen weißen Punkten am Innenwinkel der Vorderflügel. Die Raupe ernährt sich

Flugzeit	J	F	M	A	M	J	J	A	S	O	N	D

von Binsen (*Juncus* sp.). Falter fliegen in einer Generation zwischen Mai und Juli. Die Art bewohnt Niedermoore, Feuchtwiesen und Kiesgruben vom Flachland bis in über 900 m Höhe.
Naturschutzstatus 1

Unterfamilie Orthoteliinae

Ypsolophidae Familie Knospenmotten

43 Arten sind in den sehr nahe verwandten zwei Unterfamilien *Ypsolophinae* und *Ochsenheimeriinae* für den europäischen Faunenbereich verzeichnet. Die Spannweiten der europäischen Vertreter erreichen zwischen 12 und 24 mm.

Unterfamilie Ochsenheimeriinae

Unterfamilie Ypsolophinae

Ypsolopha asperella

Die Falter erreichen Flügelspannweiten von 20 bis 21 mm. Die Vorderflügel besitzen eine weiße Grundfärbung mit einer braunen bis schwarzen Zeichnung. Die Musterung macht die Art unverwechselbar. Die Larven fressen nach dem Schlupf unter anderem an den Blättern von Apfelbäumen (*Malus domestica*), Gewöhnlicher Schlehe (*Prunus spinosa*) und Weißdornen (*Crataegus* sp.), Birnen (*Pyrus* sp.) und Zwergmispeln (*Cotoneaster* sp.) und spinnen sich dazwischen ein. Sie verpuppen sich an der Unter-

Flugzeit	J	F	M	A	M	J	J	A	S	O	N	D

seite des Blattes in einem Kokon. Sie leben in einer Generation nach dem Schlupf im August mit Überwinterung bis zum Frühjahr. Habitate sind lichte Laubmischwälder, Gärten, Streuobstwiesen, Hecken und gebüschreiche Trockenrasen. *Y. asperella* ist in Mittel- und Nordeuropa nachgewiesen.

Ypsolopha dentella

Die Falter erreichen Spannweiten zwischen 18 und 23 mm. Die Vorderflügel sind braun und weiß. Die Stirn trägt haarartige, nach vorne ver-

Flugzeit	J	F	M	A	M	J	J	A	S	O	N	D
Raupen	J	F	M	A	M	J	J	A	S	O	N	D

längerte Schuppen. Auf den ersten Blick besteht eine gewisse Ähnlichkeit zu *Plutella xylostea*. Die Raupen führen ihren Reifungsfraß zwischen Mai und Juni in einem Gespinst an den Blättern von Roter Heckenkirsche (*Lonicera xylosteum*) und Wald-Geißblatt (*L. periclymenum)* aus. Die Verpuppung findet ab Juni in einem weißen, länglichen Kokon in der Laubstreu statt. Die Imagines bilden eine Generation von Juni bis August und überwintern zuweilen auch. Sie sind dann wieder ab Juni des Folgejahres anzutreffen. Sie leben an Hecken, in lichten Laubwäldern und an deren Rändern. *Y. dentella* kann in ganz Europa nachgewiesen werden.

Ypsolopha falcella

Die Flügel haben eine Spannweite von 17 bis 20 mm. Die Zeichnung der Vorderflügel ist unverwechselbar. Die Raupen fressen von April bis Mai in

Flugzeit	J	F	M	A	M	J	J	A	S	O	N	D
Raupen	J	F	M	A	M	J	J	A	S	O	N	D

einem Seidengespinst von den Blättern ihrer Nahrungspflanze, der Roten Heckenkirsche (*Lonicera xylosteum*). Falter fliegen in einer Generation pro Jahr in den Monaten Mai bis Anfang Juli. Lebensraum sind Waldränder, Gebüschsäume sowie angrenzende Wiesen und Trockenrasen von niederen Lagen bis ins Bergland über 1100 m. Die Art ist über Nord- und Mitteleuropa verbreitet.

Ypsolopha mucronella

Die Falter erreichen Spannweiten zwischen 29 und 32 mm. Die Vorderflügel tragen eine hell- bis dunkelbraune striemenartige Längszeichnung auf weißem Grund. Die Raupe ernährt sich nach dem Schlupf im Sommer von den Blättern des Gewöhnlichen Pfaffenhütchens (*Eunonymus europaeus*) und spinnt sich dazwischen ein. Die Verpuppung findet in einem Kokon am Boden statt. Die Art bildet wahrscheinlich mehrere Generationen im Jahr

Flugzeit	J	F	M	A	M	J	J	A	S	O	N	D

aus und fliegt zwischen März und November und überwintert auch. Als Lebensräume werden Gärten, Hecken und Waldränder genutzt. *Y. mucronella* ist eine Art mit gesamteuropäischer Verbreitung.

Ypsolopha parenthesella

Die Spannweite der Flügel liegt bei 16 bis 20 mm. Flügelmusterung und -farbe unterliegen einer großen Variationsbreite. Die Raupe nutzt die Blätter verschiedener Laubbaumarten wie Birke (*Betula* sp.), Eichen (*Quercus* sp.), Gewöhnliche Hainbuche (*Carpinus betulus*), Haselnuss (*Corylus avellana*), Buche (*Fagus* sp.), Esche (*Fraxinus* sp.) und andere. Nach dem Schlupf leben die Falter in einer Generation von Juli bis September. Die Habitate erstrecken sich auf Ränder von Laubmischwäldern und Gehölzen

Flugzeit	J	F	M	A	M	J	J	A	S	O	N	D

von der Ebene bis in Mittelgebirgshöhen von 1200 m. Die Verbreitung von *Y. parenthesella* erstreckt sich über ganz Europa.

Ypsolopha scabrella

Die Spannweite erreicht etwa 20 bis 22 mm. Die Vorderflügel sind dunkel-, rötlich und gelblich braun gefärbt und tragen je drei Haarbüschel an den Innenseiten der Vorderflügel. Die Raupe lebt zwischen Mai und Anfang Juni an den Blättern von Apfel (*Malus* sp.), Weißdorn (*Crataegus* sp.), Zwergmispel (*Cotoneaster* sp.) und Gewöhnlicher Felsenbirne (*Amelanchier ovalis*). Als Falter erscheint sie in einer Generation, je nach Lage von Ende Mai bis

Flugzeit	J	F	M	A	M	J	J	A	S	O	N	D
Raupen	J	F	M	A	M	J	J	A	S	O	N	D

August. Imagines leben in Wäldern und Gärten. Die Verbreitung erstreckt sich auf ganz Europa.

Ypsolopha sequella (Rundfleckige Schabe, Osterhasenfalter)

Die Falter erreichen 17 bis 21 mm Flügelspannweite. Die schwarzen Flecken auf den weißen Vorderflügeln variieren in ihrer Größe. Sie können auch manchmal grau oder bräunlich überstäubt sein. Die schwarze bis dunkelbraune Zeichnung erinnert an die Kontur eines Hasen und ist für den deutschen Namen verantwortlich. Im Raupenstadium ernährt sich die Art von Feldahorn (*Acer campestre*), Bergahorn (*Acer pseudoplatanus*) und Lindenarten (*Tilia* sp.). Die Flugzeit der einzigen Generation reicht standortabhängig von Juli bis September. Sie bewohnen Waldränder, lichte Wäl-

Flugzeit	J	F	M	A	M	J	J	A	S	O	N	D

der, Wegränder, Gebüsche, Gärten und Parks von der Ebene bis 1300 m Höhe. Für *Y. sequella* finden sich Nachweise in ganz Europa.

Praydidae

Die Familie wird von verschiedenen Autoren oft auch als Unterfamilie *Praydinae* zu den *Yponomeutidae* gestellt.

Atemelia torquatella (Moorbirken-Gespinstmotte)

Flugzeit	J	F	M	A	M	J	J	A	S	O	N	D
Raupen	J	F	M	A	M	J	J	A	S	O	N	D

Die Spannweite beträgt zwischen 9 und 11 mm. Die hellen Flecken auf den Vorderflügeln finden sich manchmal nur reduziert oder fehlen vollständig. Die Raupen leben bis zum April oft zu mehreren in einer großen Blattmine und wiederum im August an ihren Nahrungspflanzen Birke (*Betula* sp.) und Ulme (*Ulmus* sp.). Die Verpuppung findet in einem ovalen Kokon statt, der sich in einem flachen Gespinst befindet. Hier überwintert die Art auch. Die Falter fliegen in zwei Generationen von Mai bis Juni und in der nächsten im August. Als Lebensraum nutzen sie Gärten, Parks und Wälder. Sie sind von Mitteleuropa bis zum nördlichen Kleinasien verbreitet, fehlen allerdings in Spanien und auf dem Balkan.

Heliodinidae Familie Sonnenmotten

In Europa ist diese Familie nur mit einer einzigen Art vertreten. Die Art *Heliodines roesella* hat sehr auffällig gefärbte Vorderflügel mit einer Spannweite von 12 bis 15 mm und einen plumpen Körperbau. Im Raupenstadium miniert sie in Blättern.

Bedelliidae

In Europa sind zwei Arten nachgewiesen, die zwischen 10 und 12 mm Flügelspannweite erreichen und sehr unauffällige bräunlich graue, schmale Vorderflügel besitzen. Von manchen Autoren werden sie noch als Unterfamilie der *Lyonetiidae* betrachtet. Im Raupenstadium minieren sie in den Blättern von Windengewächsen (*Convolvulaceae*).

Lyonetiidae Familie Langhorn-Blattminiermotten, Schlangenminiermotten

In Europa existieren 31 Arten in zwei Unterfamilien *Cemiostominae* und *Lyonetiinae* mit sehr schmalen Vorder- und Hinterflügeln und langen Fransen am Flügelende. Im Raupenstadium minieren sie in Blättern oder in der Rinde der grünen Stängel.

Unterfamilie Cemiostominae

Unterfamilie Lyconettinae

Lyonetia prunifoliella (Schlehen-Langhornminiermotte)

Die weißen Vorderflügel erreichen 9 bis 11 mm Spannweite. An ihrem Ende tragen sie einen kupferfarbigen Fleck und einen schwarzen Punkt. Die Raupen minieren zwischen Juli und September in den Blättern von Schlehe (*Prunus spinosa*), Apfel (*Malus* sp.), Echter Mispel (*Mespilus germanica*), Birne

Flugzeit	J	F	M	A	M	J	J	A	S	O	N	D
Raupen	J	F	M	A	M	J	J	A	S	O	N	D

(*Pyrus communis*), Hängebirke (*Betula pendula*) und Weißdorn (*Crataegus* sp.). Die Falter nutzen verbuschende Wiesen sowie Trockenrasen und fliegen in einer Generation im Jahr. Sie überwintern von September bis ins Frühjahr des Folgejahres. Die Verbreitung erstreckt sich auf ganz Europa, mit Ausnahme Irlands, der Iberischen Halbinsel, und der Mittelmeerinseln.

Überfamilie Douglasioidea

Douglasiidae Familie Wippflügelfalter

Die 13 Arten dieser Familie in Europa sind mit durchschnittlich nur 5 bis 11 mm Flügelspannweite sehr klein. Die Vorderflügel der Falter sind oft braun oder metallisch schimmernd beschuppt und tragen helle Flecken. Die Raupen minieren anfangs und fressen später frei an der Blattoberfläche.

Überfamilie Gelechioidea

Autostichidae

134 Arten gehören in Europa zu den Unterfamilien *Autostichinae, Symmocinae, Holcopogoninae und Deocloninae*. Die systematische Einordnung der Familienzugehörigkeit ist nicht gänzlich geklärt. Die Nahrungsgrundlage der Raupen besteht hauptsächlich aus verrottenden Pflanzenbestandteilen wie Blättern und Ähnlichem.

Unterfamilie Autostichinae

Oegoconia sp.

Die Spannweite dieser Gattung beträgt 10 bis 22 mm. Die dunkelgrauen oder graubraunen Vorderflügel zeigen wie bei diesem Vertreter oft helle Flecken, Punkte oder Binden. Die Falter sind nach äußerlichen Merkmalen schwer unterscheidbar. Auch ist zu ihrer Entwicklung und Lebensweise wenig bekannt.

Unterfamilien Deocloninae, Holcopogoninae, Symmocinae

Lecithoceridae

Man kennt zehn Arten dieser kleinen, 10 bis 25 mm Flügelspannweite messenden Schmetterlinge in Europa. Die Grundfarbe ist schwarz mit gelben Fühlern oder gelb mit schwarzen Fühlern. Die Familie setzt sich aus den Unterfamilien *Ceuthomadari, Oditinae* und *Lecithocerinae* zusammen. Sie leben von lebenden und abgestorbenen Pflanzenteilen.

Unterfamilien Ceuthomadari, Lecithocerinae, Oditinae

Blastobasidae

Die Familie hat 55 Arten in Europa, die zwischen 10 und 20 mm Flügelspannweite erreichen und in der Regel eine dunkle Färbung mit schwarzen Zeichnungsbestandteilen aufweisen. Die Raupen fressen an organischen Resten wie abgestorbenen Blättern und Ähnlichem.

Oecophoridae Familie Faulholzmotten

Die 126 Arten Europas sind in zwei Unterfamilien *Deuterogoniinae* und *Oecophorinae* unterteilt. Die Falter erreichen Flügelspannweiten von 9 bis 27 mm. Im Raupenstadium ernähren sie sich von verrottenden organischen Materialien wie z.B. Holz, Blätter, Pflanzenreste, Flechten, Pilzen, Samen und Früchte.

Unterfamilie Deuterogoniinae

Unterfamilie Oecophorinae

Bisigna procerella

Die Falter erreichen 11 bis 13 mm Spannweite. Die Vorderflügel haben eine orange Grundfärbung und befranste Flügelspitzen und werden von schmalen, weißen, schwarz eingefassten Querlinien überzogen. Die Raupe nutzt in einer selbst erstellten Gespinströhre zwischen September mit Überwinterung und im Frühjahr bis Mai des Folgejahres Flechten an der Borke von Bäumen. Als Falter fliegen sie in einer Generation pro Jahr von

Flugzeit	J	F	M	A	M	J	J	A	S	O	N	D
Raupen	J	F	M	A	M	J	J	A	S	O	N	D

Juni bis August. Lebensraum finden sie in Laubwäldern, Parks und Gärten von tiefen Lagen bis 800 m Höhe. Verbreitet ist *B. procerella* in Mittel-, Süd- und Osteuropa.

Carcina quercana

Die Falter erreichen 16 bis 22 mm Flügelspannweite. Sie besitzen am Flügelrand zwei gelbe Flecken und tragen einen gelben Saum. Die Vorderflügel haben eine rötlich braune Grundfärbung. Die Raupe frisst im Frühjahr in Gespinsten an der Blattunterseite ihrer Nahrungspflanzen wie Rotbuche (*Fagus sylvatica*), Eiche (*Quercus* sp.) und verschiedenen weiteren Laubbaumarten. Die nachtaktiven Falter erscheinen in einer Generation pro Jahr von Juli bis August. Man findet die Art in Süd- und Mitteleuropa.

Flugzeit	J	F	M	A	M	J	J	A	S	O	N	D
Raupen	J	F	M	A	M	J	J	A	S	O	N	D

Crassa unitella

Die Falter erreichen 12 bis 16 mm Spannweite. Ihre Vorderflügel sind goldbraun mit stark befransten Flügelspitzen. Der Kopf hat eine auffällige, gelb kontrastierende Behaarung. Als Raupe lebt sie von September mit Überwinterung bis Mai des Folgejahres unter der Borke von abgestorbenen

Flugzeit	J	F	M	A	M	J	J	A	S	O	N	D
Raupen	J	F	M	A	M	J	J	A	S	O	N	D

Bäumen wie Eichen (*Quercus* sp.), Ulmen (*Ulmus* sp.), Apfelbäumen (*Malus* sp.) und weiteren Arten und ernährt sich von Pilzen auf der Borke. Imagines erscheinen in einer Generation von Mai bis August. Die Lebensräume sind Laubwälder, Feldgehölze, Streuobstwiesen und Gärten *C. unitella* ist hauptsächlich in Mittel- und Nordeuropa sowie im Osten bis zum Kaukasus verbreitet.

Denisia stipella

Die Spannweite der Flügel erreicht 7 bis 10 mm. Die Art kann leicht mit *D. similella* verwechselt werden, hat jedoch im Gegensatz zu dieser an der Basis hell geringelte Fühler und einen gelben Kopf mit verdunkelter Mitte. Die Raupe lebt im Herbst in der Streuschicht und ernährt sich von verrottendem Pflanzenmaterial, wie tierischen Stoffen, Totholz, Früchten, Samen und Nadeln von Koniferen wie Fichte (*Picea* sp.), Kiefer (*Pinus* sp.) und Weißtanne (*Abies alba*). Hier verpuppt sie sich zur Überwinterung. Imagi-

Flugzeit	J	F	M	A	M	J	J	A	S	O	N	D
Raupen	J	F	M	A	M	J	J	A	S	O	N	D

nes erscheinen in einer Generation von Ende Mai bis August. Die Habitate der Falter bestehen aus Laub- und Mischwäldern sowie Fichtenforsten. Die Kleinschmetterlinge sind bis auf den südlichen Teil der Balkanhalbinsel und die Iberische Halbinsel über ganz Europa verbreitet.

Epicallima formosella

Die Spannweite der Vorderflügel erreicht 11 bis 15 mm. Die Falter haben gelbbraune, rotbraune und weiße Farbelemente. In ihrem Lebensraum

Flugzeit	J	F	M	A	M	J	J	A	S	O	N	D
Raupen	J	F	M	A	M	J	J	A	S	O	N	D

Streuobstwiese ernähren sich die Raupen zwischen September mit Überwinterung bis ins Frühjahr des Folgejahres vermutlich von Pilzen unter der morschen Borke an Totholz von Apfel (*Malus* sp.) oder Robinie (*Robinia pseudoacacia*). Die Verpuppung findet ab Mai oder Juni statt. Ab Juli bis August erscheint eine Generation. *E. formosella* ist europaweit verbreitet.

Harpella forficella

Flugzeit	J	F	M	A	M	J	J	A	S	O	N	D
Raupen	J	F	M	A	M	J	J	A	S	O	N	D

Die Spannweite der größten heimischen Faulholzmotte erreicht zwischen 19 und 29 mm. Die breite braune und gelbe Längsstreifung macht die Art gut bestimmbar und unverwechselbar. Die Raupe überwintert und bewohnt bis April oder Mai totes, abgestorbenes Laubholz. Sie ernährt sich, wie vermutet wird, von den sich daran bildenden Pilzmyzelien. Standortabhängig erscheinen die Falter in einer Generation von Juni bis September. Sie leben in Laub- und Laubmischwäldern. *H. forficella* ist mit Ausnahme der Britischen Inseln über ganz Europa verbreitet.

Hofmannophila pseudospretella (Samenmotte)

Die Falter erreichen eine Flügelspannweite von 20 bis 26 mm. Die variabel graubraunen Vorderflügel besitzen je drei mehr oder weniger ausgeprägt dunkle Flecken in der Mitte und einen Saum aus dunklen Flecken und einer schwarzen Flügelreihe am Flügelrand. Die Falter erscheinen in mehreren

Flugzeit	J	F	M	A	M	J	J	A	S	O	N	D

Generationen von April bis Oktober. Die Art ist Kulturfolger und lebt sowohl in Siedlungsbereich in Wohnungen und Vorratslagern als auch in der Natur z.B. in Vogelnestern. Die relativ kälteresistenten Samenmotten sind in ganz Europa und fast weltweit verschleppt und verbreitet.

Oecophora bractella

Diese Faulholzmotte erreicht 13 bis 20 mm Flügelspannweite. Die Vorderflügel sind halb gelb und halb dunkelbraun mit je zwei hellblauen, violett schimmernden, kurzen Querbinden. Kopf und Brust sind gelb gefärbt. Die Raupen sind Totholzbewohner und leben ab Herbst mit Überwinterung und

Flugzeit	J	F	M	A	M	J	J	A	S	O	N	D
Raupen	J	F	M	A	M	J	J	A	S	O	N	D

danach bis März, April unter der Borke von Eiche (*Quercus* sp.), Pappel (*Populus* sp.), Weide (*Salix* sp.), Rotbuche (*Fagus sylvatica*) und anderen. Sie verzehren das tote, vermutlich mit Pilzmyzelien angereicherte Holz. Imagines fliegen standortabhängig in einer Generation von Mai bis Anfang August. Sie bewohnen Eichen-, Buchen- und Mischwälder sowie Parks. *O. bractella* ist für weite Teile Europas nachgewiesen.

Schiffermuelleria schaefferella

Die Falter erreichen 12 bis 15 mm Flügelspannweite. Die Grundfarbe der Vorderflügel ist orange. Am Ansatz und am Hinterende finden sich braune

Flugzeit	J	F	M	A	M	J	J	A	S	O	N	D

Flecken, in der Mitte eine silberfarbene Querlinie, dahinter in der Mitte zwei gleichfarbige Längslinien. Die Art sieht *S. grandis* ähnlich, es fehlen jedoch zwei helle Flecken an den Vorderflügelrändern. Imagines erscheinen in einer Generation zwischen April und Juni. Die Art bewohnt Waldränder, Streuobstwiesen und Obstgärten. Die Raupen erscheinen ab Mai. Sie sind Totholzbewohner und leben bis zur Verpuppung im Frühjahr des folgenden Jahres von den Pilzmyzelien im verrottenden Holz verschiedener Baumarten. Die Verbreitung von *S. schaefferella* beschränkt sich auf Süd- und Mitteleuropa.

Amphisbatidae

Die 19 Arten Europas gehören alle zur Unterfamilie *Amphibastinae*. Die Falter dieser Familie sind im Aussehen sehr verschieden. Sie erreichen zwischen 10 bis 22 mm Flügelspannweite und haben graue bis braune, breite Flügel mit oft einem oder mehreren dunklen Punkten. Über die Biologie der meisten Arten ist wenig bekannt.

Lypusidae

Die Familie besteht in Europa aus zwei Arten, deren Raupen an Moosen und Flechten an Steinen und Felsen leben.

Lypusa tokari

Die Spannweite liegt zwischen 7 und 12 mm. Die Falter sind dunkelbraun und haben am Hinterende der Vorderflügel lange, fransenartige Schuppen. Sie sehen genauso wie ihre Schwesterart *Lypusa maurella* aus und sind nur durch ihre Genitalien zu unterscheiden. Die Raupe ernährt sich wahrscheinlich von Steinflechten. Die Imagines leben in einer Generation von Mitte April bis Anfang Juni. Die Art lebt in warmen, trockenen, lichten Eichen- und Laubmischwäldern auf Wiesen, auf Sandmagerrasen oder Heideflächen. Nachweise bestehen für Europa in Österreich, Ungarn, Nord-Italien, Bulgarien, Albanien und für die Slowakei.

Flugzeit	J	F	M	A	M	J	J	A	S	O	N	D

Chimabachidae

Die kleine Familie hat nur drei Arten in Europa. Zum Teil wird die Familie von manchen Autoren noch als Unterfamilie der *Oecophoridae* betrachtet. Die Falter sind klein und haben Flügel, die flach und länglich geformt sind.

Diurnea fagella (Buchenmotte, Sängerin)

Flugzeit	J	F	M	A	M	J	J	A	S	O	N	D
Raupen	J	F	M	A	M	J	J	A	S	O	N	D

Die Spannweite der Flügel erreicht 19 bis 29 mm. Die Grundfarbe ist meist hellgrau mit einem dunklen Fleckenmuster. Die Flügel der Weibchen sind wesentlich verkürzt und zum Flug nicht geeignet. Als Nahrungsgrundlage der Raupe dienen bevorzugt die Blätter von Rotbuche (*Fagus sylvatica*), daneben Stieleiche (*Quercus robur*), Hängebirke (*Betula pendula*) und Sal-Weide (*Salix caprea*), an denen sie zwischen Juni und Oktober lebt. Sie spinnt die Blätter zusammen und kann durch schnelle Bewegungen hohe Töne erzeugen, was ihr den deutschen Namen verlieh. Die Verpuppung findet im Winter bis ins Frühjahr hinein im Gespinst im Blatt statt, das zu Boden fällt. Ende Februar erscheint in einer Generation pro Jahr der Falter bis etwa Mitte Mai. Die Art bewohnt Laubmisch- und Buchenwälder. *D. fagella* ist in weiten Teilen Europas verbreitet.

Elachistidae Familie Grasminiermotten

In Europa existieren 252 Arten mit den Unterfamilien *Ethmiinae, Depressariinae, Parametriotinae* und den früher als *Amphisbatidae* zusammengefassten Triben. Die Flügelspannweiten erreichen zwischen 7 bis 12 mm. Die Färbung ist unterschiedlich. Sie nutzen als Futterpflanze hauptsächlich Binsengewächse (*Juncaceae*), Süß- (*Poaceae*) und Sauergräser (*Cyperaceae*). Die Raupen minieren in den Blättern.

Unterfamilie Depressariinae

Agonopterix arenella

Die Falter erreichen eine Flügelspannweite von 20 bis 24 mm. Die Grundfärbung ist ockerfarben mit einer dunkelbraunen bis schwarzen Zeichnung. Einige weitere Arten sind sehr ähnlich. Die Larven minieren und fressen später in einem Gespinst an verschiedenen Distelarten (*Cirsium* sp.) und Flockenblumen (*Centaurea* sp.) sowie Kletten (*Arctium* sp.), Scharten (*Serratula* sp.), Eberwurzen (*Carlina* sp.) Skabiose (*Scabiosa* sp.) und Witwenblumen (*Knautia* sp.). *A. arenella* bildet eine Generation im Jahr, die von Anfang August bis Oktober fliegt. Sie bewohnen Waldränder, Wiesen und auch Gärten. Ihre Verbreitung ist für Europa nur auf der Iberischen Halbinsel nicht nachgewiesen.

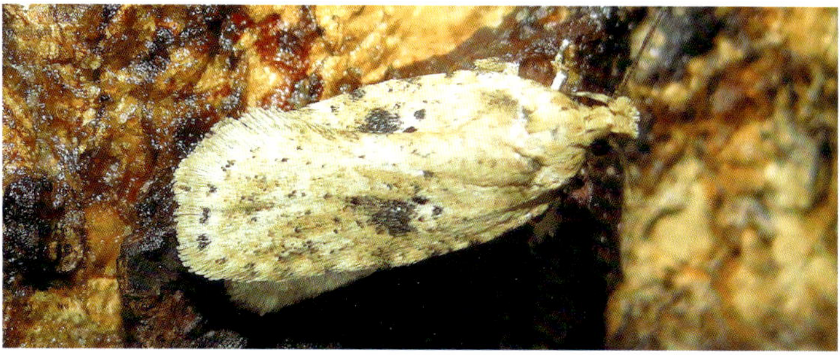

Flugzeit	J	F	M	A	M	J	J	A	S	O	N	D
Raupen	J	F	M	A	M	J	J	A	S	O	N	D

Agonopterix capreolella

Flugzeit	J	F	M	A	M	J	J	A	S	O	N	D
Raupen	J	F	M	A	M	J	J	A	S	O	N	D

Die Spannweite der Vorderflügel erreicht 15 bis 19 mm. Als Falter fliegen sie in einer Generation ab August bis zur Überwinterung und dann wieder vom Frühjahr bis in den Mai. Die Raupe lebt von Juni bis zur Verpuppung ab August an Kleiner Bibernelle (*Pimpinella saxifraga*) und Wilder Möhre (*Daucus carota*). Die Art ist für ganz Europa nachgewiesen.

Agonopterix ocellana

Zwischen 21 und 25 mm Flügelspannweite erreicht der Falter mit gestreckten Vorderflügeln. Die Grundfärbung ist hellbraun. Ein gebogener, schwar-

Flugzeit	J	F	M	A	M	J	J	A	S	O	N	D
Raupen	J	F	M	A	M	J	J	A	S	O	N	D

zer Strich in der Mitte der Flügel und daran anschließend ein gerader roter Strich sind charakteristisch. Die Raupe lebt an Weidenarten (*Salix* sp.), wo sie sich zum Schutz beim Fressen in einem röhrenartigem Gespinst aufhält. Sie verpuppt sich in einem Kokon an der Erdoberfläche. Ab August findet man die einzige Faltergeneration. Sie überwintern und legen im Frühjahr die Eier ab. Die Ansprüche an den Lebensraum beschränken sich auf das Vorkommen von Weiden, sie bewohnen Waldbereiche bis hin zu Feuchtbiotopen. Die Nachweise von *A. ocellana* bestehen für ganz Europa.

Anchinia cristalis

Die Spannweite liegt zwischen 14 und 19 mm. Die Vorderflügel sind graubraun und im vorderen Drittel rötlich braun. Sie tragen darauf je zwei auffällige schwarze, borstenartig abstehende strichförmige Erhebungen. Die Raupen fressen ohne erkennbare Probleme an giftigem Gewöhnlichem Seidelbast (*Daphne mezereum*), Rosmarin-Seidelbast (*D. cneorum*), Lor-

Flugzeit	J	F	M	A	M	J	J	A	S	O	N	D
Raupen	J	F	M	A	M	J	J	A	S	O	N	D

beer-Seidelbast (*D. laureola*) und Spatzenzunge (*Thymelaea passerina*). Die Falter erscheinen von Ende Mai bis Anfang August in einer Generation. Sie bewohnen Mischwälder, Waldränder und -lichtungen, verbuschte Halbtrockenrasen und Felsfluren zwischen 250 und 1200 m Höhe. Die europäische Verbreitung beinhaltet nicht die Balkan-Halbinsel, Großbritannien, Irland, die Niederlande, Norwegen, Finnland und die Ukraine.

Anchinia laureolella

Die Spannweite erreicht um etwa 16 mm. Als Raupen ernähren sie sich von giftigem Gestreiftem Seidelbast (*Daphne striata*) und Gewöhnlichem Sei-

Flugzeit	J	F	M	A	M	J	J	A	S	O	N	D

delbast (*Daphne mezereum*). Falter werden ab Juli bis August beobachtet. Die Art lebt im Hochgebirge auf Almwiesen und Bergmatten sowie alpinen Zwergstrauchgürteln oberhalb der Baumgrenze. In Europa findet man *A. laureolella* in Spanien, Frankreich, der Schweiz, Österreich, Italien, Slowenien, Ungarn, Bulgarien, Mazedonien und Griechenland.

Depressaria olerella

Die Vorderflügel erreichen Spannweiten von 20 bis 23 mm. Die Falter sind rötlich braun gefärbt. Die Raupe spinnt die Blätter ihrer Futterpflanzen wie

Flugzeit	J	F	M	A	M	J	J	A	S	O	N	D

die der Gemeinen Schafgarbe (*Achillea millefolium*) oder des Rainfarns (*Tanacetum vulgare*), der Straußblütigen Wucherblume (*T. corymbosum*) und des Greiskrauts (*Senecio* sp.) beim Fressen zum Schutz zusammen. Die Falter sind im September nachgewiesen, überwintern dann vermutlich und lassen sich im April wieder finden. Im Juni erscheint eine neue Generation. Die Falter leben in ganz Europa, mit Ausnahme der Iberischen Halbinsel, Irland, den Niederlanden und großen Teilen der Balkan-Halbinsel.

Hypercallia citrinalis

Die Flügelspannweite beträgt 19 bis 26 mm. Die Falter sind gelb gefärbt und tragen ein rotes, rautenförmiges Muster auf den Vorderflügeln. Die Larven fressen in einem Gespinst an der Unterseite der Blätter von Mitte Juli bis Anfang Oktober an verschiedenen Gehölzen wie Gewöhnlicher Schlehe (*Prunus spinosa*), Weißdorn (*Crataegus* sp.), Mehlbeere (*Sorbus* sp.) und anderen. Die Verpuppung findet in einem seidenen Kokon unter

Flugzeit	J	F	M	A	M	J	J	A	S	O	N	D
Raupen	J	F	M	A	M	J	J	A	S	O	N	D

dem Falllaub statt. Die Art überwintert als Puppe. Als Lebensraum bewohnen sie Hecken, Waldränder und Gebüschbereiche. Die nachtaktiven Falter erscheinen von Mai bis Anfang Juli in einer Generation und werden im größten Teil Europas, außer Irland, der Iberischen Halbinsel, Finnland, Estland und dem größten Teil der Balkanhalbinsel gefunden.

Luquetia lobella

Flugzeit	J	F	M	A	M	J	J	A	S	O	N	D

Die Flügelspannweite liegt bei 15 bis 20 mm. Die grau gefärbten Falter tragen auf den Vorderflügeln je vier schwarze Punkte. Als Raupe leben sie in einem Gespinst an den Blüten und Blättern von verschiedenen Kreuzblümchen wie Gewöhnlichem Kreuzblümchen (*Polygala vulgaris*) oder Kalk-Kreuzblümchen (*P. calcarea*). Als Lebensraum nutzen sie Magerrasengelände an Waldrändern, kurzrasige Weiden, grasbewachsene Waldlichtungen in Höhen von 400 bis 1300 m. Die dämmerungsaktiven Falter fliegen in einer Generation pro Jahr, je nach Standort von Mai bis Juni. Die Verbreitung von *L. lobella* erstreckt sich auf ganz Europa.

Semioscopis oculella (Vorfrühlings-Breitflügelfalter)

Die Flügelspannweite beträgt zwischen 24 und 34 mm. Der grau gefärbte Falter trägt auf den Vorderflügeln je einen länglichen braunen Streifen, in dem sich eine schwarze Längslinie mit je einem weißen Fleck an jedem Ende befindet. Die Raupen leben bevorzugt an Birken-Arten (*Betula* sp.)

Flugzeit	J	F	M	A	M	J	J	A	S	O	N	D
Raupen	J	F	M	A	M	J	J	A	S	O	N	D

sowie an Rotbuche (*Fagus sylvatica*) und Linde (*Tilia* sp.). Die Imagines fliegen in einer Generation pro Jahr von Ende Februar bis April. Die Lebensräume, in denen der Falter gefunden wurde, bestehen aus Rändern von Mischwäldern, Lichtungen in Birkenwäldern und Hochmooren. Der Vorfrühlings-Breitflügelfalter wird in Europa mit Ausnahme eines großen Teils der Balkanhalbinsel, der iberischen Halbinsel, Großbritanniens und Irlands gefunden.

Unterfamilie Elachistinae

Elachista argentella

Die Flügelspannweite beträgt 11 bis 12 mm. Die Falter sind weiß und tragen an den Hinterenden der Vorderflügel lange Fransen. Die Raupe erscheint ab August, überwintert und ist wieder vom Frühjahr bis Anfang Mai

Flugzeit	J	F	M	A	**M**	**J**	**J**	A	S	O	N	D
Raupen	J	F	**M**	**A**	**M**	J	J	**A**	**S**	**O**	**N**	D

zu finden. Sie minieren die Blätter einer Vielzahl von Gräsern wie Aufrechter Trespe (*Bromus erectus*), Straußgras (*Agrostis* sp.), Echtem Wiesenhafer (*Helictotrichon pratense*), Fiederzwenke (*Brachypodium pinnatum*), Echtem Schaf-Schwingel (*Festuca ovina*), Landreitgras (*Calamagrostis epigejos*), Wiesen-Knäuelgras (*Dactylis glomerata*), Rasenschmiele (*Deschampsia cespitosa*), Wolligem Honiggras (*Holcus lanatus*), Blaugrünem Schillergras (*Koeleria glauca*), Gewöhnlichem Sandroggen (*Leymus arenarius*), Rohr-Glanzgras (*Phalaris arundinacea*), Lieschgras (*Phleum* sp.), Wiesen-Rispengras (*Poa pratensis*) und anderer. Die Miniermotten fliegen je nach Vorkommensort vom Mai bis Juli in einer Generation. Für Europa bestehen außer auf der Balkanhalbinsel aus allen Ländern Nachweise.

Elachista maculicerusella

Die Flügelspannweite beträgt zwischen 10 und 12 mm. Die weißen Vorderflügel sind bräunlich und schwarz gefleckt. Die Raupen legen flache und ziemlich oberflächliche Fraßminen in den Futterpflanzen wie Rohr-Glanzgras (*Phalaris arundinacea*) und Schilfrohr (*Phragmites australis*) an. Die Falter bilden zwei Generationen je nach Lage von April bis Juni und von

Flugzeit	J	F	M	A	M	J	J	A	S	O	N	D

Juli bis September aus. Als Habitat nutzen sie Feuchtwiesen, Niedermoore, feuchte Wälder sowie Bach- und Flussufer. Die Verbreitung von *E. maculicerusella* umfasst ganz Europa.

Unterfamilie Ethmiinae

Ethmia aurifluella

Die Spannweite der Flügel liegt bei etwa 12 mm. Mit seiner grauen Grundfärbung mit schwarzen Punkten und dem gelben Hinterleib ist der Falter unverwechselbar. Als Nahrungspflanzen nutzen die Raupen von Juni bis

Flugzeit	J	F	M	A	M	J	J	A	S	O	N	D
Raupen	J	F	M	A	M	J	J	A	S	O	N	D

zur Verpuppung Ende Juli, Anfang August Wiesenraute (*Thalictrum* sp.) und Ochsenzunge (*Anchusa* sp.). Die Falter leben in einer Generation zwischen April und Juni. Als Lebensraum nutzen sie Wiesen und Trockenrasen.

In Europa ist *E. aurifluella* auf der Iberischen Halbinsel, in Frankreich, der Schweiz, Österreich, Italien, Albanien, der Republik Mazedonien, Bulgarien, Griechenland, Rumänien, der Ukraine und dem südlichen Russland nachgewiesen.

Ethmia bipunctella

Die Spannweite der Flügel beträgt zwischen 19 und 28 mm. Die Oberseite der Vorderflügel ist weiß mit je drei schwarzen Flecken, die Unterseite schwarz. Am Flügelende befindet sich eine aus schwarzen Punkten bestehende Saumlinie. Der Hinterleib ist orange-gelb gefärbt. Zum Schutz beim Fressen bilden die Raupen Gespinste an Nahrungspflanzen wie Ochsenzunge (*Anchusa* sp.), Beinwell (*Symphytum* sp.), Gewöhnlichem Natternkopf (*Echium vulgare*), Steinsame (*Lithospermum* sp.), Gewöhnlicher Hundszunge (*Cynoglossum officinale*) und anderen Arten. Sie entwickeln sich von August bis zur Verpuppung Anfang Oktober. Die Puppe überwintert in Totholz oder Pflanzenstängeln. Die Falter erscheinen von Ende April bis Ende Juni und von Juli bis Ende September in vermutlich zwei Generationen und leben in trockenen, warmen Habitaten wie Trocken- und Halbtrockenrasen in tieferen Lagen. Die Verbreitung von *E. bipunctella* erstreckt sich auf Mittel- und Südeuropa.

Flugzeit	J	F	M	A	M	J	J	A	S	O	N	D
Raupen	J	F	M	A	M	J	J	A	S	O	N	D

Ethmia quadrillella

Die Flügelspannweite erreicht 15 bis 19 mm. Die Vorderflügel sind weiß und tragen an der Basis schwarze Punkte und in der Mitte und zum Ende ausgedehnte schwarze Flecken. Die Beine sind schwarz-weiß geringelt. Für die Raupen wurden eine Reihe von Pflanzen wie Gewöhnlicher Beinwell (*Symphytum officinale*), Echter Steinsame (*Lithospermum officinale*), Echtes Lungenkraut *(Pulmonaria officinalis)* und auch Wald-Vergissmeinnicht (*Myosotis sylvatica*) dokumentiert. Die lange Flugzeit der einzigen Faltergeneration dauert von Anfang Mai bis Mitte September. Sie stellen nur geringe Ansprüche an ihre Lebensräume an den Rändern von Laub- und Nadelwäldern sowie Hochstaudenfluren und angrenzende Magerwiesen in Höhen zwischen 400 und 1800 m. Die Besiedlung erstreckt sich auf weite

Flugzeit	J	F	M	A	M	J	J	A	S	O	N	D

Bereiche Europas mit Ausnahme eines großen Teils der Balkanhalbinsel, der Iberischen Halbinsel, Großbritanniens und Irlands.

Unterfamilie Parametriotinae

Stathmopodidae

Die Familie hat neun Arten in Europa. Die Spannweiten der Flügel erreichen 7 bis 15 mm. Mitglieder dieser Familie kommen hauptsächlich in bewaldeten Regionen vor. Sie leben vorzugsweise in Waldgebieten und ernähren sich von Blüten oder Samen der Nahrungspflanzen.

Stathmopoda pedella (Balancierstabmotte)

Die Spannweite beträgt etwa 14 bis 16 mm. Der Falter sieht mit den gelb und dunkelbraunen Querstreifen und den weit seitlich abgespreizten Vorderbeinen unverwechselbar aus. Im Raupenstadium leben sie von August bis September in den grünen, weiblichen Kätzchen von Erlen (*Alnus* sp.), die dabei braunfleckig werden und durch ausgestoßenen Kot kenntlich sind. Die Imagines erscheinen in einer Generation von Juni bis Juli. Die Fal-

Flugzeit	J	F	M	A	M	J	J	A	S	O	N	D
Raupen	J	F	M	A	M	J	J	A	S	O	N	D

ter leben in Auwäldern, in Erlenbruchwäldern und an Gewässerufern mit Erlen. Die Balancierstabmotte ist in Europa mit Ausnahme des Balkans weit verbreitet, aber nicht häufig.

Batrachedridae

Die Familie besteht in Europa nur aus drei Arten. Sie erreichen Flügelspannweiten zwischen 10 und 15 mm und besitzen Fühler, die in der Regel die Länge der auffallend schmalen Vorderflügel erreichen. Die europäischen Arten kommen in Waldgebieten oder im Bereich von Gehölzansammlungen vor. Sie leben meist an Bäumen und von deren Blüten und Früchten.

Coleophoridae Familie Miniersackträger, Sackträgermotten

Die große Familie ist mit 577 Arten in Europa mit fünf Gattungen *Augasma, Coleophora, Goniodoma, Ischnophanes* und *Metriotes* verzeichnet. Sie haben Flügelspannweiten zwischen 4 und 24 mm. Die Bandbreite der Pflanzen, die sie als junge Raupen minieren, ist groß. Später spinnen sich die Raupen zum Schutz einen Sack aus Pflanzenteilen um ihren Körper.

Coleophora frischella

Die Falter erreichen Spannweiten von 11 bis 15 mm. Die Vorderflügel glänzen metallisch grünlich-golden mit einer purpurnen Färbung am Ende.

Flugzeit	J	F	M	A	M	J	J	A	S	O	N	D

Äußerlich sind sie ohne Genitaluntersuchung nicht von *C. alcyonipennella* unterscheidbar. Die Raupe lebt an Kleearten (*Trifolium* sp.) in einem selbst angefertigten Sack innerhalb der Samenstände, verpuppt sich und überwintert. Die Falter erscheinen in ein bis zwei Generationen vom Mai bis Juni und im August und leben auf Wiesen, Weiden und Grünland. *C. frischella* bewohnt einen Großteil Europas.

Metriotes lutarea

Zwischen 10 und 14 mm beträgt ihre Flügelspannweite. Die Falter haben dunkelgrau gefärbte, schmale Vorderflügel mit einem Fransensaum am hinteren Rand, die bei Lichteinfall aus bestimmter Richtung silbrig glänzen. Die Raupen leben von Juni bis Juli in den Samenkapseln der Großen Sternmiere (*Stellaria holostea*). Sie bauen sich in einer leeren Samenkapsel einen Sack, um sich darin zu verpuppen und zu überwintern. Die tagaktiven Falter fliegen von April bis Mai in einer Generation an den Rändern und Lichtungen von Laubwäldern mit dem Vorkommen ihrer Futterpflanzen. Die Art ist über ganz Europa verbreitet.

Flugzeit	J	F	M	A	M	J	J	A	S	O	N	D
Raupen	J	F	M	A	M	J	J	A	S	O	N	D

Momphidae Familie Fransenmotten

Die Familie zählt 20 Arten in Europa mit ockerfarbenen, braunen oder schwarzen Vorderflügeln und Flecken- oder Bänderzeichnungen. Die Spannweiten der Flügel der Tiere liegt zwischen 7 und 22 mm. Im Raupenstadium minieren sie in Blättern, Stängeln oder Zweigen, verursachen Gallen oder fressen zwischen zusammengesponnenen Blättern.

Pterolonchidae

Die sechs Arten in Europa erreichen Flügelspannweiten zwischen 20 und 26 mm. Die Färbung liegt zwischen weiß-bräunlich-gelblich mit sich dunkler abzeichnender Flügeladerung. Die Arten sehen sich sehr ähnlich und sind nur anhand ihres Genitals unterscheidbar.

Scythrididae Familie Ziermotten

Für Europa zählt man derzeit 195 Arten zu dieser Familie. Die Kleinschmetterlinge sind länglich schmal, mit meist dunkel metallisch glänzenden Flügeln oder auch hellen Binden und Flecken. Die Raupen leben größtenteils in einem Gespinst an den Blättern ihrer Futterpflanzen.

Cosmopterigidae Familie Prachtfalter

83 Arten werden in Europa mit den Unterfamilien *Chrysopeleiinae, Atequerinae* und *Cosmopteriginae* verzeichnet. Sie stehen verwandtschaftlich den Palpenmotten (*Gelechiidae*) nahe. Im Raupenstadium minieren sie in Blättern und Stängeln, in Pflanzengallen oder in Samen und Blüten verschiedener Gräser (*Poaceae*) und Hülsenfrüchte (*Fabaceae*).

Unterfamilien Antequerinae, Chrysopeleiinae
Unterfamilie Cosmopteriginae

Pancalia leuwenhoekella

Diese tagaktiven Falter erreichen eine Flügelspannweite von 10 bis 12 mm. Kopf und Fühler sind ebenso wie die Flügel bronzefarben braun getönt. Auf den Vorderflügeln befinden sich weiße strichförmige Querbänder,

Flugzeit	J	F	M	A	M	J	J	A	S	O	N	D
Raupen	J	F	M	A	M	J	J	A	S	O	N	D

die schwarz eingefasst sind. Einige weitere Arten wie *P. schwarzella* sind sehr ähnlich, unterscheiden sich aber in Spannweite und dem Verlauf der weißen Zeichnung auf den Vorderflügeln. Als Futterpflanzen dienen den Raupen ab Juni Gewöhnliches Hunds-Veilchen (*Viola canina*), Rauhaariges Veilchen (*V. hirta*) und Wildes Stiefmütterchen (*V. tricolor*). Die Verpuppung findet im August in einem Seidenkokon in der Erde statt. Die Falter fliegen je nach Lage in ein bis zwei Generationen von Ende April bis Juni und eventuell in einer zweiten Generation von Juli bis August. Ihr Lebensraum sind trockene Wiesen oder mit Gebüschen bewachsene Hänge. Nachweise für die Art liegen für ganz Europa mit Ausnahme der höheren nördlichen Breiten vor.

Gelechiidae Familie Palpenmotten

785 Arten werden für Europa verzeichnet. Es besteht eine nahe Verwandtschaft mit den Prachtfaltern (*Cosmopterigidae*). Viele Falter der Familie schillern metallisch. Ihre Raupen leben sehr unterschiedlich.

Unterfamilie Dichomeridinae

Dichomeris alacella

Die Flügelspannweite beträgt zwischen 13 und 14 mm. Die Vorderflügel sind dunkelgrau bis graubraun mit einem zur Bestimmung gut geeigneten

Flugzeit	J	F	M	A	M	J	**J**	**A**	S	O	N	D

weißen und schwarzen Fleckenmuster. Die Raupe ernährt sich von Flechten auf Baumstämmen. Die einzige Faltergeneration schlüpft ab Juli. Sie sind nachtaktiv und bis August zu beobachten. Nachweise für die Art bestehen bis auf den hohen Norden für fast ganz Europa.

Dichomeris derasella

Die Flügelspannweite liegt bei 21 bis 24 mm. Die Falter sind braun mit einem dunkleren Bereich in der Mitte der Vorderflügel und vier meist sichtbaren dunklen Flecken. Die Raupen fressen an Gewöhnlicher Schlehe (*Prunus spinosus*), Kirschpflaume (*Cerasus* sp.), Weißdorn (*Crataegus* sp.), Wildapfel (*Malus sylvestris*) und Brombeere (*Rubus* sp.) zum Schutz innerhalb eines zusammengerollten Blattes. Die Art überwintert im Puppensta-

Flugzeit	J	F	M	A	M	J	J	A	S	O	N	D
Raupen	J	F	M	A	M	J	J	A	S	O	N	D

dium. Falter findet man von Mitte April bis Anfang Juni in einer Generation pro Jahr. *D. derasella* ist im größten Teil Europas außer Irland, Norwegen, Schweden, der Iberischen Halbinsel und einem Teil der Balkanhalbinsel nachgewiesen.

Dichomeris ustalella

Flugzeit	J	F	M	A	M	J	J	A	S	O	N	D
Raupen	J	F	M	A	M	J	J	A	S	O	N	D

Die Spannweite beträgt 15 bis 20 mm. Die Vorderflügel sind zu den Enden hin dunkel rötlich-braun. Im vorderen Bereich manchmal braun oder auch hell gelblich braun. Die Larve ernährt sich von Winterlinde (*Tilia cordata*), Bergahorn (*Acer pseudoplatanus*), Feldahorn (*A. campestre*), Hängebirke (*Betula pendula*), Hainbuche (*Carpinus betulus*), Haselnuss (*Corylus avellana*), Rotbuche (*Fagus sylvatica*), Weide (*Salix* sp.) und Kirsch-Arten zwischen zusammengesponnenen Blättern und überwintert als Raupe. Erwachsene Motten fliegen von Mai bis Juni in einer Generation in Laubwaldbereichen. In Europa gibt es außer auf der Iberischen Halbinsel, Gebieten des ehemaligen Jugoslawiens, Siziliens, Sardiniens, der Balearen und Skandinaviens überall Nachweise für die Art.

Unterfamilie Gelechiinae

Anacampsis blattariella

Die Flügelspannweite liegt bei 16 bis 19 mm. Von der äußerlich oft identisch aussehenden *A. populella* sind sie nur durch eine Untersuchung der Geschlechtsorgane zu unterscheiden. Es gibt sowohl sehr schwarze, graue als auch fast weiße Exemplare mit Fleckenreihen und einer hellen Zackenlinie im hinteren Drittel der Vorderflügel. Als Raupe leben sie im Mai, zum Schutz eingerollt in den Blättern der Birke (*Betula* sp.). Die Verpuppung

Flugzeit	J	F	M	A	M	**J**	**J**	**A**	**S**	O	N	D
Raupen	J	F	M	A	**M**	J	J	A	S	O	N	D

erfolgt ab Ende Mai bis Juni. Nach dem Schlupf erscheint die einzige Generation vom Juli bis September. Die Falter bewohnen Birkenwälder und andere Lebensräume mit Birkenaufwuchs. *A. blattariella* ist in weiten Teilen Europas außer in Irland, der Iberischen Halbinsel und einem großen Teil der Balkanhalbinsel verbreitet.

Athrips mouffetella

Die Spannweite ihrer Vorderflügel erreicht 14 bis 17 mm. Die häufigen Falter sind meist mehr oder weniger hell weiß gefärbt und tragen ein unverwechselbares Muster aus verschieden großen schwarzen Punkten. Die

Flugzeit	J	F	M	A	M	J	J	A	S	O	N	D
Raupen	J	F	M	A	M	J	J	A	S	O	N	D

Raupen spinnen sich zum Schutz vor Fressfeinden von Mai bis Juni zwischen Zweigen und Blättern ihrer Futterpflanzen Geißblatt (*Lonicera* sp.) oder Gewöhnlicher Schneebeere (*Symphoricarpos albus*) ein. Sie verpuppen sich ab Juni und leben nach dem Schlupf von Juni bis August in einer Generation an Hecken, zwischen Gebüsch und in Saumbereichen von Waldern. *A. mouffetella* ist in Nord-, Mittel- und Osteuropa eine weit verbreitete Art.

Gelechia sestertiella (Weißpunkt-Ahornpalpenfalter)

Die Flügelspannweite beträgt zwischen 13 und 14 mm. Der Falter ist dunkelgrau bis graubraun mit je einem weißen Doppelfleck oben, einem in der Mitte und einem länglichen Querfleck im hinteren Bereich des Vorderflügels. Im Raupenstadium fressen sie von Mai bis Juni an Spitzahorn

Flugzeit	J	F	M	A	M	J	J	A	S	O	N	D
Raupen	J	F	M	A	M	J	J	A	S	O	N	D

(*Acer platanoides*). Die Falter erscheinen vom Juli bis August und bewohnen Lichtungen sowie Ränder von Laubmischwäldern. Die Verbreitung erstreckt sich auf Norwegen, Schweden, Finnland, die Baltischen Staaten, Frankreich, Dänemark, Deutschland, Österreich, die Schweiz, Italien, Tschechien, die Slowakei, Ungarn, die Ukraine und den europäischen Teil Russlands.

Isophrictis striatella

Die Flügelspannweite beträgt zwischen 10 und 14 mm. Die Falter sind länglich schmal und tragen Fransen am Ende der bräunlichen Vorderflügel. Die

Flugzeit	J	F	M	A	M	J	J	A	S	O	N	D
Raupen	J	F	M	A	M	J	J	A	S	O	N	D

Falter sind schwer von einer anderen Art *I. anthemidella* zu unterscheiden und ähneln einer bestimmten Miniermotte (*Gracillariidae*). Die Raupe ernährt sich zwischen Oktober mit Überwinterung und im Frühjahr bis Mai von den Samen, den Stängeln und Wurzeln von Rainfarn (*Tanacetum vulgare*), Sumpf-Schafgarbe (*Achillea ptarmica*) sowie Gewöhnlichem Beifuß (*Artemisia vulgaris*) und verpuppt sich im Juni oder Juli in den Stängeln oder Wurzeln. Die Motten fliegen von Ende Juni bis Ende August. Sie leben in Lichtungen am Rande von Laubwäldern, Gebüschen und an Hecken und in Wiesenbrachen. Die Verbreitung erstreckt sich auf den größten Teil Europas.

Pseudotelphusa tessella (Schwarzweißer Berberitzenfalter)

Die Spannweite der Vorderflügel beträgt 13 bis 15 mm. Die charakteristische schwarz-weiße Zeichnung der Vorderflügel macht den Falter unverwechselbar. Die Raupe frisst im April in zusammengesponnenen Blätter von Berberitzen wie der Gewöhnlichen Berberitze (*Berberis vulgaris*) und

Flugzeit	J	F	M	A	M	J	J	A	S	O	N	D
Raupen	J	F	M	A	M	J	J	A	S	O	N	D

Thunbergs Berberitze (*Berberis thunbergii*). Die Verpuppung findet Ende April statt. Die nachtaktiven Falter erscheinen zwischen Mai, Juni und August in wahrscheinlich zwei Generationen. Die Lebensräume sind warme Trockenrasen mit Berberitze auf Auwaldlichtungen, an Hecken, an Waldrändern und auch im Siedlungsbereich in Gärten in Höhenbereichen zwischen 300 und 1500 m. Nachweise von *P. tessella* bestehen für Spanien, Frankreich, Deutschland, Österreich, der Schweiz, der Tschechischen Republik, der Slowakei, Slowenien, Serbien und Rumänien.

Recurvaria leucatella

Der Falter erreicht Spannweiten zwischen 14 und 15 mm. Die Vorderflügel sind schwarz und tragen im vorderen Drittel ein breites weißes und im hinteren Drittel ein undeutliches weiteres weißes Querband. Zusätzlich sind mehr oder minder gut sichtbare schwarze Punkte in einem unverwechselbaren Muster verteilt. Im Raupenstadium fressen sie zwischen zum Schutz zusammengesponnenen Blättern einer Vielzahl von Nahrungspflanzen wie Weißdorn (*Crataegus* sp.), Apfel (*Malus* sp.), Birne (*Pyrus* sp.), Zwetschge (*Prunus domestica*), Gewöhnlicher Vogelbeere (*Sorbus aucuparia*) und Gewöhnlicher Schlehe (*Prunus spinosa*). Als Falter leben sie in einer Generation je nach Standort von Juni bis Juli. Die Palpenmotte ist in ganz Europa nachgewiesen.

Flugzeit	J	F	M	A	M	J	J	A	S	O	N	D
Raupen	J	F	M	A	M	J	J	A	S	O	N	D

Syncopacma sp.

Die Flügelspannweite der verschiedenen Arten beträgt zwischen 10 und 14 mm. Die dunkelbraunen bis schwarzen Vorderflügel tragen im hinteren Drittel einen weißen Querstrich. Die Falter sind mit einer ganzen Reihe weiterer Vertreter der Gattung verwechselbar und zuverlässig nur durch Genitaluntersuchung zu unterscheiden. Die Larven ernähren sich von Kleearten (*Lotus* sp.) oder Tragant (*Astragalus* sp.) und leben zwischen zusammengesponnenen Blättern. Die Gattung ist über ganz Europa verbreitet.

Teleiodes luculella

Die Falter erreichen mit ihren Vorderflügeln 10 bis 13 mm Spannweite. Die Färbung ist dunkelgrau bis schwärzlich mit einem halbkreisförmigen Fleck

Flugzeit	J	F	M	A	M	J	J	A	S	O	N	D
Raupen	J	F	M	A	M	J	J	A	S	O	N	D

in der vorderen Flügelhälfte, in dem sich oft noch ein gelber bis oranger Fleck befindet. Die Raupengenerationen leben in zusammengesponnenen Blättern oder an der Unterseite eines Blattes von Stieleiche (*Quercus robur*), Edelkastanie (*Castanea sativa*) oder Ahorn (*Acer* sp.) zwischen Juni und Juli sowie September und Oktober. Sie überwintern in der zweiten Generation, um sich im Frühjahr zu verpuppen. Im Norden Europas erscheint nur eine Faltergeneration von Mai bis Ende Juli. Die zweite Generation im Süden fliegt von August bis September in Lichtungen von Laubwäldern, an Waldrändern, Gebüschen und in Parks. Die recht häufigen Falter sind in ganz Europa verbreitet.

Unterfamilie Pexicopiinae

Überfamilie Alucitoidea

Alucitidae Familie Federgeistchen

Die 23 Arten Europas erreichen Flügelspannweiten von 12 bis 16 mm. Die Flügel sind einzigartig geformt aus borstenartig gefiederten Stacheln.

Alucita desmodactyla (Ziest-Geistchen, Geißblattgeistchen)

Die Flügelspannweite liegt bei 14 bis 18 mm. Diese Art ist schwer von zwei weiteren zu unterscheiden. *A. hexadactyla* und *A. desmodactyla* sind meist nur durch genauere Untersuchungen zu unterscheiden. Die Form der Flügel ist außergewöhnlich und typisch für die Familie. Sie besteht aus meist zwölf Stacheln, die borstenartig gefiedert Federn ähneln. Die Raupe lebt als Blattminierer in den Knospen an Wald-Geißblatt (*Lonicera periclymenum*) oder Jelängerjelieber (*L. caprifolium*). Die beiden Generationen erscheinen zwischen März und Juni und Ende Juli bis zum Anfang Dezember mit Überwinterung. Als Lebensraum werden buschbestandene, steppenartige Biotope, verbuschte Trockenrasen, Ränder von Laubwäldern und Parks zwischen 50 und 800 m Höhe genutzt. Die Verbreitung erstreckt sich auf weite Teile Europas mit Ausnahme von Portugal, Großbritannien, Irland, Benelux-Ländern, Dänemark, Skandinavien, dem Baltikum, und dem größten Teil der Balkanhalbinsel.

Flugzeit	J	F	M	A	M	J	J	A	S	O	N	D

Alucita huebneri

Die Flügelspannweite beträgt maximal 15 mm. Die Falter erscheinen insgesamt dunkelbraun als dunkelste von allen Federgeistchen, nur durch helle gezackte Wellenlinien unterbrochen. Im abgeflogenen Zustand schwer zu unterscheiden. Die Raupe lebt in den Blüten und an den Samenständen von Pflanzen wie Skabiosen (*Scabiosa* sp.), Witwenblumen (*Knautia* sp.) und Flockenblumen (*Centaurea* sp.). Die Falter bilden zwei Generationen

Flugzeit	J	F	M	A	M	J	J	A	S	O	N	D

von Mai bis Juni und wieder im September. Ihr Lebensraum besteht aus Halbtrockenrasen und Wiesenhängen, Waldlichtungen zwischen 100 und 700 Metern Höhe. Die Art ist mit Ausnahme der Britischen Inseln, den Benelux-Staaten, Skandinavien, dem Baltikum, der Ukraine und Slowenien in großen Teilen Europas verbreitet.

Überfamilie Pterophoroidea

Pterophoridae Familie Federmotten

Die Familie wird europaweit mit 202 Arten verzeichnet. Sie sind durch ihre Flügelform leicht von anderen Familien zu unterscheiden. Lange, schmale, in zwei federförmige gefranste, aufgespaltene Vorderflügel und in drei federförmige Fortsätze aufgespaltene Hinterflügel sind herausragende Kennzeichen.

Unterfamilie Agdistinae

Unterfamilie Pterophorinae

Amblyptilia acanthadactyla

Sie erreichen 17 bis 23 mm Flügelspannweite. Die hell rötlich braunen Vorderflügel haben vor der Spalte ein dunkel- bis gelblich braunes Dreieck und bräunlich graue Hinterflügel. Die Raupe ist ab Ende Mai bis Juni und dann wieder von September bis Anfang Oktober sich polyphag ernährend an ihren Futterpflanzen, einer ganzen Reihe von Kräutern wie z. B. Ziest *Stachys* sp.), Gewöhnlichem Augentrost (*Euphrasia officinalis*), Sumpf-Porst (*Ledum palustre*) und anderen zu finden. Sie überwintern als Falter und legen im Frühjahr die Eier ab. Ab Ende August schlüpft die zweite Ge-

Flugzeit	J	F	M	A	M	J	J	A	S	O	N	D
Raupen	J	F	M	A	M	J	J	A	S	O	N	D

neration. Ihr Lebensraum besteht aus Wäldern, Heiden, Wiesen und Gärten. Für die Falter wird eine europaweite Verbreitung angegeben.

Cnaemidophorus rhododactyla

Die Falter erreichen eine Flügelspannweite von 18 bis 26 mm. Sie sind orangebraun gefärbt. Die Vorderflügel sind zweifach, die Hinterflügel drei-

Flugzeit	J	F	M	A	M	J	J	A	S	O	N	D
Raupen	J	F	M	A	M	J	J	A	S	O	N	D

fach halbbogenförmig eingeschnitten. Eine gewinkelte, weiße Querbinde zieht sich über die Vorderflügel. Das erste Drittel des Rückens ist weiß. Die Raupen fressen in einem Gespinst an den Trieben und später an Knospen und Blüten und nach der Überwinterung von Mai bis zur Verpuppung im Juni an verschiedenen Rosen wie der Hunds-Rose (*Rosa canina*), der Bibernell-Rose (*Rosa spinosissima*) und weiteren zum Teil auch kultivierten Arten. Die Art bildet eine Generation im Jahr, die von Juni bis August fliegt. Die Falter sind nachtaktiv und werden vom Licht angelockt. Lebensräume der Falter sind Waldränder, verbuschte Hänge und Gärten. In Europa ist *C. rhododactyla* weit verbreitet, mit Ausnahme des hohen Nordens.

Emmelina monodactyla

Die Spannweite der Flügel variiert zwischen 18 und 27 mm. Die Falter sind sehr blass hellbraun bis rötlich braun gefärbt. Ein kleiner schwarzer Punkt ist im vorderen Drittel des Vorderflügels sichtbar. An der Basis der Flügel-

Flugzeit	J	F	M	A	M	J	J	A	S	O	N	D
Raupen	J	F	M	A	M	J	J	A	S	O	N	D

spitzen ist ein länglicher dunkler Strich erkennbar. Zur Nahrung der beiden nicht eindeutig zu trennende Raupengenerationen zählen von Mai bis September eine Reihe von Pflanzenarten wie Winden (*Convolvulus* sp.), Zaunwinde (*Calystegia* sp), Gänsefuß (*Chenopodium* sp.), Melden (*Atriplex* sp.), Weißer Stechapfel (*Datura stramonium*) und andere. Die dämmerungs- und nachtaktiven Falter sind fast ganzjährig anzutreffen und überwintern. Sie besiedeln alle Lebensräume, in denen ihre Nahrungspflanzen zu finden sind. Die Verbreitung erstreckt sich auf den gesamten europäischen Kontinent.

Geina didactyla

Die Spannweite beträgt 17 bis 23 mm. Die großen, lebhaft bunt wirkenden Falter sind braun bis gelblich braun mit weißen Querlinien. An der letzten

Flugzeit	J	F	M	A	M	J	J	A	S	O	N	D
Raupen	J	F	M	A	M	J	J	A	S	O	N	D

Hinterflügelfeder befinden sich beidseits gleich lange, kräftig schwarze Fransen an der Spitze. Die Raupen ernähren sich ab Anfang Mai von Echter Nelkenwurz (*Geum urbanum*), Bachnelkenwurz (*G. rivale*) und Fingerkraut (*Potentilla* sp.). Die Falter leben in einer Generation von Ende Mai bis Juni auf Waldlichtungen, an Waldrändern und auf Wiesen. Die Verbreitung erstreckt sich auf ganz Europa.

Gillmeria ochrodactyla

Die Spannweite beträgt 24 bis 28 mm. Die Art ähnelt *G. pallidactyla*, ist aber kontrastreicher gezeichnet und hat einen nach vorne gerichteten, kegelförmigen Schuppenbusch am Kopf. Das dritte Beinpaar ist bei *G. ochrodactyla* hell-dunkel geringelt. Die Raupe lebt ab Juli an Rainfarn (*Tanacetum vulgare*) und überwintert in den Wurzeln. Die Verpuppung erfolgt ab Mai. Die Falter bilden eine Generation von Juni bis Juli und sind in verschiedenen Lebensräumen wie Wiesen, offenem Kulturland, Ruderalfluren, Streuobstwiesen und in Gewässernähe zu finden. Diese Federmotte ist in weiten Teilen Europas verbreitet.

Flugzeit	J	F	M	A	M	J	J	A	S	O	N	D
Raupen	J	F	M	A	M	J	J	A	S	O	N	D

Gillmeria pallidactyla

Die Spannweite beträgt 23 bis 27 mm. Der Falter hat eine bräunlich weiße Grundfärbung mit einer etwas dunkleren braunen Zeichnung. Die Raupe lebt ca. von Juli bis Mai des Folgejahres an Gewöhnlicher Schafgarbe (*Achillea millefolium*), wo sie sich später in den Stängel bohrt und dort überwintert. Die dämmerungs- und nachtaktive Art fliegt in einer Generation von Juni bis Juli. Die Falter bewohnen Wiesen, Ruderalflächen und Dämme und sind über ganz Europa verbreitet.

Flugzeit	J	F	M	A	M	J	J	A	S	O	N	D
Raupen	J	F	M	A	M	J	J	A	S	O	N	D

Merrifieldia leucodactyla

Die Spannweite beträgt 18 bis 25 mm. Nach äußeren Merkmalen ist die Art von der nahe verwandten *M. tridactyla* oft nur schwer unterscheidbar. Ein brauner Streifen, der bei näherer Betrachtung in der Schuppenstruktur versetzt aneinandergereiht erscheint, ist nur bei frischen Tieren zu erkennen. Die Beschaffenheit der Genitalien erlaubt eine sichere Unterscheidung. Die Raupen ernähren sich ab Ende Juli oder August von Blättern und Samenständen von Sandthymian (*Thymus serpyllum*), Echtem Lungenkraut (*Pulmonaria officinalis*) und Wildem Majoran (*Origanum vulgare*). Sie verpuppen sich nach der Überwinterung im Juni oder Juli des folgenden Jahres. Die Falter erscheinen je nach Lage in einer bis zwei Generationen

Flugzeit	J	F	M	A	M	J	J	A	S	O	N	D
Raupen	J	F	M	A	M	J	J	A	S	O	N	D

von Juni bis August und wieder im September. Die Lebensräume bestehen aus Halbtrockenrasen, Berg- und alpinen Mähwiesen. Verbreitung findet *M. leucodactyla* in großen Teilen Europas.

Oxyptilus distans

Flugzeit	J	F	M	A	M	J	J	A	S	O	N	D
Raupen	J	F	M	A	M	J	J	A	S	O	N	D

Die Flügelspannweite beträgt 15 bis 22 mm. An der der letzten Hinterflügelfeder fehlt die schwarze Randbeschuppung am Vorderrand. Am Hinterrand ist die Federspitze mit mehreren nach unten weisenden schwarzen Schuppen besetzt. Eine Ähnlichkeit besteht zu der wandernden *O. laetus*. Die Larven der Frühling-Generation ernähren sich im April von den Blättern oder Blüten der Nahrungspflanzen, während die Sommer-Generation im Juni und Juli die Blütenknospen von Arten wie Hornkraut (*Cerastium* sp.), Kleinem Habichtskraut (*Hieracium pilosella*), Pippau (*Crepis* sp.), Ackergänsedistel (*Sonchus arvensis*), Bitterkraut (*Picris* sp.), Taubnessel (*Lamium* sp.) und anderen nutzt. Die beiden Faltergenerationen erscheinen von April bis Juni und von Juli bis September in trockenen, sandigen Lebensräumen, an Waldrändern, an Magerrasenhängen und Brachen. *O. distans* ist in fast ganz Europa verbreitet.

Platyptilia gonodactyla

Die Falter erreichen eine Flügelspannweite von 22 bis 28 mm. Die Grundfarbe ist hellbraun mit je einem dreiecksförmigen, dunkelbraunen bis grauen

Flugzeit	J	F	M	A	M	J	J	A	S	O	N	D
Raupen	J	F	M	A	M	J	J	A	S	O	N	D

Fleck auf den Vorderflügeln. Die Raupen minieren von März bis April zuerst in den Blättern und fressen später an der Blattunterseite der Nahrungspflanzen wie Huflattich (*Tussilago farfara*) und verschiedenen Pestwurzarten (*Petasites* sp.). Zur Überwinterung bohren sie sich in Wurzelstock und fressen im folgenden Frühjahr in den unteren Blütenteilen, wo sie sich auch meist verpuppen. Die Sommergeneration miniert zuerst die Blätter und frisst dann an den Blättern. Die Falter fliegen in zwei Generationen von Mai bis Juni und Juli bis September. Lebensräume sind feuchte Wald- und Wegränder, Teiche, Felder und Äcker. *P. gonodactyla* ist in Europa weit verbreitet, fehlt aber in den südlichsten Bereichen.

Pterophorus pentadactyla (Schlehengeistchen)

Die Flügelspannweite erreicht 24 bis zu 35 mm. Der Falter zählt damit zu den größten Vertretern innerhalb der Gattung. Er besitzt eine weiße Grundfärbung. Die Vorderflügel sind zwei-, die Hinterflügel dreifach tief und fingerförmig gespalten und sehen federartig-fransig aus. An den Beinen be-

Flugzeit	J	F	M	A	M	J	J	A	S	O	N	D
Raupen	J	F	M	A	M	J	J	A	S	O	N	D

finden sich spornartige Fortsätze. Nahrungspflanzen der Raupe sind zwischen September bis zur Überwinterung und dann bis Mai des Folgejahres Ackerwinde (*Convulvulus arvensis*), Gewöhnliche Zaunwinde (*Calystegia sepium*), Klee (*Trifolium* sp.), Kreuzdorn (*Rhamnus* sp.), Rosen (*Rosa* sp.), Weiden (*Salix* sp.) und Gewöhnliche Schlehe (*Prunus spinosa*). Zuerst fressen die Raupen an den Trieben, später auch an der Blattoberseite sowie an Blütenknospen und Blüten. Die Art erscheint als Falter in einer Generation von Mai bis September. Unter günstigen Bedingungen kann im August auch eine zweite Generation entstehen. Grasreiche Stellen und Wiesen mit Gebüschen, Auwaldränder, Waldlichtungen, Halbtrockenrasen, Gärten sowie Brachflächen sind ihre Lebensräume. Eine in Europa, mit Ausnahme des südlichsten Bereiches, weit verbreitete Art.

Stenoptilia bipunctidactyla

Die Spannweite der Vorderflügel erreicht 14 bis 24 mm. Die Raupe ist Sommer bis Herbst an Futterpflanzen wie Taubenskabiose (*Scabiosa columbaria*), Witwenblume (*Knautia* sp.) und Gewöhnlichem Teufelsabbiss (*Succisa pratensis*) zu finden. Sie lebt nach der Überwinterung an jungen Trieben und Blattknospen, frisst Löcher in die Blüten und verpuppt sich an der Pflanze oder an umliegenden Pflanzen. Als Falter sind sie dämmerungs- und nachtaktiv und in zwei bis drei Generationen von April bis Oktober in trockenen Biotopen mit krautreicher Vegetation zu finden. Verbreitet ist der Falter in weiten Teilen Europas.

Flugzeit	J	F	M	A	M	J	J	A	S	O	N	D
Raupen	J	F	M	A	M	J	J	A	S	O	N	D

Überfamilie Carposinoidea

Carposinidae Familie Fruchtwickler

Man kennt sieben Arten dieser Familie in Europa. Sie ähneln äußerlich den Tineiden.

Schreckensteiniidae

Für Europa ist nur eine Art, *Schreckensteinia festaliella*, nachgewiesen. Die Art erreicht 10 bis 12 mm Spannweite, ist weiß mit je zwei grauen Längslinien gefärbt und ernährt sich im Raupenstadium von Brombeere (*Rubus* sp.).

Überfamilie Epermenioidea

Epermeniidae Familie Zahnflügelfalter

Die Familie besteht europaweit aus 24 Arten mit zwei Unterfamilien *Ochromolopinae, Epermeniinae*. Sie minieren je nach Art in das Blatt, die Früchte oder die Samen bzw. fressen später an den Blättern. Die Flügelspannweiten der Arten erreichen 8 und 20 mm.

Epermenia chaerophyllella

Die Flügelspannweite beträgt etwa 12 bis 14 mm. Die Farbgebung der Vorderflügel variiert sehr und kann von Weiß, Hellgrau über Graubraun bis Kas-

Flugzeit	J	F	M	A	M	J	J	A	S	O	N	D
Raupen	J	F	M	A	M	J	J	A	S	O	N	D

tanienbraun reichen und auch schwarze Anteile beinhalten. Die in der Regel drei auffälligen, an den Flügelinnenkanten liegenden, von vorne nach hinten sich verkleinernden Schuppenzähne sind charakteristische Merkmale. Die Raupen spinnen sich von Mai bis Juni und wieder vom August bis September an der Blattunterseite der Futterpflanze an und fressen an verschiedenen Doldenblütlern wie Wiesen-Bärenklau (*Heracleum sphondylium*), Gewöhnlicher Wald-Engelwurz (*Angelica sylvestris*), Gewöhnlichem Wiesenkerbel

(*Anthriscus sylvestris*), Wiesenkümmel (*Carum carvi*), Echtem Pastinak (*Pastinaca sativa*), Gewöhnlichem Giersch (*Aegopodium podagraria*), Gefleckter Schierling (*Conium maculatum*) und vielen anderen Arten. Man findet zwei bis drei Generationen über beinahe das ganze Jahr verteilt, wobei die letzte überwintert. Eine Reihe von Lebensräumen wie Trockenrasen, verschiedene Wiesentypen, Hecken, lichte Wälder, Gebüsche, Ruderalflächen und Gärten werden besiedelt. Die Art ist in weiten Teilen Europas verbreitet.

Unterfamilie Ochromolopinae

Überfamilie Urodoidea

Urodida

Diese Familie ist in Europa nur mit einer einzigen Art *Wockia asperipunctella* vertreten. Die kleinen Falter erreichen Flügelspannweiten zwischen 11 und 37 mm. Die Vorderflügel sind in der Regel braun oder grau und tragen schwarze kleine Flecken. Die Raupen leben an Blättern von Laubbaumarten.

Überfamilie Choreutoidea

Choreutidae Familie Spreizflügelfalter

Für den europäischen Raum sind derzeit 18 Arten mit zwei Unterfamilien *Millierinae* und *Choreutinae* nachgewiesen.

Unterfamilie Choreutinae

Anthophila fabriciana

Die Flügel erreichen 10 bis 15 mm Spannweite. Sie sind unterschiedlich braun gefärbt und zeigen zwei unterbrochene weiße, gezackte Bänder. Die beiden Raupengenerationen findet man im Juni und Juli sowie wieder ab August in Gespinsten an den Blüten der Futterpflanzen Knolliger Beinwell (*Symphytum tuberosum*), Große Brennnessel (*Urtica dioica*) oder Aufrechtes Glaskraut (*Parietaria officinalis*). Sie überwintern und verpuppen sich im Mai des folgenden Jahres, vereinzelt überwintern auch die Falter der dritten Generation. Sie fliegen in zwei bis drei Generationen von Mai bis Juni und von Juli bis August in lichten Laub- und Mischwäldern, an Waldrändern, Hecken und Gebüschen und auf Ruderalflächen. Sie sind häufige Vertreter ihrer Familie und sind europaweit zu finden.

Flugzeit	J	F	M	A	M	J	J	A	S	O	N	D
Raupen	J	F	M	A	M	J	J	A	S	O	N	D

Choreutis pariana

Die Flügelspannweite beträgt zwischen 11 und 15 mm. Die Vorderflügel sind dunkler oder heller bräunlich bis kupferbraun mit dunkleren oder

Flugzeit	J	F	M	A	M	J	J	A	S	O	N	D
Raupen	J	F	M	A	M	J	J	A	S	O	N	D

schwarzen Zackenbändern und einem mehr oder weniger gut sichtbaren, hellen, breiten Querband. Die Raupe lebt in einem Gespinst an den Blättern von Futterpflanzen wie Zierapfel (*Malus pumila*), Weide (*Salix* sp.), Esche (*Fraxinus* sp.), Kirsche (*Prunus* sp.), Weißdorn (*Crataegus* sp.), Mehlbeere (*Sorbus* sp.), Rose (*Rosa* sp.) und anderen Arten. Die Falter sind im westlichen Europa in zwei Generationen pro Jahr im Juli und im September zu finden, wobei die zweite Generation überwintert und im Frühjahr des darauf folgenden Jahres wieder erscheint. *C. pariana* hat sich von Südosten mittlerweile über weite Teile Europas ausgebreitet.

Unterfamilie Millierinae

Überfamilie Galacticoidea

Galacticidae

In Europa sind drei Arten dieser erst seit Kurzem als eigenständig akzeptierten und noch wenig erforschten Familie verzeichnet. Die Größe dieser Falter liegt zwischen 8 und 10 mm.

Tortricidae Familie Wickler, Blattroller

In Europa kommen etwa 1028 Arten vor. Zum Teil rollen sie die Blätter ihrer Nahrungspflanzen zusammen, woher auch ihr Name stammt. Andere Arten falten oder minieren die Blätter oder fressen die Samen oder Wurzeln.

Unterfamilie Chlidanotinae

Unterfamilie Olethreutinae

Ancylis achatana

Zwischen 14 und 18 mm beträgt die Spannweite der Flügel. Auf den Vorderflügeln finden sich zwei graue Querlinien mit einem darin liegenden Silberstrich. Ansonsten finden sich braunrötliche bis dunkelbraune Flecken darauf. Die Raupen rollen die Blätter röhrenförmig ein, verspinnen sie und fressen darin geschützt von April bis Mai an Weißdorn (*Crataegus* sp.), Gewöhnlicher Schlehe (*Prunus spinosa*), Apfel (*Malus* sp.) und anderen Pflanzen. Zwischen Mai und Juni sind die dämmerungs- und nachtaktiven Falter in einer Generation zu finden. Sie sind recht häufig und bewohnen Waldlichtungen, Waldränder, Gebüsche und Hecken. Die Verbreitung erstreckt sich auf das südliche, mittlere und östliche Europa.

Flugzeit	J	F	M	A	M	J	J	A	S	O	N	D
Raupen	J	F	M	A	M	J	J	A	S	O	N	D

Ancylis apicella

Die Spannweite beträgt 12 bis 17 mm. Auffällig sind die spitz zulaufenden, fast zipfelartig abstehenden Flügelspitzen. Die Flügel sind fahl hellbraun mit einem großen länglichen braunen Fleck. Die Raupe lebt in den zusam-

Flugzeit	J	F	M	A	M	J	J	A	S	O	N	D
Raupen	J	F	M	A	M	J	J	A	S	O	N	D

mengefalteten und versponnenen Blättern von Gewöhnlichem Faulbaum (*Frangula alnus*), Echtem Kreuzdorn (*Rhamnus cathartica*), Gewöhnlichem Sanddorn (*Hippophae rhamnoides*), Liguster (*Ligustrum sp.*), Gewöhnlicher Schlehe (*Prunus spinosa*) und Hartriegel (*Cornus sp.*). Die dämmerungs- und nachtaktiven Falter leben in zwei ineinander übergehenden Generationen zwischen Mai und August und nutzen als Lebensraum feuchte lichte Wälder und Lichtungen, Feuchtgebiete, Nieder- und Hochmoore. *Ancylis apicella* ist über fast ganz Europa verbreitet.

Ancylis badiana

Die Flügelspannweite liegt bei 12 bis 16 mm. Kopf und Flügel sind vorne gelblich weiß mit einem großen dunkelbraunen, tropfenförmigen Fleck auf der vorderen Flügelhälfte und rostbraunen Zeichnungselementen auf der

Flugzeit	J	F	M	A	M	J	J	A	S	O	N	D
Raupen	J	F	M	A	M	J	J	A	S	O	N	D

hinteren Hälfte. Ähnlich ist *A. paludana*. Als Raupe lebt die Art in zwei Generationen von Mai bis Juni und wiederum von August bis September mit Überwinterung und dann wieder im Frühjahr bis zur Verpuppung im April. Als Nahrungspflanzen nutzen sie Platterbse (*Lathyrum* sp,), Klee (*Trifolium* sp.), Wicke (*Vicia* sp.) oder Blutweiderich (*Lythrum salicaria*), zwischen denen sie sich zum Schutz verspinnen. Die beiden Faltergenerationen erscheinen von April bis Mai und von Juli bis August an Waldrändern, auf Lichtungen, in Wiesenbereichen und auf Brachflächen. Die Wickler sind über fast ganz Europa verbreitet.

Ancylis laetana

Die Flügelspannweite beträgt zwischen 14 und 18 mm. Die weißen Vorderflügel tragen schwarze bis graue und braune Flecken und Streifenmuster. An den Flügelspitzen befinden sich braune Linienzeichnungen. Die Raupen falten die Blätter ihrer Futterpflanzen wie Zitterpappel (*Populus tremula*)

Flugzeit	J	F	M	A	M	J	J	A	S	O	N	D
Raupen	J	F	M	A	M	J	J	A	S	O	N	D

oder Schwarzpappel (*Populus nigra*) sowie anderer Pappelarten und spinnen sie zum Schutz zusammen. Sie lassen sich einmal im Juli/August und von September bis Oktober und dann, nach der Überwinterung bis zur Verpuppung im März finden. Die Falter fliegen von Mai bis Juni in der ersten Generation und von Juli bis August in einer zweiten Generation. Als Habitate werden lichte Mischwälder, Waldränder, Heckenbereiche Parks und auch Gärten genutzt. Die Art besiedelt einen Großteil Europas.

Ancylis mitterbacheriana

Etwa 12 bis 16 mm beträgt die Spannweite. Die Färbung der Flügel umfasst verschiedene Brauntöne mit weißen Zeichnungselementen und kann auch sehr dunkel ausfallen. Als Raupe lebt diese Wicklerart nach dem

Flugzeit	J	F	M	A	M	J	J	A	S	O	N	D
Raupen	J	F	M	A	M	J	J	A	S	O	N	D

Schlupf Anfang Juli in zum Schutz zusammengesponnenen Blättern ihrer Wirtspflanzen Eiche (*Quercus* sp.) und Rotbuche (*Fagus sylvatica)*. Vor der Überwinterung spinnt sie darin einen Kokon und fällt mit dem Blatt zu Boden. Ab April/Mai verpuppen sie sich dort und schlüpfen anschließend. Die häufigen dämmerungs- und nachtaktiven Falter erscheinen in einer Generation von Anfang Mai bis Juli in lichten Laub- und Mischwäldern, Gehölzen und Parks und sind in weiten Teilen Europas zu finden.

Ancylis myrtillana

Die Flügelspannweite beträgt 12 bis 16 mm. Die gelblich braun gefärbten Vorderflügel tragen einen länglichen, großen, dunkelbraunen Fleck und hinter der Mitte ein bräunliches Querband. An der hinteren Außenseite der Vorderflügel findet sich ein Muster aus weißen Linien und braunen, dazwischen liegenden Flecken. Die Raupen falten die Blätter in der Mitte und spinnen sich zum Schutz die Blattränder der Futterpflanzen wie Rauschbeere (*Vaccinium uliginosum*), Heidelbeere (*Vaccinium myrtillus*) und Preiselbeere (*Vaccinium vitis-idaea*) zusammen. Die Falter leben in zwei Generationen pro Jahr vom Mai bis August. Das Habitat besteht aus feuchten Wäldern, Feuchtgebieten und Mooren. Verbreitet sind die Wickler im größten Teil Europas.

Flugzeit	J	F	M	A	M	J	J	A	S	O	N	D
Raupen	J	F	M	A	M	J	J	A	S	O	N	D

Ancylis unculana

Die Spannweite der Vorderflügel erreicht 12 bis 16 mm. Die Wickler sind *A. badiana* ähnlich, jedoch wesentlich intensiver rötlich braun gefärbt. Die

Flugzeit	J	F	M	A	M	J	J	A	S	O	N	D
Raupen	J	F	M	A	M	J	J	A	S	O	N	D

Larven falten zum Schutz die Blätter ihrer Futterpflanzen Echter Kreuzdorn (*Rhamnus cathartica*) und Gewöhnlicher Faulbaum (*Frangula alnus*) und spinnen sie an den Rändern zusammen. Es fliegen, je nach Vorkommen, ein bis möglicherweise zwei Generationen von Mai bis August. Als Habitate werden lichte Wälder, Gebüschbereiche und Hecken genutzt. *A. unculana* ist über weite Teile Europas verbreitet.

Celypha lacunana

Die Falter haben eine Flügelspannweite von 16 bis 19 mm. Die Grundfarbe der Vorderflügel ist ein helles Olivgrün, auf dem sich silbergraue über dunkelbraune bis schwarze wellenförmige Linien und Bänder abzeichnen. Die Art ist sehr variabel. Zum Nahrungsspektrum der Raupen gehören zwischen August, der folgenden Überwinterung und bis Mai des Folgejahres und dann wieder im Juli eine Vielzahl von Pflanzen wie z. B. Hahnenfuß (*Ranunculus* sp.), Gilbweiderich (*Lysimachia* sp.), Brennnesseln (*Urtica* sp.), Mädesüß (*Filipendula* sp.), Möhren (*Daucus* sp.), Wiesenknopf (*Sanguisorba* sp.), Pappeln (*Populus* sp.), Liguster (*Ligustrum* sp.), Weiden (*Salix* sp.), Lärchen (*Larix* sp.), Fichten (*Picea* sp.) und andere. Als Falter erscheinen

Flugzeit	J	F	M	A	M	J	J	A	S	O	N	D
Raupen	J	F	M	A	M	J	J	A	S	O	N	D

zwei nicht klar zu trennende Generationen im Jahr von Mitte Mai bis Juli und von August bis September. Die Art ist weit verbreitet und in allen Arten von offenen Biotopen wie Wiesen, Trockenrasen, Waldlichtungen, Ruderalflächen, Hecken und Gebüschen anzutreffen. Die Verbreitung erstreckt sich auf ganz Europa.

Celypha striana

Die Flügelspannweite liegt bei 16 bis 22 mm. Die Grundfarbe der Vorderflügel ist hell rötlich braun mit einem dunklen Querband und Querlinien

Flugzeit	J	F	M	A	M	J	J	A	S	O	N	D
Raupen	J	F	M	A	M	J	J	A	S	O	N	D

und einem dunklen Saum an der Spitze. Die Raupen leben in zwei Generationen nach dem Schlupf ab September mit Überwinterung bis Mai und wiederum im Juli anfangs in einem Gespinst an und später in den Wurzeln der Futterpflanzen wie z. B. Wegerich (*Plantago* sp.) oder Gewöhnlicher Löwenzahn (*Taraxacum officinale*). Die dämmerungs- und nachtaktiven Falter erscheinen in zwei Generationen von Mai bis August auf Wiesen, Weiden, Feldern und Gärten. Man findet *C. striana* in ganz Europa.

Cydia pactolana (Fichtenrindenwickler)

Die Flügelspannweite liegt bei 13 bis 19 mm. Die Vorderflügel sind braun bis graubraun und von weißen und silbergrauen Querlinien durchzogen.

Flugzeit	J	F	M	A	M	J	J	A	S	O	N	D
Raupen	J	F	M	A	M	J	J	A	S	O	N	D

Am hinteren Ende der Flügel befinden sich einige schwarze Punkte oder Flecken. Die Raupe lebt von Juli bis Oktober und nach der Überwinterung von März bis zur Verpuppung im April in niedriger Höhe unter der Borke an Astverzweigungen sonnig gelegener Rotfichten (*Picea abies*) oder Lärche (*Larix* sp.) in einem Gespinst zum Schutz vor Baumharz. Die Falter fliegen in einer Generation von Mai bis Juli in Lichtungen von Fichtenwäldern, an Waldwegrändern und Viehweiden in höheren Lagen und sind über ganz Europa mit Vorkommen der Fichten verbreitet.

Cydia pomonella (Apfelwickler)

Die Wickler erreichen 14 bis 18 mm Flügelspannweite. Die Vorderflügel sind auf weißem Grund mit grauen Wellenlinien und Querbändern überzogen und tragen am Flügelende einen braunen Fleck, der vorne durch eine schwarze Linie begrenzt wird. Die Falter können heller oder dunkler aus-

Flugzeit	J	F	M	A	M	J	J	A	S	O	N	D
Raupen	J	F	M	A	M	J	J	A	S	O	N	D

fallen. Die Raupe lebt in zwei Generationen von August mit Überwinterung und danach bis April und dann wieder zwischen Mai und Juni in und an den Früchten und Samen der Futterpflanzen wie Äpfel (*Malus* sp.), Birnen (*Pyrus* sp.), Echte Walnuss (*Juglans regia*), Quitte (Cydonia sp.), Edelkastanie (*Castanea sativa*), Pflaume (*Prunus domestica*) und anderen Rosengewächsen. Sie fressen bis zum Herbst und verspinnen sich zum Überwintern außerhalb der Früchte. Die witterungsabhängig ein bis zwei Generationen der Falter fliegen von Mai bis Juni und wieder im August in Obstgärten, Waldbereichen, Streuobstwiesen und Gärten in ganz Europa.

Cydia splendana (Später Kastanienwickler, Eichelwickler)

Die Falter haben eine Flügelspannweite von 14 bis 22 mm. Die graubräunlichen Vorderflügel besitzen im hinteren Drittel eine schwarze Zeichnung. Ein Unterscheidungsmerkmal zu dem sehr ähnlichen *C. fagiglandana* ist der violette Augenfleck und die schwarze Zeichnung. Die Raupe bohrt sich in die Früchte von Eichen (*Quercus* sp.) und Edelkastanien (*Castanea sativa*), fällt damit zu Boden und spinnt sich am oder etwas eingegraben im Boden einen Kokon, um zu überwintern. Die dämmerungs- und nachtakti-

Flugzeit	J	F	M	A	M	J	J	A	S	O	N	D
Raupen	J	F	M	A	M	J	J	A	S	O	N	D

ven Falter schlüpfen je nach Verbreitung ab Juni und fliegen in Südeuropa bis September in einer Generation pro Jahr. Sie kommen in Wäldern und Gehölzen mit den entsprechenden Baumarten vor. Ihr Verbreitungsgebiet erstreckt sich auf ganz Europa.

Enarmonia formosana (Obstbaumrindenwickler)

Die Flügelspannweite beträgt 15 bis 19 mm. Die Vorderflügel sind mit einem dunklen oder helleren Muster aus unverwechselbaren gelben, orangen und silbergrauen Linien und Flecken. Die Raupen leben ab September mit Überwinterung bis Mai des Folgejahres in der Borke der Futterpflanzen wie Weißdorn (*Crataegus* sp.), Äpfel (*Malus* sp.), Kirschen (*Prunus* sp.), Birnen (*Pyrus communis*), Rotbuche (*Fagus sylvatica*), Aprikose (*Prunus*

Flugzeit	J	F	M	A	M	J	J	A	S	O	N	D
Raupen	J	F	M	A	M	J	J	A	S	O	N	D

armeniaca), Süßkirsche (*P. avium*), Pflaume (*P. domestica*), Mandeln (*P. dulcis*), Kirschlorbeer (*P. laurocerasus)*, Pfirsich (*P. persica*) oder Eberesche (*Sorbus aucuparia*). Die Falter leben in einer Generation pro Jahr von Juni bis Anfang August an Waldrändern, Hecken, Gebüschen, Streuobstanlagen, Parks und Gärten. Die Wicklerart ist hauptsächlich im nördlichen und westlichen und südlichen Europa verbreitet.

Epiblema cirsiana

Die Falter erreichen eine Spannweite von 12 bis 23 mm. Die Falter haben helle gelbbraune, silbergraue bis schwarze Zeichnungselemente mit einem großen hellen Fleck in der Flügelmitte und sind den verwandten Arten *E. scutulana* und *E. sticticana* sehr ähnlich. Die Raupe lebt in den Stängeln und Wurzeln von Sumpf-Kratzdistel (*Cirsium palustre*) und Schwarzer Flockenblume (*Centaurea nigra*). Die Falter bilden zwei Generationen ab Mai bis Mitte Juni und eine weitere im Juli. Sie bewohnen Feuchtwiesen und Waldlichtungen. Die europäische Verbreitung erstreckt sich auf Großbritannien, Fennoskandinavien, den Norden Russlands, Estland, Lettland, Dänemark, Deutschland, die Niederlande, Tschechien, die Slowakei und Rumänien.

Flugzeit	J	F	M	A	M	J	J	A	S	O	N	D

Epiblema foenella

Flugzeit	J	F	M	A	M	J	J	A	S	O	N	D
Raupen	J	F	M	A	M	J	J	A	S	O	N	D

Dieser Wickler erreicht 18 bis 22 mm Flügelspannweite. Die dunkelbraunen Vorderflügel tragen einen sehr variablen hufeisen- bis sichelförmigen, manchmal auch unterbrochenen weißen Fleck. Auf dem hinteren Flügeldrittel befindet sich ein großer hellgrauer Fleck. Die Raupe lebt vom Herbst mit Überwinterung bis zur Verpuppung im Frühjahr in den Wurzeln und im Stängel von Gewöhnlichem Beifuß (*Artemisia vulgaris*) oder Eberraute (*A. abrotanum*). Der Falter erscheint zwischen Juni und August in einer Generation und ist auf Trockenrasen, an Böschungen, Hängen und Dämmen, an Wegrändern oder auf Ruderalflächen zu finden. Die Wicklerart ist über ganz Europa verbreitet.

Epinotia binulana

Die Vorderflügel erreichen gestreckt eine Spannweite von 13 bis 17 mm, sind weiß, gelblich bis ockerfarben mit mehr oder weniger großen braun-

Flugzeit	J	F	M	A	M	J	J	A	S	O	N	D
Raupen	J	F	M	A	M	J	J	A	S	O	N	D

gelben bis schwarzen Flecken und Bändern. Im Raupenstadium ab Juli lebt die Art in den Samen und Kätzchen verschiedener Birkenarten (*Betula* sp.) und verpuppt sich nach der Überwinterung im März in einem Kokon im Boden. Die Falter der einzigen Generation im Jahr schlüpfen ab Mitte Mai und sind bis August in Mischwäldern, Birkenwäldern, Parks und Gärten zu finden und leben in ganz Europa.

Epinotia tedella (Fichtennestwickler)

Der Wickler erreicht 10 bis 13 mm Flügelspannweite. Die dunkelbraune Färbung der Vorderflügel wird von durchgehenden und unterbrochenen

Flugzeit	J	F	M	A	M	J	J	A	S	O	N	D
Raupen	J	F	M	A	M	J	J	A	S	O	N	D

weißen Querbinden überzogen. Manchmal können sie auch ganz braun sein. Nach dem Schlupf verspinnt die Raupe ab Anfang August die Nadeln der Futterpflanzen wie der Rotfichte (*Picea abies*), Weißtanne (*Abies alba*), Gewöhnlichem Wacholder (*Juniperus communis*) oder Waldkiefer (*Pinus sylvestris*) und miniert an diesen. Zur Überwinterung begeben sie sich zu Boden und bilden ein Gespinst in der Bodenspreu, um sich danach ab April bis Mai zu verpuppen. Die Falter fliegen in einer Generation von Mai bis Anfang August. Die weit verbreitete und häufige Art lebt in Nadel- und Mischwäldern und ist in ganz Europa anzutreffen.

Epinotia tenerana

Flugzeit	J	F	M	A	M	J	J	A	S	O	N	D

Die Flügelspannweite beträgt 12 bis 16 mm. Die Vorderflügel sind braun bis rötlich braun mit einem weißen oder grauen Fleck in der Mitte. Zuerst leben und überwintern die Raupen in den Kätzchen der Nahrungspflanzen und fressen dann im Frühjahr an den Knospen von Birke (*Betula* sp.), Hasel (*Corylus* sp.), Erle (*Alnus* sp.) und vereinzelt auch Eiche (*Quercus* sp.). Die Falter leben abhängig vom Vorkommen in ein oder zwei Generationen vom Juni bis August und wieder von September bis Anfang Oktober. Als Habitat nutzen sie feuchte, lichte Wälder und Feuchtgebiete mit Gehölzbewuchs. Die Verbreitung dieser Art erstreckt sich auf ganz Europa.

Eudemis porphyrana

Die Flügelspannweite beträgt 17 bis 25 mm. Die Vorderflügel sind braungelb mit dunkelbraunen Bändern und Flecken und blaugrauen Zeichnungs-

Flugzeit	J	F	M	A	M	J	J	A	S	O	N	D
Raupen	J	F	M	A	M	J	J	A	S	O	N	D

elementen. Die Falter sind von *E. profundana* nach äußeren Merkmalen schwer zu unterscheiden. Die Raupe rollt die Blätter von Futterpflanzen wie Apfel (*Malus* sp.), Gewöhnlicher Traubenkirsche (*Prunus padus*), Süßkirsche (*P. avium*), Birne (*Pyrus* sp.), Weißdorn (*Crataegus* sp.), Johannisbeere (*Ribes* sp.), Eiche (*Quercus* sp.) und Salweide (*Salix caprea*) und frisst daran von August bis zur Verpuppung im September. Die Puppe überwintert. Die dämmerungs- und nachtaktiven Falter bilden pro Jahr eine Generation von Mitte Juni bis Anfang September und leben in Wäldern,

Feldgehölzen, Streuobstwiesen und Hecken. Die Wickler fehlen in Europa auf der Iberischen Halbinsel, in Irland, dem westlichen Bereich der Balkanhalbinsel und der Ukraine.

Grapholita compositella

Die Wickler dieser sehr kleinen Gattung erreichen nur 7 bis 10 mm Flügelspannweite. Die purpurbraunen bis schwarzbraunen Vorderflügel haben quer über den Innenrand vier weiße Streifen und acht kurze Streifen am

Flugzeit	J	F	M	A	M	J	J	A	S	O	N	D
Raupen	J	F	M	A	M	J	J	A	S	O	N	D

Außenrand. Die Raupen leben in zwei Generationen von Ende Mai bis Juli und wiederum August bis September und spinnen sich zum Schutz zwischen den Blättern ihrer Futterpflanzen wie Luzerne-Arten (*Medicago* sp.), Klee (*Trifolium* sp.) und anderen ein. Die Überwinterung findet im Puppenstadium statt. Die beiden Faltergenerationen fliegen von April bis Mai und wiederum von Juli bis August auf Wiesen, Feldern, auf Ruderalflächen, Waldlichtungen und an Dämmen in weiten Teilen Europas.

Grapholita coronillana

Die Vorderflügel erreichen 9 bis 12 mm. Sie sind dunkelgraubraun mit einem charakteristischen weißen Streifenmuster an den Flügelrändern und zwei weißen sichelförmigen Streifen quer über den Flügelinnenrändern, die manchmal auch als ein einziger breiter Streifen auftreten können. Die Raupe lebt von Juni bis September eingesponnen zwischen den Blättern von Bunter Kronwicke (*Securigera varia*). Die Falter fliegen in einer Generation von Ende April bis Ende Juli auf Wiesen, Magerrasen und an Dämmen. In Europa fehlt die Art in Portugal, auf den Britischen Inseln, in den Niederlanden, Dänemark, Skandinavien, dem Baltikum, dem Balkan sowie auf Korsika und Sizilien.

Flugzeit	J	F	M	A	M	J	J	A	S	O	N	D
Raupen	J	F	M	A	M	J	J	A	S	O	N	D

Grapholita gemmiferana (Bärenschotenwickler)

Die Art erreicht Spannweiten zwischen 13 und 16 mm. Die Vorderflügel sind vorne graubraun, am Hinterrand gelbbraun gefärbt und tragen im hin-

Flugzeit	J	F	M	A	M	J	J	A	S	O	N	D
Raupen	J	F	M	A	M	J	J	A	S	O	N	D

teren Bereich silbergraue Querbänder mit davon eingeschlossenen, kleinen schwarzen Punkten. Die Raupe lebt zwischen zusammengesponnenen Blättern verschiedener Platterbsenarten (*Lathyrus* sp.) und spinnt sich zur Überwinterung ab Ende August in einen Kokon in der Laubstreu am Boden ein, um sich dann im April des folgenden Jahres zu verpuppen. Die Falter sind tagaktiv und fliegen in einer Generation zwischen Mai und Juni. Sie bewohnen bevorzugt Halbtrockenrasen. Der Wickler ist in weiten Teilen Europas zu finden.

Notocelia cynosbatella

Die Art erreicht 19 bis 22 mm Flügelspannweite. Der graue Kopf hat eine nach vorne abstehende gelblich-orange Behaarung. Die Vorderflügel sind

Flugzeit	J	F	M	A	M	J	J	A	S	O	N	D
Raupen	J	F	M	A	M	J	J	A	S	O	N	D

vorne an der Wurzel dunkelgraubraun und in der hinteren Hälfte weiß mit graubraunen Flecken gefärbt. Die Raupe verspinnt sich an den Trieben und lebt zwischen Juli mit Überwinterung und Mai des folgenden Jahres an Futterpflanzen wie verschiedenen Rosenarten (*Rosa* sp.), Apfel (*Malus* sp.), Birne (*Pyrus* sp.), Kirsche (*Prunus* sp.), Weißdorn (*Crataegus* sp.), Gewöhnliche Hainbuche (*Carpinus betulus*) sowie Eiche (*Quercus* sp.). Die tag- und nachtaktiven Falter fliegen in einer Generation von Mai bis Juli an Gebüschen, Hecken, Streuobstwiesen, Obstplantagen und Gärten. In Europa fehlt er auf Sardinien, in Kroatien, Bosnien und Montenegro, Serbien, Bulgarien, der Ukraine und Russland.

Notocelia rosaecolana

Die Flügelspannweite beträgt 15 bis 20 mm. Die weißen Vorderflügel sind im Wurzelfeld graubraun mit schwarzen Wellenlinien gefärbt und haben am inneren Winkel und an der Spitze braune und schwarze Flecke. Der Wickler ähnelt den nah verwandten *N. trimaculana* und *N. roborana*. Die Raupe erscheint ab Juni und verspinnt sich an den Blättern verschiedener Rosenarten wie Vielblütiger Rose (*Rosa multiflora*), Kartoffel-Rose (*R. rugosa*) oder *R. davurica*. Nach der Überwinterung an den Pflanzen verpuppen sie sich im April des folgenden Jahres. Die Falter erscheinen von Ende Mai bis August in Wiesen, Parks, Waldrändern und Lichtungen, Hecken und Gärten. Die Verbreitung beschränkt sich auf das westliche Europa.

Flugzeit	J	F	M	A	M	J	J	A	S	O	N	D
Raupen	J	F	M	A	M	J	J	A	S	O	N	D

Notocelia uddmanniana

Der Wickler erreicht 14 bis 22 mm Flügelspannweite. Die Vorderflügel sind hell bis bräunlich grau gefärbt und tragen dunkle Bänder und Wellenlinien. Vor dem Innenwinkel befindet sich ein dunkelbraunroter bis schwar-

Flugzeit	J	F	M	A	M	J	J	A	S	O	N	D
Raupen	J	F	M	A	M	J	J	A	S	O	N	D

zer, dreieckiger bis ovaler, von einer weißen Linie umgebener Innenrandfleck. Die Raupen schlüpfen nach der Überwinterung im April und leben zwischen versponnenen Trieben von Brombeeren (*Rubus* sect. *Rubus*) und Himbeere (*R. idaeus*) und verpuppen sich im Juni in einem weißen Gespinst in der Laubstreu am Boden. Die Falter fliegen je nach Lage in ein bis zwei Generationen von Juni bis August an Waldrändern, in Gebüschen, Parks und Gärten.

Olethreutes arcuella (Prachtwickler)

Er erreicht zwischen 14 und 18 mm Flügelspannweite. Die orangegelben Vorderflügel sind sehr schön und auffällig gefärbt und gezeichnet und tra-

Flugzeit	J	F	M	A	M	J	J	A	S	O	N	D
Raupen	J	F	M	A	M	J	J	A	S	O	N	D

gen ein Muster aus silbernen, schwarzen und gelben Linien und Flecken. *O. subtilana* ist etwas kleiner, aber sonst äußerlich schwer unterscheidbar. Die Raupe lebt ab August an welken Blättern und Laub von verrottenden Laubgehölzen und überwintert am Boden in einem Kokon in der Laubstreuschicht bis zur Verpuppung im Frühjahr. Die Falter fliegen in einer Generation von Mai bis August und ruhen gerne auf Blättern an sonnigen Wald- und Gehölzrändern, Waldlichtungen und Gebüschen. *O. arcuella* ist in ganz Europa vertreten. Während von der Schwesterart *O. subtilana* angenommen wurde, dass sie nur in Russland fliegt, wird sie mittlerweile in fast ganz Mitteleuropa gefunden.

Pammene argyrana

Die Spannweite der Flügel beträgt 10 bis 13 mm. Die Vorderflügel sind schwarzbraun mit einem weißen Fleck in der Mitte und einem weiß-schwarzen Strichelmuster an den Flügelaußenkanten. Ähnlich sind *P. albuginana*

Flugzeit	J	F	M	A	M	J	J	A	S	O	N	D
Raupen	J	F	M	A	M	J	J	A	S	O	N	D

und *P. giganteana*. Die Raupe lebt in einer Galle, oft auch einer Wespengalle an Eichen (*Quercus* sp.). Die tag- und nachtaktiven Wickler fliegen in einer Generation zwischen April bis Anfang Juni in Eichenwäldern, Parks und Gebüschbereichen. *P. argyrana* ist in weiten Teilen Europas nachgewiesen.

Pammene aurita (Goldgelber Bergahornwickler)

Die Flügelspannweite liegt bei 14 bis 15 mm. Die Grundfarbe der Vorderflügel ist goldgelb bis rostrot und die Fransen am hinteren Flügelrand und die Fühler sind blaugrau. Die Raupen fressen von August bis zur Verpuppung vermutlich im September in den Früchten von Bergahorn (*Acer pseudoplatanus*). Die Falter fliegen in einer Generation von Juli bis August in Laubmischwäldern, Gebüschbereichen und Gehölzen mit Bergahorn. Die Nachweise dieser Wicklerart beschränken sich auf Mitteleuropa.

Flugzeit	J	F	M	A	M	J	J	A	S	O	N	D
Raupen	J	F	M	A	M	J	J	A	S	O	N	D

Phiaris metallicana

Die Spannweite erreicht 17 bis 22 mm. Die variabel gefärbten Vorderflügel sind braun mit zwei gelblich braunen Querbändern, die von silbernen Streifen eingefasst sind. Die dunkleren Felder sind schwarzbraun gefleckt und gestrichelt. Die Raupe lebt zwischen Mai und Juni in einem zusammen-

Flugzeit	J	F	M	A	M	J	J	A	S	O	N	D
Raupen	J	F	M	A	M	J	J	A	S	O	N	D

gesponnenen Blatt der Heidelbeere (*Vaccinium myrtillus*). Von Juni bis Juli erscheint die einzige Generation der Falter im Jahr. Ihr Lebensraum sind lichte Kieferwälder mit Heidelbeerbewuchs am Boden. Die Verbreitung der Wickler beschränkt sich auf das nördliche und mittlere Europa.

Phiaris schulziana

Die Flügelspannweite des sehr großen Wicklers erreicht 17 bis 25 mm. Die Vorderflügel sind rostbraun mit weißen Bändern, in deren Mitte silbergraue Linien verlaufen. Die Raupe lebt in zusammengesponnenen Blättern

Flugzeit	J	F	M	A	M	J	J	A	S	O	N	D
Raupen	J	F	M	A	M	J	J	A	S	O	N	D

in einer Gespinströhre an Heidekraut (*Calluna vulgaris*), Krähenbeeren (*Empetrum* sp.), Gewöhnlicher Moosbeere (*Vaccinium oxycoccos*) und Rauschbeere (*V. uliginosum*). Die tag- und nachtaktiven Falter leben in einer Generation pro Jahr von Juni bis August. Ihr Lebensraum sind Feuchtwiesen, Moore und Sümpfe. Die Art ist in Europa außer in den südöstlichen Teilen verbreitet.

Pristerognatha penthinana

Die Flügelspannweite erreicht 15 bis 16 mm. Die Vorderflügel sind sehr variabel dunkelbraun mit mehr oder weniger großen, weißen bis ockerfarbigen und metallisch blaugrauen Flecken und Bändern. Die Raupe lebt in den Stängeln des Großen Springkrauts (*Impatiens noli- tangere*), überwintert und verpuppt sich dort in der ersten Generation im März und April, die zweite tritt im Juni auf. Der Falter erscheint in zwei Generationen im Jahr zwischen April und Juni, die zweite zwischen Mitte Juni und August. Ihr Habitat sind Laub- und Laubmischwälder und auch Erlenbruchwälder. In

Flugzeit	J	F	M	A	M	J	J	A	S	O	N	D
Raupen	J	F	M	A	M	J	J	A	S	O	N	D

Europa fehlen Nachweise für *P. penthinana* im Westen und dem nord- und nordöstlichen Teil.

Rhyacionia buoliana (Kiefern-Knospentriebwickler)

Die Spannweite beträgt zwischen 17 und 24 mm. Die Vorderflügel sind orange bis rötlich gefärbt und von weißen Bändern und darin befindlichen

Flugzeit	J	F	M	A	M	J	J	A	S	O	N	D
Raupen	J	F	M	A	M	J	J	A	S	O	N	D

mehr oder weniger sichtbaren silbernen Linien überzogen. Im Unterschied zur sehr ähnlichen *R. pinicolana* hat die Art kaum weiße Zeichnung im Saumbereich und die weiße Zeichnung erscheint verwaschener. Die Raupen leben ab August nach dem Schlupf an den Knospen und bohren sich später zum Fressen in diese ein. Sie überwintern darin und leben ab dem Frühjahr bis zur Verpuppung im Juni an und in den jungen Trieben ihrer Futterpflanzen, der Waldkiefer (*Pinus sylvestris*), Weißtanne (*Abies alba*) und weiterer Arten. Die Flugzeit der Wickler reicht von Juni bis Juli. Ihr Lebensraum sind Nadel- und Mischwälder im ganzen europäischen Raum.

Rhyacionia pinivorana

Die Flügelspannweite beträgt 16 bis 24 mm. Die Art hat eine Ähnlichkeit mit *R. buoliana*, aber allgemein eine etwas stärkere weiße Zeichnung und

Flugzeit	J	F	M	A	M	J	J	A	S	O	N	D
Raupen	J	F	M	A	M	J	J	A	S	O	N	D

Bänderung auf dem orangebraunen Vorderflügel. Manchmal ist die Bänderung auch aufgelöst und der Falter erscheint sehr hell mit orangebrauner Überstäubung. Die Unterscheidung zu einigen weiteren Arten ist in solchen Fällen nach äußerlichen Merkmalen oft nicht eindeutig möglich. Die Raupe lebt ab August an den Spitzen der Triebe von Waldkiefern (*Pinus sylvestris*), überwintert und verpuppt sich im April. Ab Mai bis in den Juni erscheint eine nachtaktive Faltergeneration. Sie bewohnen Nadel- und Mischwälder im nördlichen und mittleren Europa, fehlen aber in Südeuropa.

Unterfamilie Tortricinae

Acleris bergmanniana

Die Spannweite beträgt 12 bis 15 mm. Die hellgelbliche Flügeloberseite ist mit einem Muster aus rotbraun eingefassten, metallisch grauen Saum- und gebogenen Querbändern überzogen. In der Mitte der Vorderflügel finden sich zwei aus erhabenen Schuppen gebildete kleine, dunkle Punkte. Die

Flugzeit	J	F	M	A	M	J	J	A	S	O	N	D
Raupen	J	F	M	A	M	J	J	A	S	O	N	D

Raupen ernähren sich von April bis Mai von den Blättern und Trieben von Rosen wie der Hundsrose (*Rosa canina*) sowie Echtem Kreuzdorn (*Rhamnus catharctica*). Die Falter fliegen am späten Nachmittag im Juni und Juli in einer Generation und werden auch vom Licht angezogen. Sie leben an Waldrändern, Lichtungen, Hecken und in Gärten. Die Verbreitung reicht über ganz Europa.

Acleris ferrugana

Zwischen 14 und 18 mm beträgt die Flügelspannweite. Die Vorderflügel können in verschiedenen Grundfärbungen von hellgrau bis braun auftreten. Die Unterscheidung zu der sehr ähnlichen Art *A. notana* ist nicht sicher ohne nähere Untersuchung möglich. Das dunkle, teils unterbrochene Dreieck ist unterschiedlich intensiv ausgeprägt. Nach dem Schlupf ab Ende April leben die Raupen bis zur Verpuppung Ende Juni und in einer zweiten Generation im August zwischen den mit einem Gespinst zusammengefalteten Blättern der Futterpflanzen Rotbuche (*Fagus sylvatica*), Eiche

Flugzeit	J	F	M	A	M	J	J	A	S	O	N	D
Raupen	J	F	M	A	M	J	J	A	S	O	N	D

(*Quercus* sp.) und auch Birke (*Betula* sp.). Die beiden Faltergenerationen erscheinen zwischen Juli und Mitte August und wieder von September bis Oktober, überwintern und kommen im nächsten Frühjahr bis Mai wieder zum Vorschein. Das Verbreitungsgebiet umfasst das westliche, mittlere und nördliche Europa.

Acleris forsskaleana (Ahornwickler)

Die Spannweite liegt bei 12 bis 18 mm. Die gelblich weißen Vorderflügel tragen eine rötlich braune Gitternetzstruktur und eine dunkle Linie am hin-

Flugzeit	J	F	M	A	M	J	J	A	S	O	N	D
Raupen	J	F	M	A	M	J	J	A	S	O	N	D

teren Rand der Flügel. In der Mitte der Flügel befindet sich ein dunkles, gezacktes Querband, das auch erheblich verbreitert sein kann. Die Raupen leben im Herbst erst in den Samen und überwintern, um im Frühjahr auf die Blätter der Futterpflanzen wie Feldahorn (*Acer campestre*), Bergahorn (*A. pseudoplatanus*) und Spitzahorn (*Acer platanoides*) zu wechseln, sie zusammenzurollen und darin zu fressen. Die Verpuppung findet im Mai statt. Nach dem Schlupf ab Juni fliegt eine Faltergeneration bis in den September. Die dämmerungs- und nachtaktiven Tiere leben in Wäldern, Gärten, Parks und Feldgehölzen mit Ahornanteilen und sind über ganz Europa verbreitet.

Acleris hastiana

Die Flügelspannweite liegt ungefähr bei 16 bis 20 mm. Die Falter sind sehr variabel und treten in ganz unterschiedlichen Farbkombinationen

Flugzeit	J	F	M	A	M	J	J	A	S	O	N	D
Raupen	J	F	M	A	M	J	J	A	S	O	N	D

und Zeichnungen auf. In einigen dieser Varianten ähneln sie anderen *Acleris*-Arten. Die Raupe lebt in zwei Generationen von Mai bis Juni und wieder von Juli bis August, anfangs in der Knospen und später in zusammengesponnenen Blättern von Weide (*Salix* sp.), Eiche (*Quercus* sp.), Pappel (*Populus* sp.), Heidelbeere (*Vaccinium* sp.), Rosmarinheide (*Andromeda* sp.) und anderen Pflanzenarten. Abhängig vom Vorkommen fliegen ein bis zwei Generationen im Jahr von Juni bis Juli und wieder von August bis Oktober. Die Lebensräume bestehen aus Waldrändern, Auwäldern, Gebüschen, Hecken, Gewässerufern und auch Gärten. Die Art ist über ganz Europa verbreitet.

Acleris laterana

Als Falter erreichen sie 15 bis 20 mm Flügelspannweite. Die Vorderflügel sind bräunlich bis hellgrau oder gelbbraun gefärbt und haben je einen breiten, rotbraunen oder dunkelbraunen Fleck, der sich vom Außenrand

Flugzeit	J	F	M	A	M	J	J	A	S	O	N	D
Raupen	J	F	M	A	M	J	J	A	S	O	N	D

einbuchtet oder aber auch als Querband darüber hinzieht. Dazwischen befinden sich einige schwarze Punkte. Die Färbung der Hinterflügel ist gelbgrau. Die Arten *A. aspersana*, *A. comariana* und *A. schalleriana* sind ähnlich und oft nur sicher durch Genitaluntersuchung unterscheidbar. Die Raupe erscheint zwischen Mai und Juni und lageabhängig in einer weiteren Generation im August und lebt zwischen Blättern und Blüten von Heidelbeere (*Vaccinium myrtillus*), Weide (*Salix* sp.), Arznei-Beinwell (*Symphytum officinale*), Weißdorn (Crataegus sp.), Pappel (*Populus* sp.), Echtem Mädesüß (*Filipendula ulmaria*), Kirsche (*Prunus* sp.), Rosen (*Rosa* sp.), Himbeere (*Rubus* sp.) und verschiedenen anderen Rosengewächsen. Je nach Vorkommen fliegen die Falter in ein bis zwei Generationen von Juni bis Juli und ab September mit Überwinterung und dann bis April in lichten Wäldern, an Hecken, Gebüschen und in Gärten. Die Art ist in ganz Europa zu finden.

Acleris notana

Die Spannweite der Falter reicht von 15 bis 19 mm. Die Art gehört zum Artkomplex *A. notana/ferrugana*, ist *A. ferrugana* ähnlich und kann sehr variabel auftreten. Eine sichere Unterscheidung ist nur durch Geschlechtsuntersuchung möglich. Die Raupe hat allerdings eine andere Nahrungs-

Flugzeit	J	F	M	A	M	J	J	A	S	O	N	D
Raupen	J	F	M	A	M	J	J	A	S	O	N	D

grundlage: Birke (*Betula* sp.), Erlen (*Alnus* sp.) und Gagelstrauch (*Gagea* sp.). Abhängig vom Vorkommen erscheinen zwei Generationen (außer im Norden), die von Mitte Juni bis Ende Juli und September mit Überwinterung dann wieder ab Frühjahr bis Mai auftreten. Sie bewohnen Wälder, Parks, verbuschte Heideflächen und Weiden. Verbreitungsnachweise bestehen für große Teile Europas.

Acleris schalleriana

Die Flügelspannweite beträgt zwischen 15 und 20 mm. Die Arten *A. comariana* und *A. laterana* sind sehr ähnlich. Als Raupe lebt der Wickler in

Flugzeit	J	F	M	A	M	J	J	A	S	O	N	D
Raupen	J	F	M	A	M	J	J	A	S	O	N	D

zusammengedrehten und versponnenen Blättern von Schneeballarten wie Wolligem Schneeball (*Viburnum lantana*) oder Gewöhnlichem Schneeball (*V. opulus*). Sie verpuppen sich im Juli. Nach dem Schlupf im Juli findet man sie in zwei Generationen bis August und im Oktober. Sie erscheinen nach der Überwinterung wieder im Frühjahr des darauf folgenden Jahres. Ihr Lebensraum sind lichte Wälder, Gebüsche, Hecken und Gärten. Er wird im größten Teil Europas nachgewiesen.

Acleris shepherdana (Gegitterter Mädesüßwickler)

Die Flügelspannweite erreicht zwischen 12 und 16 mm. Die Vorderflügel sind rötlich hellbraun und tragen ein netzartiges rotbraunes Muster. Ein dunkler Fleck in Form eines Dreiecks liegt an der Flügelaußenseite an. Die

Flugzeit	J	F	M	A	M	J	J	A	S	O	N	D
Raupen	J	F	M	A	M	J	J	A	S	O	N	D

Art ähnelt *A. rhombana*. Als Raupen leben sie von Mai bis Juni in einem Gespinst an den Trieben von Echtem Mädesüß (*Filipendula ulmaria*). Die Falter sind dämmerungs- und nachtaktiv und leben in einer Generation von Juli und September in Feuchtwiesen und Niedermooren. Die Verbreitung der Falter erstreckt sich auf Europa mit Ausnahme der Iberischen Halbinsel und dem Balkan.

Aethes cnicana

Die Falter erreichen Spannweite von 14 bis 17 mm. Die cremeweißen bis hellgelblichen, leicht glänzend wirkenden Vorderflügel tragen dunklere

Flugzeit	J	F	M	A	M	J	J	A	S	O	N	D
Raupen	J	F	M	A	M	J	J	A	S	O	N	D

und hellere rötlich braune Flecken und Querbänder. Sie sind *A. rubigana* sehr ähnlich und von diesem schwer zu unterscheiden. Verschiedene Arten von Disteln (*Cirsium* sp.) bilden die Futterpflanzen. Die Raupen fressen zuerst die Samen und bohren sich später in den Stamm, wo sie sich zuletzt verpuppen. Die dämmerungs- und nachtaktiven Falter leben in einer Generation je nach Lage von Ende Mai bis Anfang August. Der Wickler lässt sich in ganz Europa finden.

Aethes hartmanniana

Flugzeit	J	F	M	A	M	J	J	A	S	O	N	D

Die Spannweite der Flügel beträgt 11 bis 23 mm. Dieser Wickler ist sehr variabel mit seiner hell cremefarbigen bis braungrauen Grundfarbe und seinem olivgrauen bis braunen Zeichnungsmuster. Die Unterscheidung zur nah verwandten Art *A. piercei* ist praktisch nach äußeren Merkmalen kaum möglich. Als Raupe lebt die Art in zwei Generationen an Gelber Skabiose (*Scabiosa ochroleuca*), Taubenskabiose (*Scabiosa columbaria*), Gewöhnlichem Teufelsabbiss (*Succisa pratensis*) und Wiesen-Witwenblume (*Knautia arvensis*). Sie überwintert, indem sie sich in den Wurzelstock bohrt. Als Falter leben sie in zwei Generationen zwischen Mai und Juni und wiederum von Juli bis August auf Magerrasen, Geröllhalden und in Ruderalflächen mit den Futterpflanzen. Die Wickler sind für große Teile Europas nachgewiesen.

Aethes smeathmanniana

Die Spannweite liegt bei etwa 12 bis 19 mm. Die Grundfarbe variiert von weißlich bis gelblich und wird durch zwei mehr oder weniger ausgeprägte, unterbrochene braune Binden ergänzt. Als Raupe lebt die Art ab September in zwei Generationen mit Überwinterung und danach bis April und dann

Flugzeit	J	F	M	A	M	J	J	A	S	O	N	D
Raupen	J	F	M	A	M	J	J	A	S	O	N	D

wieder von Juni bis Juli an Samen der Gewöhnlichen Schafgarbe (*Achillea millefolium*), Schwarzen Flockenblume (*Centaurea nigra*), Garten-Lattich (*Lactuca sativa*), Acker-Hundskamille (*Anthemis arvensis*) und Stinkenden Hundskamille (*A. cotula*). Die Falter der beiden Generationen überlappen sich von Mai bis August. Die Verbreitung der Wicklerart erstreckt sich über ganz Europa.

Agapeta zoegana

Etwa 15 bis 25 mm Flügelspannweite erreichen die Vorderflügel. Sie sind gelb bis orange und tragen rötlich braune Streifen und einen Fleck. Die

Flugzeit	J	F	M	A	M	J	J	A	S	O	N	D
Raupen	J	F	M	A	M	J	J	A	S	O	N	D

beiden Raupengenerationen leben im Juli und wieder von September mit Überwinterung am Wurzelstock und danach bis April an Wiesen-Witwenblume (*Knautia arvensis*), Taubenskabiose *(Scabiosa columbaria*), Flockenblumen (*Centaurea* sp.), Scharte (*Serratula* sp.) oder Bisamdistel (*Jurinea* sp.) und verpuppen sich auch dort im Frühjahr. Die beiden Generationen der dämmerungs- und nachtaktiven Falter lassen sich nicht klar trennen und fliegen zwischen Mai und August. Sie leben auf Wiesen, Feldern und Ruderalflächen im europäischen Verbreitungsgebiet.

Aleimma loeflingiana

Die Flügelspannweite beträgt 16 bis 22 mm. Die gelblich braunen Vorderflügel sind sehr variabel und werden von einem braunen, netzartigen Muster bedeckt, können aber auch mit braunen Flecken und Bändern überzogen sein. Die Überwinterung findet im Eistadium statt. Die Raupen ernähren sich ab Mai von den Blättern von Hainbuche (*Carpinus betulus*), Eiche (*Quercus* sp.) und Ahorn (*Acer* sp.), die sie zusammenrollen. Sie verpuppen sich im Juni. Die Falter schlüpfen Mitte Juni und leben in einer Generation

Flugzeit	J	F	M	A	M	J	J	A	S	O	N	D
Raupen	J	F	M	A	M	J	J	A	S	O	N	D

bis Anfang August in lichten Wäldern, an Waldrändern und Hecken. Ihr Verbreitungsgebiet erstreckt sich über ganz Europa.

Archips crataegana

Die Flügelspannweite beträgt etwa 22 bis 28 mm, wobei die Weibchen in der Regel größer sind. Die Vorderflügel sind grau bis braun und tragen

Flugzeit	J	F	M	A	M	J	J	A	S	O	N	D
Raupen	J	F	M	A	M	J	J	A	S	O	N	D

ein dunkles rostfarbenes Muster. Die Raupe spinnt sich nach dem Schlupf zwischen April und Mai in Blättern oder an Trieben verschiedenster Futterpflanzen wie Eiche (*Quercus* sp.), Esche (*Fraxinus* sp.), Ulme (*Ulmus* sp.), Weide (*Salix* sp.), Pappel (*Populus* sp.), Weißdorn (*Crataegus* sp.) und anderen ein. Sie bilden eine Generation im Jahr von Juni bis August und bewohnen Laub- und Mischwald, Streuobstwiesen, Obstplantagen, Gärten und Parkanlagen. *A. crataegana* kommt in ganz Europa vor.

Archips oporana (Kiefernnadelwickler)

Die Wickler erreichen 14 bis 28 mm Flügelspannweite, wobei Weibchen größer als die Männchen sind. Die hellgelblichen bis graubraunen Vorderflügel tragen rötlich braune Binden und Flecken und sind beim Weibchen

Flugzeit	J	F	M	A	M	J	J	A	S	O	N	D
Raupen	J	F	M	A	M	J	J	A	S	O	N	D

zusätzlich mit einer netzartigen Zeichnung überzogen. Nach dem Schlupf ab August, September spinnen sich die Raupen im Herbst bis zur Überwinterung an den Nadeln ihrer Futterpflanzen Waldkiefer (*Pinus sylvestris*), Rotfichte (*Picea abies*), Lärche (*Larix* sp.), Wacholder (*Juniperus* sp.) und Weißtanne (*Abies alba*) ein und fressen bis zur Verpuppung im Mai. Die einzige lang gezogene Faltergeneration im Jahr erscheint Ende Mai bis Ende August und bewohnt Misch- und Nadelwälder und Parkanlagen und ist tag- und dämmerungsaktiv. Die Wickler sind in ganz Europa zu finden.

Archips podana (Bräunlicher Obstbaumwickler, Eschenzwieselwickler)

Bei einer Flügelspannweite von 19 bis 28 mm sind die Männchen deutlich kleiner. Die Färbung der Vorderflügel geht von gelblich braun, rotbraun über dunkelbraun bis grauschwarz. Bei vielen Vertretern dieser Wicklerart ist der Bereich am Flügelansatz und in der Mitte verdunkelt. Bei den Weibchen ist meist die Netzlinienzeichnung auf der gesamten Flügelfläche

Flugzeit	J	F	M	A	M	J	J	A	S	O	N	D
Raupen	J	F	M	A	M	J	J	A	S	O	N	D

erkennbar. Die Raupen schlüpfen im Juli, überwintern und ernähren sich ab Frühjahr des nächsten Jahres bis zur Verpuppung im Juni anfangs von den Blättern und Früchten und bilden dann ein Gespinst um Triebe oder Knospen von verschiedenen Laubbäumen wie Hasel (*Corylus* sp.), Eiche (*Quercus* sp.), Rotbuche (*Fagus sylvatica*), Rosen (*Rosa* sp.), Apfel (*Malus* sp.), Himbeere (*Ribes* sp.) und andere. Es fliegt eine Generation der Falter zwischen Juni und August in lichten Laubwäldern, Gebüsch, Obstanlagen, Parks und Gärten. Die Verbreitung erstreckt sich auf das gesamte Europa.

Archips xylosteana

Bei der Flügelspannweite erreichen diese Wickler 14 bis 22 mm. Beim kleineren Männchen herrscht eine helle, cremefarbige Tönung vor, während beim Weibchen braune bis bräunlich-graue Töne überwiegen. Die

Flugzeit	J	F	M	A	M	J	J	A	S	O	N	D
Raupen	J	F	M	A	M	J	J	A	S	O	N	D

verwandten *A. crataeganus* sind ähnlich, aber weniger intensiv und kontrastreich gezeichnet und gefärbt. Die Raupen erscheinen ab März und leben bis zur Verpuppung spätestens im August in den zusammengerollten Blättern verschiedener Baum- und Straucharten wie Apfel (*Malus* sp.), Birne (*Pyrus* sp.), Eiche (*Quercus* sp.), Birke (*Betula* sp.), Ahorn (*Acer* sp.), Gewöhnliche Schlehe (*Prunus spinosa*), Kirsche oder Pflaume (*Prunus* sp.). Falter bewohnen in einer lang gezogenen Generation von Mai bis Ende August Waldränder von Laubwäldern, Gebüsche, Streuobstwiesen und Parks. Die Verbreitung der Wickler reicht über ganz Europa.

Choristoneura hebenstreitella

Die Flügelspannweite liegt bei 19 bis 30 mm, wobei Weibchen größer werden als die Männchen. Die Flügelfärbung reicht von gelblich braun bis braun mit dunkleren unterbrochenen Querbändern. Die Raupe rollt ab Mai

Flugzeit	J	F	M	A	M	J	J	A	S	O	N	D
Raupen	J	F	M	A	M	J	J	A	S	O	N	D

die Blätter der Futterpflanzen und spinnt sie zusammen. Sie ist polyphag und nutzt vor und nach der Überwinterung bis zur Verpuppung im Mai eine Vielzahl von Pflanzen wie Birke (*Betula* sp.), Ahorn (*Acer* sp.), Gewöhnliche Hainbuche (*Carpinus betulus*), Kirsche (*Prunus* sp.), Hasel (*Corylus* sp.), Holunder (*Sambucus* sp.), Eiche (*Quercus* sp.) und viele andere. Zur Überwinterung spinnt sie sich aus Seide ein Hibernaculum (Winterlager) an die Zweige. Zwischen Mai und August erscheint die einzige dämmerungs- und nachtaktive Generation im Jahr. Sie leben in lichten Wäldern, Moorgebieten und Gärten. Die Verbreitung erstreckt sich auf das mittlere und westliche Europa.

Clepsis consimilana

Die Flügelspannweite beträgt 13 bis 19 mm. Die kleineren Männchen sind meist gelblich hellbraun bis braun gefärbt mit einem V-förmigen, braunen

Flugzeit	J	F	M	A	M	J	J	A	S	O	N	D
Raupen	J	F	M	A	M	J	J	A	S	O	N	D

Band und zwei Flecken am Außenrand und schwach sichtbar netzartig gemustert, es treten aber auch völlig ungezeichnete helle oder dunklere Exemplare auf. Die Raupe erscheint nach dem Schlupf im August und überwintert in einem Gespinst an ihren Futterpflanzen wie Efeu (*Hedera* sp.), Garten-Flieder (*Syringa* sp.), Liguster (*Ligustrum* sp.), Geißblatt (*Lonicera* sp.), Weißwurz (*Polygonatum* sp.), Weißdorn (*Crataegus* sp.), Hainbuche (*Carpinus* sp.) und vielen anderen. Nach der Verpuppung Anfang Juni schlüpft eine Generation und lebt bis Ende August auf Waldlichtungen, an Waldrändern, in Parks und Gärten. Die Verbreitung erstreckt sich auf ganz Europa.

Cnephasia communana

Die Flügel erreichen 18 bis 22 mm Spannweite. Die Vorderflügel sind weißlich hellgrau mit bräunlich bis dunkelgrauen Querbändern und schwarzem Strichelmuster. Eine genaue Unterscheidung nach äußerlichen Merkmalen zu nah verwandten Arten wie *C. incertana* ist nicht eindeutig möglich. Die Raupe lebt an den zusammengesponnenen Blättern verschiedenster Pflanzen wie z. B. Flockenblumen (*Centaurea* sp.). Die einzige Faltergeneration im Jahr lebt zwischen Anfang Mai und Juni auf Waldlichtungen, an

Flugzeit	J	F	M	A	M	J	J	A	S	O	N	D
Raupen	J	F	M	A	M	J	J	A	S	O	N	D

Waldrändern, Trockenrasen, Wiesen und Parks. Die Wicklerart lebt in ganz Europa.

Cochylis dubitana

Die Spannweite der Flügel erreicht 11 bis 15 mm. Die Falter haben eine weiße bis gelbliche Grundfärbung der Vorderflügel mit einem braunen bis

Flugzeit	J	F	M	A	M	J	J	A	S	O	N	D
Raupen	J	F	M	A	M	J	J	A	S	O	N	D

dunkelgrauen Band an der Flügelbasis und einem weiteren am Hinterrand sowie einem dunklen Fleck in der Mitte. Die Raupe lebt in zwei Generationen von Mai bis Juni und wiederum von August bis zur Verpuppung im September in Blüten und Samen verschiedener Pflanzenarten wie Pippau (*Crepis* sp.), Greiskraut (*Senecio* sp.), Nickender Distel (*Carduus nutans*), Kratzdistel (*Cirsium* sp.), Goldrute (*Solidago* sp.) und anderen. Die beiden Faltergenerationen leben zwischen Mai und Juni und wiederum im August auf Wiesen, Trockenrasen, an Wegrändern auf Ruderalflächen und Waldlichtungen. Die Falter finden sich in ganz Europa.

Dichelia histrionana

Die Flügelspannweite erreicht 17 bis 22 mm. Die hellbraunen Vorderflügel sind sehr variabel und tragen dunkelbraune Bänder und Flecken. Die Raupe spinnt zwischen August mit Überwinterung und dann von April bis An-

Flugzeit	J	F	M	A	M	J	J	A	S	O	N	D
Raupen	J	F	M	A	M	J	J	A	S	O	N	D

fang Mai die Nadeln der Futterpflanzen Rotfichte (*Picea abies*) und Tanne (*Abies* sp.) zusammen und miniert die Nadeln, später dann die Triebe. Ab Ende Mai schlüpfen die Falter und fliegen in einer Generation bis Ende August in Nadelwäldern. Die Art ist von Belgien, den Niederlanden, Deutschland, Polen, Skandinavien bis nach Rumänien, Italien und Griechenland verbreitet.

Ditula angustiorana (Rotgebänderter Wickler)

Die Flügelspannweite liegt bei 14 bis 29 mm, wobei die Weibchen größer werden als die Männchen. Die Grundfarbe der Vorderflügel ist hellbraun

Flugzeit	J	F	M	A	M	J	J	A	S	O	N	D
Raupen	J	F	M	A	M	J	J	A	S	O	N	D

bis rotbraun mit zwei dunkleren Schrägbinden. In Nähe der Flügelwurzel liegt ein braunes bogenförmiges Band mit dunkelbraunen abstehenden Schuppen in der Mitte. Die Raupe schlüpft im August und lebt mit Überwinterung und danach bis zum Frühjahr an verschiedenen Laubbäumen und Sträuchern wie Gewöhnlicher Hasel (*Coryllus avellana*), Hängebirke (*Betula pendula*), Weißdorn (*Crataegus* sp.), Birne (*Pyrus* sp.), Apfel (*Malus* sp.) und Eiche (*Quercus* sp.). Die Falter fliegen in einer Generation von Juni bis August auf Streuobstwiesen, an Waldrändern, Gebüschen, Hecken, in Parks und Gärten. Die Wickler sind im westlichen Mitteleuropa und Großbritannien zu finden, fehlen aber in Ost-, Nord- und Südeuropa.

Endothenia gentianaeana

Die Wickler haben eine Flügelspannweite von 15 bis 19 mm. Die Vorderflügel haben eine helle gelblich-braune bis weißliche Grundfärbung mit braunen und blau- bis silbergrauen Flecken und Bändern. Die Unterscheidung zu einigen verwandten Endothenia-Arten ist nach äußerlichen Merkmalen nicht immer sicher möglich. Die Larve lebt ab September mit Überwinterung und vom Frühjahr bis zur Verpuppung im Juni in den Samenköpfen der Futterpflanzen wie Wilder Karde (Dipsacus fullonum), Mittlerem Wege-

Flugzeit	J	F	M	A	M	J	J	A	S	O	N	D
Raupen	J	F	M	A	M	J	J	A	S	O	N	D

rich (Plantago media), Enzian (Gentiana sp.), Augentrost (Euphrasia sp.), Ochsenzunge (Anchusa sp.) und Flockenblume (Dianthus sp.). Die Falter leben in einer Generation von Ende Mai bis Anfang August auf Weiden, Feuchtwiesen, Ruderalflächen und Trockenrasen. Die Wickler kommen in beinahe ganz Europa vor.

Eriopsela quadrana

Die Flügelspannweite liegt zwischen 12 und 16 mm. Die Vorderflügel sind hellgrau mit braunen Flecken und Streifen. Die Raupe spinnt sich in den

Flugzeit	J	F	M	A	M	J	J	A	S	O	N	D
Raupen	J	F	M	A	M	J	J	A	S	O	N	D

gefalteten Blättern der Nahrungspflanze Goldrute (*Solidago virgaurea*) und Teufelsabbiss (*Succisa pratensis*) ein und überwintert. Ab Mai bis Juni fliegt eine Generation der tag- und nachtaktiven Falter in lichten Wäldern, Wiesen und Trockenrasen. Sie besiedeln weite Teile Europas mit Ausnahme der Iberischen Halbinsel, der Ukraine und der Balkanhalbinsel.

Eucosma campoliliana

Flugzeit	J	F	M	A	M	J	J	A	S	O	N	D
Raupen	J	F	M	A	M	J	J	A	S	O	N	D

Die Flügelspannweite beträgt 13 bis 18 mm. Die Vorderflügel sind weiß und tragen schwarze Flecken und rostbraune Zeichnungselemente. Als Raupe ernähren sie sich von den Stängeln und Samenständen verschiedener Greiskräutern wie Jakobs-Greiskraut (*Senecio jacobaea*) und *S. tephroseris*. Falter erscheinen ab Juni in einer Generation bis August in trockenen Lebensräumen wie verbuschten Magerrasen, alpinen Rasen und Berghängen. Sie sind hauptsächlich in Westeuropa verbreitet.

Eucosma cana

Es handelt sich um einen Wickler mit einer Flügelspannweite von 15 bis 23 mm. Die Vorderflügel sind grau bis bräunlich mit dunkleren Längsstreifen. Manchmal gibt es auch dunklere Exemplare. Sehr ähnlich sind *E. hohenwartiana* und andere nahe verwandte Falter. Die Raupe erscheint im

Flugzeit	J	F	M	A	M	J	J	A	S	O	N	D
Raupen	J	F	M	A	M	J	J	A	S	O	N	D

August, überwintert und frisst bis Mai des folgenden Jahres an den Blüten und Samenkapseln von Kratzdistel (*Cirsium* sp.), Disteln (*Carduus* sp.), Schwarzer Flockenblume (*Centaurea nigra*) und anderer Flockenblumen. Die Falter schlüpfen im Juni und leben in einer Generation bis August auf Wiesen, an Wald- und Wegrändern und auf Brachflächen. *E. cana* ist im größten Teil Europas anzutreffen.

Eucosmomorpha albersana

Die Flügelspannweite beträgt 13 bis 17 mm. Die Vorderflügel sind im hinteren Drittel gelblich braun, im vorderen dunkelbraun bis rostbraun gefärbt

Flugzeit	J	F	M	A	M	J	J	A	S	O	N	D
Raupen	J	F	M	A	M	J	J	A	S	O	N	D

und von silbergrauen Querlinien durchzogen. Die Raupe lebt in zusammengesponnenen Blättern von Geißblatt (*Lonicera* sp.) oder Gewöhnlicher Schneebeere (*Symphoricarpos albus*). Die Falter sind tag- und nachtaktiv, erscheinen nach dem Schlupf im Mai in einer Generation bis Juni auf Waldlichtungen und an Waldrändern. *E. albersana* ist mit Ausnahme der Iberischen Halbinsel, Islands, Irlands, in weiten Teilen der Balkanhalbinsel und der Ukraine in fast ganz Europa anzutreffen.

Eulia ministrana

Die Spannweite beträgt zwischen 18 und 25 mm. Die Vorderflügel sind fahl gelblich bis grau gefärbt und tragen bräunlich orange bis rotbraune Flecken. Die Raupen ernähren sich ab Ende Juli von den Blättern verschiedener Laubbäume und Sträucher wie Schwarzerle (*Alnus glutinosa*), Winterlinde (*Tilia cordata*), Gewöhnliche Moorbirke (*Betula pubescens*), Gewöhnliche Hasel (*Corylus avellana*) und Eiche (*Quercus* sp.), die sie sich zum Schutz zusammenrollen. Nach der Überwinterung verpuppen sie sich im Februar. Die dämmerungs- und nachtaktiven Wickler fliegen in einer Generation von Mai bis Juni und sind Bewohner von Waldbereichen, Gebüschen, Hecken und Gehölzen. Die Verbreitung umfasst ganz Europa.

Flugzeit	J	F	M	A	M	J	J	A	S	O	N	D
Raupen	J	F	M	A	M	J	J	A	S	O	N	D

Eupoecilia angustana

Flugzeit	J	F	M	A	M	J	J	A	S	O	N	D
Raupen	J	F	M	A	M	J	J	A	S	O	N	D

Die Flügelspannweite dieser kleinen, hellen, farbigen Art beträgt 10 bis 15 mm. Die Larven fressen an den Blättern von Wegerich (*Plantago* sp.), Schafgarbe (*Achillea* sp.), Heidekraut (*Calluna* sp.), Dost (*Origanum* sp.), Thymian (*Thymus* sp.) und Goldrute (*Solidago* sp.). *E. angustana* kommt an Waldrändern, in Wiesen und an ähnlichen Stellen vor. Die Flugperiode der einzigen Generation erstreckt sich von Juni bis September. Die Falter sind in großen Teilen Europas nachgewiesen.

Gypsonoma sociana

Die Flügelspannweite beträgt 12 bis 15 mm. Die bräunlich weißen Vorderflügel sind an der Basis dunkelbraun mit schwarzen und blaugrauen Flecken und Streifen. Ein dunkelbraunes bis schwarzes Dreieck an den Flü-

Flugzeit	J	F	M	A	M	J	J	A	S	O	N	D
Raupen	J	F	M	A	M	J	J	A	S	O	N	D

gelinnenkanten im hinteren Bereich ist charakteristisch für die Wicklerart. Die Raupen leben innerhalb von Kätzchen der Schwarzpappel (*Populus nigra*), Zitterpappel (*P. tremula*), weiterer Pappel-Arten (*P.* sp.) oder Weiden-Arten (*Salix* sp.) und fressen sich später in die Blattknospe vor. Sie erscheinen im Juni, überwintern in einem Gespinst und verpuppen sich ab April. Die dämmerungs- und nachtaktiven Falter fliegen zwischen Juli und August in lichten Wäldern, auf Halbtrockenrasen, Wiesenbrachen, in Gärten, Obstgärten, Parks und an Fluss- und Bachufern. In Europa fehlt die Art auf der Iberischen Halbinsel, Teilen des Balkans, Russlands und der Ukraine und auf Sardinien und Sizilien.

Orthotaenia undulana

Die Flügelspannweite beträgt 15 bis 20 mm. Die Vorderflügel sind von der Grundfarbe hellbraun, manchmal auch rötlich braun und mit gelblich braunen, graubraunen oder schwarzbraunen Zeichnungsmustern, Bändern und Flecken überlagert. Die Raupe hat ein sehr breites Spektrum an Nahrungspflanzen wie Heidelbeere (*Vaccinium myrtillus*), Birke (*Betula* sp.),

Flugzeit	J	F	M	A	M	J	J	A	S	O	N	D
Raupen	J	F	M	A	M	J	J	A	S	O	N	D

Erle (*Alnus* sp.), Kiefer (*Pinus* sp.), Brombeere (*Rubus* sp.), Johannisbeere (*Ribes* sp.), Wacholder (*Juniperus* sp.), Weide (*Salix* sp.), Ulme (*Ulmus* sp.), Feldahorn (*Acer campestre*), Heckenkirsche (*Lonicera* sp.), Weidenröschen (*Epilobium* sp.), Ehrenpreis (*Veronica* sp.), Brennnessel (*Urtica* sp.) und andere. Sie verspinnt und verpuppt sich in einem gerollten oder gefalteten Blatt. Die Falter fliegen in einer Generation von Mai bis Ende Juli in lichten Wäldern, an Waldrändern, Moorlandschaften, Hecken, Gebüschbereichen und Gärten. *O. undulana* ist für weite Bereiche Europas nachgewiesen.

Pandemis corylana (Gewürfelter Obstbaumwickler)

Die Flügelspannweite beträgt 18 bis 24 mm. Die Vorderflügel sind ockergelb bis bräunlich gelb gefärbt und tragen eine rötlich braune Netzzeichnung. Der Wurzelbereich und die Mitte zeigen eine dunklere Binde. Die Raupen leben und fressen von Mai bis Juli in versponnenen Blättern der Futterpflanzen wie Gewöhnliche Hasel (*Corylus avellana*), Esche (*Fraxinus*

Flugzeit	J	F	M	A	M	J	J	A	S	O	N	D
Raupen	J	F	M	A	M	J	J	A	S	O	N	D

sp.), Kirsche (*Prunus* sp.), Himbeere (*Rubus idaeus*), Eiche (*Quercus* sp.) und Blutroter Hartriegel (*Cornus sanguinea*), dort verpuppen sie sich. Zwischen Juli und September erscheint eine Generation an Waldrändern und -lichtungen, Gebüschbereichen, Parks und Gärten. *P. corylana* ist in ganz Europa verbreitet.

Pandemis heparana (Rostfarbener Buchen-Breitflügelwickler)

Flugzeit	J	F	M	A	M	J	J	A	S	O	N	D
Raupen	J	F	M	A	M	J	J	A	S	O	N	D

Die Falter erreichen 16 bis 24 mm Flügelspannweite. Die gelbbraunen bis rotbraunen Vorderflügel zeigen eine netzartige, sehr variable Zeichnung und ein dunkleres Querband. Die Raupe lebt ab Juli, rollt die Blätter ihrer Futterpflanze, überwintert und verpuppt sich im folgenden Jahr im Juni. Zur Nahrung gehören eine Vielzahl von Laubbaumarten und Sträuchern wie auch Obstbäume. Die Falter erscheinen in zwei sich überlappenden Generationen von Juni bis August und leben in Gärten, Parks und lichten Laubwäldern. Ihre Verbreitung umfasst ganz Europa.

Pseudargyrotoza conwagana

Die Wickler erreichen 11 bis 14 mm Flügelspannweite. Die Vorderflügel sind ockergelb gefärbt und werden von dunkelbraunen bis rostbraunen

Flugzeit	J	F	M	A	M	J	J	A	S	O	N	D
Raupen	J	F	M	A	M	J	J	A	S	O	N	D

Querbändern und silbergrauen Strichelzeichnungen überlagert, können aber auch oft verdunkelt erscheinen. Ein weiteres Merkmal ist ein heller, meist dreieckig geformter Fleck in der Mitte der Flügelinnenränder. Als Raupe lebt der Wickler ab Juli in den Früchten und an den Samen der Futterpflanzen wie Liguster (*Ligustrum* sp.), Flieder (*Syringa* sp.), Esche (*Fraxinus* sp) sowie Berberitze (*Berberis* sp.) und verpuppt sich im Oktober in der Laubstreu am Boden in einem Kokon. Die Falter schlüpfen ab Ende Mai und fliegen in einer Generation pro Jahr bis August und sind in lichten Wäldern, an Waldrändern, Gebüschen, in Parks und auf Ruderalflächen zu finden. *P. conwagana* ist in weiten Teilen Europas verbreitet.

Pseudococcyx turionella (Kiefernknospenwickler)

Die Wickler erreichen 14 bis 21 mm Flügelspannweite. Der Kopf und der Thorax sind orangebraun. Die Vorderflügel sind an der Basis graubraun

Flugzeit	J	F	M	A	M	J	J	A	S	O	N	D
Raupen	J	F	M	A	M	J	J	A	S	O	N	D

und nach hinten zunehmend orangebraun mit grauer Bänderung. Die Hinterflügel sind weißlich bis hellgrau. Die Raupe bohrt sich in die Triebe und Knospen von Waldkiefer (*Pinus sylvestris*), Bergkiefer (*Pinus mugo)*, Schwarzkiefer (*Pinus nigra)*, Drehkiefer (*Pinus contorta)* und vereinzelt auch Weißtanne *(Abies alba)*. Sie fliegen zwischen Mitte April und Juni in einer Generation pro Jahr. Manchmal kommt es in Nadelbaummonokulturen zu Massenvermehrungen. Ihr Lebensraum sind Nadelwälder bis in 1200 m Höhe. Die Verbreitung erstreckt sich auf ganz Europa.

Ptycholama lecheana

Die Flügelspannweite liegt zwischen 18 und 22 mm. Die ockerfarbenen Vorderflügel sind auf der hinteren Hälfte schwarzbraun gefärbt und tragen silberne Querbänder. Die Raupen spinnen nach dem Schlüpfen im August die Blätter der Futterpflanzen wie Eiche (*Quercus* sp.), Pappel (*Populus* sp.), Ulme (*Ulmus* sp.), Weide (*Salix* sp.), Weißdorn (*Crataegus* sp.), Ahorn (*Acer* sp.) und vereinzelt auch Tanne (*Abies* sp.*)* oder Lärche (*Larix* sp.) zum Schutz beim Fressen zusammen. Sie überwintern und verpuppen sich ab

Flugzeit	J	F	M	A	M	J	J	A	S	O	N	D
Raupen	J	F	M	A	M	J	J	A	S	O	N	D

Mai meist zwischen den Blättern. Die Falter erscheinen in einer Generation pro Jahr zwischen Ende Mai und Ende Juli. Sie leben in lichten Laub- und Laubmischwäldern, in Parks, Streuobstwiesen und Gärten. Das Verbreitungsgebiet ist auf Mitteleuropa beschränkt.

Syndemis musculana

Flugzeit	J	F	M	A	M	J	J	A	S	O	N	D
Raupen	J	F	M	A	M	J	J	A	S	O	N	D

Die Flügelspannweite der Falter beträgt 15 bis 22 mm. Die Färbung der Vorder- und Hinterflügel ist hellgrau bis graubraun mit einem breiten braunen Querband und Flecken am Vorderrand und mehr oder weniger deutlichen schwarzen Flecken und Linien. Sie ähneln *Choristoneura diversana*. Ab Juli findet man die frisch geschlüpften Raupen in ihrem Gespinst an und zwischen zusammengesponnenen Blättern einer Vielzahl von Futterpflanzen wie Eichen (*Quercus* sp.), Birken (*Betula* sp.), Weiden (*Salix* sp.), Brombeeren (Rubus sp.), Fichten (*Picea* sp.), Lärchen (*Larix* sp.), Zaunwinden (*Calystegia* sp.), Greiskräutern (*Senecio* sp) und vielen anderen. Sie überwintern und verpuppen sich ab April im Gespinst. Die einzige Generation des Jahres schlüpft ab Anfang Mai und ist bis Juli in weiten Teilen Europas zu finden.

Tortricodes alternella

Die Flügelspannweite liegt zwischen 19 und 23 mm. Die Vorderflügel sind graubraun und tragen ein helles, breites Band, im basalen Drittel braune Flecken, schwarze Schattierungen und Sprenkelungen. Die Raupen spinnen sich zwischen April und Mai zwischen die Blätter ihrer Nahrungspflanzen, zu denen Eichen (*Quercus* sp.) und Gewöhnliche Hainbuchen (*Carpinus betulus*) sowie weitere Arten gehören, ein und fressen daran. Die Falter fliegen sehr früh von Ende Januar bis Ende April in einer Generation und bewohnen lichte Laubwälder, Feldgehölze, Gebüsch und vereinzelt auch Gärten. Die Verbreitung erstreckt sich auf ganz Europa mit Ausnahme großer Teile der Balkanhalbinsel.

Flugzeit	J	F	M	A	M	J	J	A	S	O	N	D
Raupen	J	F	M	A	M	J	J	A	S	O	N	D

Tortrix viridana (Eichenwickler)

Der Wickler erreicht 16 bis 24 mm Flügelspannweite. Die Grundfarbe des ganzen Falters ist mit Ausnahme der grauen, weiß gesäumten Hinterflügel grün. Die Raupen erscheinen nach dem Schlupf im Mai und begeben sich zum Fressen in die Knospen. Sie fressen nach dem Austrieb in den zusam-

Flugzeit	J	F	M	A	M	J	J	A	S	O	N	D
Raupen	J	F	M	A	M	J	J	A	S	O	N	D

mengerollten oder gefalteten Blättern von Eichen (*Quercus* sp.) und auch einigen anderen Laubgehölzen, Heidelbeeren (*Vaccinium myrtillus*) oder Großer Brennnessel (*Urtica dioica*) und können bei Massenvermehrung Schäden in Eichenbeständen anrichten. Die Verpuppung findet im Juni zwischen den Blättern statt. Die Falter schlüpfen ab Ende Juni und bilden bis August die einzige Generation. Sie treten in Laubwäldern mit Eichenanteil, Feldgehölzen und Parks auf. In Europa findet man die Falter in allen Verbreitungsbereichen der Eichenarten.

Xerocnephasia rigana (Küchenschellenwickler)

Die Falter haben eine Spannweite von 16 bis 20 mm. Die Falter sind weiß gefärbt und tragen graubraune Querbänder und schwarze bis bräunliche, unterbrochene Linien aus abstehenden Schuppenborsten. Die Raupe lebt an Küchenschelle (*Pulsatilla* sp.). Die Falter fliegen je nach Höhenlage zwischen April und August wahrscheinlich in zwei Generationen auf Trocken- und Magerrasen und alpinen Matten zwischen 200 und 2600 m Höhe. Die Verbreitung erstreckt sich auf die Vorkommen von Küchenschellen in Österreich, der Schweiz, Italien und weiteren europäischen Ländern.

Flugzeit	J	F	M	A	M	J	J	A	S	O	N	D
Raupen	J	F	M	A	M	J	J	A	S	O	N	D

Zeiraphera isertana

Dieser Wickler erreicht zwischen 13 und 18 mm Flügelspannweite. Die grünlich bis dunkelbraunen Vorderflügel tragen ein mehr oder weniger

Flugzeit	J	F	M	A	M	J	J	A	S	O	N	D
Raupen	J	F	M	A	M	J	J	A	S	O	N	D

ausgedehntes Muster aus hellen Bändern und Flecken, können vereinzelt aber auch stark verdunkelt auftreten. Ab Mai sind die Raupen eingesponnen an Blättern von Eichen (*Quercus* sp.) zu finden. Es fliegt in der Regel eine Generation im Jahr zwischen Juni und Juli in Laubwäldern und Gehölzen mit Eichenanteilen. Die Verbreitung der häufigen Art erstreckt sich auf ganz Europa.

Überfamilie Cossoidea

Brachodidae

15 Arten dieser Familie sind für Europa verzeichnet, die teils recht plump wirken.

Cossidae Familie Holzbohrer

Die Familie besteht in Europa aus 33 Arten. Die Raupen leben im Holz, bohren Gänge und verpuppen sich darin. Die Entwicklung dauert zwei bis drei Jahre.

Unterfamilie Cossinae

Cossus cossus (Weidenbohrer)

Flugzeit	J	F	M	A	M	J	J	A	S	O	N	D
Raupen	J	F	M	A	M	J	J	A	S	O	N	D

Die Flügelspannweite liegt bei 65 bis 80 mm. Die hellgrauen Flügel zeigen eine dunkelgraue Marmorierung und Linienzeichnung und teilweise braune Färbungsteile. Als Nahrungsgrundlage dienen den Raupen bevorzugt Weidenarten wie die Salweide (*Salix caprea*) und auch andere wie Schwarzerle (*Alnus glutinosa*), Hänge-Birke (*Betula pendula*), Apfel (*Malus domestica*) und Birne (*Pyrus communis*). Anfangs ab August leben die nach Essig riechenden Raupen unter der Borke und fressen sich später Gänge ins Holz. Die Entwicklung der Raupe dauert zwei bis vier Jahre. Sie überwintert im Baum oder unter der Erde und verpuppt sich dort. Die nachtaktiven Falter schlüpfen ab Ende Mai und fliegen in einer Generation bis Anfang August an den Ufern von Bächen und Flüssen, in Parks und an Stellen, wo alte Weiden wachsen, bis in Höhen von 1500 m. Die Art ist über ganz Europa verbreitet.

Unterfamilie Zeuzerinae

Zeuzera pyrina (Blausieb)

Die Spannweiten von Weibchen mit 35 bis 60 mm und Männchen mit 16 mm unterscheiden sich erheblich. Die Flügel sind weiß und tragen eine schwarze, bläulich glänzende Fleckenzeichnung. Die Raupe ernährt sich von August bis zum Juni des übernächsten Jahres vom Holz einer Vielzahl

Flugzeit	J	F	M	A	M	J	J	A	S	O	N	D
Raupen	J	F	M	A	M	J	J	A	S	O	N	D

verschiedener Laubbäume. So beispielsweise Rotbuche (*Fagus sylvatica*), Gewöhnliche Esche (*Fraxinus excelsior*), Gewöhnlicher Faulbaum (*Frangula alnus*), Gewöhnliche Rosskastanie (*Aesculus hippocastanum*) oder Apfelbäume (*Malus domestica*). Die nachtaktiven Falter fliegen von Anfang Juni bis Ende August in einer Generation an Waldrändern, in Obstplantagen, Parks und Gärten. Die Tiere sind in ganz Europa nachgewiesen.

Castniidae

Die Familie besteht in Europa nur aus einer Art, *Paysandisia archon*, die nach Europa eingeschleppt wurde. Sie ähneln und stehen den Glasflüglern (*Sesiidae*) und Holzbohrern (*Cossidae*) verwandtschaftlich nahe.

Sesiidae Familie Glasflügler

Die Familie besteht in Europa aus 116 Arten. Die Falter sind in der Regel am Tag aktiv und besitzen durchsichtige, nur auf den Adern und an den Rändern beschuppte Flügel. Meist ähneln sie zum Schutz vor Fressfeinden (Mimikry) Wespen- oder Bienenarten und anderen Hautflüglern. Die Raupen bohren sich in Stammholz, Äste und Stängel verschiedener Pflanzen.

Unterfamilie Sesiinae

Bembecia ichneumoniformis (Hornklee-Glasflügler)

Ihre Flügelspannweite beträgt zwischen 12 und 30 mm. Die durchsichtigen Flügel sind nur an den Flügeladern und -säumen rötlich, gelblich bis oran-

Flugzeit	J	F	M	A	M	J	J	A	S	O	N	D
Raupen	J	F	M	A	M	J	J	A	S	O	N	D

ge beschuppt und haben eine schmale, dunkle Saumbinde. Der Hinterleib ist schwarz und trägt bis auf das erste Segment an allen weiteren gelbe Ringe. Am Kopf befindet sich hellgelbe Behaarung. Einige weitere Arten sehen dem Hornklee-Glasflügler ähnlich, sodass eine Bestimmung nicht immer sicher ohne Genitaluntersuchung möglich ist. Als Raupe lebt die Art mit Überwinterung ein bis zwei Jahre in den Wurzeln ihrer Futterpflanzen wie Fünfblättrigem Backenklee (*Dorycnium pentaphyllum*), Dorniger Hauhechel (*Ononis spinosa*), Gewöhnlichem Hornklee (*Lotus corniculatus*) und Gewöhnlichem Hufeisenklee (*Hippocrepis comosa*). Die Verpuppung erfolgt an der Wurzel der Nahrungspflanze in einem langen, röhrenartigen Gespinst im Frühjahr. Die Falter sind tagaktiv und erscheinen je nach Höhenlage von Juni bis September in einer Generation. Der Falter bewohnt warme, trockene Hänge, Geröllhalden, Waldränder, Trockenrasenflächen und Steppenheiden bis in Höhen von über 1600 m. Die Verbreitung erstreckt sich auf nahezu ganz Europa.

Chamaesphecia empiformis (Zypressenwolfsmilch-Glasflügler)

Die Flügelspannweite reicht von 13 bis 22 mm. Die transparenten Flügel sind von schwarz beschuppten Säumen umschlossen und von einer Querbinde durchzogen. Der Hinterleib trägt gelblich-weiße Ringbinden und

Flugzeit	J	F	M	A	M	J	J	A	S	O	N	D
Raupen	J	F	M	A	M	J	J	A	S	O	N	D

ist stellenweise ebenso wie die Flügel gelb überstäubt. Ein pinselartiger breiter Fortsatz findet sich am Hinterleibsende. Nach dem Schlupf im September leben die Raupen bis zur Überwinterung und danach bis Mai des folgenden Jahres in den Wurzelstöcken der Zypressen-Wolfsmilch (*Euphorbia cyparissias*) und fressen sich dort Gänge, in denen sie sich verpuppen. Ab Ende Mai schlüpft die einzige Generation der Falter und ist bis August zu finden. Sie bewohnen Habitate wie Trockenrasen, Waldränder und -lichtungen, Dämme, Kiesgruben und Ruderalflächen mit dem Vorkommen der Futterpflanze. Die Verbreitung reicht von den Pyrenäen durch West- und Mitteleuropa sowie nach Südeuropa und bis nach Russland und die Ukraine, fehlt aber auf den Britischen Inseln, Skandinavien und den Mittelmeerinseln.

Sesia apiformis (Hornissen-Glasflügler)

Die Spannweite der Flügel erreicht 30 bis 45 mm. Die durchsichtigen Flügel sind kaum beschuppt. Der schwarze Hinterleib trägt gelbe, ringförmige

Flugzeit	J	F	M	A	M	J	J	A	S	O	N	D
Raupen	J	F	M	A	M	J	J	A	S	O	N	D

Binden. Der sehr ähnliche Große Weiden-Glasflügler (*S. bembeciformis*) unterscheidet sich durch die beiden fehlenden großen gelben Flecken am Thorax direkt vor dem Flügelansatz. Die Nachahmung (Mimikry) einer wehrhaften Hornisse mit ihren Warnfarben ist hier besonders auffällig und schlägt sich auch in einem ähnlichen Verhalten nieder. Sie schützt vor Fressfeinden und schreckt sie ab. Die Raupe lebt nach dem Schlupf im August mit zweimaliger Überwinterung bis Mai im Holz von Pappelarten wie Schwarz- und Zitterpappel (*Populus nigra*, *P. tremula*) und vereinzelt auch Weiden (*Salix* sp.). Nach der letzten Überwinterung verpuppt sich die Raupe und der Falter schlüpft dann ab Ende Mai. Bis Ende Juli findet man die Tiere der einzigen Generation im Jahr in Lebensräumen wie Auwäldern mit Pappelbeständen oft in der Nähe von Gewässerufern. *S. apiformis* ist in ganz Europa mit Ausnahme der mittleren und nördlichen Regionen Skandinaviens verbreitet.

Synanthedon flaviventris (Weidengallen-Glasflügler)

Die Spannweite liegt zwischen 17 und 20 mm. Die transparenten Flügel sind an den Rändern und den Adern schwarz beschuppt. Der Körper ist ebenfalls schwarz und trägt drei gelbe Hinterleibsringe. Die Larven bohren sich unter die Borke und ernähren sich zwischen August mit zweimaliger Überwinterung bis zur Verpuppung im Juni des darauf folgenden Jahres von Ohrweide (*Salix aurita*), Kriechweide (*Salix repens*),

Flugzeit	J	F	M	A	M	J	J	A	S	O	N	D
Raupen	J	F	M	A	M	J	J	A	S	O	N	D

Grauweide (*Salix cinerea*), Bruchweide (*Salix fragilis*), Reifweide (*Salix daphnoides*) und Rosmarinblättriger Weide (*Salix rosmarinifolia*). Dabei bildet sich eine auffällige Galle. Die Falter erscheinen in einer Generation von Juni bis Juli. Sie leben in lichten Wäldern, an Waldrändern und Wiesen, Fluss- und Bachufern, Teichufern, Straßenrändern und Böschungen. *S. flaviventris* lebt in ganz Europa mit Ausnahme von Irland, Norwegen, den Niederlanden, der Iberischen Halbinsel, einem großen Teil der Balkan-Halbinsel und der Ukraine.

Synanthedon myopaeformis (Apfelbaum-Glasflügler)

Die Flügelspannweite liegt bei 14 bis 24 mm. Die transparenten Flügel sind nur an den Flügeladern, dem Diskalfleck und den Flügelrändern schwarzbraun beschuppt. Der Körper ist bläulich schwarz, bis auf einen roten Ring auf dem vierten Segment des Hinterleibs. Sehr ähnlich ist der Heckenkirschen-Glasflügler (*S. soffneri*), der sich durch einen gelben Ring am Hinterleib unterscheidet, und der Kleine Birken-Glasflügler (*S. culiciformis*). Als Raupe verbringen sie ein bis zwei Jahre unter der Borke verschiedener Obstbäume wie Äpfel (*Malus* sp.), Birnen (*Pyrus communis*), Pflaumen (*Prunus domestica*), Vogel-Kirsche (*Prunus avium*), Gewöhnlicher Traubenkirsche (*Prunus padus*) und Aprikose (*Prunus armeniaca*), vereinzelt auch an Weißdornarten (*Crataegus* sp.). Sie verpuppen sich im Frühjahr im Fraß-

Flugzeit	J	F	M	A	M	J	J	A	S	O	N	D
Raupen	J	F	M	A	M	J	J	A	S	O	N	D

gang und erscheinen zwischen Mai und, je nach Lage, September in einer Generation. Sie sind in Lebensräumen mit Obstbäumen wie Streuobstwiesen, Gärten, Obstplantagen oder Alleen mit Obstbäumen zu finden. Die Verbreitung erstreckt sich auf fast ganz Europa.

Synanthedon tipuliformis (Johannisbeer-Glasflügler)

Die Falter variieren sehr in der Größe und erreichen Flügelspannweiten von 10 bis 20 mm. Die transparenten Flügel sind nur auf den Flügeladern und an den Flügelrändern bläulich schwarz beschuppt. An den Spitzen der Vorderflügel finden sich zwischen den schwarzen Flügeladern rötliche oder gelbliche Streifen. Die Art ähnelt einigen weiteren wie Spulers Glasflügler (*S. spuleri*), dem Alteichen-Glasflügler (*S. conopiformis*) und weiteren. Eine sichere Bestimmung ist nicht einfach. Die Raupe bohrt sich nach dem Schlupf zum Fressen in das Mark von verschiedenen Sträuchern wie Schwarzer Johannisbeere (*Ribes nigrum*), Roter Johannisbeere (*Ribes rubrum*), Gold-Johannisbeere (*Ribes aureum*), Alpen-Johannisbeere (*Ribes alpinum*) oder Stachelbeere (*Ribes uva-crispa*) und überwintert. Im Frühjahr des folgenden Jahres verpuppen die Raupen sich und schlüpfen ab Mai. Die Falter leben in einer Generation bis Ende August an Waldrändern, in Trockenrasen mit Gebüsch, in Gärten, Weinkulturen und auf Ruderalstandorten. Die Verbreitung erstreckt sich auf Europa mit Ausnahme Nordskandinaviens und einiger Mittelmeerinseln.

Flugzeit	J	F	M	A	M	J	J	A	S	O	N	D
Raupen	J	F	M	A	M	J	J	A	S	O	N	D

Unterfamilie Tinthiinae

Pennisetia hylaeiformis (Himbeer-Glasflügler)

Die Flügelspannweite der Falter erreicht 18 bis 31 mm. Die Flügel sind rötlich braun und schwarz beschuppt. Der schwarze Hinterleib trägt gelbe breite Ringe und am Ende einen pinselartigen gelben Fortsatz. Während ihrer zweijährigen Entwicklung leben die Raupen in den Wurzeln der Himbeere (*Rubus idaeus*) und verpuppen sich im Mai im Stängel. Die einzige Generation der am Tage aktiven Falter schlüpft im Juni und ist noch bis Mitte August zu finden. Die Verbreitung erstreckt sich auf Mittel-, Nord- und Südeuropa mit Ausnahme der Britischen Inseln.

Flugzeit	J	F	M	A	M	J	J	A	S	O	N	D
Raupen	J	F	M	A	M	J	J	A	S	O	N	D

Überfamilie Zygaenoidea

Epipyropidae

Die Familie ist in Europa mit zwei Arten verzeichnet. Die meist kleinen Falter sind mit den Widderchen (*Zygaenidae*) verwandt. Außergewöhnlich ist die Lebensweise der Raupen: Sie besteigen Zikaden und nutzen deren zuckerhaltige Ausscheidungen oder auch Körperflüssigkeiten, ohne deren Lebensfähigkeit zu beeinträchtigen.

Heterogynidae Familie Federwidderchen

Aktuell werden in Europa elf Arten zu dieser kleinen Familie gezählt. Die Vertreter erreichen zwischen 18 und 22 mm Flügelspannweite. Sie ähneln den Grünwidderchen, den *Procrinidae*. Die Männchen sind mit gekämmten Fühlern und im Gegensatz zu den flügellosen, raupenähnlichen Weibchen mit transparenten Flügeln ausgestattet. Als Nahrung nutzen sie im Raupenstadium Pflanzenarten wie Ginster (*Cytisus* sp.) Esparsette (*Onobrychis* sp.) und Beifuß (*Artemisia* sp.).

Limacodidae Familie Schneckenspinner

Für Europa sind fünf Arten verzeichnet. Eine Besonderheit ist das Aussehen der Raupen. Sie besitzen keine Bauchbeine, sondern eine den Schnecken ähnliche Kriechsohle, woauf auch der deutsche Name beruht. Mit dieser Sohle können sie sich ähnlich wie Schnecken mit wellenförmigen Bewegungen kriechend auf einer Schleimschicht fortbewegen. Man findet sie in der Regel nur auf glatten Blättern, da sie mit dieser Fortbewegungsweise auf behaarten Blättern keinen Halt finden. Im Herbst stellen sie ihre Schleimproduktion ein und fallen zu Boden.

Apoda limacodes (Großer Schneckenspinner)

Die Flügelspannweiten der Falter erreichen 20 bis 30 mm bei den etwas größeren Weibchen. Die Färbung der Vorderflügel ist beim Männchen hellbraun, beim Weibchen hell-ockergelb mit einem breiten dunkleren Querstreifen mit hellen Flecken darin. Zwischen Juli und September leben die Raupen an Blättern verschiedener Laubbäume wie Rotbuchen (*Fagus sylvatica*), Hainbuchen (*Carpinus betulus*), Stieleichen (*Quercus robur*), ande-

Flugzeit	J	F	M	A	M	J	J	A	S	O	N	D
Raupen	J	F	M	A	M	J	J	A	S	O	N	D

ren Eichenarten, Bergahorn (*Acer pseudoplatanus*) und weiteren Laubgehölzarten und spinnen sich dort zwischen den Blättern in einem braunen Kokon ein. Sie fallen zu Boden und spinnen sich in einen Kokon ein, um sich im Frühjahr zu verpuppen. Falter sind zwischen Mai und August zu finden. Sie nutzen Laubwälder, Eichenmischwälder, Stellen mit Eichenbewuchs und auch Gärten bis in die niederen Mittelgebirgslagen als Lebensräume. Der Große Schneckenspinner fehlt in Europa nur im hohen Norden und in Teilen der Iberischen Halbinsel.

Heterogenea asella (Kleiner Schneckenspinner)

Die braun gefärbten Falter erreichen Flügelspannweiten zwischen 15 und 20 mm. Die Raupen haben ein asselartiges Aussehen und verfügen über eine Kriechsohle anstelle von Beinen, an der sie Schleim zur besseren Haftung absondern. Sie schlüpfen ab August aus den Eiern und fressen an den Blättern von Rotbuche (*Fagus sylvatica*), Hängebirke (*Betula pendula*), Haselnuss (*Corylus avellana*), Stieleiche *(Quercus robur*), Bergahorn (*Acer pseudoplatanus*), Hainbuche (*Carpinus betulus*), Rosskastanie (*Aesculus hippocastanum*) und Winterlinde *(Tilia cordata)*. Zur Überwinterung spinnen sie sich in einen Kokon an den Blättern oder dünnen Zweigen ein und fallen damit zu Boden oder verbleiben, um sich im Frühjahr zu verpuppen. Die Falter leben von Ende Mai bis Mitte Juli in einer Generation pro Jahr. Sie nutzen Laub- und Eichenmischwälder sowie andere mit Eichen bewachsene Lebensräume wie auch Parks und Gärten. Ihre Verbreitung erstreckt

Flugzeit	J	F	M	A	M	J	J	A	S	O	N	D
Raupen	J	F	M	A	M	J	J	A	S	O	N	D

sich vom Nordosten Spaniens über weite Teile Europas mit Ausnahme des hohen Nordens und den südlichen und mittleren Bereichen der Iberischen Halbinsel.

Somabrachyidae

In Europa ist eine einzige Art bekannt.

Zygaenidae Familie Blutströpfchen, Widderchen

In Europa sind 67 Arten nachgewiesen. Bei den *Zygaenidae* handelt es sich um meistens tagaktive „Nachtfalter". Der Name Widderchen ist auf die Fühler zurückzuführen, die bei vielen *Zygaenidae*-Arten hakenförmige Enden haben. Viele Widderchen oder Blutströpfchen sind dunkelblau bis schwarz und weisen einen metallischen Glanz auf. Auf den Flügeln sind je nach Art verschieden geformte rote Flecken (Blutströpfchen) vorhanden. Es gibt aber auch grüne Widderchen und solche mit brauner oder fast schwarzer Farbe. Die Falter sowie die Raupen sind giftig und enthalten Blausäure in ihrem Körper, können diese aber auch selbst in ihrem Körper abbauen. Die Falter der Familie sind in Europa tagaktiv. Die *Zygaenidae* enthalten folgende drei Unterfamilien in Europa: *Procridinae, Chalcosiinae* und *Zygaeninae*.

Unterfamilie Chalcosiinae

Aglaope infausta (Trauerwidderchen, Rheintal-Zwergwidderchen)

Die Flügelspannweite der Falter liegt zwischen 15 und 23 mm. Die schwarzbraunen bis braungrauen Vorderflügel sind mit einem schmalen roten Streifen in Nähe des Flügelansatzes versehen. Die roten Hinterflügel tragen einen breiten schwarzbraunen Saum. Die Raupen ernähren sich nach dem Schlupf im August von den Blättern verschiedener Straucharten, wie beispielsweise Eingriffeligen Weißdorn (*Crataegus monogyna*), Gewöhnlicher Schlehe (*Prunus spinosa*) und Gewöhnlicher Zwergmispel (*Cotoneaster integerrimus*). Sie fertigen zur Überwinterung ein Gespinst zwischen den Zweigen der Futterpflanze an und verpuppen sich im Mai. Die Falter erscheinen in einer Generation pro Jahr von Juni bis Juli. Sie le-

Flugzeit	J	F	M	A	M	J	J	A	S	O	N	D
Raupen	J	F	M	A	M	J	J	A	S	O	N	D

ben tagaktiv in sehr warmen, trockenen, steppenartigen Habitaten, z. B. an sonnenbeschienenen Hängen in Flusstälern. Die Art ist hauptsächlich im Süden Frankreichs, in Teilen Italiens Spaniens und Portugals verbreitet und kommt in Mitteleuropa nur an wenigen Stellen sporadisch vor.

RL R

Unterfamilie Procridinae

Adscita geryon (Sonnenröschen-Grünwidderchen)

Flugzeit	J	F	M	A	M	J	J	A	S	O	N	D
Raupen	J	F	M	A	M	J	J	A	S	O	N	D

Die Spannweite der grünlich-golden schillernden Vorderflügel erreicht etwa 20 bis 25 mm. Die Hinterflügel sind grauschwarz gefärbt. Die Raupen minieren die Blätter ihrer Nahrungspflanzen wie des Gelben Sonnenröschens (*Helianthemum nummularium*) oder des Blutroten Storchschnabels (*Geranium sanguineum*) anfangs und fressen sie später gänzlich. Nach der Überwinterung spinnt sich die Raupe ein und verpuppt sich im Mai. Die Falter sind tagaktiv und erscheinen in einer Generation ab Juni, sie fliegen bis Anfang August. Sie bewohnen warme, trockene Kalkmagerrasen und alpine Matten bis in Höhen von 2300 m. *A. geryon* ist in Süd- und Mitteleuropa, östlich bis in die Türkei und in England verbreitet, fehlt aber im Norden.
RL 3, **Naturschutzstatus:** 2, 12

Adscita statices (Ampfer-Grünwidderchen, Sauerampfer-Grünwidderchen)

Die Spannweite erreicht zwischen 25 und 28 mm. Die Falter schimmern gänzlich grün und ähneln stark weiteren Arten wie Sonnenröschen-Grünwidderchen (*A. geryon*) und Flockenblumen-Grünwidderchen (*A. globulariae*). Nachdem die Raupen geschlüpft sind, leben sie ab August bis zur Überwinterung anfangs minierend und später die Blätter fressend am Wiesen-Sauerampfer (*Rumex acetosa*). Sie verpuppen sich im Mai des folgenden Jahres. Die Tiere erscheinen Ende Mai bis August und leben sowohl, etwas früher, auf feuchten Wiesen und auch in Moorrandbereichen als auch, später erscheinend, auf Trockenrasen bis in etwa 1500 m Höhe. Das Ampfer-Grünwidderchen kommt in Europa sowohl in Nordspanien und dem hohen Norden als auch in England und Skandinavien bis nach Russland und dem Alpen-Hauptkamm vor, fehlt aber in Italien.

Flugzeit	J	F	M	A	M	J	J	A	S	O	N	D
Raupen	J	F	M	A	M	J	J	A	S	O	N	D

Unterfamilie Zygaeninae

Zygaena carniolica (Esparsetten-Widderchen)

Die Flügelspannweite erreicht zwischen 25 und 30 mm. Charakteristisch sind die weiß umrandeten roten Flecken auf den ansonsten schwarzen Vorderflügeln. Ähnlich sind in Europa nur *Z. orana*, die nur auf Sardinien vorkommt, und *Z. sedi*, die in Griechenland, Bulgarien, der Ukraine und Russland fliegt. Zu den Nahrungspflanzen der Raupen zählen Futter-Esparsette (*Onobrychis viciifolia*), Gewöhnlicher Hornklee (*Lotus corniculatus*) und Gewöhnlicher Wundklee (*Anthyllis vulneraria*). Die Raupen entwickeln sich an sonnenexponierten Standorten über zwei Jahre. Nach dem Schlupf ab Ende Juni leben sie mit einer oder vereinzelt zwei Überwinterungen, dann wieder von März oder April bis Juni und verpuppen sich. Die Kokons spinnen sie an Halmen oder in Bodennähe. Frühestens ab Ende Juni bis Ende August erscheint die einzige Falter-Generation. Sie leben auf warmen, sonnenexponierten, trockenen Kalkmagerrasen, steppenartigen Berghängen und vereinzelt auch sehr mageren Waldlichtungen. Das Esparsetten-Widderchen ist bis Russland, das nördliche Deutschland, im Süden in Teilen Spaniens, Südfrankreich, Sizilien, dem Balkan, den Adriatischen, Ionischen und einigen Ägäischen Inseln verbreitet.

Flugzeit	J	F	M	A	M	J	J	A	S	O	N	D
Raupen	J	F	M	A	M	J	J	A	S	O	N	D

RL 3, **Naturschutzstatus:** 2

Zygaena ephialtes (Veränderliches Widderchen)

Seine Flügelspannweite erreicht 30 bis 40 mm. Die Färbung und Zeichnung der Falter ist sehr variabel. Die fünf bis sechs Flecken auf den schwarzen

Flugzeit	J	F	M	A	M	J	J	A	S	O	N	D
Raupen	J	F	M	A	M	J	J	A	S	O	N	D

Vorderflügeln können rot, gelb oder weiß gefärbt sein. Die Hinterflügel variieren zwischen gänzlich schwarz, rot oder gelblich. Ein manchmal gelb, meist aber rot gefärbter Ring im hinteren Abschnitt des Hinterleibs eignet sich gut zur Bestimmung. Die Raupen fressen ab September und nach der Überwinterung bis in den Juni an Futterpflanzen wie der Bunten Kronwicke (*Securigera varia*), Wegerich (*Plantago* sp.), Wildem Thymian (*Thymus serpyllum*), Ehrenpreis (*Veronica* sp.), Hufeisenklee (*Hippocrepis comosa*) und verschiedenen anderen Klee-Arten (*Trifolium* sp.). Sie können allerdings auch nochmals überwintern bis zur Verpuppung in einem Gespinst an den Stängeln von Stauden. Zwischen Ende Juni und August erscheint eine einzige Generation. Ihr Habitat besteht aus trockenen, sonnigen und warmen Kalkmagerrasen, Waldrändern, Lichtungen in Wäldern, Steppenheiden, Bahn- und Flussdämmen und Ruderalflächen. *Z. ephialtes* ist in den Pyrenäen Spaniens über Teile Mitteleuropas bis nach Russland, Südeuropa und den Balkan verbreitet.
RL 3, **Naturschutzstatus:** 2 und 3

Zygaena exulans (Hochalpenwidderchen)

Die Flügelspannweite der Falter variiert zwischen 27 und 30 mm. Die Vorderflügel sind grauschwarz mit einem lang gezogenen und vier weiteren roten Flecken. In den hochgelegenen Lebensräumen der Falter existiert keine ähnliche weitere Art. Die Raupe lebt während ihrer zweijährigen Entwicklungszeit an Futterpflanzen wie dem Gewöhnlichen Sonnenröschen

Flugzeit	J	F	M	A	M	J	J	A	S	O	N	D
Raupen	J	F	M	A	M	J	J	A	S	O	N	D

(*Helianthemum nummularium*), der Weißen Silberwurz (*Dryas octopetala*), dem Stängellosen Leimkraut (*Silene acaulis*), dem Gewöhnlichen Wundklee (*Anthyllis vulneraria*) und anderen Arten. Sie überwintern oft in großen Gemeinschaftsgespinsten und heften ihre Kokons zur Verpuppung an Felsen. Ab Juni erscheinen die Falter in einer Generation bis August. Ihr Lebensraum liegt als einzige Rotwidderchen-Art über der Baumgrenze auf alpinen Matten und an Felsbereichen mit Geröll in Höhen bis 3500 m. Die Hochalpenwidderchen sind in den hoch gelegenen Gebirgsregionen der Alpen in Österreich, der Schweiz, den spanischen Pyrenäen, den italienischen Abruzzen, den rumänischen Karpaten und Schottland nachgewiesen. Die Art gilt in Deutschland derzeit als verschollen.
RL 0, **Naturschutzstatus:** 9

Zygaena fausta (Bergkronwicken-Widderchen)

Die Falter erreichen eine Flügelspannweite von etwa 25 mm. Ein Zeichnungsmuster aus roten, gelb umrandeten Flecken auf den schwarzen Vorderflügeln sowie ein roter bis oranger Ring um den Hals und ein breiter roter Ring um den Hinterleib machen den Falter unverwechselbar. Ab September schlüpfen die Raupen, überwintern und sind danach noch bis Juni an den Blättern ihrer Futterpflanzen wie der Berg-Kronwicke (*Coronilla coronata*), Scheiden-Kronwicke (*Coronilla vaginalis*) oder im südwestlichen Europa der Kleinen Kronwicke (*Coronilla minima*) zu finden. Sie verpuppen sich am Boden in einem Kokon. Ab Mitte Juli erscheinen die Falter in einer Generation bis Mitte August. Als Lebensräume nutzen sie oft sehr kleinräu-

Flugzeit	J	F	M	A	M	J	J	A	S	O	N	D
Raupen	J	F	M	A	M	J	J	A	S	O	N	D

mige, warme Lichtungen und Waldränder mit verbuschten Magerrasen und mit Felsen besetzte Steppenheiden sowie Felshänge mit Südausrichtung bis in Höhen von 2000 m. Das Vorkommen ist in Mitteleuropa auf wenige Stellen beschränkt und reicht von Süddeutschland, Österreich bis ins westliche Mittelmeergebiet nach Südportugal und Spanien.
RL 2, **Naturschutzstatus:** 2 und 12.

Zygaena filipendulae (Sechsfleck-Widderchen)

Die Falter erreichen eine Flügelspannweite von 30 bis 38 mm. Die schwarzen Vorderflügel tragen sechs rote Flecken, von denen die beiden vorde-

Flugzeit	J	F	M	A	M	J	J	A	S	O	N	D
Raupen	J	F	M	A	M	J	J	A	S	O	N	D

ren dabei auch als ein einziger erscheinen können. Die Hinterflügel sind gänzlich rot gefärbt. Die Raupen leben nach dem Schlupf ab September an Futterpflanzen wie Strauch-Kronwicke (*Hippocrepis emerus*), Gewöhnlichem Hornklee (*Lotus corniculatus*), Sumpfhornklee (*Lotus uliginosus*) und anderen Wicken-, Klee- und Esparsettenarten. Sie überwintern und fressen im darauf folgenden Frühjahr bis zur Verpuppung im Juni. Je nach Bedingungen und Vorkommen können auch zwei Überwinterungen stattfinden. Als Falter leben sie tagaktiv, je nach Lage in einer Generation von Ende Juni bis Anfang September. Bevorzugt werden warme, trockene Magerrasen, Wiesen, Waldlichtungen und Waldränder, aber auch Feuchtwiesen und Niedermoore bis in über 3500 Meter Höhe. Die Art kommt fast im gesamten Europa vor.

Zygaena lavandulae

Die Spannweite der Flügel erreicht 23 bis 25 mm. Die Vorderflügel sind silbrig bis dunkelgrau mit je fünf roten, schwarz umrandeten Flecken. Ein weiteres Merkmal ist der weiße Kragen. Die oft im selben Lebensraum fliegende Art *Z. rhadamanthus* ist sehr ähnlich. Die Raupen leben zwischen Juni mit Überwinterung und Verpuppung ab Anfang April des folgenden Jahres an Pflanzen wie Fünfblättrigem Backenklee (*Dorycnium pentaphyllum*) oder Ruten-Wundklee (*Anthyllis cytisoides*). Die einzige Faltergeneration schlüpft ab Ende April und fliegt bis Juni. Ihr Lebensraum sind südliche, felsige Hänge, gehölzbewachsene Magerrasen und Lichtungen und Wegränder in Trockenwäldern in Höhen zwischen 300 und 1500 m. *Z. lavandulae* ist von Nordwestafrika über Portugal, Ostspanien und Südfrankreich bis nach Ligurien/Italien verbreitet.

Flugzeit	J	F	M	A	M	J	J	A	S	O	N	D
Raupen	J	F	M	A	M	J	J	A	S	O	N	D

Zygaena loti (Beilfleck-Widderchen)

Die Spannweite der Flügel reicht von 27 bis 30 mm. Die gelblich oder auch bläulich grau gefärbten Vorderflügel tragen rote Flecken. Die beiden vor-

Flugzeit	J	F	M	A	M	J	J	A	S	O	N	D
Raupen	J	F	M	A	M	J	J	A	S	O	N	D

deren länglichen können miteinander verschmelzen. Die beilförmige Zeichnung an der Flügelspitze besteht aus zwei miteinander verschmolzenen Flecken. Auf den roten Hinterflügeln findet sich ein schwarzer Randsaum. Die Raupen sind von August und nach der Überwinterung bis zur Verpuppung ab Mai an ihren Futterpflanzen wie dem Gewöhnlichen Hufeisenklee (*Hippocrepis comosa*), der Bunten Kronwicke (*Securigera varia*), Gewöhnlichem Hornklee (*Lotus corniculatus*) und anderen zu beobachten. Als Falter leben sie in einer Generation von Mitte Juni bis Juli. Sie bewohnen warme, sonnige Waldränder, Lichtungen und Trockenrasen und Hänge bis in höhere Lagen. Nachweise bestehen für Süd- und Mitteleuropa.
RL 3, **Naturschutzstatus:** 2

Zygaena osterodensis (Platterbsen-Widderchen)

Die Spannweite der sehr schmalen Vorderflügel beträgt 28 bis 32 mm. Die Grundfärbung ist schwarz bis dunkelgrau mit je drei länglichen, intensiv roten Flecken, sehr ähnlich der nur südlich der Alpen vorkommenden *Z. romeo*. Die Raupe schlüpft ab August und lebt bis zur Überwinterung und danach bis zur Verpuppung ab Ende Mai des folgenden Jahres an Blättern von Futterpflanzen aus der Familie der Platterbsen und Wicken wie z. B. Vogelwicke (*Vicia cracca*) oder Wiesen-Platterbse (*Lathyrus pratensis*). Je nach Lage kann die Entwicklung auch mehrere Jahre dauern. Ab Anfang Juni bis Juli erscheint die einzige Generation. Ihr Lebensraum besteht als einem der wenigen Waldbewohner unter den *Zygaenidae* aus lichten, sonnigen

Flugzeit	J	F	M	A	M	J	J	A	S	O	N	D
Raupen	J	F	M	A	M	J	J	A	S	O	N	D

und warmen Laubwäldern, mit Kräutern bewachsenen Saumbereichen an Waldwegen und -rändern und Kahlschlägen bis in Mittelgebirgslagen. Die Verbreitung von *Z. osterodensis* reicht vom Norden Spaniens, dem südlichen Frankreich und Mitteleuropa bis in den Süden Skandinaviens.
RL 2 (stark gefährdet), **Naturschutzstatus:**3, 7, 13

Zygaena purpuralis (Thymian-Widderchen)

Die Falter erreichen Flügelspannweiten von 28 bis 35 mm. Die schwarzen Vorderflügel tragen drei längliche, rote bis gelborange Streifen, von denen

Flugzeit	J	F	M	A	M	J	J	A	S	O	N	D
Raupen	J	F	M	A	M	J	J	A	S	O	N	D

die beiden an der Flügelwurzel zu verschmelzen scheinen, während der mittlere sich beilförmig zum Flügelende verbreitert. Das äußerlich identisch aussehende, nah verwandte und oft in den gleichen Lebensräumen vorkommende Bibernell-Widderchen (*Z. minos*) kann nur durch Untersuchung der Genitalien unterschieden werden. Zusätzlich besitzen die Weibchen ein weißes Halsband. Nach dem Schlupf lebt die Raupe von August bis zur Überwinterung und danach bis in den Juni des folgenden Jahres an Thymian-Arten wie Sand-Thymian (*Thymus serpyllum*), Arznei-Thymian (*Thymus pulegioides*) und anderen. Abhängig von der Lage kann auch eine zweimalige Überwinterung als Raupe stattfinden. Die Verpuppung erfolgt ab Ende Mai. Sie schlüpfen Anfang Juni und fliegen in einer Generation bis Anfang August und leben auf Magerrasen, sandigen und trockenen Bereichen auf Bergmatten bis in Höhen von mehr als 2000 m. Ihre Verbreitung ist auf Süd- und Mitteleuropa, Großbritannien und Frankreich beschränkt.
RL 3 (gefährdet), **Naturschutzstatus:** 1

Überfamilie Thyridoidea

Thyrididae Familie Fensterfleckchen

In Europa ist diese Familie mit einer einzigen Art vertreten.

Thyris fenestrella (Waldreben-Fensterfleckchen)

Die Falter erreichen eine Flügelspannweite von 12 bis 15 mm. Sie haben dunkelbraun gefärbte Flügel, die mit rotbraunen und gelblichen Flecken

Flugzeit	J	F	M	A	M	J	J	A	S	O	N	D
Raupen	J	F	M	A	M	J	J	A	S	O	N	D

gemustert sind. Etwa in der Mitte aller vier Flügel sind je zwei weißliche, leicht durchscheinende Fensterflecken zu erkennen, die auf den Hinterflügeln größer ausgebildet sind. Die Raupen ernähren sich von Juli bis August von Echter Waldrebe (*Clematis vitalba*) und anderen Waldrebenarten, deren Blätter sie zum Schutz beim Fressen rollen und zusammenspinnen. Die Falter fliegen in einer Generation pro Jahr von Mai bis Ende Juli. In warmen Jahren und im Süden des Verbreitungsgebietes bildet sich von August bis Anfang Oktober noch eine zweite Generation aus. Ihr Lebensraum besteht aus feuchten und warmen Waldrändern, bevorzugt auch Auwäldern in der Nähe von Gewässern. In Europa fehlt die Art im Norden in Skandinavien, Norddeutschland und den Britischen Inseln.

RL: V, **Naturschutzstatus:** 6

Überfamilie Pyraloidea

Pyralidae Familie Zünsler

Eine mit 482 Arten große Familie, die sowohl recht kleine als auch eine Reihe recht großer Falter in den Unterfamilien *Pyralinae, Epipaschiinae, Galleriinae* und *Phycitinae* umfasst.

Unterfamilie Galleriinae

Aphomia sociella (Hummelnestmotte, Hummel-Wachsmotte, Hummelmotte)

Diese Zünsler werden mit Flügelspannweiten von 18 bis 44 mm relativ groß. Die Vorderflügel sind beim Weibchen graubraun, beim Männchen mischen sich dazu auch noch dunkelbraune bis braunrote und grünliche Töne zu den Flügelenden hinzu. Die Eiablage erfolgt geleitet vom Geruchssinn der Falter in Hummel- und Wespennestern. Die Raupen leben von August bis April in größerer Anzahl im Nest von der Brut und Abfällen und überziehen sich zum eigenen Schutz mit einem Gespinst. Sie vernichten meist das gesamte Volk und verpuppen sich dort nach der Überwinterung im Frühjahr. Die Falter fliegen von Mai bis September und finden sich in der

Flugzeit	J	F	M	A	M	J	J	A	S	O	N	D
Raupen	J	F	M	A	M	J	J	A	S	O	N	D

Nähe von Hummel und Wespennestern in Holzstapeln, Vogelnistkästen und Baumhöhlen. Die Tiere sind im gesamten Europa verbreitet.

Unterfamilie Phycitinae

Acrobasis advenella

Der Zünsler erreicht Flügelspannweiten zwischen 17 und 24 mm. Die Färbung der Vorderflügel reicht von grau bis zu unterschiedlich intensiven rotbraunen Tönen. Im basalen Bereich befinden sich ein weißes sowie ein daneben liegendes schwarzes und braunes Band. In Nähe der Flügelenden fällt noch eine gezackte, weiße Querlinie auf. Die Raupe lebt zwischen April und Mai in einem Gespinst an den Blättern von Arten wie Mehlbeere (*Sorbus* sp.), Elsbeere (*Sorbus torminalis*), Gewöhnlicher Eberesche (*Sorbus aucuparia*), Gewöhnlicher Esche (*Fraxinus excelsior*), Birne (*Pyrus* sp.) und Weißdornarten (*Crataegus* sp.) und verpuppt sich ab Ende Mai. Die Falter fliegen in einer Generation ab Mitte Juni bis spätestens Anfang September in Lebensräumen wie Feuchtwiesen, Weiden, Niedermooren, Laubwäldern und in Siedlungsbereichen in beinahe ganz Europa.

Flugzeit	J	F	M	A	M	J	J	A	S	O	N	D
Raupen	J	F	M	A	M	J	J	A	S	O	N	D

Acrobasis repandana

Die Spannweite der Flügel liegt bei 20 bis 25 mm. Die Vorderflügel tragen eine Palette an Farben in Querstreifen und -bändern von grau über weiß, gelblich braun, rötlich braun bis dunkelbraun. Der Zünsler ähnelt *A. tumidana*. Die Raupe ernährt sich von Eichenblättern (*Quercus* sp.) im Kronenbereich, in die sie sich zum Schutz einspinnt. Die Falter fliegen in einer Generation von Mitte Juni bis Ende August, abhängig von der Lage. Sie leben in Eichenwäldern und auf Lichtungen und sind über ganz Europa verbreitet.

Flugzeit	J	F	M	A	M	J	J	A	S	O	N	D
Raupen	J	F	M	A	M	J	J	A	S	O	N	D

Ancylosis cinnamomella (Zimtfarbener Schmalzünsler)

Die Spannweite erreicht bis zu 26 mm. Die Vorderflügel sind karminrot, am Flügelansatz und Kopf gelblich braun mit einigen Quer- und Längslinien und -bändern, gebildet aus weißen Schuppen. Die Raupe lebt zum Schutz in einem Gespinst an Pflanzen wie dem Scharfen Mauerpfeffer (*Sedum acre*), Feldbeifuß (*Artemisia campestris*) und Kugelblume (*Globularia* sp.). Die Falter leben in zwei Generationen von April bis Juni und wiederum von Juli bis September auf verbuschten Trockenrasen, Magerrasenhängen und

Flugzeit	J	F	M	A	M	J	J	A	S	O	N	D

auf Lichtungen in trockenen Laubwäldern. Der Zünsler ist in großen Teilen Europas verbreitet.

Dioryctria abietella (Fichtenzapfenzünsler)

Die Spannweite beträgt zwischen 27 und 33 mm. Die grauen Vorderflügel tragen weiße und dunkle, teils rostbraune Querbänder und sind nicht immer auf Anhieb von drei weiteren, verwandten Arten zu unterscheiden. Als

Flugzeit	J	F	M	A	M	J	J	A	S	O	N	D
Raupen	J	F	M	A	M	J	J	A	S	O	N	D

Raupe leben sie zwischen Juli und Oktober an Fichten (*Picea* sp.), Waldkiefer (*Pinus sylvestris*), Europäischer Lärche (*Larix decidua*) und Weißtanne (*Abies alba*) und ernähren sich von Trieben, Knospen sowie Zapfen. Sie überwintern und verpuppen sich im darauf folgenden Frühjahr. Als Falter erscheinen sie zwischen Anfang Juni und September in ein bis zwei Generationen. Ihr Lebensraum sind Wälder, Gärten und Parks in ganz Europa.

Ephestia kuehniella (Mehlmotte)

Die Flügelspannweite liegt bei 20 bis 25 mm. Die Vorderflügel sind grau gefärbt und tragen als auffälligstes Kennzeichen eine dunkle Zackenlinie im vorderen Bereich und weitere, undeutlichere Linien und Flecken. Die Raupe lebt in Nahrungsvorräten, bevorzugt von Mehl, aber auch an Getreidekörnern wie Mais, getrockneten Erbsen, trockenem Gemüse und Gemüseprodukten oder verarbeiteten Mehlprodukten. Sie verbreiten sich im Haushalt sehr schnell in gelagerten Lebensmitteln. Die Falter treten in drei, in sehr warmen Gebäuden vier Generationen im Jahr von Juli bis Oktober auf und sind durch den Menschen weltweit verbreitet worden. In Europa findet man diese Art ausschließlich in Gebäuden.

Flugzeit	J	F	M	A	M	J	J	A	S	O	N	D
Raupen	J	F	M	A	M	J	J	A	S	O	N	D

Oncocera semirubella (Fruchtzünsler, Rhabarberzünsler)

Die Flügelspannweite erreicht 17 bis 29 mm. Die Vorderflügel sind von der Basis ausgehend bis an das Flügelende gelblich braun und an der Außen- und Hinterseite rot. Es existieren aber auch Formen ohne Rotfärbung. Die Raupen leben ab August mit Überwinterung bis Juni des folgenden Jahres in einem röhrenfömigen Gespinst an Futterpflanzen wie Luzerne (*Medicago sativa*), Gewöhnlichem Hornklee (*Lotus corniculatus*), Kleearten (*Trifolium* sp.) und Hauhecheln (*Ononis* sp.) und fressen in erster Linie an Blüten, weniger an den Blättern. Die Zünsler bilden in der Regel eine, unter warmen Bedingungen auch zwei Generationen pro Jahr zwischen Mai und September. Ihr Lebensraum sind Trockenrasen und Wiesen, Ruderalflä-

Flugzeit	J	F	M	A	M	J	J	A	S	O	N	D
Raupen	J	F	M	A	M	J	J	A	S	O	N	D

chen und auch Kulturflächen mit Luzerne und Klee oder Hülsenfrüchten. Die Art ist hauptsächlich in Süd- und Mitteleuropa verbreitet und fehlt im Norden der Britischen Inseln und Skandinaviens.

Plodia interpunctella (Dörrobstmotte)

Die Flügelspannweite reicht von 13 bis 20 mm. Der Vorderflügel ist an der Basis hell bis gelblich grau und im hinteren Bereich – unterbrochen durch zwei schwarze Querlinien – rötlich braun bis kupferrot gefärbt. Die Hinterflügel erscheinen grau- bis gelbbraun. Die Raupen sind Vorratsschädlinge an Nahrungsmitteln wie Getreideprodukten, Sämereien, Müsli, Mehl,

Flugzeit	J	F	M	A	M	J	J	A	S	O	N	D
Raupen	J	F	M	A	M	J	J	A	S	O	N	D

Gewürzen, Nüssen, Hülsenfrüchten, Dörrobst, Tee, Kakao, Schokolade, Kaffee, Nudeln und können daher im Haus das ganze Jahr über mehrere Generationen ausbilden. Im Freiland findet man nur eine Generation, die keine bestimmten Lebensraumansprüche hat und von Fallobst, Grassamen, trockenen Pflanzenteilen und vielen anderen Nahrungsquellen leben kann. Die Raupen entwickeln sich in beheizten Räumen das ganze Jahr über, bilden ein Gespinst auf den Nahrungsmitteln und verderben diese. Durch Aufbewahrung der Vorräte in festen, geschlossenen Behältnissen lässt sich Befall vermeiden. Die Verbreitung reicht über ganz Europa.

Sciota adelphella

Die Spannweite beträgt etwa 20 bis 25 mm. Der basale Bereich des Vorderflügels ist gelblich oder rötlich braun, der hintere trägt zwei schwarz begrenzte, weiße, gezackte Querlinien und ist bis auf einen länglichen

Flugzeit	J	F	M	A	M	J	J	A	S	O	N	D
Raupen	J	F	M	A	M	J	J	A	S	O	N	D

braunen Fleck schwarz überstäubt. Die Hinterflügel sind hellbraun. *S. hostilis* und Pempelia formosa sind ähnlich. Die Raupen leben von August bis Oktober an den Blättern von Pappel- (*Populus* sp.) und Weidenarten (*Salix* sp.). Sie überwintern im Puppenstadium. Die Falter fliegen in einer Generation von Juli bis August, können aber als Einwanderer schon im Mai auftauchen. Die Verbreitung erstreckt sich auf ganz Europa.

Unterfamilie Pyralinae

Endotricha flammealis (Geflammter Kleinzünsler)

Die Flügelspannweite beträgt 17 bis 23 mm. Die Färbung der Vorderflügel reicht von dunkelbraun, purpurrot, orangerot bis ockerfarben. Eine etwas gewellte, helle Linie begrenzt das dunkle Wurzel- und Saumfeld. Im mittleren Bereich des Vorderflügels findet sich ein schwarzer Fleck. Das rötliche Saumfeld am Flügelende trennt eine weiße Querlinie. Die Raupen leben von August bis September festgesponnen an den Futterpflanzen wie Hornklee (*Lotus* sp.), Odermennig (*Agrimonia* sp.), Heidelbeeren (*Vaccinium* sp.) und wechseln ab etwa Oktober auf den Boden, wo sie sich von herabgefallenen Blättern von Eichen und Weiden ernähren und später verpuppen. Die nachtaktiven Falter fliegen in einer Generation von Mitte Mai bis September. Ihr Lebensraum sind Laub- und Laubmischwälder und auch lichte Kiefernwälder, Waldränder mit Gebüsch, Lichtungen und Wiesen. Die

Flugzeit	J	F	M	A	M	J	J	A	S	O	N	D
Raupen	J	F	M	A	M	J	J	A	S	O	N	D

Falter sind mit Ausnahme von Skandinavien und Irland in fast ganz Europa beheimatet.

Hypsopygia costalis (Heuzünsler)

Flugzeit	J	F	M	A	M	J	J	A	S	O	N	D
Raupen	J	F	M	A	M	J	J	A	S	O	N	D

Die Falter erreichen eine Flügelspannweite von 16 bis 23 mm. Die bräunlich-violetten Vorderflügel tragen zwei schmale gelbliche, mehr oder weniger sichtbare Querlinien, die am Vorderrand in dreieckigen Flecken münden und einen gelben Flügelsaum besitzen. Als Raupe frisst dieser Zünsler von Juni bis zur Überwinterung an Pflanzenresten in Heu und Stroh, getrocknetem Gemüse und auch von organischen Resten verschiedener Vogel- oder Eichhörnchen-Nester und verpuppt sich dort im folgenden Frühjahr. Die dämmerungs- und nachtaktiven Falter bilden zwischen Mai und September je nach Region eine bis zwei Generationen im Jahr und leben sowohl im Siedlungsbereich in Scheunen, Lagerschuppen, Häusern mit Strohdächern als auch in der freien Natur in Eichhörnchen- und Vogelnestern. Man findet die Falter in weiten Teilen Europas.

Pyralis farinalis (Mehlzünsler)

Die 18 bis 30 mm Spannweite erreichenden Vorderflügel haben rötliche, dunkelbraune und hellbraune Flecken, die durch schmale, weiße Quer-

Flugzeit	J	F	M	A	M	J	J	A	S	O	N	D
Raupen	J	F	M	A	M	J	J	A	S	O	N	D

bänder getrennt sind. Die Raupe nutzt von September mit Überwinterung und bis Mai des Folgejahres Pflanzensamen von Getreide und Gräsern, aber auch getrocknete Pflanzenteile von Klee (*Trifolium* sp.) oder Luzerne (*Mendicago* sp.) und auch tierische Hinterlassenschaften. Dabei treten in Gebäuden bis zu vier Generationen auf. Sie legen in der Nahrung klumpenförmige Gespinste an. Die Zünsler leben normalerweise in der freien Natur in einer Generation von Juni bis September, im Siedlungsbereich sind unter warmen Bedingungen bis zu fünf Generationen im Jahr möglich. Sie können in Mühlen, Bäckereien und Getreidelagern und auch in Haushalten als Vorratsschädling auftreten, z.B. an Mehl, Körnern und Körnerprodukten, und sind aufgrund ihrer Bindung an menschliche Behausungen europaweit verbreitet.

Synaphe punctalis

Die Flügelspannweite reicht von 19 bis 27 mm. Die Färbung der Vorderflügel ist variabel und kann gelblich braun bis rötlich braun sein. Zwei dunklere Querlinien überziehen sie, wobei die innere nicht immer gut sichtbar

Flugzeit	J	F	M	A	M	J	J	A	S	O	N	D
Raupen	J	F	M	A	M	J	J	A	S	O	N	D

ist. Die in einem röhrenförmigen Gespinst lebenden Raupen erscheinen ab August, ernähren sich von Zypressenschlafmoos *(Hypnum cupressiforme)*, überwintern und verpuppen sich dort ab Mai in einem weißen Kokon. Die dämmerungs- und nachtaktive Zünslerart erscheint von Juni bis September in einer Generation im Jahr. Ihr Lebensraum besteht aus Sandtrockenrasen, Lichtungen in Kiefernwäldern und besonnten Berghängen. Die Verbreitung erstreckt sich auf weite Teile Europas mit Ausnahme des nördlichen Skandinaviens und großen Teilen Osteuropas.

Crambidae Familie Zünsler (Rüsselzünsler)

Europa beherbergt 514 Arten in den zehn Unterfamilien *Scopariinae, Crambinae, Schoenobiinae, Acentropinae, Odontiinae, Evergestinae, Glaphyriinae, Cathariinae, Pyraustinae* und *Spilomelinae*.

Unterfamilie Acentropinae

Cataclysta lemnata (Wasserlinsenzünsler)

Die Falter erreichen eine Flügelspannweite von 15 bis 26 mm. Die Vorderflügel sind bei den kleineren Männchen weiß mit mehr oder weniger ausgeprägten bräunlichen Zeichnungselementen und einem schwarzen Fleck,

Flugzeit	J	F	M	A	M	J	J	A	S	O	N	D
Raupen	J	F	M	A	M	J	J	A	S	O	N	D

bei den Weibchen braun. Die bei beiden Geschlechtern weißen Hinterflügel tragen eine schwarze Saumlinie. Die Raupe bewohnt ab August ein aus Blattstücken selbst gefertigtes, röhrenförmiges Gehäuse oder ausgehöhlte Stiele an der Wasseroberfläche und atmet über Kiemenbüschel. Später nach der zweiten Häutung ist sie von einem Luftfilm umgeben. Sie überwintert in Schilfrohrstängeln oder in ihren Blattgehäusen und verpuppt sich im Mai. Als Futterpflanzen dienen bevorzugt Wasserlinsengewächse (*Lemna* sp.), Teichlinse (*Spirodela* sp), Ähriges Tausendblatt (*Myriophyllum spicatum*), Froschbiss (*Hydrocharis morsus-ranae*), Krebsschere (*Stratiotes aloides*), Breitblättriger Rohrkolben (*Typha latifolia*), Wasser-Schwaden (*Glyceria maxima*) und viele andere. Die Falter sind in Mitteleuropa vermutlich in zwei, zwischen Mai bis Oktober, im südlichen Europa auch länger und in mehr Generationen zu finden. Sie leben in stehenden Gewässern wie Tümpeln und Teichen. Die Art ist bis auf den hohen Norden in weiten Bereichen Europas verbreitet.

Elophila nymphaeata (Laichkraut-Zünsler)

Die Flügelspannweite beträgt 17 bis 28 mm. Die weißen Flügel tragen braune bis dunkelbraune Querbänder, Flecken und ringartige Zeichnungs-

Flugzeit	J	F	M	A	M	J	J	A	S	O	N	D
Raupen	J	F	M	A	M	J	J	A	S	O	N	D

muster und eine gelblich braune bis goldfarbene, schwarz gerandete Saumlinie. Die Raupen leben ab September von den Blättern und Stängeln von Schwimmendem Laichkraut (*Potamogeton natans*), Wasser-Knöterich (*Persicaria amphibia*), Seerosen (*Nymphaea* sp.), Einfachem Igelkolben (*Sparganium emersum*) und Kleiner Wasserlinse (*Lemna minor*), die sie anfangs teilweise minieren oder fressen. Später spinnen sie mit Blattstücken einen Sack, den sie zur Überwinterung verlassen und sich in die Stängel der Pflanzen bohren. Sie verpuppen sich, um ab Ende Mai zu schlüpfen. Die zweite Generation von Raupen tritt ab Juli auf. Die Falter der ersten Generation sind von Anfang Juni bis Juli und die der zweiten von August bis September zu beobachten. Unter günstigen Witterungsbedingungen und im südlichen Europa können drei Generationen pro Jahr auftreten.

Die dämmerungs- und nachtaktiven Zünsler leben an stehenden Gewässern, wie Tümpeln, Teichen und Gräben. Das Verbreitungsgebiet von *E. nymphaeata* erstreckt sich bis auf die Britischen Inseln, das nördliche Schweden und ins südliche Mittelmeer.

Parapoynx stratiotata (Wasseraloe-Zünsler)

Die Flügelspannweite reicht etwa von 17 bis 27 mm, wobei Männchen kleiner bleiben als Weibchen. Die Vorderflügel sind sehr variabel von weiß über hellbraun bis dunkelbraun gefärbt. Bei den dunklen Exemplaren treten ein helles gezacktes Band und ein helles Saumband deutlich hervor. Auffällig ist je ein dunkelbraun bis schwarzer Ringmakel. Die Raupe lebt ab August in einem Gespinst aus Blattstückchen unter Wasser an Nahrungspflanzen wie zum Beispiel dem Ährigen Tausendblatt (*Myriophyllum spicatum*), dem Sumpf-Wasserstern (*Callitriche palustris*), der Wasserpest (*Elodea* sp.), der Gewöhnlichen Wassernuss (*Trapa natans*), der Krebsschere (*Stratiotes aloides*) und weiteren Wasserpflanzen. Sie atmet durch Kiemenbüschel am Hinterleib, überwintert in ihrem Gespinst und spinnt sich zur Verpuppung im Mai des folgenden Jahres einen weißlichen, dichten, mit Luft gefüllten Kokon. Die Falter scheinen je nach Vorkommen und klimatischen Bedingungen ein bis mehrere Generationen pro Jahr von Mai bis September zu bilden. Sie bewohnen Teiche, Tümpel und Uferbereiche

Flugzeit	J	F	M	A	M	J	J	A	S	O	N	D
Raupen	J	F	M	A	M	J	J	A	S	O	N	D

von Bächen und Gräben. Im Norden Europas findet man die Zünsler bis zu den Britischen Inseln, im Süden reicht die Besiedelung bis Sardinien, Sizilien und Griechenland.

Unterfamilie Cathariimae
Unterfamilie Crambinae

Agriphila inquinatella

Die Spannweite erreicht etwa 22 bis 29 mm. Die Vorderflügel sind gelblich braun mit variabler dunklerer Linienzeichnung. Als Raupe lebt die Art ab

Flugzeit	J	F	M	A	M	J	J	A	S	O	N	D
Raupen	J	F	M	A	M	J	J	A	S	O	N	D

Oktober an verschiedenen Grasarten wie Echtem Schafschwingel (*Festuca ovina*) und Rispengras (*Poa* sp.) in einem Gespinst und überwintert dort auch, um sich im darauf folgenden Jahr ab Mai zu verpuppen. Die Falter fliegen in einer Generation von Anfang Juli bis September. Sie leben in Trocken- und Halbtrockenrasen, trockenen Wiesen und grasbewachsenen Ruderalflächen bis in Höhen von 2000 m in allen Regionen Europas.

Agriphila straminella

Die Falter haben eine Flügelspannweite von 16 bis 23 mm. Die Grundfarbe der Vorderflügel variiert und reicht von strohgelb bis dunkelbraun. Zusätzlich sind sie mit dunkleren Schuppen überstäubt. Sie ähneln der kleineren Art *Chrysoteuchia culmella*. Die Raupen fressen ab Juni in einer Gespinst-

Flugzeit	J	F	M	A	M	J	J	A	S	O	N	D
Raupen	J	F	M	A	M	J	J	A	S	O	N	D

röhre in und an den Stängeln von Gräsern wie Echtem Schafschwingel (*Festuca ovina*) und Wiesen-Rispengras (*Poa pratensis*) oder auch Gerste (*Hordeum* sp.) sowie Weizen (*Triticum* sp.). Die dämmerungs- und nachtaktiven Falter der einzigen Generation im Jahr fliegen zwischen Ende Mai und Anfang September auf Trockenrasen, feuchten und trockenen, grasbewachsenen Lebensräumen. Sie sind bis auf die Mittelmeerinseln und Griechenland in ganz Europa verbreitet.

Catoptria margaritella

Die Flügelspannweite liegt bei 20 bis 24 mm. Die gelblich braunen Vorderflügel werden längs von einem weißen, glänzenden Längsstreifen durchzogen. Die Art ist leicht mit *C. pyramidellus* zu verwechseln, jedoch an der einheitlichen Färbung der Fransen am Vorderflügel-Außensaum zu erkennen. Die Raupe spinnt sich nach Fundangaben zwischen Moos wie dem Bogigen Krummstielmoos (*Campylopus flexuosus*) ein und frisst später bis zur Überwinterung an Blättern von Schmalblättrigem Wollgras (*Eriophorum angustifolium*). Nach der Verpuppung im Mai schlüpfen die Falter im Juni und fliegen in einer Generation bis August. Sie bewohnen lichte Mischwälder mit feuchten, grasbewachsenen Stellen, Feuchtwiesen und Moore. Die Art ist in beinahe ganz Europa zu finden.

Flugzeit	J	F	M	A	M	J	J	A	S	O	N	D

Catoptria permutatella

Der Falter erreicht 22 bis 29 mm Flügelspannweite. Die Färbung der Vorderflügel ist bräunlich mit einem breiten zweimal quer unterbrochenen Längsband. Die Unterscheidung von den beiden verwandten *C. myella* und *C. osthelderi* ist nach äußeren Merkmalen nicht möglich. Die Raupe lebt ab

Flugzeit	J	F	M	A	M	J	J	A	S	O	N	D

August wahrscheinlich an Moosen. Die Falter sind in einer Generation von Juni bis August dokumentiert und leben in lichten Wäldern auf Lichtungen und Waldwiesen. Sie fliegen in ganz Europa mit Ausnahme der Mittelmeergebiete.

Catoptria pinella

Dieser Zünsler erreicht 18 bis 24 mm Flügelspannweite. Der breite weiße Streifen auf den gelblich-braunen Vorderflügeln ist einmal quer geteilt. Die Raupe lebt ab August bis zur Überwinterung und im folgenden Jahr bis zur

Flugzeit	J	F	M	A	M	J	J	A	S	O	N	D
Raupen	J	F	M	A	M	J	J	A	S	O	N	D

Verpuppung im Juni in Gespinströhren an Wurzeln der Futterpflanzen wie Rasenschmiele (*Deschampsia cespitosa*) und Scheiden-Wollgras (*Eriophorum vaginatum*). Im Juni erscheint eine nachtaktive Faltergeneration und fliegt bis August. Ihr Lebensraum besteht aus grasreichen Waldlichtungen, Waldwiesen, lichten Kiefernwäldern und Trockenrasen. Die Zünsler sind in ganz Europa zu finden.

Catoptria verellus

Der Zünsler erreicht 17 bis 18 mm Flügelspannweite. Die gelblichen bis bräunlichen Vorderflügel sind mit schwarzbraunen Flecken und Binden versehen. Eine helle, teils dunkel gesäumte gebogene Linie findet sich im hinteren Bereich der Vorderflügel. Die Raupe lebt an Moosarten an Baumstämmen von Eiche (*Quercus* sp.), Pappel (*Populus* sp.), Apfel (*Malus* sp.) und anderen Baumarten. Die Falter fliegen in einer Generation von Ende Juni bis August in Lebensräumen wie lichten Laubwäldern, an Waldrändern und Gehölzen, Auen und Streuobstwiesen. Die Falter sind über ganz Europa verbreitet.

Flugzeit	J	F	M	A	M	J	J	A	S	O	N	D
Raupen	J	F	M	A	M	J	J	A	S	O	N	D

Chrysocrambus craterella

Die Vorderflügel erreichen eine Spannweite von etwa 20 mm, sind gelblich gefärbt und tragen braune Längslinien, von denen zwei an der Flügelspitze fast miteinander verschmelzen. Die Raupen leben an Gräsern wie Schwingel (*Festuca* sp.). Die Falter fliegen in einer Generation vom Juni bis Juli auf Wiesen und Weiden, Trockenrasen und Brachen. Die Art ist hauptsächlich in Mittel- und Südeuropa verbreitet.

Flugzeit	J	F	M	A	M	J	J	A	S	O	N	D

Chrysoteuchia culmella

Der Zünsler hat etwa 20 bis 24 mm Flügelspannweite. Die Vorderflügel können cremefarbig mit wenig Zeichnung, aber auch bräunlich gefärbt sein und ausgeprägte metallische Längsstreifen und zum Hinterende einen me-

Flugzeit	J	F	M	A	M	J	J	A	S	O	N	D
Raupen	J	F	M	A	M	J	J	A	S	O	N	D

tallisch silbern gefärbten Querbogen, einen ebenso gefärbten Querstrich und einen silbrig glänzenden gefransten Saum tragen. Die Raupe lebt an Wurzeln von Gräsern an der Erdoberfläche und spinnt sich ab September einen Kokon zur Überwinterung. Die Verpuppung erfolgt im Frühjahr, ab Juni schlüpfen die nachtaktiven Falter der einzigen Generation und fliegen bis August. Als Lebensräume nutzt diese Art Wiesen mit Moosbereichen und Ruderalflächen. *C. culmella* ist häufig und über ganz Europa verbreitet.

Crambus ericella

Die Spannweite liegt bei 21 bis 28 mm. Die Vorderflügel sind gelblich braun mit einem schmalen weißen Längsstrich, der im hinteren Flügelbereich unterbrochen wird und versetzt erscheint. Eine Reihe von metallischen Längsstrichen und eine bogenförmige Linie sind weitere Zeichnungselemente. Die Raupe lebt von Gräsern wie Gewöhnlichem Silbergras (*Corynephorus canescens*), Drahtschmiele (*Deschampsia flexuosa*) und Echtem Schafschwingel (*Festuca ovina*). Die nachtaktiven Falter erscheinen je nach Standort von Anfang Juni bis Ende August in einer Generation. Die Tiere leben in Mooren, lichten Laubwäldern, an Waldrändern und auf Trockenrasen. Die Verbreitung erstreckt sich auf weite Teile Europas.

Flugzeit	J	F	M	A	M	J	J	A	S	O	N	D

Crambus lathoniellus

Die Flügelspannweite dieser Falter reicht von 18 bis 24 mm. Die Vorderflügel sind gelblich-weiß bis graubraun mit weißen Längsstreifen und sehr variabel. Charakteristisch ist jedoch eine weiße, gewinkelte Querlinie im hinteren Flügelbereich, die selbst bei sehr hellen Exemplaren noch erkennbar ist. Die Raupe frisst an Gräsern wie Rasenschmiele (*Deschampsia ce-*

Flugzeit	J	F	M	A	M	J	J	A	S	O	N	D
Raupen	J	F	M	A	M	J	J	A	S	O	N	D

spitosa) und Haferschmielen (*Aira* sp.) in Bodennähe und baut sich dort ein röhrenförmiges Gespinst. Die nachtaktiven Zünsler gehören zu den ersten Crambiden und erscheinen in einer Generation von Mai bis August. Sie leben sowohl in feuchten oder auch trockenen Wiesen und Trockenrasen. Die Art ist im nördlichen Europa weit verbreitet, fehlt aber im Süden weitgehend.

Crambus uliginosellus (Niedermoor-Graszünsler)

Die Flügel erreichen Spannweiten von 18 bis 23 mm. Die Vorderflügel sind gelblich braun gefärbt und tragen einen breiten, weißen Längsstreifen, der

Flugzeit	J	F	M	A	M	J	J	A	S	O	N	D

in der Regel noch einmal von einem gelbbraunen Längsstreifen durchzogen wird, im Unterschied zum sehr ähnlichen *C. pascuella*. Die Raupe lebt vermutlich an Pflanzen wie Torfmoos (*Sphagnum capillifolium*), Seggen (*Carex* sp.) oder auch Schmalblättrigem Wollgras (*Eriophorum angustifolium*). Die Falter fliegen in einer Generation von Ende Mai bis August in Lebensräumen wie Feuchtwiesen, Niedermooren und Hochmooren. *C. uliginosellus* ist in Europa nicht häufig zu finden und fehlt in Portugal, Slowenien, Kroatien und der Ukraine.

Thisanotia chrysonuchella

Die Zünsler haben 21 bis 32 mm Flügelspannweite. Die Vorderflügel sind bräunlich grau und ihre Aderung hebt sich weiß hervor. Auffallend sind

Flugzeit	J	F	M	A	M	J	J	A	S	O	N	D
Raupen	J	F	M	A	M	J	J	A	S	O	N	D

eine dichte, punktförmige, schwarze Beschuppung und zwei braune Querlinien. Die Raupe fertigt ab Juli ein röhrenförmiges Gespinst am Stängel der Futterpflanzen in Bodennähe an und überwintert. Sie ernährt sich von Echtem Schafschwingel (*Festuca ovina*) und Rispengras (*Poa* sp.). Im Frühjahr des folgenden Jahres verpuppt sie sich in einem Kokon. Die dämmerungs- und nachtaktiven Imagines erscheinen zwischen Mai und Juni in einer einzigen Generation. Die Lebensräume sind Trockenrasen und Sandmagerrasen sowie grasbewachsene Bereiche, die Art ist in ganz Europa eher lokal verbreitet.

Unterfamilie Cybalomiinae

Unterfamilie Evergestinae

Evergestis extimalis (Rübsaatpfeifer, Rübsaatzünsler)

Die Flügelspannweite der Falter reicht von 22 bis 28 mm. Die hellgelben Vorderflügel sind im Saumbereich mehr oder minder dunkelbraun gefärbt und tragen zwei braune Querlinien. Die Raupe bildet lose Gespinste an den Trieben und frisst auch an den Samen ihrer Futterpflanzen wie z. B. Kohl

Flugzeit	J	F	M	A	M	J	J	A	S	O	N	D
Raupen	J	F	M	A	M	J	J	A	S	O	N	D

(*Brassica* sp.), Rettich (*Raphanus* sp.), Rauken (*Sisymbrium* sp.), Schmalblättrigem Doppelsamen (*Diplotaxis tenuifolia*), Bitterer Schleifenblume (*Iberis amara*), Öl-Rauke (*Eruca sativa*), Kahlem Bauernsenf (*Teesdalia nudicaulis*), Wasser-Sumpfkresse (*Rorippa amphibia*), Acker-Hellerkraut (*Thlaspi arvense*) und weiteren Arten. Sie überwintert und verpuppt sich im Frühjahr des folgenden Jahres in oder an der Erde, vereinzelt auch in Schoten. Der Falter ist in Nordeuropa pro Jahr mit einer Generation von Juni bis August in Südeuropa mit zwei Generationen von Mai bis Oktober vertreten. Die Zünsler leben in offenen Bereichen auf Wiesen, Ruderalflächen und ehemals landwirtschaftlich genutzten Flächen wie Ackerbrachen. Die Verbreitung erstreckt sich auf Europa mit Ausnahme von Nordskandinavien und Nordrussland.

Evergestis forficalis (Kohlzünsler)

Die Flügelspannweite erreicht 24 bis 33 mm. Die gelblich braunen Vorderflügel werden von in der Regel vier mehr oder minder gut sichtbaren

Flugzeit	J	F	M	A	M	J	J	A	S	O	N	D
Raupen	J	F	M	A	M	J	J	A	S	O	N	D

dunkelbraunen Querlinien und einer Saumlinie überzogen. In der Mitte der Flügel liegen zwei zusammenhängende dunkle Flecken. Die beiden Raupengenerationen leben zwischen Mai und Juni und dann nochmals ab September in losen Gespinsten an den Blattunterseiten der Futterpflanzen Meerrettich (*Armoracia* sp.), Rauken (*Sisymbrium* sp.), Knoblauchsrauke (*Alliaria* sp.), Levkojen (*Matthiola* sp.), Rettich (*Raphanus* sp.), Herbstrübe (*Brassica rapa*), Wildkohl (*Brassica oleracea*) und Ackersenf (*Sinapis arvensis*). Sie überwintern in der zweiten Generation ab Oktober und suchen im folgenden Frühjahr den Boden zur Verpuppung in einem Kokon in der Erde auf. Lebensräume finden sie in offenen Landschaften, landwirtschaftlichen Kulturen wie Kohlfeldern und Gärten. Der dämmerungsaktive Falter bildet von April bis September zwei nicht klar zu trennende Generationen. Die Art fehlt in Europa nur in Nordskandinavien und Nordrussland.

Evergestis pallidata

Die Spannweite der Vorderflügel liegt bei 24 bis 26 mm. Die Vorderflügel sind gelb gefärbt und tragen braunrote Querlinien, Flecken und eine netzartige Aderung. Die Hinterflügel sind weiß und von braunen Linien überzogen. Ähnlich sind *E. politalis* und *E. dumerlei*. Die Raupe frisst Blätter von Pflanzenarten wie Rauke (*Sisymbrium* sp.), Barbarakraut (*Barbarea* sp.), Kohl (*Brassica* sp.), Ackersenf (*Sinapis arvensis*), Schaumkraut (*Cardamine* sp.) und Löffelkraut (*Cochlearia* sp.). Sie baut im Herbst zur Überwinterung einen Kokon in der Erde und verpuppt sich im Mai und Juni. Die Falter sind tag- und nachtaktiv und leben in einer Generation zwischen

Flugzeit	J	F	M	A	M	J	J	A	S	O	N	D
Raupen	J	F	M	A	M	J	J	A	S	O	N	D

Juli und September. Sie sind Bewohner lichter Wälder, feuchter Waldlichtungen und -rändern. In Europa ist der Zünsler weit verbreitet.

Unterfamilie Glaphyriinae
Unterfamilie Odontiinae

Cynaeda dentalis (Zahnbindenzünsler)

Die Spannweite beträgt 21 bis 31 mm. Die Grundfärbung der Vorderflügel variiert von bräunlich bis grünlich gelb. Charakteristisch sind eine stark gezackte und zurückspringende schwarze, weiß gesäumte Linie mit weißen Fleckenzeichnungen sowie große, borstenartige abstehende Schuppen im basalen Flügelbereich. Der Flügelrand ist weiß gesäumt mit darin befindlichen schwarzen Streifen. Sehr ähnlich sind *C. gigantea* und *C. forsteri*. Die Raupen ernähren sich ab Juli von den Blättern von Gewöhnlichem Natternkopf (*Echium vulgare*), Ochsenzungen (*Anchusa* sp.) und Lotwurz (*Onosma* sp.), die sie anfangs minieren. Später fressen sie bis zur Überwinterung an den Blättern bis zur Verpuppung ab Juni des folgenden Jahres in einem Kokon im Stängel oder an den Blättern. Die Falter fliegen von Juni bis Ende August je nach Standort und Witterungsbedingungen in Mitteleuropa in einer, im Süden von April bis Juni und von August bis Oktober in zwei Generationen im Jahr. Die Lebensräume bestehen aus trockenen Flächen auf

Flugzeit	J	F	M	A	M	J	J	A	S	O	N	D
Raupen	J	F	M	A	M	J	J	A	S	O	N	D

kalkhaltigen und sandigen Böden mit dem Vorkommen der Futterpflanzen. Die Zünsler sind bis auf den Norden der Britischen Inseln und Skandinaviens in Europa weit verbreitet.

Eurrhypis pollinalis

Die Vorderflügel dieses Zünslers erreichen eine Spannweite von 28 bis 33 mm und sind dunkelbraun bis beinahe schwarz. Sie besitzen je zwei

Flugzeit	J	F	M	**A**	**M**	**J**	**J**	**A**	S	O	N	D
Raupen	J	F	M	A	**M**	**J**	**J**	**A**	**S**	**O**	N	D

weiße, kurze Striche an der Flügelbasis, die selten auch fehlen können, je einen weiteren in der Mitte und einen weiteren in Nähe der Flügelspitze, der sich zur Vorderkannte verlängert. Die Hinterflügel sind identisch gefärbt und besitzen je zwei weiße Flecken, von denen der an der Innenkante platzierte länglich erscheint. Die Raupen nutzen als Nahrung ab Mai bis in den September verschiedene Arten aus der Familie der Hülsenfrüchtler wie Hauhechel (*Ononis* sp.), Ginster (*Genista* sp.), Besenginster (*Cytisus* sp.) sowie andere und spinnen sich zum Schutz bis zur Verpuppung im Oktober eine Röhre an den Stängeln. Die tagaktiven Falter erscheinen in zwei nicht klar zu trennenden Generationen pro Jahr zwischen April und August. Sie leben in warmen, lichten, trockenen Waldgebieten, auf Waldlichtungen und Heideflächen. Ihre Verbreitung erstreckt sich auf Europa mit Ausnahme der Britischen Inseln und des hohen Nordens.

Unterfamilie Pyraustinae

Anania coronata (Holunderzünsler)

Die Falter erreichen eine Flügelspannweite von 23 bis 26 mm. Die Vorderflügel sind gelblich braun mit dunkelbrauner Überstäubung und weißen, rundlichen Flecken, die dunkelbraun umrandet sind. An den Flügelsäumen findet sich eine Reihe dunkelbrauner Keilflecke, die manchmal auch nur undeutlich vorhanden sein können. Verwechslungen können mit dem sehr

Flugzeit	J	F	M	A	M	J	J	A	S	O	N	D
Raupen	J	F	M	A	M	J	J	A	S	O	N	D

ähnlichen *A. stachyalis* auftreten. Die ein bis zwei Raupengenerationen sind von Juni bis Juli und eventuell noch einmal ab September mit Überwinterung und bis zur Verpuppung im Mai des Folgejahres zu finden. Sie leben in einem Gespinst an jungen Blättern ihrer Nahrungspflanzen wie dem Schwarzen Holunder (*Sambucus nigra*), Roten Holunder (*Sambucus racemosa*), Zwerg-Holunder (*Sambucus ebulus*), Eschen (*Fraxinus* sp.), Flieder (*Syringa* sp.), Echter Zaunwinde (*Convolvulus sepium*), Schneeball (*Viburnum* sp.), Liguster (*Ligustrum* sp.) und Sonnenblumen (*Helianthus* sp.). Die Flugzeit der beiden Generationen ist nicht klar zu trennen und erstreckt sich von Mai bis August. Die dämmerungs- und nachtaktiven Falter fliegen an Hecken in Gebüschbereichen und auch Gärten und sind in fast ganz Europa verbreitet.

Anania hortulata (Brennnesselzünsler)

Die Falter erreichen eine Flügelspannweite von 29 bis 33 mm. Die Falter sind kaum zu verwechseln. Ihr gelber Kopf und Thorax sowie die weißen Flügel mit den schwarzen Fleckenbändern sind charakteristisch. Die Raupe lebt von August bis September und nach der Überwinterung bis zur Verpuppung im Mai in zusammengesponnenen Blättern ihrer Nahrungspflanzen wie Ziest (*Stachys* sp.), Brennnesseln (*Urtica* sp.), Schwarznesseln (*Ballota* sp.), Winden (*Convolvulus* sp.), Zaunwinden (*Calystegia* sp.), Minzen (*Mentha* sp.) und Johannisbeeren (*Ribes* sp.). Die dämmerungs- und nachtaktiven Falter erscheinen in einer lang gestreckten Generation von

Flugzeit	J	F	M	A	M	J	J	A	S	O	N	D
Raupen	J	F	M	A	M	J	J	A	S	O	N	D

Mai bis Mitte September. Die Falter bewohnen Wälder, Weg- und Waldränder, Ruderal- und Brachflächen sowie Gärten und sind mit Ausnahme der Polarregionen in ganz Europa verbreitet.

Anania lancealis

Die Vorderflügel erreichen Spannweiten zwischen 24 und 30 mm. Sie sind gelblich braun gefärbt und tragen eine mehr oder weniger ausgeprägte braune bis schwarze Überstäubung und eine gewellte Querlinie. Die Rau-

Flugzeit	J	F	M	A	M	J	J	A	S	O	N	D
Raupen	J	F	M	A	M	J	J	A	S	O	N	D

pe lebt von August bis zur Überwinterung und danach bis zur Verpuppung im Mai zwischen zusammengesponnenen Blättern der Futterpflanzen wie Ziest (*Stachys* sp.), Jakobs-Greiskraut (*Senecio jacobaea*), Gewöhnlicher Wasserdost (*Eupatorium cannabinum*) und Gamander (*Teucrium* sp.) und frisst auch an Samen sowie Blüten. Die dämmerungs- und nachtaktiven Falter sind von Juni bis Anfang August in einer Generation zu finden. Als Lebensräume werden Wald- und Wegränder, Brachen und Ruderalflächen sowie Gärten genutzt. *A. lancealis* ist in ganz Europa verbreitet.

Anania stachydalis

Die Vorderflügel haben eine Spannweite von 23 bis 25 mm und sind mit Ausnahme zweier großer und einiger kleinerer heller, gelblicher Flecken

Flugzeit	J	F	M	A	M	J	J	A	S	O	N	D
Raupen	J	F	M	A	M	J	J	A	S	O	N	D

braun. Die Art ist schwer von *A. coronata* zu unterscheiden. Pro Jahr erscheinen zwei Generationen Raupen von Juni bis Juli und dann wieder von August bis September und bilden ein Gespinst an der Blattunterseite der Futterpflanzen, hauptsächlich an Ziest (*Stachys* sp.). Sie verpuppen sich nach der Überwinterung Ende April. Als Falter bilden sie zwei Generationen, von Mai bis Juni und wieder von Juli bis August. Sie bewohnen Trockenrasen, Waldränder und -lichtungen, Hecken und auch Gärten. Ihr Verbreitungsschwerpunkt liegt in Mitteleuropa, während sie in Südeuropa nur vereinzelt vorkommen und im hohen Norden völlig fehlen.

Ecpyrrhorrhoe rubiginalis

Die Flügelspannweite der Vorderflügel liegt zwischen 16 und 20 mm. Sie sind gelblich bis orangebraun gefärbt und tragen zwei dunkelbraune, gezackte Querlinien. Entlang des Flügelvorderrandes befindet sich ein

Flugzeit	J	F	M	A	M	J	J	A	S	O	N	D
Raupen	J	F	M	A	M	J	J	A	S	O	N	D

dunkelbraunes Band, ebenso im Saumbereich ein weiteres mit variabler Breite. Muster und Färbung finden sich auch identisch auf den Hinterflügeloberseiten. Die Raupen spinnen sich an den Blattunterseiten ihrer Nahrungspflanzen ein und fressen an Arten wie Langzähniger Schwarznessel (*Ballota nigra*), Gewöhnlichem Hohlzahn (*Galeopsis tetrahit*) oder auch Heil-Ziest (*Stachys officinalis*). Sie verpuppen sich am oder im Erdboden. Die nachtaktiven Falter erscheinen zwischen Mai und September in zwei nicht klar zu trennenden Generationen. Als Habitat nutzen sie lichte Auwaldbereiche, Waldränder und verbuschte Hänge. Die europäische Verbreitung erstreckt sich von der Iberischen Halbinsel über das südliche Mitteleuropa und Südeuropa bis ins Baltikum.

Loxostege sticticalis (Rübenzünsler, Wiesenzünsler)

Die Flügelspannweite erreicht 24 bis 29 mm. Die Flügel sind in Zeichnung und Farbe sehr variabel von hellbraun über dunkel- bis rotbraun gefärbt.

Flugzeit	J	F	M	A	M	J	J	A	S	O	N	D
Raupen	J	F	M	A	M	J	J	A	S	O	N	D

Die Raupen bilden zwei Generationen zwischen Juni und Juli und ab August bis zur Überwinterung und danach im folgenden Jahr bis zur Verpuppung im April. Sie fertigen zum Fressen ein Gespinst an der Blattunterseite ihrer Futterpflanzen wie Klee (*Trifolium* sp.), Hanf (*Cannabis* sp.), Tabak (*Nicotiana* sp.), Erbsen (*Pisum* sp.), Rote Rübe (*Beta vulgaris*), Kartoffel (*Solanum tuberosum*), Kohl (*Brassica* sp.) und einigen weiteren Arten. Sie verpuppen sich im Boden in einem Kokon. Die zwei bis in südlichen Regionen vier tag- und nachtaktiven Faltergenerationen sind nicht klar zu trennen, sie fliegen zwischen Mai und Ende Oktober. Sie bewohnen offene Wiesenflächen mit den Nahrungspflanzen, steppenartige Biotope, Ruderalflächen und ehemals bewirtschaftete Kulturflächen. *L. sticticalis* ist in ganz Europa zu finden.

Ostrinia nubilalis (Maiszünsler)

Die Spannweite der Vorderflügel erreicht 30 bis 34 mm, wobei die Weibchen größer werden als die männlichen Falter und auch anders als die Männchen gefärbt sind, nämlich hellgelb, bräunlich gelb oder rotbraun, während die Männchen meist dunkler erscheinen. Zwei Zickzacklinien begrenzen ein braunes Band. Am Flügelsaum befindet sich ein weiteres braunes Zickzackband, das in der Breite variieren kann. Die Raupe nutzt als Nahrungsgrundlage eine Reihe von Pflanzenarten und frisst an Blüten, Fruchtständen und Stängeln von Mais (*Zea mays*), Kartoffeln (*Solanum tuberosum*), Tomaten (*Lycopersicon* sp.), Paprika (*Capsicum* sp.), Echtem Hopfen (*Humulus lupulus*), Fenchel (*Foeniculum* sp.), Hanf (*Cannabis sativa*), Rüben (*Beta*), Echtem Sellerie (*Apium graveolens*), Alant (*Inula* sp.)

Flugzeit	J	F	M	A	M	J	J	A	S	O	N	D
Raupen	J	F	M	A	M	J	J	A	S	O	N	D

sowie weiteren. In Europa fliegen die nachtaktiven Falter je nach Verbreitung im Norden in einer, im Süden in bis zu drei Generationen pro Jahr von Mai bis September. Die Art kann sich stark vermehren und dann landwirtschaftliche Monokulturen schädigen. Sie leben auf Agrarflächen, Brachen, Ruderalflächen und auch in Gärten mit den Nahrungspflanzen. Der Maiszünsler kommt in ganz Europa bis ins den Süden Norwegens vor.

Pyrausta aurata (Goldzünsler, Purpurzünsler)

Die Flügelspannweite liegt bei etwa 18 bis 20 mm. Die Färbung der Vorderflügel reicht von purpurrot bis rotbraun, darin befinden sich einige sehr variable, gelbe Flecken, die auch reduziert sein können. Die Hinterflügel sind schwarz und haben ein gelbes Querband. Die Unterscheidung vom Purpurroten Zünsler (*P. purpuralis*), *P. ostrinalis* und dem Klebsalbei-Zünsler (*P. falcatalis*) ist manchmal nicht ganz einfach. Die Raupengenerationen erscheinen zweimal pro Jahr zwischen Juni und Juli und wieder ab September in größeren Ansammlungen in Gespinsten an Nahrungspflanzen wie Grüner Minze (*Mentha spicata*), Wiesensalbei (*Salvia pratensis*), Thymian (*Thymus* sp.), Zitronenmelisse (*Melissa officinalis*), Majoran (*Origanum vulgare*), Gewöhnlicher Katzenminze (*Nepeta cataria*), Bergminze (*Calamintha* sp.) und Taubnessel (*Lamium* sp.). Die zweite Generation überwintert im Gespinst und verpuppt sich im folgenden Frühjahr in einem Kokon am Boden. Die tag- und nachtaktiven Falter der ersten Generation erscheinen zwischen April und Juni, die der zweiten zwischen Juli und September. Ihr Lebensraum besteht aus Wiesen, Weiden, Wald- und Wegrändern,

Flugzeit	J	F	M	A	M	J	J	A	S	O	N	D
Raupen	J	F	M	A	M	J	J	A	S	O	N	D

grasbewachsenen Bachufern und Gärten. Ihre Verbreitung erstreckt sich auf ganz Europa.

Pyrausta cingulata

Flugzeit	J	F	M	A	M	J	J	A	S	O	N	D
Raupen	J	F	M	A	M	J	J	A	S	O	N	D

Die Flügel erreichen Spannweiten von 16 bis 20 mm. Die schwarzen bis dunkelbraunen Vorder- und Hinterflügel tragen je eine weiße Querbinde. Sehr ähnlich ist *P. rectefascialis*, manchmal sind sie nach äußeren Merkmalen nicht sicher zu trennen. Die Raupen erscheinen in zwei Generationen von Juni bis Juli und im August mit Überwinterung und im darauf folgenden Jahr bis zur Verpuppung ab Ende April. Sie leben an Pflanzenarten wie Thymian (*Thymus* sp.), Wiesensalbei (*Salvia pratensis*) und Klebrigem Salbei (*Salvia glutinosa*). Die tagaktiven Falter bilden zwei Generationen pro Jahr von Mitte April bis Juni und von Juli bis August. Sie leben auf Trockenrasen, in Flussauen, südlich exponierten mageren Berghängen und Waldlichtungen und sind in Höhen bis 2300 m nachgewiesen worden. Mit Ausnahme der Polarregionen sind sie in ganz Europa verbreitet.

Pyrausta despicata (Olivenbrauner Zünsler)

Flugzeit	J	F	M	A	M	J	J	A	S	O	N	D
Raupen	J	F	M	A	M	J	J	A	S	O	N	D

Die Flügelspannweite reicht von 14 bis 20 mm. Die Vorderflügel sind sehr variabel zwischen gelblich braun und schwärzlich braun. Meist sind zwei Querlinien sichtbar. Es treten Exemplare mit rotbraunen oder dunkelbraunen bis schwarzen Zeichnungen auf. Manchmal sind auch Tiere mit Ringmakeln, aber auch ohne jegliche Zeichnung zu finden. Die beiden Raupengenerationen leben meist gesellig in Gespinsten von Juni bis Juli und von August bis September an den Blattunterseiten verschiedener Wegericharten (*Plantago* sp.). Die Herbstgeneration spinnt einen Kokon zur Überwinterung und verpuppt sich im Frühjahr. Die dämmerungs- und nachtaktiven Falter fliegen in zwei Generationen pro Jahr, die ineinander übergehen, von Mai bis September. Als Lebensräume bevorzugen sie Magerrasen, Halbtrockenrasen, alpine Magerwiesen, Brach- und Ruderalflächen und Wegränder, oft auf Sandböden von tiefen Lagen bis in Höhen von über 2000 m. *P. despicata* ist europaweit verbreitet.

Pyrausta nigrata

Die Spannweite der Flügel beträgt zwischen 14 und 17 mm. Die Flügel sind schwarz mit bräunlicher Beschuppung und je einer wellenförmigen Querlinie. Ein weiterer Strich oder Fleck am Innenrand befindet sich im Bereich der inneren Querlinie. Hinzu kommt ein weißer Fleck im Basalfeld der Hinterflügel. Es bestehen bei oberflächlicher Betrachtung Verwechslungsmöglichkeiten zu *P. cingulata* und *P. rectefascialis*. Die Raupen bil-

Flugzeit	J	F	M	A	M	J	J	A	S	O	N	D
Raupen	J	F	M	A	M	J	J	A	S	O	N	D

den zwei Generationen, einmal im Juni und wiederum im September und Oktober. Sie fertigen ein Gespinst in Bodennähe in den Blättern der Nahrungspflanzen an, zu denen Ackerminze (*Mentha arvensis*), Sandthymian (*Thymus serpyllum*), Wiesensalbei (*Salvia pratensis*), Oregano (*Origanum vulgare*) und Waldmeister (*Galium odoratum*) gehören und fressen an den Blättern. Nach der Überwinterung verpuppt sich die Raupe im folgenden Frühjahr. Die tagaktiven Falter fliegen in zwei Generationen von Mitte April bis Juli und September bis Oktober. Als Lebensraum werden Trockenrasen, Brachflächen, Waldlichtungen und Auwaldränder genutzt. *P. nigrata* ist in Europa von Portugal im Westen bis nach Russland verbreitet. Im Norden geht die Verbreitung bis nach Skandinavien und im Süden bis nach Italien und die Balkanhalbinsel.

Flugzeit	J	F	M	A	M	J	J	A	S	O	N	D
Raupen	J	F	M	A	M	J	J	A	S	O	N	D

Pyrausta obfuscata

Die Spannweite der Vorderflügel beträgt 14 bis 18 mm. Die schwarzen Vorderflügel werden an der Basis von gelbbraunen, ansonsten von rotbraunen Schuppen überdeckt. Je zwei gelbe, rötlich überlaufene Flecken im hinteren Bereich der Flügelaußenkante treten mehr oder weniger deutlich hervor. Die Raupen fressen im Juni und August an zusammengesponnenen Trieben und Blättern von Rauhaarigem Alant (*Inula hirta*) und Dürrwurz-Alant (*I. conyzae*). Die Falter erscheinen in einer Generation pro Jahr im Juli und August und bewohnen warme, trockene Hänge und Kalktrockenrasen. Die Zünsler fehlen nur im Norden Europas.

Pyrausta purpuralis (Purpurroter Zünsler)

Die Flügelspannweite liegt bei etwa 18 bis 22 mm. Die Basis der Vorderflügel und eine Reihe von Flecken sind ebenso wie Kopf und Brust goldgelb,

Flugzeit	J	F	M	A	M	J	J	A	S	O	N	D
Raupen	J	F	M	A	M	J	J	A	S	O	N	D

der Rest ist purpurfarben. Die schwarzen Hinterflügel tragen eine gelbe Querbinde. Die beiden Raupengenerationen fressen zwischen Mai und Juni und wieder im August bis zur Überwinterung und Verpuppung im April des folgenden Jahres an den Blättern in einem Gespinst in Bodennähe an ihrer Nahrungspflanze wie Wasserminze (*Mentha aquatica*), Ackerminze (*M. arvensis*), Braunelle (*Prunella* sp.), Sandthymian (*Thymus serpyllum*) oder Dost (*Origanum* sp.). Die Flugzeit der zwei tag- und nachtaktiven Generationen reicht von April bis Juni und von Juni bis Mitte Oktober. Als Habitat bevorzugen die Falter Wiesen, Ruderalflächen, Gebüsche, Brachflächen, Gärten und Feuchtbereiche. Der Falter ist europaweit verbreitet.

Pyrausta sanguinalis

Die Flügelspannweite erreicht 14 bis 21 mm. Die Vorderflügel sind gelblich braun gefärbt und tragen ein charakteristisches Zeichnungsmuster in Form eines purpurroten Dreiecks und eines anschließenden Querbandes.

Flugzeit	J	F	M	A	M	J	J	A	S	O	N	D
Raupen	J	F	M	A	M	J	J	A	S	O	N	D

Die Raupe lebt in zwei Generationen zwischen Mai und August in einem röhrenförmigen Seidengespinst an Futterpflanzen wie Thymian (*Thymus* sp.), Rosmarin (*Rosmarinus officinalis*) und Salbei (*Salvia* sp.). Die zweite Generation überwintert und verpuppt sich im Frühjahr in einem Erdkokon. Die Falter sind sowohl tag- als auch nachtaktiv und fliegen in Südeuropa im Mai und Juni sowie Juli und August, während sie im Norden nur eine Generation bilden. Sie leben auf Trockenrasen, in steppenartigen Biotopen an verbuschten Hängen, Sanddünen und buschigen Lehnen sowie in Steppen. *P. sanguinalis* lebt bis auf den Norden Skandinaviens in ganz Europa, ist aber recht selten zu finden.

Sitochroa palealis (Möhrenzünsler)

Die Falter erreichen eine Flügelspannweite von 26 bis 34 mm. Die weißen Vorderflügel können leicht bräunlich, gelblich oder grünlich getönt sein

Flugzeit	J	F	M	A	M	J	J	A	S	O	N	D
Raupen	J	F	M	A	M	J	J	A	S	O	N	D

und tragen in der Regel dunkler gezeichnete Flügeladern. Die Raupen leben ab August oft in größeren Ansammlungen in Gespinsten in den Blütendolden und an den Samen ihrer Futterpflanzen wie Wilder Möhre (*Daucus carota*), Haarstrang (*Peucedanum* sp.), Steppen-Bergfenchel (*Seseli annuum*), Wiesensilge (*Silaum silaus*), Laserkraut (*Laserpitium* sp.) und Bärenklau (*Heracleum* sp.). Sie verpuppen sich nach der Überwinterung in der Erde in einem Seidenkokon. Die dämmerungs- und nachtaktiven Falter bilden pro Jahr von Mai bis September zwei Generationen aus. Die Art bevorzugt warme, offene Lebensräume wie Wiesen, Waldränder, Ruderalflächen, Kleefelder und Brachen. Die Art ist in Europa weit verbreitet, fehlt aber im Norden Skandinaviens.

Unterfamilie Schoenobiinae

Unterfamilie Scopariinae

Eudonia murana

Die Falter erreichen 18 bis 23 mm Flügelspannweite. Die Vorderflügel sind grau- bis bräunlich weiß mit dunkelgrauer bis graubrauner Flecken- und Linienzeichnung, sehr ähnlich *E. truncicolella*, aber heller und weniger kontrastreich. Die Raupe lebt an Moosarten wie Haarblättrigem Birnmoos (*Bryum capillare*), Zypressenschlafmoos (*Hypnum cupressiforme*), Polster-Kissenmoos (*Grimmia pulvinata*) und Gewöhnlichem Gabelzahnmoos

Flugzeit	J	F	M	A	M	J	J	A	S	O	N	D
Raupen	J	F	M	A	M	J	J	A	S	O	N	D

(*Dicranum scoparium*), die auf Steinen oder Felsen wachsen. Die Falter fliegen je nach Vorkommen in einer bis zwei Generationen zwischen Anfang Juni und Ende August. Sie bewohnen alpine Rasen und Weiden in höheren Lagen der Gebirge Europas und Skandinaviens.

Eudonia truncicolella

Die Spannweite beträgt 18 bis 23 mm. Die grauweiße Grundfarbe der Vorderflügel wird durch charakteristische dunkelgraue bis schwarze gezackte Linien und Flecken überlagert. Es treten mehr oder weniger intensiv ge-

Flugzeit	J	F	M	A	M	J	J	A	S	O	N	D
Raupen	J	F	M	A	M	J	J	A	S	O	N	D

zeichnete Exemplare auf. Die Falter ähneln sehr *E. murana*, sind jedoch kontrastreicher gezeichnet. Die Raupen sind ab September an ihren Futterpflanzen, verschiedenen Moosen, zu finden. Sie überwintern und verpuppen sich im Juni des folgenden Jahres. Die dämmerungs- und nachtaktiven Falter schlüpfen im Juni und fliegen in einer Generation bis August, je nach Standort auch noch bis Oktober. Ihr Lebensraum sind Laub- und Mischwälder in weiten Teilen Europas.

Scoparia pyralella

Die Vorderflügel erreichen eine Spannweite von 17 bis 22 mm. Sie sind weiß und tragen dunkelgraue Bänder und auffällige gelbbraune Flecken,

Flugzeit	J	F	M	A	M	J	J	A	S	O	N	D
Raupen	J	F	M	A	M	J	J	A	S	O	N	D

die schwarz umrandet sind. Ähnlich und nicht einfach zu unterscheiden sind *S. ingratella*, *S. ambigualis* und *S. basistrigalis*. Die Raupe ist im April und Mai in einem Gespinst unter welken, abgestorbenen Blättern von Pflanzen wie dem Jakobs-Kreuzkraut (*Senecio jacobaea*) zu finden. Die nachtaktive Art bringt zwischen Mai und August eine lang gestreckte Generation hervor. Sie nutzen Wiesen und grasbewachsene Hänge, Sanddünen, Ruderalfächen, Waldlichtungen und auch Gärten als Habitate. *S. pyralella* ist in ganz Europa nachgewiesen.

Scoparia subfusca

Die Spannweite der Vorderflügel liegt zwischen 21 und 30 mm. Die weißgrau gefärbten Vorderflügel sind sehr variabel graubraun gesprenkelt mit einer mehr oder minder deutlichen Zeichnung aus zwei weißen Querlinien und einer schwarzen Markierung in Form einer Acht oder eines X. Die Rau-

Flugzeit	J	F	M	A	M	J	J	A	S	O	N	D
Raupen	J	F	M	A	M	J	J	A	S	O	N	D

pe lebt in einem röhrenförmigen Gespinst und frisst an den bodennahen Blättern und Stängeln von Gewöhnlichem Bitterkraut (*Picris hieracioides*) und Huflattich (*Tussilago* sp.). Es erscheint eine Generation im Jahr von Juni bis August. Die nachtaktiven Falter leben ebenso in Feuchtwiesen wie in lichten Mischwäldern, Auwäldern, auf Trockenrasen an Waldrändern und auch in Gärten. *S. subfusca* kann in weiten Teilen Europas nachgewiesen werden.

Unterfamilie Spilomelinae

Agrotera nemoralis

Die Flügelspannweite erreicht 20 bis 24 mm. Die breiten Vorderflügel sind in der Basalregion gelb mit orangen Zeichnungselementen gefärbt und scharf abgegrenzt zum braunen bis orangebraunen Rest des Flügels. Der breite, weiß gefranste Flügelsaum ist durch schwarze Flecken unterbrochen. Die Raupe spinnt sich zum Schutz beim Fressen zwischen den Blättern ihrer Futterpflanzen wie Gewöhnliche Hainbuche (*Carpinus betulus*), Birke (*Betula* sp.) oder Echte Walnuss (*Juglans regia*) ein. Die seltenen Falter bilden eine Generation von Mai bis Juli. Lebensräume sind lichte Laub- und Laubmischwälder mit Hainbuchenanteil. Die Art ist in ganz Europa, jedoch vereinzelt zu finden.

Flugzeit	J	F	M	A	M	J	J	A	S	O	N	D
Raupen	J	F	M	A	M	J	J	A	S	O	N	D

Cydalima perspectalis (Buchsbaumzünsler)

Der Falter erreicht eine Flügelspannweite von etwa 40 bis 45 mm. Die weißen Vorderflügel glänzen seidig weiß und tragen einen breiten, ebenso glänzenden graubraunen Saum. Vereinzelt treten auch gänzlich braun gefärbte Exemplare mit einem weißen Fleck auf. Die Raupe lebt ab Ende März, Anfang April am Gewöhnlichen Buchsbaum (*Buxus sempervirens*), umgibt ihn mit einem Gespinst und verursacht oft Kahlfraß an den Blättern und frisst auch an der Borke der Zweige. Die letzte Raupengeneration spinnt

Flugzeit	J	F	M	A	M	J	J	A	S	O	N	D
Raupen	J	F	M	A	M	J	J	A	S	O	N	D

zur Überwinterung Kokons. In ihren bisherigen Verbreitungsgebieten bilden sie zwischen April witterungsabhängig zwei bis mehrere Generationen pro Jahr. Nachweise für den Einwanderer und Neubürger, der wahrscheinlich mit importiertem Buchsbaum eingeschleppt wurde, bestehen für Europa derzeit in Österreich, der Slowakei, Ungarn, Rumänien, der Schweiz, Frankreich, den Niederlanden, Belgien, Deutschland und Großbritannien.

Diasemia reticularis

Der Zünsler erreicht 18 bis 24 mm Flügelspannweite. Die Grundfärbung der Flügel ist olivgrünlich braun bis dunkelbraun mit Reihen von weißen Flecken und Binden. Die Raupe lebt von März bis April und in der zweiten Generation von Juni bis Juli am Boden an den verwelkten Blättern oder den unteren Blättern ihrer Futterpflanzen wie Wegerich (*Plantago* sp.),

Flugzeit	J	F	M	A	M	J	J	A	S	O	N	D
Raupen	J	F	M	A	M	J	J	A	S	O	N	D

Habichtskraut (*Hieracium* sp.) und Bitterkraut (*Picris* sp.). Die tagaktiven Falter erscheinen in zwei Generationen von Mai bis September und leben in lichten Wäldern auf Wiesen und Trockenrasen. *D. reticularis* ist europaweit verbreitet.

Nomophila noctuella (Wanderzünsler)

Die Spannweite beträgt 25 bis 33 mm. Die Färbung der Vorderflügel ist sehr variabel von gelblich braun bis bräunlich und dunkelgrau. Dunkelbraune Zeichnungselemente wie Ring- und Nierenmakel und gezackte Querlinien sind meist zu finden, können aber vereinzelt auch undeutlich sein oder gänzlich fehlen. Die Raupe nutzen zwischen Juni und Septem-

Flugzeit	J	F	M	A	M	J	J	A	S	O	N	D
Raupen	J	F	M	A	M	J	J	A	S	O	N	D

ber die untersten Blätter von Klee (*Trifolium* sp.), Heidelbeere (*Vaccinium* sp.), Knöterich (*Polygonum* sp.), Rispengras (*Poa* sp.) und anderen. Sie verpuppt sich am Boden in einem weißen Kokon aus Spinnseide. Ein Teil schlüpft und überwintert, andere überwintern als Puppe und schlüpfen erst im Frühjahr. Die Falter leben je nach Vorkommen von Ende Mai bis September, Oktober in lichten Wäldern, trockenen Wiesen, Feldern und Brachflächen. Der Wanderfalter fliegt jährlich aus dem südlichen Europa nach Nordeuropa.

Pleuroptya ruralis (Nesselzünsler)

Flugzeit	J	F	M	A	M	J	J	A	S	O	N	D
Raupen	J	F	M	A	M	J	J	A	S	O	N	D

Die Vorderflügel erreichen 32 bis 36 mm Spannweite. Sie sind wie die Hinterflügel glänzend weiß bis gelblich gefärbt und tragen drei wellenförmige Querlinien. Die Raupe lebt in zwei Generationen im Juni und wiederum im August in den zusammengerollten Blättern der Futterpflanzen, zu denen Arten wie Große Brennnessel (*Urtica dioica*), Melde (*Atriplex* sp.), Hopfen (*Humulus* sp.), Gänsefuß (*Chenopodium* sp.), Echtes Mädesüß (*Filipendula ulmaria*) und Spierstrauch (*Spiraea* sp.) gehören. Die Raupen der zweiten Generation überwintern und verpuppen sich im Juni des folgenden Jahres. Die Falter fliegen in zwei Generationen von Mai bis Juni und von Juli bis September. Zum Lebensraum der Nesselzünsler sind Laub- und Nadelwälder, Hecken, Gebüschbereiche und Gärten zu zählen. Die Verbreitung erstreckt sich auf ganz Europa.

Udea ferrugalis

Die 18 bis 22 mm Spannweite messenden Vorderflügel sind gelblich braun bis kastanienbraun gefärbt. Hinter der Mitte der Flügel zeigen sich eine manchmal kaum sichtbare dunkle Querlinie und zwei davor liegende, manch-

Flugzeit	J	F	M	A	M	J	J	A	S	O	N	D
Raupen	J	F	M	A	M	J	J	A	S	O	N	D

mal ebenso undeutliche Nierenmakel. Die Raupe ernährt sich zwischen Juli und Oktober von einer Reihe von Pflanzen wie Ziest (*Stachys* sp.), Gewöhnlichem Natternkopf (*Echium vulgare*), Ufer-Wolfstrapp (*Lycopus europaeus*), Kirsche (*Prunus* sp.), Walderdbeere (*Fragaria vesca*), Gewöhnlichem Wasserdost (*Eupatorium cannabinum*) und anderen. Sie überwintern als Puppen. Die dämmerungsaktiven Falter fliegen vom Frühjahr bis hauptsächlich in den Herbst je nach Vorkommen in mehreren Generationen. Sie leben in feuchten Habitaten wie Feuchtwiesen und feuchten Auwaldbereichen. Ihre Verbreitung beschränkt sich auf das mittlere und südliche Europa.

Udea fulvalis (Brombeerzünsler)

Die Spannweite der gelblich-orange, -braun oder -rot gefärbten Vorderflügel erreicht zwischen 24 und 29 mm. Die Zeichnungselemente bestehen aus einer geschwungenen hellen gelben neben einer dunkleren Linie um die Flügelbasis sowie je zwei mehr oder weniger klar erkennbaren, dunkel umrandeten Makeln sowie einer gezackten dunklen, ein gelbes Band

Flugzeit	J	F	M	A	M	J	J	A	S	O	N	D
Raupen	J	F	M	A	M	J	J	A	S	O	N	D

flankierenden Querlinie im hinteren Flügeldrittel. Die Raupen ernähren sich von Langzähniger Schwarznessel (*Ballota nigra*), Hartriegel (*Cornus* sp.), Lichtnelke (*Silene* sp.), Gewöhnlichem Wiesen-Bocksbart (*Tragopogon pratensis*), Katzenminze (*Nepeta* sp.), Wiesensalbei (*Salvia pratensis*), Taubnessel (*Lamium* sp.) und anderen. Je nach Standort fliegt *U. fulvalis* von Ende Mai bis August in einer lang gestreckten, möglicherweise auch zwei Generationen. Die Lebensräume bestehen aus Ruderalflächen, offenen Wiesenflächen, Magerrasen und auch Gärten. Mit Ausnahme des Nordens ist die Art in Europa verbreitet, aber stellenweise selten.

Udea lutealis

Die Falter erreichen eine Flügelspannweite von 23 bis 26 mm. Die Grundfarbe der Vorderflügel variiert zwischen weiß bis zu ockergelb. Die beiden

Flugzeit	J	F	M	A	M	**J**	**J**	**A**	**S**	O	N	D
Raupen	**J**	**F**	**M**	**A**	**M**	J	J	**A**	**S**	**O**	**N**	**D**

Ring- und Nierenflecken sind meist dunkler gefüllt, können aber auch der Vorderflügelfarbe angeglichen sein. Eine dunklere Querlinie im äußeren Bereich der Flügel ist wellenförmig und hat in der Mitte eine zungenförmige Ausbuchtung. Die Art ähnelt *U. decrepitalis,* ist aber heller und fliegt später als diese. Ab etwa August sind Raupen in einem Gespinst an der Blattunterseite ihrer Futterpflanzen wie z.B. Wegerich (*Plantago* sp.), Hahnenfuß (*Ranunculus* sp.), Ampfer (*Rumex* sp.), Huflattich (*Tussilago* sp.), Flockenblumen (*Centaurea* sp.), Disteln (*Carduus* sp.), Erdbeere (*Fragaria* sp.), Beifuß (*Artemisia* sp.) und anderen zu finden. Die Habitate sind meist feuchter geprägte Wiesen, Viehweiden, Waldränder, -lichtungen und -wege, Felsfluren und Brachflächen. Die Falter sind nachtaktiv und fliegen in einer Generation von Juni bis September. In Europa fehlt nur für Spanien, Portugal, die Mittelmeerinseln und Griechenland ein Nachweis der Verbreitung.

Überfamilie Drepanoidea

Cimeliidae

Die Familie besteht aus drei 23 bis 30 mm Spannweite messenden Arten in Europa. Es sind hellbraune bis rotviolette Falter, deren Vertreter *Axia margarita* und *A. napoleona* im südlichen Frankreich, Spanien und Korsika vorkommen, während *A. nesiota* auf den Inseln der Ägäis zu finden ist. Die Raupen leben an verschiedenen Wolfsmilch-Arten (*Euphorbia* sp.).

Drepanidae Familie Eulenspinner und Sichelflügler

In ganz Europa sind 21 Arten in den zwei äußerlich völlig verschiedenen Unterfamilien *Thyatirinae* (Eulenspinner) und *Drepaninae* (Sichelflügler) mit ihren geschwungenen Flügelformen bekannt. Die Falter haben als eines der gemeinsamen Merkmale den Bau der zur akustischen Wahrnehmung dienenden Tympanalorgane am Hinterleib.

Unterfamilie Drepaninae (Sichelflügler)

Cilix glaucata (Silberspinnerchen, Weißer Sichelflügler)

Die Flügelspannweite reicht von 18 bis 22 mm. Der kleinste Sichelflügler hat in Südeuropa nahe verwandten Arten, die schwer zu unterscheiden sind. Den Vertretern der Gattung *Cilix* fehlt die typische Flügelform. Die Vorderflügel sind weiß mit grauer Fleckenzeichnung am Saum und dunkelbraunen, ins Gelbe und Graue übergehenden Flecken in der Flügelmitte und darin einige silbrig schimmernde, namengebende Schuppenflächen. Die Imitation von Vogelkot dient der Tarnung. Die Raupen leben von Mai bis Juni und von August bis September an Weißdorn (*Crataegus* sp.) und Gewöhnlicher Schlehe (*Prunus spinosa*) sowie an anderen Sträuchern. Sie verpuppen sich in einem braunen Kokon an Blättern und Zweigen. Die nachtaktiven Falter bilden zwei bis drei Generationen von April bis September. Die Falter sind an sonnigen, warmen Waldrändern, -lichtungen und an Hecken, auf mit Gebüsch bestandenen Trockenrasen und auch in Parks

Flugzeit	J	F	M	A	M	J	J	A	S	O	N	D
Raupen	J	F	M	A	M	J	J	A	S	O	N	D

und Gärten zu finden. Ihre Verbreitung nach Norden reicht in Europa bis Irland, Dänemark und den Süden Schwedens.

Drepana falcataria (Heller Sichelflügler)

Die Flügelspannweite erreicht 27 bis 35 mm. Die stark geschwungenen, gelblich bis rötlich braunen Vorderflügel sind charakteristisch und tragen wellenförmige Linienmuster, mit einem schmalen braunen, zur Flügelspit-

Flugzeit	J	F	M	A	M	J	J	A	S	O	N	D
Raupen	J	F	M	A	M	J	J	A	S	O	N	D

ze laufenden Band und einem runden, dunklen Augenfleck. Bei dunkleren Exemplaren kann eine Verwechslung mit *D. curvatula* vorkommen, allerdings sind die Augenflecke deutlicher. Die Raupe lebt in zwei Generation von Ende Mai bis Ende Oktober und in warmen Jahren in einer dritten, unvollständigen an Hängebirke (*Betula pendula*), Schwarzerle (*Alnus glutinosa*) und anderen Laubbäumen. Die Raupen spinnen geknickte Blätter ihrer Futterpflanzen zum Schutz zusammen. Abhängig von klimatischen Bedingungen erscheinen die Falter in ein bis zwei Generationen von Ende April bis Mitte Juni und von Anfang Juli bis Ende August. Der Lebensraum sind lichte, feuchte Laub- und Erlenbruchwälder, Moore mit Birkenbeständen und auch Parks und Gärten. Die Verbreitung erstreckt sich auf Mittel- und Nordeuropa und reicht im Süden bis zu den Pyrenäen und der Mitte Italiens.

Falcaria lacertinaria (Birken-Sichelflügler)

Die Falter erreichen Flügelspannweiten von 27 bis 35 mm. Die Vorderflügel können dunkelbraun mit weißer Überstäubung oder einheitlich gelblich braun mit zwei parallelen, dunkelbraunen Querlinien gefärbt sein. Der Außenrand der Vorderflügel ist unregelmäßig gezackt. Die Raupen erscheinen im September und überwintern bis zur Verpuppung im Boden und in einer weiteren Generation im Juni des folgenden Jahres, die sich zur Verpuppung in die Blätter einspinnt. Sie fressen an den Blättern der Hängebirke (*Betula pendula*), Moor-Birke (*B. pubescens*) und der Schwarzerle (*Alnus glutinosa*). Die erste Generation der Falter lebt zwischen Ende April und Anfang Juni, die zweite von Juli bis Ende August. Ihre Habitate liegen

Flugzeit	J	F	M	A	M	J	J	A	S	O	N	D
Raupen	J	F	M	A	M	J	J	A	S	O	N	D

in Heiden und Mooren mit Birkenbewuchs und auch in Erlenbruchwäldern und Erlenbeständen feuchter Ausprägung. Die Verbreitung reicht in Europa bis in den hohen Norden.

Sabra harpagula (Linden-Sichelflügler)

Die Flügelspannweite erstreckt sich von 25 bis 35 mm. Auffällig sind die ausgeprägten Ausbuchtungen der gelbbraunen Vorderflügel, an denen

Flugzeit	J	F	M	A	M	J	J	A	S	O	N	D
Raupen	J	F	M	A	M	J	J	A	S	O	N	D

sich schwarze Zeichnungselemente befinden, und die goldgelben Flecken zwischen den beiden parallel verlaufenden, dunkleren Querlinien. Die Raupen ernähren sich in der ersten Generation von September bis Oktober und in der zweiten im Juli des darauf folgenden Jahres von Linden (*Tilia* sp.), Eichen (*Quercus* sp.), Erlen (*Alnus* sp.) und Birken (*Betula* sp.). Die Überwinterung findet im Puppenstadium statt. Die beiden Faltergenerationen erscheinen zwischen Anfang Mai und Juni und unvollständig im August. Ihr Lebensraum besteht aus Laubmischwäldern und Erlenbruchwäldern. Die Linden-Sichelflügler sind lokal in Mitteleuropa anzutreffen.
RL 2, **Naturschutzstatus:** 1

Watsonalla binaria (Eichen-Sichelspinner, Eichen-Sichelflügler, Zweipunkt-Sichelflügler)

Die Falter haben Flügelspannweiten zwischen 18 und 30 mm. Die Art ähnelt sehr dem Buchen-Sichelflügler (*W. cultraria*). Die Vorderflügel haben aber im Gegensatz zu dieser Art zwei hellere braune Querlinien auf dunkler braunem Untergrund und je zwei schwarze Doppelpunkte. Die Raupen erscheinen in zwei Generationen, zuerst im September und in der zweiten von Juni bis Juli des folgenden Jahres, und leben zwischen zusammengesponnenen Blättern von Stieleichen (*Quercus robur*), Traubeneichen (*Quercus petraea*) und vereinzelt auch auf Birken (*Betula* sp.), Buchen (*Fagus* sp.) und Erlen (*Alnus* sp.). Sie überwintern am Waldboden als Puppe in einem Kokon. Zwischen Mai bis Juni und Ende Juli bis August erscheinen zwei Generationen. Sie bevorzugen warme, trockene bis etwas feuchtere Laubmisch- und Eichen-Hainbuchenwälder sowie Auwälder in Flusstälern

Flugzeit	J	F	M	A	M	J	J	A	S	O	N	D
Raupen	J	F	M	A	M	J	J	A	S	O	N	D

als Lebensraum. Die Verbreitung beschränkt sich auf das südliche und mittlere Europa.

Lasiocampidae Familie Glucken

Die 45 europäischen Arten werden in die drei Unterfamilien *Poecilocampinae, Lasiocampina* und *Pinarinae* unterteilt. Sie sind äußerlich sehr unterschiedlich, auch die Geschlechter unterscheiden sich in der Regel in Größe und Aussehen. Am Nacken befindet sich bei allen Arten ein pelziger Schopf.

Unterfamilie Chondrosteginae

Unterfamilie Lasiocampinae

Lasiocampa quercus (Eichenspinner)

Die Flügelspannweite reicht von 45 bis 75 mm. Die Vorderflügel sind variabel dunkel- bis rotbraun gefärbt und tragen einen weißen Fleck sowie eine gelbe Querbinde, die auch auf den Hinterflügeln zu finden ist. Die Weibchen sind heller und größer als die Männchen. Die Raupen ernähren sich von August mit Überwinterung bis in den Mai des folgenden Jahres von verschiedenen Sträuchern wie Gewöhnlicher Schlehe (*Prunus spinosa*), Besenginster (*Cytisus scoparius*), Besenheide (*Calluna vulgaris*), Brombeere (*Rubus* sect. *Rubus*), Blaubeere (*Vaccinium myrtillus*), Rauschbeere (*Vaccinium uliginosum*) und Weiden (*Salix* sp.). Sie verpuppen sich ab Ende Mai bis Anfang Juni am Boden in einem Kokon und können auch zwei Jahre zur

Flugzeit	J	F	M	A	M	J	J	A	S	O	N	D
Raupen	J	F	M	A	M	J	J	A	S	O	N	D

Entwicklung benötigen. Die Falter fliegen in einer Generation von Ende Juni bis Mitte August und leben in lichten Wäldern und Moorbereichen. Die Falter sind eher selten. Sie kommen mit Ausnahme des hohen Nordens und Teilen des Mittelmeergebietes in ganz Europa vor.
RL V, **Naturschutzstatus:** 1

Lasiocampa trifolii (Kleespinner)

Die Falter erreichen eine Flügelspannweite von 34 bis 67 mm. Die Färbung der Vorderflügel variiert von rotbraun bis ockerfarben. Die Männchen tragen eine gelbe, gewellte Querlinie und einen weißen, dunkel umrandeten

Fleck. Die Raupen können überwintern, meist schlüpfen sie jedoch im Frühjahr aus den Eiern, man findet sie dann im Mai und Juni an einer ganzen Reihe von Pflanzen wie Wiesen-Platterbse (*Lathyrus pratensis*), Dorniger Hauhechel (*Ononis spinosa*), Sichelklee (*Medicago falcata*), Weißklee (*Trifolium repens*), Futter-Esparsette (*Onobrychis viciifolia*), Besenginster (*Cytisus scoparius*), Besenheide (*Calluna vulgaris*) und auch einer Reihe von Gräsern wie z. B. Blauem Pfeifengras (*Molinia caerulea*). Die Falter fliegen in einer Generation von Juli bis Anfang September in Trockenrasen, Klee- und Luzernefeldern und auf Weiden. Die weit verbreitete Art geht in ihren

Flugzeit	J	F	M	A	M	J	J	A	S	O	N	D
Raupen	J	F	M	A	M	J	J	A	S	O	N	D

Beständen zurück und kommt außer im hohen Norden und dem nördlichen Teilen Großbritanniens in ganz Europa vor.

Macrothylacia rubi (Brombeerspinner)

Die Flügelspannweite beträgt 38 bis 68 mm. Die Vorderflügel sind beim Männchen gelbbraun, graubraun oder rotbraun mit zwei gelben Querlinien. Die Hinterflügel sind ohne Zeichnung. Die ab Juni erscheinende Raupe er-

Flugzeit	J	F	M	A	M	J	J	A	S	O	N	D
Raupen	J	F	M	A	M	J	J	A	S	O	N	D

nährt sich von einer Vielfalt von Pflanzen und Sträuchern wie Gewöhnlicher Schlehe *(Prunus spinosa)*, Gewöhnlichem Sonnenröschen *(Helianthemum nummularium)*, Kleinem Wiesenknopf (*Sanguisorba minor*) und Himbeere (*Rubus idaeus*). Sie überwintern zum Ende des Sommers und verpuppen sich ab Mai des folgenden Jahres. Die Falter bilden eine Generation und haben eine Flugzeit zwischen Anfang Mai bis Mitte Juli. Während die Weibchen nachtaktiv sind, leben die Männchen tag- und dämmerungsaktiv. *M. rubi* lebt sowohl auf Trockenrasen, an Wegböschungen, auf Wiesen, Weiden, an Waldrändern, Waldlichtungen und Dämmen als auch in Mooren. In Europa lassen sich die Falter bis auf den hohen Norden und Teilen des Mittelmeergebietes überall finden.

Malacosoma alpicola (Alpen-Ringelspinner)

Die Flügel erreichen eine Spannweite von 18 bis 34 mm. Die Vorderflügel sind bei den Männchen dunkelbraun mit zwei gelben, überstäubt wirkenden Querbinden. Bei den größeren Weibchen sind die Flügel rotbraun und die beiden Querlinien nur schwach erkennbar. Die Raupen sind ab Mai oft in größeren Mengen an ihren Futterpflanzen wie z. B. Alpen-Frauenmantel (*Alchemilla alpina*), Storchschnabel (*Geranium* sp.), Gold-Fingerkraut (*Potentilla aurea*) und weiteren Arten zu finden. Von Juni bis Ende August erscheinen die Falter in einer Generation. Ihre Lebensräume besteht aus Bergwiesen, alpinen Matten, Weiden, Magerrasen mit Felsbereichen und Hochstaudenfluren in Gebirgen oberhalb der Baumgrenze ab Höhen von

Flugzeit	J	F	M	A	M	J	J	A	S	O	N	D
Raupen	J	F	M	A	M	J	J	A	S	O	N	D

über 1000 m. Sie leben daher in Europa nur in den Gebirgen Spaniens, Südfrankreichs und des Balkans sowie in den Alpen.

Malacosoma castrensis (Wolfsmilch-Ringelspinner)

Die Art erreicht Flügelspannweiten von 24 bis 42 mm. Die Flügel sind bei den Männchen hell gelblich braun mit braunen Bändern, beim Weibchen rötlich braun mit gelblich braunen Bändern und Flecken gefärbt. Die Füh-

Flugzeit	J	F	M	A	M	J	J	A	S	O	N	D
Raupen	J	F	M	A	M	J	J	A	S	O	N	D

ler der Männchen sind gefiedert. Die Raupen schlüpfen ab Ende April und leben zum Schutz in größeren Gespinsten vergesellschaftet am Boden und wandern zu ihren Futterpflanzen, bevorzugt der Zypressen-Wolfsmilch (*Euphorbia cyparissias*) und auch Wiesen-Flockenblume (*Centaurea jacea*), Kleinem Wiesenknopf (*Sanguisorba minor*) und anderen. Sie verpuppen sich ab Mitte Juni und schlüpfen ab Ende Juni. Die einzige Generation im Jahr fliegt bis Mitte August. Die Habitate bestehen aus größeren, warmen, besonnten Magerrasen- oder Heideflächen. Die Falter sind mittlerweile

selten geworden. Sie fehlen in Europa im westlichen Frankreich, im Mittelmeergebiet und dem hohen Norden und sind nur sehr vereinzelt in Großbritannien zu finden.
RL 3, **Naturschutzstatus:** 1

Malacosoma neustria (Ringelspinner)

Die Falter erreichen eine Flügelspannweite von 25 bis 40 mm. Die variable Färbung reicht von hellgelbbraun, rotbraun bis dunkelbraun, mit einem

Flugzeit	J	F	M	A	M	J	J	A	S	O	N	D
Raupen	J	F	M	A	M	J	J	A	S	O	N	D

dunkleren, mittigen Querband, das von hellen oder dunklen Linien begrenzt wird. Die Raupen leben von Ende April bis zur Verpuppung Anfang Juni an einer Vielfalt von Pflanzen. Sie ernähren sich bevorzugt von Arten wie Gewöhnlicher Hainbuche (*Carpinus betulus*), Gewöhnlicher Schlehe (*Prunus spinosa*), Salweide (*Salix caprea*), Stieleiche (*Quercus robur*), Apfel (*Malus domestica*), Birne (*Pyrus communis*), Eingriffeligem Weißdorn (*Crataegus monogyna*) und anderen. Die Imagines bilden eine Generation von Ende Juni bis August und sind in ihren Beständen überall zurückgegangen. Sie nutzen Waldränder, Lichtungen, Hecken, Gebüsche, Streuobstwiesen und Parks als Lebensräume. Die Verbreitung erstreckt sich auf ganz Europa mit Ausnahme des hohen Nordens.

Unterfamilie Pinarinae

Dendrolimus pini (Kiefernspinner)

Die Flügelspannweite erreicht 50 bis 80 mm, wobei die Männchen kleiner sind. Die Vorderflügel variieren von hellgrau bis rotbraun mit drei mehr oder weniger deutlichen dunklen, gewellten Querlinien, einem hellbraunen Band und je einem weißen Punkt. Die Raupe frisst von Mitte September bis zur Überwinterung am Boden an den Nadeln von verschiedenen Kiefernarten (*Pinus* sp.), Rotfichten (*Picea abies*) und auch Weißtanne (*Abies alba*). Sie überwintern in der Nadelstreu und verpuppen sich im Juni des folgenden Jahres zwischen Nadeln ihrer Futterpflanzen. Die Falter fliegen in einer Generation von Ende Mai bis August in Kiefernwäldern und anderen Nadelwäldern. Kiefernspinner kommen mit Ausnahme von Teilen

Flugzeit	J	F	M	A	M	J	J	A	S	O	N	D
Raupen	J	F	M	A	M	J	J	A	S	O	N	D

der Iberischen Halbinsel, dem hohen Norden und Großbritannien in fast ganz Europa vor.

Euthrix potatoria (Grasglucke, Trinkerin)

Die Flügelspannweite beträgt 40 bis 65 mm. Die Falter sind sehr variabel in der Grundfärbung, gelbbraun bis rotbraun, bei Weibchen oft dunkler, mit zwei dunkleren Querlinien und zwei weißen Flecken. Die Raupen ernähren sich ab August bis zur Überwinterung von Gräsern wie Schilfrohr (*Phragmites australis*), Blauem Pfeifengras (*Molinia caerulea*), Rohrglanzgras

Flugzeit	J	F	M	A	M	J	J	A	S	O	N	D
Raupen	J	F	M	A	M	J	J	A	S	O	N	D

(*Phalaris arundinacea*) und weiteren. Ihr deutscher Name stammt daher, dass sie regelmäßig Wassertropfen aufnehmen. Sie verpuppen sich im Juni des folgenden Jahres in einem mit Borsten bedeckten Kokon im Gras. Die dämmerungs- und nachtaktiven Falter fliegen in einer Generation von Juni bis Ende August in lichten Wäldern, Schilfbereichen und Feuchtwiesen. Die häufige Art ist bis auf den hohen Norden und den Mittelmeerraum in ganz Europa verbreitet.

Gastropacha quercifolia (Kupferglucke)

Die Falter erreichen eine Flügelspannweite von 52 bis 65 mm. Die Grundfärbung ist dunkelbraun, graubraun bis rotbraun. Die Vorderflügel sind an den Rändern stark gezackt mit dunklen Wellenlinien quer zur bräunlich sich abhebenden Längsaderung. Die Raupen können von Mitte März bis Anfang Juni an Laubhölzern wie Gewöhnlicher Schlehe (*Prunus spinosa*), Apfelbaum (*Malus* sp.), Birne (*Pyrus* sp.), Eingriffeligem Weißdorn (*Crataegus monogyna*), Gewöhnlicher Eberesche (*Sorbus aucuparia*), Faulbaum (*Frangula alnus*) und anderen gefunden werden. Sie überwintern und verpuppen sich in einem Gespinst im Mai oder Juni des darauf folgenden Jahres an den Futterpflanzen. Die Falter leben in einer Generation zwischen

Flugzeit	J	F	M	A	M	J	J	A	S	O	N	D
Raupen	J	F	M	A	M	J	J	A	S	O	N	D

Mitte Juni und Mitte August, in warmen Regionen auch bis Mitte September. Ihre Lebensräume bestehen aus lockeren, lichten Laubwäldern, Auwäldern, Streuobstwiesen, verbuschten Trockenrasen und Feldhecken. Die Tiere sind in weiten Teilen Europas außer auf der Iberischen Halbinsel, im Nordosten Großbritanniens und im hohen Norden vereinzelt zu finden.
RL 3, **Naturschutzstatus:** 1

Odonestis pruni (Pflaumenglucke, Feuerglucke)

Die Vorderflügel haben Spannweiten zwischen 35 und 50 mm. Die Färbung der Flügel reicht von rotbraunen bis orangen Farbtönen. Zwei geschwungene Querlinien laufen von außen nach innen aufeinander zu und schließen einen weißen Mittelfleck ein. Beim Männchen sind die Fühler kammartig gezähnt. Die Raupen leben ab August bis zur Überwinterung und im folgenden Jahr bis zur Verpuppung im Juni an den Blättern vieler Arten von Gehölzen wie z. B. Pflaumen und Kirschen (*Prunus* sp.), Birnen (*Pyrus* sp.), Gewöhnliche Schlehe (*Prunus spinosa*), Eichen (*Quercus* sp.), Birken (*Betula* sp.), Erlen (*Alnus* sp.), Hasel (*Corylus* sp.), Linden sp.) und Salweiden (*Salix caprea*). Je nach Vorkommen erscheint im Norden eine Generation der nachtaktiven Falter von Mitte Juni bis Anfang August. Im warmen europäischen Süden sind meist zwei Generationen von Mai bis Juni und von August bis September zu finden. Die Falter siedeln an sonnigen Hängen, Waldrändern, Hecken, in Streuobstwiesen und Gärten. Die Glucke ist in Europa weit verbreitet, fehlt aber im Norden.
RL 2

Flugzeit	J	F	M	A	M	J	J	A	S	O	N	D
Raupen	J	F	M	A	M	J	J	A	S	O	N	D

Phyllodesma tremulifolia (Kleine Eichenglucke)

Die Flügelspannweite liegt bei 27 bis 42 mm. Die Färbung der Vorderflügel ist rötlich braun mit hellgrauer, fleckenartiger Überstäubung und unterbrochener, schwarzer Bänderzeichnung. Die Flügeladern treten heller hervor. Die Flügel haben eine dreieckig dachartige Form und sind an den Säumen gewellt. Die Raupe lebt von Mai bis zur Verpuppung etwa Ende Juli von den Blättern verschiedener Laubgehölze wie Rotbuche (*Fagus sylvatica*), Zitterpappel (*Populus tremula*), Salweide (*Salix caprea*), Gewöhnlicher Esche (*Fraxinus excelsior*), Hängebirke (*Betula pendula*) und Eichenarten (*Quer-*

Flugzeit	J	F	M	A	M	J	J	A	S	O	N	D
Raupen	J	F	M	A	M	J	J	A	S	O	N	D

cus sp.). Der nachtaktive Falter schlüpft nach der Überwinterung im Frühjahr des nächsten Jahres ab Ende April und fliegt in nördlichen Regionen in einer Generation bis Anfang Juni. In Südeuropa erscheint eine zweite Generation von Juli bis August. Der Lebensraum umfasst lichte und warme Laubwälder mit Eichenanteil bzw. Eichenwälder und ehemalige Hutweiden mit alten Eichen. Die Verbreitung erstreckte sich auf die wärmeren Regionen, während sie nach Norden seltener werden und in Skandinavien, Großbritannien und an der westlichen Atlantikküste fehlen.
RL 2, **Naturschutzstatus:** 1

Unterfamilie Poecilocampinae

Poecilocampa populi (Kleine Pappelglucke)

Die Flügelspannweite liegt bei 30 bis 45 mm. Die Vorderflügel sind dunkelbraun, rötlich braun bis fast schwarz mit zwei hellgelben, gewellten Querlinien. Der Flügelsaum ist bräunlich gezähnt und der Körper stark behaart. Die Falter ähneln *P. alpina*, wobei deren Artstatus umstritten ist. Die kleineren Männchen sind an den gekämmten Fühlern erkennbar. Die Raupen fressen von April bis Juni an den Blättern verschiedener Laubgehölze wie Pappeln (*Populus* sp.), Hängebirke (*Betula pendula*), Weiden (*Salix* sp.), Rotbuche (*Fagus sylvatica*), Gewöhnlicher Hasel (*Corylus avellana*), Schwarz-Erle (*Alnus glutinosa*), Gewöhnlicher Schlehe (*Prunus spinosa*), Stieleiche (*Quercus robur*), Sommer-Linde (*Tilia platyphyllos*), Apfelbaum (*Malus domestica*), Gewöhnlicher Esche (*Fraxinus excelsior*) und anderen. Ab Ende Mai verpuppen sie sich im Boden, schlüpfen aber sehr spät ab

Flugzeit	J	F	M	A	M	J	J	A	S	O	N	D
Raupen	J	F	M	A	M	J	J	A	S	O	N	D

Oktober und bilden die einzige Generation im Jahr bis Ende November. Sie bewohnen lichte Laubmischwälder, Auwälder, Wald- und Wegränder, die von Gebüschen gesäumt werden, Parks und Gärten. Die Glucke kommt in Europa mit Ausnahme des hohen Nordens und des Mittelmeerraumes überall in geeigneten Biotopen vor.

Trichiura crataegi (Weißdornspinner)

Die Tiere besitzen Flügelspannweiten von 25 bis 36 mm, wobei die Männchen kleiner sind als die Weibchen. Die Vorderflügel variieren zwischen

Flugzeit	J	F	M	A	M	J	J	A	S	O	N	D
Raupen	J	F	M	A	M	J	J	A	S	O	N	D

grauweiß bis graubraun mit einem dunklen, breiten Mittelband. Der Flügelsaum zeigt eine mehr oder weniger deutliche, dunkle Zackenlinie. Weibchen sind kontrastärmer gezeichnet. Die Hinterflügel besitzen nur eine etwas undeutlichere Querlinie. Die Raupen fressen von Mai bis zur Verpuppung ab Juli an den Blättern verschiedener Laubgehölze, bevorzugt Gewöhnlicher Schlehe (*Prunus spinosa*), Weißdorn (*Crataegus* sp.), Birke (*Betula* sp.), Weide (*Salix* sp.), Eiche (*Quercus* sp.) und Hasel (*Corylus* sp.). Die Puppen können oft zweimal überwintern. Die Art erscheint von August bis Oktober in einer Generation im Jahr. Sie bewohnen warme Waldränder, lichte Laubwälder und werden bis in Höhen von 2600 m angetroffen. Die Verbreitung dieser Art erstreckt sich auf ganz Europa.
RL 3, **Naturschutzstatus:** 1

Unterfamilie Thyatirinae

Habrosyne pyritoides (Achatspinner, Achat-Eulenspinner)

Die Falter erreichen eine Flügelspannweite von 35 bis 40 mm. Die Vorderflügel zeigen ein sehr markantes Muster aus weiß umrandeten, rötlich-braunen Wellenlinien und einem weißen Dreieck, welches einen rotbraunen Fleck umfängt. Die Hinterflügel sind graubraun. Die Raupe lebt von Ende Juli bis Anfang September an Blättern von Brombeeren (*Rubus* sect. *Rubus*), Himbeeren (*Rubus idaeus*), Kratzbeeren (*Rubus caesius*),

Flugzeit	J	F	M	A	M	J	J	A	S	O	N	D
Raupen	J	F	M	A	M	J	J	A	S	O	N	D

Haseln (*Corylus* sp.) und Weißdornen (*Crataegus* sp.). Sie überwintern zwischen zusammengesponnenen Blättern und verpuppen sich in einem Gespinst. Die nachtaktiven Falter erscheinen in einer Generation von Anfang Mai bis Ende August und bilden selten eine partielle, zweite Generation von August bis Anfang Oktober. Sie leben an Rändern und auf Lichtungen von Laub- und Nadelwäldern, an gebüschreichen Dämmen, auf Ruderalflächen und auch in Gärten und Parks. Die Tiere kommen in weiten Teilen Europas, außer im hohen Norden und in Teilen des Mittelmeergebietes, vor.

Ochropacha duplaris (Zweipunkt-Eulenspinner)

Die Flügelspannweite beträgt 26 bis 34 mm. Die grauen Vorderflügel tragen zwei schwarze Punkte und undeutliche Querbinden. Sie ähneln dem

Flugzeit	J	F	M	A	M	J	J	A	S	O	N	D
Raupen	J	F	M	A	M	J	J	A	S	O	N	D

kleineren Birken-Eulenspinner (*Tetheella fluctuosa*). Die Raupen leben von Juni bis September zwischen zusammengesponnenen Blättern ihrer Futterpflanzen wie Schwarzerle (*Alnus glutinosa*), Grauerle (*Alnus incana*), Birke (*Betula* sp.) und Pappel (*Populus* sp.). Die Puppe überwintert. Je nach Lage und klimatischen Bedingungen erscheinen zwei Generationen von Ende April bis Mitte Juni und Ende Juli Anfang September oder nur eine von Juni bis August. *O. duplaris* lebt in Wäldern, Auen, Bachtälern und Mooren. Die Verbreitung reicht über nahezu ganz Europa mit Ausnahme des äußersten Südens.

Tethea ocularis (Augen-Eulenspinner)

Die Spannweite der Vorderflügel reicht von 32 bis 38 mm. Die Vorderflügel sind braungrau, mit einem durch je zwei schwarze Querlinien an jeder Seite

Flugzeit	J	F	M	A	M	J	J	A	S	O	N	D
Raupen	J	F	M	A	M	J	J	A	S	O	N	D

begrenztem, hellerem Querband, in dem zwei hellgraue bis weiße Ringmakel liegen. Die Hinterflügel sind grau gefärbt, mit dunkleren Querbinden. Die Raupe lebt von Ende Mai bis September in zum Schutz beim Fressen zusammengesponnenen Blättern der Zitterpappel (*Populus tremula*) und anderen Pappelarten. Die beiden nachtaktiven Faltergenerationen überschneiden sich zwischen Mai und August. Der Lebensraum erstreckt sich auf warme und feuchte Laub- und Auwälder in Flusstälern und auch Parks mit Pappelbeständen. Die Art lebt verbreitet in Süd- und Mitteleuropa und fehlt in Großbritannien und im Norden von Skandinavien.

Thyatira batis (Roseneule, Rosen-Eulenspinner)

Die Flügelspannweite reicht von 31 bis 37 mm. Die Vorderflügel sind graubraun mit je fünf, teils weiß umrandeten rosa oder braun gefüllten Flecken. Die Hinterflügel sind hellbraun und werden zum unteren Rand hin dunkler. Die Raupen der beiden Generationen leben von Mitte Mai bis Mitte Oktober an Brombeere (*Rubus* sect. *Rubus*), Himbeere (*Rubus idaeus*) und auch Johannisbeere (*Ribes* sp.). Sie verpuppen sich zur Überwinterung. Pro Jahr erscheinen zwei nicht klar zu trennende Generationen von Ende April bis Ende August. Sie leben an Waldrändern und -lichtungen mit Brombeerbe-

Flugzeit	J	F	M	A	M	J	J	A	S	O	N	D
Raupen	J	F	M	A	M	J	J	A	S	O	N	D

stand und auch in Gärten und Parks. Die Falter sind in fast ganz Europa bis auf den hohen Norden zu finden.

Überfamilie Bombycoidea

Brahmaeidae Familie Wiesenspinner und Brahmaspinner

Die sieben europäischen Arten werden in die Unterfamilien *Lemoniinae*, die Wiesenspinner, und *Brahmaeinae* mit einem Vertreter, dem Brahmaspinner, eingeteilt. Die *Lemoniinae* haben keinen Saugrüssel. Sie überwintern im Eistadium, die Raupen leben an verschiedenen Kräutern und verpuppen sich in einer Erdhöhle. Sie erscheinen als Falter relativ spät im Jahr ab dem Spätsommer und Herbst und sind durch Lebensraumverlust und intensive Landwirtschaft höchst bedroht. Der plump wirkende *Brahmaea europaea*, der Europäische Brahmaspinner, kommt nur im Süden Italiens vor.

Lemonia taraxaci (Löwenzahnspinner)

Die Falter erreichen Flügelspannweiten beginnend mit den kleineren Männchen bei 45 bis zu 65 mm bei den größeren Weibchen. Die Behaarung ist an Kopf und Brust dicht rötlich braun bis gelbbraun. Die hellgelben Flügel tragen in der Mitte je einen schwarzen Punkt. Die langen Fühler der Männchen sind breit gekämmt. Die Raupe ernährt sich zwischen Anfang Mai und Ende Juni von den Blättern von Löwenzahn (*Taraxacum* sp.), Habichtskraut

Flugzeit	J	F	M	A	M	J	J	**A**	**S**	**O**	N	D
Raupen	J	F	M	**A**	**M**	J	J	A	S	O	N	D

(*Hieracium* sp.) und weiteren Arten. Sie verpuppen sich schon ab Ende Mai und Juni. Der vorwiegend nachtaktive Falter erscheint in einer Generation ab August, ist aber sehr kurzlebig, da er mit dem verkümmerten Rüssel keine Nahrung aufnehmen kann. Vereinzelte Exemplare treten noch bis Oktober auf. Ihre bei uns bedrohten Lebensräume sind trockene bis leicht feuchte, sonnige Magerwiesen, extensiv genutzte Glatthaferwiesen und Hänge bis in 1500 m Höhe. Die Verbreitung beschränkt sich auf das südliche Mitteleuropa und das südliche und südöstliche Europa.
RL 1, **Naturschutzstatus:** 1

Endromidae Familie Birkenspinner

Die Familie ist weltweit sehr klein und besteht nur aus einer Art in Europa. Sie besitzen keinen Saugrüssel.

Endromis versicolora (Birkenspinner)

Die Flügelspannweite reicht von 55 mm bei den kleineren Männchen bis 92 mm bei den Weibchen. Die Vorderflügel tragen ein lebhaftes Zeichnungsmuster aus rötlich braunen und weißen Elementen, Bändern und schwarzen Querlinien, Bogen und Winkellinien. Die Fühler sind beim Männchen breiter doppelt gekämmt. Die Raupen leben anfangs, ab Ende April, gemeinschaftlich bevorzugt an den Blättern von Birken (*Betula* sp.), nur selten auch an Linden (*Tilia* sp.) oder Ulmengewächsen (*Ulmus* sp.).

Flugzeit	J	F	M	A	M	J	J	A	S	O	N	D
Raupen	J	F	M	A	M	J	J	A	S	O	N	D

Sie verpuppen sich im Juni in einem Kokon am Boden oder in der Vegetation. Die Falter erscheinen in einer Generation. Die Weibchen sind nachtaktiv, die Männchen tagaktiv von März bis spätestens Anfang Mai. Sie leben in Laub- und Mischwäldern sowie Moorbereichen und haben in ihren Beständen abgenommen. Sie sind in ganz Europa aber nur lokal verbreitet.
RL V, **Naturschutzstatus:** 1

Saturniidae Familie Pfauenspinner

In Europa findet man 10 Arten der Familie. Sie sind meist bunt und tragen jeweils zur Abschreckung von Fressfeinden einen Augenfleck auf den Flügeln. Die Männchen tragen in der Regel auffällig große Fühler, um die Pheromone der Weibchen aufspüren zu können und diese so aufzufinden.

Unterfamilie Agliinae

Aglia tau (Nagelfleck)

Die Spannweite erreicht mit ausgestreckten Vorderflügeln 55 bis 85 mm. Der Falter ist ockergelb bis braun mit einer dunklen Binde am Flügelsaum und einem blauen, schwarz umrandeten Augenfleck, der in der Mitte einen weißen, einem Nagel ähnelnden Fleck trägt. Die Männchen führen auffällige, bodennahe Suchflüge nach Weibchen aus. Die Raupe nutzt zwischen

Flugzeit	J	F	**M**	**A**	**M**	**J**	J	A	S	O	N	D
Raupen	J	F	M	A	**M**	**J**	**J**	**A**	S	O	N	D

Ende Mai bis August hauptsächlich die Rotbuche (*Fagus sylvatica*) als Raupenfutter, vereinzelt auch Eiche (*Quercus* sp.), Weide (*Salix* sp.) und andere Laubgehölze. Die Flugzeit beginnt mit dem ersten austreibenden Buchenlaub, in einer Generation von Ende März bis Anfang Juni. Die Falter leben bevorzugt in Buchenwäldern und anderen Laubwäldern mit Buchenanteilen vom Flachland bis über 1000 m Höhe. Sie besiedeln Europa in der gemäßigten Zone, den nördlichen Teil der Iberischen Halbinsel, ohne die Britischen Inseln, das nördliche Fennoskandinavien und den größten Teil des Mittelmeerraumes.

Unterfamilie Saturniinae

Antheraea pernyi (Chinesischer Eichenseidenspinner)

Die Spannweite der Vorderflügel erreicht zwischen 110 und über 150 mm. Die gelb- oder rotbraunen Flügel tragen je einen Augenfleck, der auf den Hinterflügeln im Unterschied zum Japanischen Eichenseidenspinner *A. yamamai* keinen länglichen schwarzen Fleck am äußeren Rand der Au-

Flugzeit	J	F	M	A	M	J	J	A	S	O	N	D
Raupen	J	F	M	A	M	J	J	A	S	O	N	D

genflecken hat und daher nicht zu verwechseln ist. Die Raupe lebt in den Sommermonaten bis zur Verpuppung im Herbst an verschiedenen Eichenarten (*Quercus* sp.), Birken (*Betula* sp.), Esskastanie (*Castanea sativa*), Rotbuchen (*Fagus sylvatica*) und vielen anderen Baum- und Straucharten. Die Falter fliegen pro Jahr in ihren Verbreitungsgebieten in zwei nicht klar zu trennenden Generationen von Mai bis in den August. Die Raupe verpuppt sich und spinnt sich zwischen Eichenblättern ein. Als Lebensraum werden Eichen- und Mischwälder mit Eichenanteil genutzt. Die Art wurde zur Seidenzucht in Europa eingeführt, hat sich aber nur in Nordosten Spaniens und den Balearen etablieren können.

Antheraea yamamai (Japanischer Eichenseidenspinner)

Der Falter gehört mit 110 bis 160 mm Vorderflügelspannweite zu den größten in Europa anzutreffenden Schmetterlingen. Das Männchen ist gelbbraun und hat einen dunkleren Saum, der durch eine schmale schwarz-weiße Linie begrenzt wird. Auf Vorder- und Hinterflügeln sitzt ein auffälliger Augenfleck. Die Fühler sind bei den Männchen stark gefiedert, beim Weibchen nur gezähnt. Die Weibchen sind mehr gelb gefärbt. Es können aber auch bei beiden Geschlechtern graubraune, rotbraune oder dunkelbraune Exemplare auftreten. In Europa tritt nur der im Nordosten Spaniens und auf Mallorca eingebürgerte Chinesische Eichenseidenspinner (*A. pernyi*) als ähnliche Art auf. Die Raupen leben nach dem Schlupf von Ende April bis zur Verpuppung ab Juni an verschiedenen Eichenarten (*Quercus* sp.). Die Falter fliegen in einer Generation von August bis Anfang Oktober im Flachlandbereich. In Europa besiedeln sie Eichen- und Mischwälder mit Eichen-

Flugzeit	J	F	M	A	M	J	J	A	S	O	N	D
Raupen	J	F	M	A	M	J	J	A	S	O	N	D

anteil. Die Falter wurden im 19. Jahrhundert zur Seidenzucht eingeführt und entkamen in Slowenien erstmals, wo sie sich erfolgreich ansiedeln konnten. Mittlerweile gibt es Nachweise aus Kroatien, Bosnien, Serbien, Nordost-Italien, Süd- und Ost-Österreich, Tschechien, Ungarn, Rumänien und in jüngster Zeit auch in Bayern an der Donau bei Deggendorf.

Graellsia (Actias) isabellae (Isabellaspinner)

Die Vorderflügel dieses großen Falters erreichen 68 bis 92 mm Spannweite. Die Flügel sind grünlich-gelb und haben rotbraune Flügelsäume und Adern. An den Flügelaußenrändern laufen parallel am Vorderflügel je eine,

Flugzeit	J	F	**M**	**A**	**M**	**J**	**J**	A	S	O	N	D
Raupen	J	F	M	A	**M**	**J**	**J**	**A**	S	O	N	D

am Hinterflügel je zwei schmale schwarze Binden. Hinzu kommt auf jedem Flügel ein schwarz umrandeter, mit einem roten, hellblauen und gelben Ring gefüllter Augenfleck. Die Merkmale und die auffallenden Schwänze an den Hinterflügeln sind eindeutige Bestimmungsmerkmale. Die Raupen leben von Ende Mai bis Anfang August an Waldkiefer (*Pinus sylvestris*) und Korsischer Kiefer (*Pinus nigra* ssp. *laricio*). Die Raupe verpuppt sich am Boden in einem mit eingesponnenen Kiefernnadeln durchsetzten Kokon. Die Imagines fliegen ab Ende März bis Anfang Juli in Gebirgslagen zwischen 1000 und 1800 m. Die Habitate sind meist sonnige, nicht zu trockene Kiefern- und Pinienwälder. Isabellenspinner sind nur sehr lokal in Europa endemisch im Südwesten, in Spanien in Andalusien, den Pyrenäen in Südfrankreich im Schweizer Wallis und möglicherweise im Nordwesten Italiens verbreitet.

Saturnia pavonia (Kleines Nachtpfauenauge)

Die Spannweite der Vorderflügel erreicht 60 bis 85 mm. Die Grundfarbe der Vorderflügel ist beim Männchen graubraun bis rotbraun mit weißen Flecken auf Vorder- und Hinterflügeln, von denen je ein Augenfleck umschlossen wird. Außerdem ziehen sich eine bis zwei helle, dunkel gesäumte Linien quer über Vorder- und Hinterflügel. Die Männchen haben gelbe Hinterflügel und sind kleiner als die Weibchen. Die Raupe nutzt zwischen Mai und bis zur Verpuppung ab Ende August eine Reihe von Pflanzen wie Gewöhnlicher Schlehe (*Prunus spinosa*), Weide (*Salix* sp.), Brombeere (*Rubus* sect. *Rubus*), Echtem Mädesüß (*Filipendula ulmaria*), Besenheide (*Calluna vulgaris*) und anderen. Die Imagines fliegen in einer Generation von Mitte März bis Mitte Mai von der Ebene bis ins Bergland auf 1900 m Höhe. Der Falter lebt auf Trockenrasen, in Heiden, Moorheiden, Feuchtwiesen, in Hoch- und Niedermooren und lichten Nadel- und Laubmischwäldern. Die Partnerfindung durch Pheromone des Weibchens ist für das Männchen

Flugzeit	J	F	M	A	M	J	J	A	S	O	N	D
Raupen	J	F	M	A	M	J	J	A	S	O	N	D

über weite Strecken (mehrere Kilometer) oft sicher möglich. Das Kleine Nachtpfauenauge ist über ganz Europa verbreitet.

Saturnia pyri (Großes (Wiener) Nachtpfauenauge)

Mit einer Flügelspannweite von bis über 150 mm ist dies der größte Schmetterling Mitteleuropas. Die Färbung der Vorderflügel ist hellgrau, nach innen dunkelbraun mit einem hellgelben, rötlich gesäumten Zickzackband und einem gelben Saum am Flügelhinterrand. Je ein großes,

Flugzeit	J	F	M	A	M	J	J	A	S	O	N	D
Raupen	J	F	M	A	M	J	J	A	S	O	N	D

dunkel gekerntes Auge sitzt in der Mitte des Flügels. Die Männchen besitzen doppelseitig breit gekämmte Fühler. Die Raupe nutzt von Juni bis Mitte August verschiedene Laubgehölze wie Rotbuche (*Fagus sylvatica*), Apfel (*Malus domestica*), Gewöhnliche Haselnuss (*Corylus avellana*) und andere. Die Falter sind in einer Generation von April bis Ende Juni in der Ebene bis in Höhen von 1400 m zu beobachten. Sie fliegen in mit Gebüsch bewachsenem Gelände und auch in Parks, Haus- und Obstgärten. Verbreitung findet die Art in Europa nur im östlichen Österreich, der Slowakei, Ungarn, dem Balkan, in den südlichen Ausläufern der Alpentäler, im Westen der Schweiz und Teilen Südfrankreichs.

Sphingidae Familie Schwärmer

In Europa sind 40 Arten dieser Familie beheimatet, die mittlere bis größte Flügelspannweiten von mehr als 13 cm erreichen können. Die einzelnen Arten zeichnen sich durch eine meist stromlinienartige Formgebung aus, die sie zu hervorragenden Fliegern macht. Einige Arten sind Wanderfalter, die sehr schnell große Entfernungen aus Südeuropa oder sogar Nordafrika zurücklegen können, wie der Windenschwärmer, der Totenkopfschwärmer oder das Taubenschwänzchen.

Unterfamilie Macroglossinae

Daphnis nerii (Oleanderschwärmer)

Der Falter wird mit 90 bis 120 mm Spannweite sehr groß. Die olivgrünen Flügel zeigen ein unverwechselbares Muster aus dunkelgrüner, bläulicher, rosafarbener und weißer Zeichnung. Die Raupe lebt von Juli bis September an Oleander (*Nerium oleander*). Die Imagines fliegen in Südeuropa in zwei bis drei Generationen, in den Tropen, ihrer eigentlichen Heimat, durchgehend während des ganzen Jahres. In Südeuropa, Sizilien und im südlichen

Flugzeit	J	F	M	A	M	J	J	A	S	O	N	D
Raupen	J	F	M	A	M	J	J	A	S	O	N	D

Griechenland leben die Falter in trocken gefallenen Flussbetten, an Stellen mit wild wachsendem Oleander, an Straßenrändern und in Gärten. Nach Mitteleuropa fliegen die Falter in warmen Jahren zunehmend seltener ein und pflanzen sich fort. Sie leben dann an in Kübeln gepflanztem Oleander, allerdings überleben ihre Puppen unsere Winter nicht.

Deilephila elpenor (Mittlerer Weinschwärmer)

Die Vorderflügel erreichen eine Spannweite von 45 bis 65 mm und sind olivbraun gefärbt, mit je drei weinroten, übereinander angeordneten

Flugzeit	J	F	M	A	M	J	J	A	S	O	N	D
Raupen	J	F	M	A	M	J	J	A	S	O	N	D

Längsstreifen. Der Körper ist mit einer rosaroten Bindenzeichnung versehen. Die Hinterflügel sind rosa, mit einem schwarzen Band an der Basis. Die auffällige grün oder braun gefärbte Raupe mit ihren Augenflecken hinter dem Kopf lebt von Juni bis Oktober an Schmalblättrigem Weidenröschen (*Epilobium angustifolium*), Blutweiderich (*Lythrum salicaria*), Indischem Springkraut (*Impatiens glandulifera*) und anderen Springkräutern, Gewöhnlicher Nachtkerze (*Oenothera biennis*), im Garten oft auch an Fuchsien. Imagines sind in einer, manchmal in warmen Jahren auch zwei Generationen von Mai bis Juni und teilweise im August zu beobachten. Der Falter ist nachtaktiv und bewohnt bevorzugt lichte Wälder, Waldwege, Parks und Gärten im Flachland und im Bergland in Höhen bis zu 1000 m. Der bei uns recht häufige Falter ist über ganz Europa mit Ausnahme von Mittelspanien und Nordskandinavien verbreitet.

Deilephila porcellus (Kleiner Weinschwärmer)

Mit einer Spannweite der Vorderflügel von 40 bis 45 mm ist er kleiner als der Mittlere Weinschwärmer *D. elpenor*. Die Grundfarbe der Vorderflügel variiert von olivbraun bis olivgrün mit gezackter, weinroter bis rosafarbener Umrandung. Die Raupe ernährt sich zwischen Juni und Oktober von Labkrautarten wie Weißem Labkraut (*Galium album*) und Echtem Labkraut (*G. verum*). Die Imagines treten in einer, vereinzelt in warmen Jahren und im Süden auch zwei Generationen von Mai bis Ende August auf. Ihre Lebensräume bestehen aus sonnigen Trocken- und Magerrasen, Ruderalflächen, Dämmen und Steinbrüchen im Flachland und Bergland bis in Höhen

Flugzeit	J	F	M	A	**M**	**J**	**J**	**A**	S	O	N	D
Raupen	J	F	M	A	M	**J**	**J**	**A**	**S**	**O**	N	D

von über 1000 m. Die Falter sind in Europa außer im hohen Norden bis nach Nordspanien, Korsika, Sardinien, Sizilien und Kreta verbreitet.

Hemaris fuciformis (Hummelschwärmer)

Die Vorderflügel haben eine Spannweite von 40 bis 45 mm. Beide Flügelpaare sind bis auf den Saum schuppenfrei, glasartig durchsichtig und haben einen rotbraunen, beschuppten Rand an den Außenseiten. Der Körper hat eine pelzartig gelbbraune Behaarung in Form eines rotbraunen Rings

Flugzeit	J	F	M	A	M	J	J	A	S	O	N	D
Raupen	J	F	M	A	M	J	J	A	S	O	N	D

mit anschließenden hellen, gelben und schwarzen Flecken. Die Raupen leben zwischen Juni und September an Roter Heckenkirsche (*Lonicera xylosteum*), anderen Heckenkirschenarten und Schneebeere (*Symphoricarpus albus*). Die Imagines erscheinen in einer Generation und meist in einer zweiten im Mai und dann im Juli und August. Hummelschwärmer sind tagaktive, im Schwirrflug blütenbesuchende Nachtfalter. Der Lebensraum besteht aus Waldrändern und -wegen, Lichtungen, Trockenrasen, Parkanlagen und Gärten im Flachland sowie im Bergland bis auf 1000 m Höhe. In Europa sind die Falter bis auf den Norden Englands und Skandinaviens verbreitet.
RL 3, **Naturschutzstatus:** 1

Hippotion celerio (Großer Weinschwärmer)

Die Spannweite der Vorderflügel erreicht etwa 71 bis 78 mm. Der Körper und die Vorderflügel sind olivbraun mit weißen Längsbändern und Adern. Die Hinterflügel sind weinrot mit einem schwarzen Saum und schwarzen Adern. Die Raupen ernähren sich von Juli bis August von Ampferarten wie Indischem Sauerampfer (*Rumex vesicaria*) und *R. lunaria*, aber auch von Weinreben (*Vitis* sp.) und anderen. In ihren Ursprungsgebieten in Nordafrika und den Kanaren ist die Art das ganze Jahr über in mehreren Generationen zu beobachten. Im restlichen Südeuropa ist der Große Weinschwärmer nur als Zuwanderer im Sommer anzutreffen. Als Lebensraum werden

Flugzeit	J	F	M	A	M	J	J	A	S	O	N	D
Raupen	J	F	M	A	M	J	J	A	S	O	N	D

auf den Kanaren felsige Hänge, Kulturland, Gärten, Wegränder und Taleinschnitte, Schuttplätze in Küstennähe mit den entsprechenden Futterpflanzen genutzt. Wandernde Falter erreichen nur in Ausnahmefällen Mitteleuropa nördlich der Alpen im Juni, Juli und August bis Oktober.

Hyles euphorbiae (Wolfsmilchschwärmer)

Flugzeit	J	F	M	A	M	J	J	A	S	O	N	D
Raupen	J	F	M	A	M	J	J	A	S	O	N	D

Die Vorderflügel sind hellgelbbraun mit dunkler Fleckenzeichnung und Bänderung, sie erreichen eine Spannweite von 55 bis 75 mm. Die Hinterflügel erscheinen rot bis rosa mit einem umlaufenden schwarzen Saum und weißen Flecken. Die sehr auffällig in Warnfarben rot und schwarz gezeichneten Raupen leben während ihrer Generationsfolgen von Mai bis Ende August an Zypressenwolfsmilch (*Euphorbia cyparissias*) und anderen Wolfsmilcharten. Die Flugzeit der wärmeliebenden Falter erstreckt sich in einer, in warmen Jahren zwei Generationen von Mai bis Juni und August bis September. Die Habitate bestehen aus Kalkmager- und Trockenrasen, Sandmagerrasen, warmen Hängen und Dämmen, Weg- und Straßenrändern sowie Ruderalflächen im Flachland und Bergland bis etwa 800 m Höhe. Die Imagines zeigen manchmal Wanderverhalten und dringen bis in den Süden Nordeuropas und der Britischen Inseln vor. Die Hauptverbreitung liegt im Mittelmeerraum und Mitteleuropa.

RL V, **Naturschutzstatus:** 1

Hyles gallii (Labkrautschwärmer)

Die Vorderflügel sind durchgehend dunkel, olivbraun mit gelbweißer, schmaler, keilförmiger Längsbinde mit zwei Zacken und erreichen 60 bis 80 mm Spannweite. Die Hinterflügel sind ähnlich gefärbt wie beim Wolfsmilchschwärmer *H. euphorbiae*. Die Raupen beider Generationen leben von Juni bis zur Verpuppung Ende September an Echtem Labkraut (*Galium*

Flugzeit	J	F	M	A	M	J	J	A	S	O	N	D
Raupen	J	F	M	A	M	J	J	A	S	O	N	D

verum), anderen Labkraut-Arten und Schmalblättrigem Weidenröschen (*Epilobium angustifolium*). Die Falter erscheinen in einer bis zwei Generationen von Mai bis Juni und August bis September. Die Beschaffenheit der Habitate, in denen die Falter sich aufhalten, ist sehr verschieden, man findet sie und ihre Raupen in manchen Jahren zahlreich auf Wiesen, Trockenrasen, an sonnigen Waldrändern, Dämmen und auch in Gärten im Flachland und im Bergland in Höhen bis 1100 m. In Mittel- und Nordeuropa wird der Falter meist nur als Zuwanderer gefunden. In Deutschland findet man sie bevorzugt in den nördlichen und mittleren Landesteilen, ansonsten treten sie auch in anderen Teilen manchmal zahlreich als Einwanderer

auf, verschwinden dann aber wieder nach ein bis zwei Jahren völlig. Im Mittelmeerraum sind nur die nördlichen Bereiche besiedelt.
RL 3, **Naturschutzstatus:** 1

Hyles hippophaes (Sanddorn-Schwärmer)

Die Flügelspannweiten erreichen zwischen 68 und 73 mm. Der Schwärmer ähnelt dem Labkraut-Schwärmer (*H. gallii*), hat aber auf den Vorderflügeln ein hellgrau-bräunliches Längsband. Die Raupe ernährt sich ab dem Schlupf im Juni bis Juli, im Süden auch in einer weiteren Generation

Flugzeit	J	F	M	A	M	J	J	A	S	O	N	D
Raupen	J	F	M	A	M	J	J	A	S	O	N	D

bis Oktober, von Gewöhnlichem Sanddorn (*Hippophae rhamnoides*) und vereinzelt von Ölweide (*Elaeagnus* sp.). Je nach klimatischen Bedingungen erscheinen die dämmerungs- und nachtaktiven Imagines in einer bis zwei Generationen von Mai bis Juli und vereinzelt wieder von Ende August bis September. Die Puppe überwintert. Die Lebensräume bestehen aus trockenen, warmen Wildflussauen mit Kies- und Schotterbänken sowie aus Sanddorngebüsch in Höhen bis über 1000 m. Diese Biotope sind in Mittel- und Südeuropa durch Regulierung, Bebauung und Verbuschung bedroht oder schon weitgehend verschwunden. In Europa kommen sie nur im Süden vor und dringen vereinzelt bis in die südlichen und südwestlichen Alpenbereiche vor.

Hyles livornica (Linienschwärmer)

Die Spannweite der Vorderflügel erreicht etwa 83 bis 88 mm. Die Vorderflügel sind olivbraun und tragen eine helle, breitere Längsbinde und schmale, weiße Queradern. Die Hinterflügel sind rot und von einem schwarzen Saum umgeben. Raupenfutterpflanzen zwischen Juni und August sind Arten wie der Kleine Sauerampfer (*Rumex acetosella*), Labkraut (*Galium* sp.), Weidenröschen (*Epilobium* sp.), Wilder Wein (*Parthenocissus* sp.), Weinrebe (*Vitis* sp.) und andere. Von Mai bis Juni fliegen die Imagines aus dem Süden nach Mitteleuropa ein und können dann ab Juli bis September eine weitere, zweite Generation bilden. Ihre Lebensräume sind steinige, trockene Gebiete. In Europa beschränkt sich die Verbreitung auf

Flugzeit	J	F	M	A	M	J	J	A	S	O	N	D
Raupen	J	F	M	A	M	J	J	A	S	O	N	D

die südlichsten Küstengebiete und Inseln wie Gran Canaria. Sie wandern ansonsten aus Afrika nach Mitteleuropa ein und können sich bei uns fortpflanzen, ohne jedoch die Winter zu überstehen.

Hyles vespertilio (Fledermaus-Schwärmer)

Die Vorderflügel erreichen eine Spannweite von 60 bis zu 77 mm. Die Falter sind im geschlossenen Zustand dunkelgraubraun gefärbt. Der Körper ist am Hinterleib hell-dunkel quer gestreift. Die Hinterflügel sind rosarot

Flugzeit	J	F	M	A	M	J	J	A	S	O	N	D
Raupen	J	F	M	A	M	J	J	A	S	O	N	D

und haben einen schwarzen Saum. Die Raupen der verschiedenen Generationen kann man zwischen Juni und Ende September bevorzugt am Rosmarin-Weidenröschen (*Epilobium dodonai*) finden. Imagines fliegen in zwei Generationen, eine von Mai bis Juni, die zweite von August bis September. Der Fledermaus-Schwärmer bewohnt warme, schnell trockenfallende Kiesbetten und Schotterflächen unbegradigter, nicht ausgebauter Alpenflüsse mit Weiden- und Sanddornaufwuchs bis auf Höhen von 1600 m. Die Vernichtung vieler dieser Lebensräume führte zum Ausweichen auf sekundäre Habitate wie Kiesgruben. Die Verbreitung dieser Art ist in Europa auf die Südalpen, die Schweiz, Südfrankreich, Niederösterreich und die Gebirgsregion Südosteuropas beschränkt. In Deutschland sind nur einige wenige, letzte Vorkommen im Oberrheintal bekannt, die wohl mittlerweile ausgestorben sind.
RL 1, **Naturschutzstatus:** 13

Macroglossum stellatarum (Taubenschwänzchen)

Die Vorderflügel haben im ausgestreckten Zustand 36 bis 52 mm Spannweite. Der Körper ist grau behaart und hat eine fransenartig abstehende, schwarz-weiße Behaarung am Hinterleib, die in einer pinselartigen Ausstülpung endet. Die Vorderflügel sind hell bräunlich grau und haben eine dunkle Querbänderung. Die Hinterflügel sind orangegelb. Die Raupe lebt von Juni bis September an verschiedenen Labkrautarten wie Echtem Labkraut (*Galium verum*) und anderen. In seinem südeuropäischen Verbreitungsgebiet ist der Schwärmer fast das ganze Jahr in mehreren Generationen zu beobachten. Das Taubenschwänzchen wandert in Mitteleuropa ein und kann sich auch erfolgreich fortpflanzen, wobei möglicherweise ein Teil

Flugzeit	J	F	M	A	M	J	J	A	S	O	N	D
Raupen	J	F	M	A	M	J	J	A	S	O	N	D

der Nachkommen wieder in den Süden zurückwandert. Die meisten versuchen zu überwintern, was in milden Wintern gelingen kann. Die Imagines sind bei uns an warmen Plätzen auf Trockenrasen, an Waldrändern und oft auch in Gärten, sogar an Geranien auf Balkonen saugend zu beobachten. Der Wanderfalter aus dem Süden wird aufgrund seines Schwirrfluges und seiner häufigen Blütenbesuche am Tag oft mit Kolibris verwechselt. Das eigentliche Verbreitungsgebiet der Schwärmer ist Süd- und Südosteuropa, die Iberische Halbinsel, Südfrankreich, Italien und die Balkanhalbinsel.

Proserpinus proserpina (Nachtkerzenschwärmer)

Flugzeit	J	F	M	A	M	J	J	A	S	O	N	D
Raupen	J	F	M	A	M	J	J	A	S	O	N	D

Seine Vorderflügelspannweite beträgt zwischen 35 und 45 mm. In Körperform und Kontur ähnelt er dem Taubenschwänzchen, mit Ausnahme der gezackten Außenränder der Flügel. Die Vorderflügel sind grün mit einem dunkelgrünen Querband, einem dunkelgrünen Makel und einem weißen Längsstrich neben dem Makel. Die Hinterflügel sind gelb und tragen eine schwarze Saumbinde. Die Raupe lebt von Ende Juni bis August an Weidenröschen-Arten wie Schmalblättrigem Weidenröschen (*Epilobium angustifolium*), Zottigem Weidenröschen (*E. hirsutum*), Kleinblütigem Weidenröschen (*E. parviflorum*) und Gewöhnlicher Nachtkerze (*Oenothera biennis*). Die Schwärmer sind in einer Generation pro Jahr von Ende April bis Ende Juli zu beobachten. Man findet sie in sonnigen Lebensräumen wie Kies- und Sandgruben, Fluss-, Bach- und Grabenufern vom Flachland bis in Höhen von 1000 m. Die Verbreitung reicht von einem Teil der Iberischen Halbinsel über Süd- bis nach Mitteleuropa.
RL V, **Naturschutzstatus:** 1

Theretra alecto (Orientalischer Weinschwärmer)

Die Falter haben eine Spannweite der Vorderflügel von 75 bis 100 mm. Sie sind in unterschiedlichen Schattierungen braun mit zwei dunkelbraunen Längslinien und je einem kleinen, dunklen Punkt. Ein Teil der Hinterflügel ist rosa gefärbt, zum Ansatz hin schwarz und am Innenrand tragen sie einen hellen Fleck. Die Fühler und die Oberseite der Beine sowie eine Linie, die sich jeweils seitlich vom Kopf bis zum Flügelansatz zieht, sind weiß. Der Körper ist dunkelbraun. Die Nahrungsgrundlagen der Raupe sind im europäischen Verbreitungsgebiet zwischen Mai und September Pflanzenarten

Flugzeit	J	F	M	A	M	J	J	A	S	O	N	D
Raupen	J	F	M	A	M	J	J	A	S	O	N	D

wie die Echte Weinrebe (*Vitis vinifera*), der Wilde Wein (*Parthenocissus quinquefolia*), Zimmerrebe (*Cissus* sp.), Krapp (*Rubia* sp.) und andere. Die Falter fliegen im Süden Europas in drei nicht klar trennbaren Generationen von April bis Mai, Juni bis Juli und August bis September. Eine weitere, unvollständige Generation kann in warmen Jahren im Oktober und November auftreten. Die Habitate sind trocken-warme Bereiche in freier Natur mit dem Vorkommen der Futterpflanzen wie z.B. biologisch bewirtschaftete Weinbaugebiete, aber auch Parks und Gärten von Meereshöhe bis ins Bergland über 1200 m Höhe. In Europa ist der Schwärmer von Bulgarien, Griechenland über die griechischen Inseln bis Zypern und die Türkei verbreitet. Die Art wandert und verteilt sich bis Sizilien und Rumänien.

Unterfamilie Smerinthinae

Laothoe populi (Pappelschwärmer)

Die Spannweite seiner ausgestreckten Vorderflügel, deren Außenrand stark gewellt ist, beträgt zwischen 65 und 90 mm. Die Flügeläderung tritt orange hervor. Die Vorderflügel sind hellgrau oder gelblich- bis rötlich-braun mit dunklen Querbinden. Die Hinterflügel tragen je einen orangen bis rostbraunem Augenfleck. Der Rüssel ist verkümmert und nicht zur Nahrungsaufnahme geeignet. Die Raupe lebt von Juni bis September an Pappelarten (*Populus* sp.) und auch an Weiden (*Salix* sp.). Die Falter fliegen in einer Generation, in warmen Jahren in zwei Generationen von April bis Mitte Juli und im August. Pappelschwärmer leben in Auwäldern an den Rändern von Laubgehölzen und Waldwegen sowie in Kiesgruben. Dieser

Flugzeit	J	F	M	A	M	J	J	A	S	O	N	D
Raupen	J	F	M	A	M	J	J	A	S	O	N	D

Schwärmer ist mit Ausnahme des hohen Nordens über das gesamte Europa verbreitet.

Marumba quercus (Eichenschwärmer)

Die Falter erreichen eine Flügelspannweite von 85 bis 125 mm bei den größeren Weibchen. Bei der Färbung der Flügel treten gelblich ockerfarbene, gelblich grünliche, graubraune und rötlich braune Varianten auf. Ein dunkleres Querband in Nähe der Flügelwurzeln und ein weiteres in der Mitte

Flugzeit (Mai–September)	J	F	M	A	M	J	J	A	S	O	N	D
Raupen (Mai–Oktober)	J	F	M	A	M	J	J	A	S	O	N	D

der Vorderflügel wird von je zwei dunklen Linien begrenzt. Am Innenwinkel sitzt je ein dunkler Punkt und daneben an der Flügelkante ein länglich runder Fleck. Die Aderung der Flügel hebt sich dunkler vom Untergrund ab. Die Raupe lebt von Mai bis Oktober an den Blättern von Eichenarten wie Stieleiche (*Quercus robur*), Steineiche (*Quercus ilex*) und Korkeiche (*Quercus suber*). Die Verpuppung findet im Boden statt. Im nördlichen Verbreitungsgebiet erscheint zwischen Juni und September eine Generation, im Süden bilden sie zwei Generationen bereits ab Mai bis Juni und wiederum von August bis September. Die nachtaktiven Falter sind Bewohner lichter, trockener Laub- und Eichenwälder mit viel Jungaufwuchs, im warmen Süden bis in Höhen von über 1000 m. In Europa lebt der Schwärmer nur im Süden im Mittelmeergebiet nördlich bis nach Ungarn, Niederösterreich und die südlichsten Alpenbereiche.

Mimas tiliae (Lindenschwärmer)

Die Spannweite der Vorderflügel beträgt 55 bis 75 mm. Die dunkle Binde des Vorderflügels ist meist unterbrochen und variabel in der Färbung von bräunlichen roten, rosa bis zu Grüntönen. Die Außenränder der Vorderflügel sind stark eingebuchtet. In der Regel befinden sich je zwei auffällig dunklere Flecke in der Mitte. Der Rüssel des Lindenschwärmers ist verkümmert und nicht zur Nahrungsaufnahme fähig. Die Imagines leben in einer Generation von April bis August. Selten kann es zu einer zweiten,

Flugzeit	J	F	M	A	M	J	J	A	S	O	N	D
Raupen	J	F	M	A	M	J	J	A	S	O	N	D

unvollständigen Generation zum Ende des Sommers hin kommen. Die Falter leben in Wäldern, an Lichtungen und Waldrändern, auch im Siedlungsbereich in Parks und Gärten. Die Raupe frisst von Juni bis August an Linden (*Tilia* sp.) und auch anderen Laubgehölzen wie Hängebirke (*Betula pendula*), Vogelkirsche (*Prunus avium*) und Schwarzerle (*Alnus glutinosa*). In Europa werden nur der südliche Teil der Iberischen Insel, Süditaliens, Südgriechenlands, der nördliche Teil der Britischen Inseln und Nordskandinaviens nicht von diesem Schwärmer besiedelt.

Smerinthus ocellata (Abendpfauenauge)

Die Spannweite der Vorderflügel erreicht 70 bis 80 mm. Der Außenrand des Vorderflügels ist ausgebuchtet und hat nur einen Ausschnitt nahe dem inneren Winkel. Die bräunlich-graue Grundfärbung ist mit braunen Bändern und Fleckenzeichnungen überlagert. Die Hinterflügel tragen blaue, schwarz umrandete Augenflecken auf rosaroter, ins Gelbliche überlaufender Grundfärbung. Die auffällige Augenzeichnung auf den Hinterflügeln dient zur Feindabwehr und macht diesen Schwärmer in Europa unverwechselbar. Die Raupe lebt von Juli bis September an Weidenarten wie Korb-Weide (*Salix viminalis*), Bruch-Weide (*S. fragilis*), Grau-Weide (*S. cinerea*), Pappelarten (*Populus* sp.) und Obstbäumen wie Apfelbaum (*Malus domestica*) und anderen. Normalerweise fliegt das Abendpfauenauge in einer Generation von Mai bis Ende Juli. In warmen Jahren kann es im August zu einer zweiten Generation kommen. Als Habitat nutzt der Schwärmer Auwälder, Fluss- und Teichufer, auch Gärten und Streuobstbestände in

Flugzeit	J	F	M	A	M	J	J	A	S	O	N	D
Raupen	J	F	M	A	M	J	J	A	S	O	N	D

Gewässernähe von der Ebene bis in über 1000 m Höhe. In Europa sind nur der südliche Teil der Iberischen Halbinsel, die nördlichen Britischen Inseln und der Norden Fennoskandinaviens nicht besiedelt.

Unterfamilie Sphinginae

Acherontia atropos (Totenkopfschwärmer)

Flugzeit	J	F	M	A	M	J	J	A	S	O	N	D
Raupen	J	F	M	A	M	J	J	A	S	O	N	D

Er ist mit 80 bis 135 mm Spannweite der größte europäische Schwärmer. Am Rücken hinter dem Kopf erkennt man die namengebende Totenkopfzeichnung. Die Grundfärbung ist bräunlich grau mit hellen, weißen und braunen Flecken. Die Hinterflügel sind gelb mit dunklen Streifen, der Hinterleib dunkelbraun mit gelben Flecken. Die Raupe kann man in Mitteleuropa in manchen Jahren von Juli bis Ende September in verschiedenen Farbvarianten von Gelb über Grün bis Braun an Nachtschattengewächsen wie Kartoffel (*Solanum tuberosum*), Tollkirsche (*Atropa belladonna*) und auch vielen anderen Pflanzen als auch an Sträuchern wie Gewöhnlichem Liguster (*Ligustrum vulgare*) oder Gewöhnlichem Flieder (*Syringa vulgaris*) finden. Sie sind schnelle Flieger und dringen auch manchmal in Bienenstöcke ein, um mit dem kräftigen, kurzen Rüssel Honig zu saugen, ohne von den Bienen aufgrund ihrer Fähigkeit, sich chemisch tarnen zu können, ihres Körperbaus und der dichten Behaarung ernsthaft bedroht zu werden. Die Imagines fliegen in einer Generation von Mai bis Oktober. Die Art ist nur in den südlichsten Bereichen Europas in Südspanien, Sizilien und Kreta bodenständig und wandert ansonsten aus Regionen südlich der Sahara nach Mitteleuropa ein. Die Nachkommen der Einwanderer überstehen als Puppen unsere Winter normalerweise nicht.

Agrius convolvuli (Windenschwärmer)

Die Art ist mit einer Spannweite der Vorderflügel von 80 bis 120 mm ebenfalls sehr groß. Der Hinterleib ist oberseits rosa und schwarz gebändert. Die bräunlich grauen Vorderflügeloberseiten tragen dunkle, schmale Striche und Zackenlinien. Die Raupe lebt von Juli bis September an Windenar-

Flugzeit	J	F	M	A	M	J	J	A	S	O	N	D
Raupen	J	F	M	A	M	J	J	A	S	O	N	D

ten wie Zaunwinde (*Calystegia sepium*), Ackerwinde (*Convolvulus arvensis*) und anderen Pflanzen. Die Imagines fliegen bei uns in einer Generation von Anfang Juni bis Oktober. Der Wanderfalter, der aus dem südlichen Mittelmeerraum und Afrika nach Mittel- und Nordeuropa einfliegt, kann mit seinem mehr als 10 cm langen Rüssel Blüten wie Tabak, Stechapfel oder andere Exoten im Garten besuchen, die anderen Faltern verwehrt sind. Die Puppe ist als Einzige durch die lange abstehende Rüsselhülle unverwechselbar. Die Falter sind südlich einer Linie Gibraltar-Israel-Südiran bodenständig und fliegen in manchen Jahren bis nach Nordeuropa ein. Sie können dabei Geschwindigkeiten von bis zu 100 km/h erreichen. Falter, die rechtzeitig schlüpfen, machen sich auf die Rückreise nach Süden. Überwinternde Puppen sterben bei uns ab.

Sphinx ligustri (Ligusterschwärmer)

Die Spannweite der Vorderflügel variiert zwischen 90 und 120 mm. Der Hinterleib ist rosa und schwarz gebändert. Die Vorderflügel sind hellbraun und tragen eine dunkelbraune Binde von der Flügelbasis zur Flügelspitze, begrenzt von einer Wellenlinie. Die Hinterflügel sind hellrosa, der Hinterleib rot mit schwarzen Streifen. Die Raupe lebt von Juli bis September an Gewöhnlichem Liguster (*Ligustrum vulgare*), Gewöhnlicher Esche (*Fraxinus excelsior*), Gewöhnlichem Flieder (*Syringa vulgaris*) und Spierstrauch (*Spiraea* sp.). Imagines fliegen in einer vermutlich lang gestreckten Generation von Ende Mai bis August, wobei eine partielle, zweite Generation nicht auszuschließen ist. Sie leben an gut besonnten gebüschreichen Waldrändern, in lichten Au- und Mischwäldern und auch im Siedlungsbereich in Gärten mit den Nahrungspflanzen vom Flachland bis über 1000 m.

Flugzeit	J	F	M	A	M	J	J	A	S	O	N	D
Raupen	J	F	M	A	M	J	J	A	S	O	N	D

In Europa findet man den Ligusterschwärmer außer im hohen Norden und dem Norden der Britischen Inseln weit verbreitet.

Sphinx (Hyloicus) pinastri (Kiefernschwärmer)

Die Spannweite der Vorderflügel erreicht 65 bis zu 83 mm. Der Hinterleib besitzt oberseits eine dunkle Längslinie. Die Vorderflügel sind hellbraun bis bräunlich-grau mit je drei dunklen Längsstrichen. Den Brustabschnitt begrenzen zwei dunkle Streifen. Im Raupenstadium von Juni bis Oktober ernährt sich der Kiefernschwärmer als eine der wenigen großen Nachtfalterarten von den Nadeln von Koniferen wie Rotfichte (*Picea abies*), Waldkiefer (*Pinus sylvestris*), Bergkiefer (*P. mugo*), Tanne (*Abies* sp.) und Lärche (*Larix* sp.). Die nachtaktiven Imagines fliegen in zwei Generationen von Ende April bis Mitte Juli und wiederum im August. Als Habitate nutzt der Falter Nadel- und Mischwälder und auch Gärten mit Koniferen, oft auf Sandböden. Die Verbreitung erstreckt sich auf ganz Europa ohne den Norden der Britischen Inseln und Nordskandinavien.

Flugzeit	J	F	M	A	M	J	J	A	S	O	N	D
Raupen	J	F	M	A	M	J	J	A	S	O	N	D

Überfamilie Geometroidea

Uraniidae Familie Uraniafalter

Die Familie ist in den Tropen und Subtropen beheimatet und in Europa nur mit einer Art, *Eversmannia exornata*, in Russland und den baltischen Staaten vertreten.

Geometridae Familie Spanner

Die Familie ist in Europa mit 1081 Arten nach den Eulen die zweitgrößte und unterteilt sich in die Unterfamilien *Archiearinae, Ennominae, Geometrinae, Sterrhinae und Larentiinae*. Die Falter haben Flügelspannweiten zwischen 10 und 70 mm. Ihr Gehörorgan sitzt am ersten Hinterleibssegment. Ihren Raupen fehlen drei Bauchbeinpaare, was zu der spannerartigen, sich aufbäumenden Fortbewegungsweise führt.

Unterfamilie Archiearinae

Archiearis parthenias (Birken-Jungfernkind)

Die Falter erreichen je nach Geschlecht eine Flügelspannweite von 28 bis 38 mm bei den größeren Weibchen. Die Vorderflügel sind graubraun, meist mehr oder weniger grau und weißlich gesprenkelt, mit weißlicher Mittelbinde, die oft nur zu zwei weißen Vorderrandflecken reduziert ist. Die Hinterflügel sind orange gefärbt und tragen einen schwarzen Fleck am Innen-

Flugzeit	J	F	M	A	M	J	J	A	S	O	N	D
Raupen	J	F	M	A	M	J	J	A	S	O	N	D

rand und einen schwarzen Saum. Die Art ähnelt dem Mittleren Jungfernkind (*Boudinotiana notha*). Zeichnungsunterschiede sind oft schwer festzustellen. Sicher sind nur die Männchen bei näherer Betrachtung durch die bei *B. notha* deutlicher gekämmten Fühler zu unterscheiden. Ungewöhnlich ist, dass die Raupen noch alle vier Bauchfußpaare besitzen, was für Spannerraupen untypisch ist, da diese normalerweise nur noch ein Bauchfußpaar aufweisen. Die Raupe lebt von Ende April bis Juni, in nördlichen Breiten auch bis Juli zuerst an den Kätzchen, später an den Blättern von Birken (*Betula* sp.), vereinzelt auch von Gewöhnlicher Vogelbeere (*Sorbus aucuparia*) und Buche (*Fagus* sp.). Sie verpuppt sich unter der Borke oder in Totholz und überwintert einmal, manchmal auch ein zweites Mal. Der Falter fliegt in einer Generation und schlüpft schon früh im Jahr, je nach Region ab Februar und ist bis Ende April in lichten Wäldern mit Birken und Birkenalleen, auf Lichtungen, Heidelandschaften und in Hochmooren zu finden. *A. parthenias* ist in Mittel- und Nordeuropa verbreitet.

Boudinotiana notha (Mittleres Jungfernkind)

Die Flügelspannweite variiert von 27 bei den kleineren Männchen bis 32 mm bei den größeren Weibchen. Die Grundfärbung ist etwas heller bräunlichgrau als bei *A. parthenias*. Bei *B. notha* ist keine oder nur eine schwach gezackte Wellenlinie an der Vorderkante der Vorderflügeloberseite zu sehen und die Fühler der Männchen sind leicht gekämmt, während sie bei *A. parthenias* schwach gezähnt sind. Die Raupe lebt von Mai bis

Flugzeit	J	F	M	A	M	J	J	A	S	O	N	D
Raupen	J	F	M	A	M	J	J	A	S	O	N	D

Juli hauptsächlich zwischen zusammengesponnenen Blättern von Pappeln (*Populus* sp.), Weiden (*Salix* sp.), möglicherweise auch an Birken (*Betula* sp.) und verpuppt sich auch dort. Die Puppe überwintert zuweilen auch zweimal. Der Falter fliegt in einer Generation ab Ende Februar bis Ende April je nach Lage und Klimabedingungen. Die Lebensräume bestehen aus Laubmischwäldern, Waldrändern und Waldwegen mit Weichholzbeständen und Weichholzauen an Flüssen. Die Art bevorzugt die kühleren Regionen Europas und ist daher im Süden nur sehr vereinzelt und selten anzutreffen. Von den östlichen Pyrenäen, dem mittleren Spanien, den Norden Italiens und des Balkans reicht die Verbreitung bis ins mittlere Russland, fehlt aber auch in Irland und den mittleren und nördlichen Teilen von Skandinavien.
RL 3, **Naturschutzstatus:** 2

Unterfamilie Desmobathrinae
Unterfamilie Ennominae

Abraxas grossulariata (Stachelbeerspanner, Stachelbeer-Harlekin)

Flugzeit	J	F	M	A	M	J	J	A	S	O	N	D
Raupen	J	F	M	A	M	J	J	A	S	O	N	D

Der Falter erreicht eine Flügelspannweite von 33 bis 45 mm und ist eine der schönsten Spannerarten Europas. Die Grundfarbe der Flügel ist weiß. Die auffälligen, variabel gemusterten Vorderflügel sind mit zwei gelben, von schwarzen Fleckenreihen gesäumten Querbändern ausgestattet. Es treten vereinzelt verdunkelte Falter auf. Die Raupen leben von Juni bis August in einem Gespinst zwischen den Blättern, bevorzugt von Stachelbeere (*Ribes uva-crispa*), Johannisbeere (*Ribes* sp.) und auch anderen Gehölzen wie Gewöhnlicher Schlehe (*Prunus spinosa*), Hasel (*Corylus* sp.), Traubenkirsche (*Prunus padus*), Pfaffenhütchen (*Euonymus* sp.), Weiden (*Salix* sp.), Weißdornen (*Crataegus* sp.), Faulbaum (*Rhamnus* sp.) und anderen. Die Raupe überwintert versteckt und ist noch bis Anfang Juni des Folgejahres zu finden. Die nachtaktiven Falter erscheinen in einer Generation pro Jahr zwischen Ende Juni bis August. Der Lebensraum besteht aus warmen Auwäldern, aber auch Gärten mit Beerensträuchern. Die Verbreitung erstreckt sich von Spanien bis Osteuropa, im Süden bis in den nördlichen Mittelmeerraum und die Balkanhalbinsel. Im Norden erreichen die Falter etwa das mittlere Skandinavien. Die Art ist selten geworden.
RL V, **Naturschutzstatus:** 2

Abraxas sylvata (Ulmen-Harlekin)

Der Falter erreicht eine Flügelspannweite von 32 bis 45 mm. Die weißen Vorderflügel tragen je einen rostbraunen Fleck an der Basis und am Innenrand. Am Vorderrand und an der äußeren Begrenzung befinden sich graue Flecken. Der Falter ist mit keiner weiteren Art verwechselbar und sieht auf Blättern sitzend wie Vogelkot (Vogelkotmimese) aus. Die Raupe lebt zwischen Juli und Ende September an den Blättern verschiedener Laubbäume, wie Berg-Ulme (*Ulmus glabra*), Gewöhnliche Traubenkirsche (*Prunus pa-*

Flugzeit	J	F	M	A	M	J	J	A	S	O	N	D
Raupen	J	F	M	A	M	J	J	A	S	O	N	D

dus), Rotbuche (*Fagus sylvatica*), Birke (*Betula* sp.), Vogel-Kirsche (*Prunus avium*) und anderer Arten. Sie verpuppen sich im Herbst zur Überwinterung in der Erde. Die Flugzeit erstreckt sich von Mitte Mai bis Ende August in einer Generation pro Jahr. Als Habitate nutzen die Spanner Bruchwälder, Uferränder von Bächen und Täler in Rotbuchenwäldern, Hang- und Schluchtwälder mit den Vorkommen der Raupenfutterpflanzen. Die Nachweise für die Verbreitung reichen von Spanien und Südfrankreich über West- und Mittel- bis Osteuropa. Der Südrand der Alpen bildet die südliche Grenze, während die nördliche das mittlere Skandinavien darstellt.

Aethalura punctulata (Grauer Erlen-Rindenspanner)

Die Flügelspannweite reicht von 24 bis 35 mm. Die Grundfarbe der Flügel ist hellgrau bis bräunlichgrau. Es lassen sich allerdings auch hellere und dunklere Exemplare finden. Die Zeichnungsintensität ist variabel, in der Regel befinden sich drei dunkle Querlinien auf den Flügeloberseiten. Als Futterpflanzen werden zwischen Juni und August Birken (*Betula* sp.) und Erlen (*Alnus* sp.) genutzt. Die Puppe überwintert in der Erde. Die eine bis zwei Generationen pro Jahr sind nachtaktiv und fliegen je nach Lage von Ende März bis Ende Juni, die zweite von Juli bis August. Habitate bilden feuchte Erlen-Eschen-Auenwälder. Die Verbreitung der Falter erstreckt sich

Flugzeit	J	F	M	A	M	J	J	A	S	O	N	D
Raupen	J	F	M	A	M	J	J	A	S	O	N	D

auf ganz Europa mit Ausnahme des Nordens von Schottland, das nördliche und mittlere Skandinavien und die Mittelmeerinseln.

Agriopis aurantiaria (Orangegelber Breitflügelspanner)

Flugzeit	J	F	M	A	M	J	J	A	S	O	N	D
Raupen	J	F	M	A	M	J	J	A	S	O	N	D

Die Männchen erreichen Flügelspannweiten von 38 bis 42 mm, während die Weibchen nur Flügelstummel besitzen. Die Flügel sind in der Regel hell gelblich bis orangegelb gefärbt. Die Zeichnungselemente bestehen aus zwei dunklen Querlinien und einem Strich in der Mitte. Die Raupe nutzt zwischen Mitte April und Mitte Juni eine Vielzahl von Pflanzen wie Weidenarten (*Salix* sp.), Gewöhnliche Hainbuche (*Carpinus betulus*), Gewöhnliche Hasel (*Corylus avellana*), Hängebirke (*Betula pendula*), Rotbuche (*Fagus sylvatica*), Eiche (*Quercus* sp.), Gewöhnliche Schlehe (*Prunus spinosa*), Linde (*Tilia*sp.), Heidelbeere (*Vaccinium myrtillus*), Eberesche (*Sorbus aucuparia*), Brombeere (*Rubus* sect. *Rubus*), auch Obstbäume wie Apfel (*Malus* sp.), Birne (*Pyrus* sp.) und andere. Die Art erscheint im Herbst zwischen Ende September und Anfang Dezember. Die Überwinterung erfolgt im Eistadium. Die Lebensraumansprüche sind nicht sehr hoch und man findet sie in verschiedenen Bereichen wie in Laubwäldern, Hecken, aber auch im Siedlungsraum in Parks und Gärten. Die weitverbreiteten Falter kommen in beinahe ganz Europa vor.

Agriopis bajaria (Brauner Breitflügelspanner)

Die männlichen Falter erreichen eine Flügelspannweite von 27 bis 32 mm. Weibchen besitzen keine Flügel. Die Färbung der Vorderflügel ist dunkelbraun mit einem graubraunen, durch zwei schwarze Linien begrenzten Querband und an der äußeren Querlinie angrenzend einer gewellten rotbraunen Binde. Die Binde kann bei manchen Exemplaren auch sehr undeutlich oder bei verdunkelten Tieren nicht zu unterscheiden sein. Die Raupe ernährt sich von April bis Anfang Juni z. B. von Blättern des Ge-

Flugzeit	J	F	M	A	M	J	J	A	S	**O**	**N**	D
Raupen	J	F	M	**A**	**M**	**J**	J	A	S	O	N	D

wöhnlichen Ligusters (*Ligustrum vulgare*), Pflaume (*Prunus domestica*), Berberitze (*Berberis* sp.), Weißdorn (*Crataegus* sp.), Echten Kreuzdorns (*Rhamnus cathartica*), Johannisbeere (*Ribes* sp.) und anderen. Der Falter fliegt in einer Generation von Oktober bis Ende November in bevorzugt warmen Habitaten wie mit Gebüsch bestandenen Trockenrasen, Hängen, an Waldrändern, Hecken, Feldgehölzen, Streuobstwiesen und auch Gärten. Die Art ist bis auf das nördliche Europa, etwa ab einer Grenze durch Mitteldeutschland weit verbreitet.

Agriopis marginaria (Graugelber Breitflügelspanner)

Die Spannweite der Flügel erreicht 34 bis 38 mm. Die Falter sehen *A. aurantiaria* sehr ähnlich, sind aber bräunlich-beige gefärbt und können im Saumfeld mehr oder weniger intensiv verdunkelt sein. Auch bei dieser Spannerart haben die Weibchen nur kurze Stummelflügel und sind flug-

Flugzeit	J	F	M	A	M	J	J	A	S	O	N	D
Raupen	J	F	M	A	M	J	J	A	S	O	N	D

unfähig. Die Raupen schlüpfen ab Anfang Mai und leben bis Juni an den Blättern verschiedener Arten von Laubgehölzen wie Weide (*Salix* sp.), Hängebirke (*Betula pendula*), Eiche (*Quercus* sp.), Rotbuche (*Fagus sylvatica*), Weißdorn (*Crataegus* sp.), Pflaume (*Prunus domestica*), Kulturapfel (*Malus domestica*) und vielen anderen. Die Puppe überwintert im Erdboden. Die Falter fliegen schon früh in einer Generation im Jahr ab Ende Februar bis Mitte Mai in Auwäldern, Laubwäldern, Obstanbauflächen und Gärten. Der Graugelbe Breitflügelspanner ist in ganz Europa verbreitet.

Alcis repandata (Wellenlinien-Rindenspanner)

Farbe und Zeichnung der Falter sind sehr variabel, die Spannweite kann zwischen 38 und 55 mm betragen. Die Zeichnung und Farbintensität kann bunt und kontrastreich mit weißen, braunen und grauen Tönungen und einer dunklen gewellten Querlinie in der Mitte, ein dunkleres Querband

Flugzeit	J	F	M	A	M	J	J	A	S	O	N	D
Raupen	J	F	M	A	M	J	J	A	S	O	N	D

abgrenzend, aber auch eintönig bräunlich weiß und kontrastarm ausfallen. Eine gewisse Ähnlichkeit besteht zum Moosgrünen Rindenspanner (*Deileptenia ribeata*), dem Großen Rindenspanner (*Hypomecis roboraria*) und dem Aschgrauen Rindenspanner (*H. punctinalis*). Die Raupen fressen ab August an vielen verschiedenen Pflanzen und Gehölzen wie Brombeeren (*Rubus* sp.), Rauschbeeren (*Vaccinium uliginosum*), Heidelbeeren (*Vaccinium myrtillus*), Heidekraut (*Erica* sp.), Besenginster (*Cytisus scoparius*), Fichten (*Picea* sp.), Kiefern (*Pinus* sp.), Eichen (*Quercus* sp.), Birken (*Betula* sp.) und vielen anderen. Nach der Überwinterung verpuppen sie sich im Erdboden. Die nachtaktiven Falter bilden eine Generation. Sie sind zwischen Mai und August Bewohner von Nadel- und Mischwäldern, Wiesen, Feuchtgebieten und auch Gärten. Ihre Verbreitung umfasst ganz Europa.

Alsophila aescularia (Frühlings-Kreuzflügel)

Die Flügelspannweite liegt bei 26 bis 34 mm bei den Männchen, während die Weibchen aufgrund fehlender Flügel flugunfähig sind. Die Vorderflügel sind grau bis bräunlichgrau und tragen stark gezähnte, weiße Querlinien an den abgewandten Seiten. Sowohl Vorderflügel als auch Hinterflügel ha-

Flugzeit	J	F	M	A	M	J	J	A	S	O	N	D
Raupen	J	F	M	A	M	J	J	A	S	O	N	D

ben einen deutlichen schwarzen Mittelpunkt. Auf den Enden der Adern beider Flügel finden sich schwarze Punkte. Die Raupe ernährt sich zwischen April und Ende Juni von den Blättern von Laubgehölzen wie Eiche (*Quercus* sp.), Gewöhnliche Schlehe (*Prunus spinosa*), Rotbuche (*Fagus sylvatica*), Apfel (*Malus domestica*), Gewöhnliche Hasel (*Corylus arvellana*), Weißdorn (*Crataegus* sp.) und vielen anderen und kann bei Massenauftreten an Obstgehölzen Schäden anrichten. Die Puppe überwintert. Die einzige Faltergeneration im Jahr schlüpft je nach Lage im Februar und fliegt bis Anfang Mai. Als Lebensräume sind Waldränder, Auwälder, Heckenbereiche, Feldgehölze und auch Gärten oder Parks mit dem Vorkommen der Nahrungspflanzen geeignet. In Europa fehlt die Art im hohen Norden, dem nördlichen Schottland, im Süden auf Korsika, Malta, in Albanien und den griechischen Inseln. Vereinzelte Nachweise gibt es auf der Iberischen Halbinsel, Sardinien, Sizilien und Griechenland.

Angerona prunaria (Schlehenspanner)

Als einer der großen Spanner erreicht er 35 bis vereinzelt 55 mm Flügelspannweite. Die Flügelfarbe ist rotorange bei Männchen bis hellgelb beim Weibchen mit feiner grauer bis schwärzlicher Querstrichelung, deren Stärke und Umfang sehr variabel ist. Es gibt auch Individuen mit brauner Flügelfarbe und einer rötlichen Querbinde. Die Raupen fressen ab August bis in den Oktober an den Blättern der Futterpflanzen, zu denen Birken (*Betula* sp.), Weiden (*Salix* sp.), Johannisbeeren (*Ribes* sp.), Holunder (*Sambucus* sp), Gewöhnliche Hasel (*Corylus avellana*), Breitwegerich (*Plantago major*) und Kornelkirsche (*Cornus mas*) gehören. Nach der Überwinterung entwickeln sie sich weiter bis zur Verpuppung im Mai des folgenden Jahres. Die nachtaktiven Falter erscheinen in einer Generation im Jahr und fliegen von Ende Mai bis Ende August. In warmen Jahren oder Regionen entsteht noch eine zweite Generation. Der Schlehenspanner ist in ganz Europa verbreitet und kommt relativ häufig in lichten, buschigen Wäldern, Gärten und Parks vor. Im Westen und Norden Europas ist die Art von Frankreich und Irland

Flugzeit	J	F	M	A	M	J	J	A	S	O	N	D
Raupen	J	F	M	A	M	J	J	A	S	O	N	D

bis ins südliche Fennoskandien anzutreffen. Im Süden reicht sein Verbreitungsgebiet von Spanien und dem nördlichen Mittelmeerraum über den Balkan, das Schwarzmeergebiet bis nach Kleinasien.

Apeira syringaria (Fliederspanner)

Die Spannweite der Vorderflügel erreicht zwischen 35 und 42 mm. Die Färbung der Vorderflügel ist rötlichbraun bis violettgrau und am Saum

Flugzeit	J	F	M	A	M	J	J	A	S	O	N	D
Raupen	J	F	M	A	M	J	J	A	S	O	N	D

gelblich. Ein weiteres Erkennungsmerkmal ist die teilweise rosafarbene Querlinie und die markante Wölbung der Vorderflügel. Die Raupe lebt nach dem Schlupf ab August an Laubgehölzen wie Heckenkirsche (*Lonicera* sp.), Schneebeere (*Symphoricarpos* sp.), Gewöhnlichem Flieder (*Syringa vulgaris*), Esche (*Fraxinus sp.*), Liguster (*Ligustrum* sp.) und anderen Arten. Sie überwintert und verpuppt sich ab Mai. Meist entwickelt sich nur eine Generation. In warmen Gegenden auch eine zweite, partielle von Juni bis Juli, und wieder von August bis September. Die Art bevorzugt Waldränder, Lichtungen, Waldwege und lebt auch in Parks und Gärten mit den entsprechenden Gehölzen. Mit Ausnahme des südlichen Mittelmeers, der Iberischen Halbinsel und des nördlichen Skandinaviens ist der Falter in Europa weit verbreitet.

Arichanna melanaria (Gefleckter Rauschbeerenspanner)

Die Flügelspannweite reicht von 36 bis zu 41 mm. Der Falter ist nicht zu verwechseln mit seinen schwarzen, quer verlaufenden Fleckenbändern auf

Flugzeit	J	F	M	A	M	J	J	A	S	O	N	D
Raupen	J	F	M	A	M	J	J	A	S	O	N	D

den weißen Vorderflügeln und den gelben Hinterflügeln. Die Raupe frisst ab September an den Blättern von Moosbeere (*Vaccinium oxycoccos*), Rauschbeere (*V.uliginosum*), Heidelbeere (*V. myrtillus*) und Sumpfporst (*Rhododendron tomentosum*). Sie überwintern und verpuppen sich ab Mai oder Juni im folgenden Jahr. Die nachtaktiven Falter erscheinen von Juni bis

Ende August in einer Generation. Die Lebensräume sind Bruch- und Moorwälder, Moore und Niedermoore. Das Verbreitungsgebiet beschränkt sich auf Mittel-, Nord- und Osteuropa.
RL 2, **Naturschutzstatus:** 1

Ascotis selenaria (Schlehenhecken-Grauspanner, Mondfleck-Rindenspanner)

Die Größe liegt bei ausgespannten Vorderflügeln zwischen 38 und 48 mm. Die hell gelblich-braunen Vorder- und Hinterflügel tragen je einen schwarz

Flugzeit	J	F	M	A	M	J	J	A	S	O	N	D
Raupen	J	F	M	A	M	J	J	A	S	O	N	D

umrandeten halbmondförmigen Mittelfleck und eine schwarze, gewellte Querlinie in der Mitte. Im Saumfeld befinden sich zwei schwarze Querlinien, die manchmal auch fehlen können. Die Raupen leben einmal von September bis Oktober und von Juni bis Juli, die der zweiten Generation an ihren Futterpflanzen wie zum Beispiel Holunder (*Sambucus* sp.), Rosen (*Rosa* sp.), Feld-Beifuß (*Artemisia campestris*), Echte Brombeere (*Rubus* sect. *Rubus*), Birken (*Betula* sp.), Besenginster (*Cytisus scoparius*), Zypressen-Wolfsmilch (*Euphorbia cyparissias*) und weiteren Arten. Sie verpuppen sich und überwintern im Boden. Als Habitat nutzt diese Art trockene, mit Büschen bestandene, sonnige Waldränder von Kiefernwäldern in Sandgebieten, Hecken und felsige Hänge. In Europa sind in südlichen Bereichen zwei Generationen im Jahr zwischen April und Mai und Juli und August üblich, während im Norden auch nur eine Generation zwischen Ende Juni und Anfang August auftreten kann. Der Spanner ist von Spanien bis in den westlichen Mittelmeerraum über den Balkan sowie Mittel- und Osteuropa verbreitet.

Biston betularia (Birkenspanner)

Der Falter kann Flügelspannweiten von 52 bis zu 58 mm erreichen. Die Färbung und Musterung ist an die Borke der Birke gut angepasst. Die wei-

Flugzeit	J	F	M	A	M	J	J	A	S	O	N	D
Raupen	J	F	M	A	M	J	J	A	S	O	N	D

ßen Flügel sind mehr oder weniger dicht schwärzlich bestäubt mit größeren dunklen Flecken, bis hin zu gänzlich schwarzen Exemplaren. Die meist verwaschenen oder unterbrochenen Querlinien sind bei hellen Exemplaren besser erkennbar und am Vorderrand stets durch dicke, schwarze Flecken markiert. Die Hinterflügel besitzen in der Regel eine undeutliche Querlinie vor dem Saum. Die Raupe ernährt sich zwischen Juli und Oktober von einer Vielzahl von Laubgehölzen, unter anderem von Blättern der Birke (*Betula* sp.), Eiche (*Quercus* sp.), Weidenarten (*Salix* sp.), Pappel (*Populus* sp.) oder Gewöhnlicher Schlehe (*Prunus spinosa*). Die Falter verpuppen sich im Erdboden und überwintern. Sie schlüpfen ab Mai und fliegen in einer Generation bis Anfang August. Geeignete Lebensräume bilden Laubmischwälder, Auen- und Bruchwälder sowie Waldränder mit Gebüschzonen, aber auch Parks und Gärten. Mit Ausnahme des nördlichen Skandinaviens findet man Birkenspanner in ganz Europa.

Biston strataria (Pappel-Dickleibspanner)

Die Flügelspannweite reicht von 40 bis 55 mm. Die Grundfarbe der Vorderflügel ist grauweiß und sie sind mit mehr oder weniger schwärzlichen

Flugzeit	J	F	M	A	M	J	J	A	S	O	N	D
Raupen	J	F	M	A	M	J	J	A	S	O	N	D

Schuppen bemustert. Zwei breite, rötlichbraune, stark gezackte Querbänder überziehen sie. Die Hinterflügel tragen ein bis zwei Querlinien. Die Raupen leben von Mai bis Ende Juli an den Blättern verschiedener Laubgehölze wie Linde (*Tilia* sp.), Pappel (*Populus* sp.), Ulmen (*Ulmus* sp.), Birken (*Betula* sp.), Ahorn (*Acer* sp.), Weiden (*Salix* sp.), Pflaume (*Prunus* sp.), Eichen (*Quercus* sp.), Schwarze Johannisbeere (*Ribes nigrum*), Himbeere (*Rubus idaeus*) und anderen. Die Raupe verpuppt sich Ende Juni in der

Erde. Nach der Überwinterung schlüpfen die nachtaktiven Falter im folgenden Jahr ab Ende Februar und leben in einer Generation bis Mai. Bevorzugt bewohnen sie Laubwälder, Auwälder und Bruchwälder, aber auch Parks und Gärten. Die Falter fehlen im nördlichen Skandinavien und im äußersten Süden Europas.

Bupalus piniarius (Kiefernspanner)

Die Flügelspannweite beträgt zwischen 30 und 38 mm. Die Art ist sehr variabel. Die Flügeloberseiten sind in der Regel braunschwarz. Die Hinterflügel sind auf der Unterseite weiß mit braungelber oder dunkelbrauner

Flugzeit	J	F	M	A	M	J	J	A	S	O	N	D
Raupen	J	F	M	A	M	J	J	A	S	O	N	D

Musterung oder auch ganz braun mit einem weißen Längsstrich und zwei braunen Querlinien, die auch auf den Vorderflügelunterseiten vorhanden sind. Die Raupe lebt zwischen Juni und September bevorzugt an den älteren Nadeln der Waldkiefer (*Pinus sylvestris*), seltener an anderen Nadelbäumen. Zur Verpuppung suchen sie den Erdboden auf und überwintern. Die nachtaktiven Falter schlüpfen ab Ende April und bilden eine Generation pro Jahr bis in den Juli. Sie leben in Innenbereichen von Kiefern- und Nadelmischwäldern, wo sie bei Massenvermehrung zu Schäden führen können. Die Verbreitung des Kiefernspanners in Europa deckt sich mit der Verbreitung der Kiefer.

Cabera exanthemata (Braunstirn-Weißspanner)

Die Spannweite der Vorderflügel reicht von 30 bis 35 mm. Die weißen Flügel, die gelbgrau bestäubt sind, tragen drei braungelbe Querlinien, die

Flugzeit	J	F	M	A	M	J	J	A	S	O	N	D
Raupen	J	F	M	A	M	J	J	A	S	O	N	D

etwas stärker gezähnt sind als bei *C. pusaria*. Die Stirn hinter den Fühleransätzen ist bräunlich. Die Raupen leben von Anfang Juni bis September hauptsächlich an Blättern von Weiden (*Salix* sp.), vereinzelt auch an Espe (*Populus tremula*), Schwarz-Pappel (*Populus nigra*), Erlen (*Alnus* sp.), Birken (*Betula* sp.), Haselnuss (*Corylus* sp.) und verpuppen sich zur Überwinterung. Von Anfang Mai bis Ende Juni fliegt eine, je nach klimatischen Bedingungen von August bis Ende September auch noch eine zweite Generation im Jahr. Die nachtaktiven Falter leben an Rand von Au- und Mischwäldern, Gehölzen, Gebüschen, Mooren, Parks und Gärten. Die häufige Art ist in ganz Europa vorhanden.

Cabera pusaria (Weißstirn-Weißspanner)

Die Falter erreichen Flügelspannweiten zwischen 25 und 28 mm. Die Flügel sind weiß und zeigen drei graubraune, wenig gewellte Querlinien und eine feine schwarze Sprenkelung. Die Stirn ist gegenüber dem sehr ähnlichen *C. exanthemata* weiß. Als Raupen leben sie von Mai bis Juni und Juli bis Ende September an den Blättern von Salweide (*Salix caprea*), Hän-

Flugzeit	J	F	M	A	M	J	J	A	S	O	N	D
Raupen	J	F	M	A	M	J	J	A	S	O	N	D

ge-Birke (*Betula pendula*), Stieleiche (*Quercus robur*), Bergulme (*Ulmus glabra*), Schwarzerle (*Alnus glutinosa*) und anderen. Zur Überwinterung verpuppt sich die späte Generation in einem lockeren Gespinst am Boden. Die nachtaktiven Tiere fliegen je nach Lage in zwei Generationen pro Jahr von April bis Anfang Oktober in eher feuchteren Laubwäldern und an den Rändern, in Gehölzen, Gebüschen, Parkanlagen und Gärten. Mit Ausnahme des hohen Nordens und des Südens leben die Falter in weiten Teilen Europas.

Campaea honoraria (Rötlichbrauner Eichenspanner)

Die Flügelspannweite beträgt 38 bis 50 mm. Die Vorderflügel sind gelblich bis rötlichbraun gefärbt und tragen eine rötlich bis dunkelbraune Saumlinie. Eine dunkelbraune, gebogene Querlinie und eine schwarze, weiß gesäumte Querlinie begrenzen ein dunkleres Mittelfeld mit je einem darin befindlichen schwarzen Punkt. Die deutlicher ausgeprägte untere Linie ist auch auf den Hinterflügeln vorhanden. Die Falter ähneln dem Federfühler-Herbstspanner (*Colotois pennaria*). Die Raupe lebt zwischen Juni und Juli und von August bis September an Eichen (*Quercus* sp.) und verpuppt sich zur Überwinterung. Die Imagines fliegen in zwei Generationen von April bis Juni und August bis September. Die Falter nutzen als Lebensraum warme Laubwälder mit hohem Eichenanteil und deren Randbereiche sowie Jungwuchs. Sie haben ihren Verbreitungsschwerpunkt im Süden Europas

und kommen nach Norden bis Norddeutschland und Holland vor.
RL 2, **Naturschutzstatus:** 2 und 8

Flugzeit	J	F	M	A	M	J	J	A	S	O	N	D
Raupen	J	F	M	A	M	J	J	A	S	O	N	D

Campaea margaritata (Perlglanzspanner)

Der häufige Spanner erreicht Flügelspannweiten zwischen 44 und 52 mm. Auffällig sind bei der hellgrünen, in älterem Zustand später schnell grauweiß verblassend gefärbten Art die eckigen und zugespitzt erscheinenden

Flugzeit	J	F	M	A	M	J	J	A	S	O	N	D
Raupen	J	F	M	A	M	J	J	A	S	O	N	D

Flügel und die beiden weißen, dunkelgrün gesäumten Querlinien. Die Fransen sind an der Vorderflügelspitze deutlich rötlich. Die Raupen leben von Juni bis August und ab Juli überwinternd bis Ende Mai des Folgejahres an Blättern und Trieben verschiedener Laubgehölze wie Rotbuche (*Fagus sylvatica*), Gewöhnliche Hainbuche (*Carpinus betulus*), Hängebirke (*Betula pendula*), Stieleiche (*Quercus robur*), Salweide (*Salix caprea*) und Gewöhnliche Schlehe (*Prunus spinosa*). Zwei Generationen der nachtaktiven Art treten von Mitte Mai bis Juli und von August bis Anfang Oktober in Wäldern und Gebüschbereichen und auch in Parks und Gärten auf. In Europa sind die Spanner mit Ausnahme des hohen Nordens weit verbreitet.

Chiasmia clathrata (Gitterspanner, Kleespanner)

Der Falter hat eine Flügelspannweite von 22 bis 28 mm. Die weißen bis gelblichen Flügel mit ihrer schwarzbraunen, gitternetzartigen Zeichnung

Flugzeit	J	F	M	A	M	J	J	A	S	O	N	D
Raupen	J	F	M	A	M	J	J	A	S	O	N	D

machen den sehr häufigen Falter unverwechselbar. Die Raupen ernähren sich zwischen Mai und Juni und August bis September von Klee (*Trifolium* sp.), Luzerne (*Medicago sativa*), Labkraut (*Galium* sp.) und anderen Pflanzen und überwintern. Es werden zwei sowohl tag- als auch nachtaktive Generationen ausgebildet, von denen die erste von Mitte April bis etwa Mitte Juni fliegt. Je nach Lage entwickelt sich die zweite Generation oft unvollständig von Mitte Juni bis Mitte August. Die Falter leben auf Wiesen, Kleefeldern, Waldwiesen und Ackerbrachen. Die Art ist in Europa von Italien bis Skandinavien verbreitet.

Colotois pennaria (Federfühler-Herbstspanner)

Der Spanner erreicht Flügelspannweiten von 45 bis 50 mm. Die braunen bis rötlichbraunen Vorderflügel besitzen zwei dunkle Querlinien sowie zwei sich dazwischen befindliche dunkle Punkte. Die Raupen schlüpfen ab April und leben bis Juni an Laubgehölzen wie Weide (*Salix* sp.), Kirsche (*Prunus* sp.), Weißdorn (*Crataegus* sp.) und Eiche (*Quercus* sp.). Sie verpuppen sich im Boden. Die Falter schlüpfen spät im Herbst und leben in einer Generation von Mitte September bis Ende November in Wäldern, Ge-

Flugzeit	J	F	M	**A**	**M**	**J**	**J**	**A**	S	O	N	D
Raupen	J	F	M	A	M	**J**	**J**	A	**S**	**O**	N	D

hölzen, Gebüschen und auch Gärten. Die über ganz Europa verbreitete Art ist nicht häufig.

Crocallis elinguaria (Heller Schmuckspanner)

Die Spannweite der Vorderflügel erreicht 34 bis 40 mm. Die hellgelben Vorderflügel tragen zwei dunkelbraune Querlinien, die ein dunkles Mittelband

Flugzeit	J	F	M	A	M	**J**	**J**	**A**	S	O	N	D
Raupen	**J**	**F**	**M**	**A**	**M**	J	J	**A**	**S**	**O**	**N**	**D**

mit zwei schwarzbraunen Punkten begrenzen. Im Gegensatz zum ähnlichen Dunklen Schmuckspanner (*C. tusciaria*) sind diese Begrenzungslinien fast gerade bis leicht geschwungen. Die Raupe ernährt sich ab August von den Blättern verschiedener Baum- und Straucharten wie Gewöhnliche Schlehe (*Prunus spinosa*), Rote Heckenkirsche (*Lonicera xylosteum*), Heidelbeere (*Vaccinium myrtillus*), Hängebirke (*Betula pendula*), Rotbuche (*Fagus sylvatica*), Stieleiche (*Quercus robur*), Eingriffeliger Weißdorn (*Crataegus monogyna*) und anderen. Sie verpuppen sich nach der Überwinterung im Juni. Die nachtaktiven Falter bilden von Ende Juni bis August eine Generation. Die Habitate bestehen aus Wäldern und Waldrändern, Gebüschen, Hecken und vereinzelt auch Parks und Gärten. Man findet den Spanner in weiten Teilen Europas.

Crocota tinctaria

Die Spannweite der Flügel beträgt zwischen 24 und 35 mm. Die Flügel sind beim kleineren Männchen gelborange gefärbt, während das größere Weib-

Flugzeit	J	F	M	A	M	J	J	A	S	O	N	D

chen blasser ist. Die Männchen haben gefiederte Fühler. Die Raupe lebt an Pflanzenarten wie Enzian (*Gentiana* sp.), Ampfer (*Rumex* sp.), Wegerich (*Plantago* sp.), Löwenzahn (*Taraxacum* sp.), Schlangen-Wiesenknöterich (*Bistorta officinalis*) und anderen. Die Imagines treten in einer Generation pro Jahr von Juni bis August auf Almen und Bergweiden in Höhen zwischen

900 und über 2000 m auf. In Europa sind sie in den französischen, italienischen, schweizerischen und österreichischen Alpen und in den französischen Vogesen und dem Zentralmassiv zu finden.

Deileptenia ribeata (Moosgrüner Rindenspanner)

Die Spannweite der Vorderflügel beträgt 30 bis 40 mm. Die Grundfärbung ist dunkelbraun mit grünen Farbelementen. Die schwarzen, gewellten Querlinien tragen schwarze Fleckenreihen. Die Raupen leben von September und nach der Überwinterung bis Anfang Juni an einer ganzen Reihe von

Flugzeit	J	F	M	A	M	J	J	A	S	O	N	D
Raupen	J	F	M	A	M	J	J	A	S	O	N	D

Nadel- und Laubgehölzen wie Europäischer Eibe (*Taxus baccata*), Weißtanne (*Abies alba*), Fichte (*Picea* sp.), Gewöhnlicher Hainbuche (*Carpinus betulus*), Hängebirke (*Betula pendula*), Eiche (*Quercus* sp.), Traubenkirsche (*Prunus padus*), Roter Heckenkirsche (*Lonicera xylosteum*), Gewöhnlicher Schlehe (*Prunus spinosa*), Rauschbeere (*Vaccinium uliginosum*) und weiteren Arten. Die Imagines erscheinen in einer Generation ab Juni bis Ende August. Ihr Lebensraum sind lichte Bereiche in Laubwäldern und in Nadelwäldern, Waldränder und auch Hecken. Die Verbreitung bezieht ganz Europa mit Ausnahme des südlichen Mittelmeergebietes mit ein.

Ectropis crepuscularia (Zackenbindiger Rindenspanner)

Die Vorderflügel haben etwa 38 bis 44 mm Spannweite. Die Flügel der sehr variablen Art können hellgraue bis gelblichbraune Grundfärbungen aufweisen. Die weiße Wellenlinie im Saumbereich ist bei hellen Exempla-

Flugzeit	J	F	M	A	M	J	J	A	S	O	N	D
Raupen	J	F	M	A	M	J	J	A	S	O	N	D

ren manchmal kaum sichtbar. Die dunkle, mittlere Querlinie trägt in der Flügelmitte schwarze Zacken. Vereinzelt treten auch dunkle Exemplare auf, bei denen die weiße Querlinie gut sichtbar ist. Die Raupen sind je nach Lage in ein bis zwei Generationen zu finden und haben von Mai bis zum Herbst ein breites Nahrungsspektrum an Laub- und Nadelbäumen, Sträuchern und Kräutern. Die Puppen der späten Raupen überwintern. Die erste Faltergeneration ist zwischen März und Mai, die zweite von Juni bis September aktiv. Ihr Lebensraum sind Wälder, Parks und Gärten. Der Spanner ist in Nord- und Mitteleuropa verbreitet.

Ematurga atomaria (Heideland-Tagspanner, Heidespanner)

Die Flügelspannweite reicht von 22 bis 34 mm. Männchen und Weibchen unterscheiden sich stark. Die Flügel des Männchens haben eine ockergelbe Grundfärbung, die Weibchen eine gelblichweiße. Beide sind sehr variabel und mehr oder weniger dicht braun gesprenkelt. Auf den Vorder- und Hinterflügeln befinden sich bräunliche Querlinien. Es treten vereinzelt auch verdunkelte Exemplare auf. Im Raupenstadium ernähren sich die beiden Generationen zwischen Mai und September von verschiedenen

Flugzeit	J	F	M	A	M	J	J	A	S	O	N	D
Raupen	J	F	M	A	M	J	J	A	S	O	N	D

Kräutern und Sträuchern wie Färber-Ginster (*Genista tinctoria*), Besenheide (*Calluna vulgaris*), Kleinem Sauerampfer (*Rumex acetosella*), Gewöhnlichem Hornklee (*Lotus corniculatus*), Gewöhnlicher Schafgarbe (*Achillea millefolium*), Besenginster (*Cytisus scoparius*) und vielen anderen Arten. Die Puppe überwintert in der Erde. Als Falter kommt die Art je nach Lage in ein bis zwei nicht klar zu trennenden Generationen von Mitte März bis Ende August in Heidegebieten, an Wald- und Wegrändern, in Mooren, auf Ruderalflächen und Magerrasen vor. Der Heidespanner ist von West-, Mittel- bis Osteuropa und im Süden bis in den nördlichen Mittelmeerraum verbreitet.

Ennomos alniaria (Erlen-Zackenrandspanner)

Die Spannweite beträgt zwischen 34 und 42 mm. Der Rücken trägt eine intensiv zitronengelbe Behaarung, während die untere Seite des Falters mehr oder weniger violettgrau gefleckt ist. Die Flügel sind im Sitzen fast immer hochgestellt. Die Raupe lebt von Mai bis Juli an den Blättern und Trieben von Erle (*Alnus* sp.), Pappel (*Populus* sp.), Salweide (*Salix caprea*) und Birke (*Betula* sp.). Der nachtaktive Spanner bildet eine Generation von Juli bis Oktober aus. Der Lebensraum besteht aus Laubwäldern, Auwäldern, Mooren und Bruchwäldern. In Europa fehlt der Falter auf dem Balkan und auf den Mittelmeerinseln.

Flugzeit	J	F	M	A	M	J	J	A	S	O	N	D
Raupen	J	F	M	A	M	J	J	A	S	O	N	D

Ennomos autumnaria (Herbstlaubspanner, Herbst-Zackenrandspanner)

Der größte Spanner der Gattung hat eine Flügelspannweite von 45 bis 55 mm. Die gelblichbraunen Flügel sind mehr oder weniger dunkelbraun

Flugzeit	J	F	M	A	M	J	J	A	S	O	N	D
Raupen	J	F	M	A	M	J	J	A	S	O	N	D

bis violettbraun gefleckt. Der Flügelsaum ist auffällig gezackt und weiß sowie an den Zacken schwarz gefranst. Eine nach oben angewinkelte Flügelstellung ist bei der Gattung üblich. Die Überwinterung findet im Eistadium statt. Die Raupen leben von Mai bis Juni an verschiedenen Laubgehölzen wie Eiche (*Quercus* sp.), aber auch von Linde (*Tilia* sp.), Birke (*Betula* sp.), Weide (*Salix* sp.), Ahorn (*Acer* sp.), Pflaume (*Prunus* sp.) und weiteren Arten. Von Mitte August bis Mitte Oktober fliegt eine einzige Generation. Als Habitat dienen Laubwaldränder, Feldgehölze, Auwälder und auch Parks und Gärten. In Europa sind die Spanner nicht häufig, aber weit verbreitet.

Ennomos erosaria (Birken-Zackenrandspanner)

Der Spanner erreicht zwischen 30 und 35 mm Flügelspannweite. Die ockergelben Flügel sind einheitlich ohne dunkle Fleckenzeichnung gefärbt. Zwei bräunliche Querlinien überziehen sie mittig. Die Art ähnelt dem Eichen-Zackenrandspanner (*E. quercinaria*). Die Raupe lebt während ihrer Entwicklung von Mai bis zur Verpuppung in einem Gespinst im August an Blättern von Birke (*Betula* sp.), Birne (*Pyrus* sp.), Rotbuche (*Fagus sylvatica*), Linde (*Tilia* sp.) und Eiche (*Quercus* sp.). Als Lebensraum bewohnt der Falter Laub- und Mischwälder, warme Hanglagen und auch Gärten. Die Falter fliegen in einer langgestreckten Generation zwischen Juni und Oktober. Die Überwinterung findet im Eistadium statt. In Europa sind die Birken-Zackenrandspanner hauptsächlich in Waldgebieten verbreitet.

Flugzeit	J	F	M	A	M	J	J	A	S	O	N	D
Raupen	J	F	M	A	M	J	J	A	S	O	N	D

Epione repandaria (Weiden-Saumbandspanner)

Die Flügelspannweite erreicht zwischen 26 und 30 mm. Die gelben Flügel sind quer rötlich gestrichelt. Die Querlinie an der Basis der Vorderflügel

Flugzeit	J	F	M	A	M	J	J	A	S	O	N	D
Raupen	J	F	M	A	M	J	J	A	S	O	N	D

verläuft spitzwinklig. Im Gegensatz zum sehr ähnlichen Espen-Saumbandspanner (*E. vespertaria*) mündet die Querlinie am Saum direkt in der Vorderflügelspitze. Die Raupen sind in der ersten Generation von März bis Mai und wiederum ab Juli an ihren Futterpflanzen zu finden, zu denen Weide (*Salix* sp.), Pappel (*Populus* sp.), Erle (*Alnus* sp.) oder Gewöhnliche Schlehe (*Prunus spinosa*) gehören. Sie verpuppen sich im September in einem Gespinst zwischen Blättern. Zwischen Mai und Oktober leben je nach klimatischen Bedingungen zwei nicht klar zu trennende Faltergenerationen. Als Habitate dienen Laubwälder, Au- und Bruchwälder, Moore, Parks und Gärten. Die Art ist vom nördlichen Skandinavien bis in den nördlichen Mittelmeerraum und von West- bis Osteuropa zu finden.

Erannis defoliaria (Großer Frostspanner)

Die Flügelspannweite reicht von 42 bis 46 mm. Die Vorderflügel des Männchens sind meist variabel hellgelb oder graubraun gefärbt und von zwei charakteristischen, mehr oder weniger sichtbaren breiten, braunen Querbändern durchzogen. Je zwei schwarze Flecken ergänzen die Merkmale. Das Weibchen hat nur kleine Flügelstummel, der Körper ist weißgrau bis gelb mit schwarzen Flecken. Die Raupe lebt von Ende Mai bis Anfang Juli an den Fruchtknospen und Blättern verschiedener Laubhölzer und Straucharten wie Birken (*Betula* sp.), Gewöhnlicher Hainbuche (*Carpinus betulus*), Buchen (*Fagus* sp.), Eiche (*Quercus* sp.), Linden (*Tilia* sp.), Ulmen (*Ulmus* sp.), Gewöhnlicher Schlehe (*Prunus spinosa*), Weißdorn (*Crataegus* sp.) und anderen. Sie verpuppt sich ab Juni am Boden in einem lockeren Gespinst. Die nacht- und dämmerungsaktiven Falter fliegen sehr spät im Jahr in einer Generation ab Oktober bis Dezember in Wäldern, Streuobstwiesen, in mit Bäumen und Sträuchern bestandenem Offenland sowie Parks

Flugzeit	J	F	M	A	M	J	J	A	S	O	N	D
Raupen	J	F	M	A	M	J	J	A	S	O	N	D

und Gärten. Die Verbreitung erstreckt sich von Nord- über Mitteleuropa, im Süden bis ins nördliche Italien und im Osten bis zum Baltikum.

Gnophos furvata (Großer Steinspanner, Aschgrauer Steinspanner)

Dieser Spanner hat eine variable Flügelspannweite von 35 bis 52 mm. Die grauen bis graubraunen Flügel haben einen gewellten Außenrand mit

Flugzeit	J	F	M	A	M	J	J	A	S	O	N	D
Raupen	J	F	M	A	M	J	J	A	S	O	N	D

Querlinien, die ein dunkleres Mittelfeld mit mehr oder weniger deutlichen Mittelpunkten einfassen. Die Raupe nutzt als Nahrungspflanzen ab September die Blätter von Gewöhnlicher Schlehe (*Prunus spinosa*), Blutrotem Hartriegel (*Cornus sanguinea*), Bunter Kronwicke (*Securigera varia*), Gewöhnlicher Waldrebe (*Clematis vitalba*), Thymian (*Thymus* sp.), Gewöhnlichem Hufeisenklee (*Hippocrepis comosa*), Gewöhnlichem Liguster (*Ligustrum vulgare*) und weiterer Arten. Sie überwintert und verpuppt sich im Juni des folgenden Jahres. Die nachtaktiven Falter sind in einer Generation von Juni bis September zu beobachten. Ihr Lebensraum sind Gebirgsregionen und Hügelland mit sonnigen, steinigen Hängen und Trockenrasen sowie felsigen Bereichen. Die Verbreitung erstreckt sich auf das südliche, südöstliche und mittlere Europa.
RL 3, **Naturschutzstatus:** 1 und 3

Gnophos obfuscata (Gebirgs- oder Heidelbeer-Steinspanner)

Die Spannweite beträgt zwischen 41 und 46 mm. Die hellgrauen Vorderflügel sind fast dreieckig, am Saum nicht gewellt und mehr oder weniger grau marmoriert. Die Raupe frisst ab August an verschiedenen Pflanzen wie Heidekraut (*Calluna vulgaris*), Steinbrech (*Saxifraga* sp.), Sonnenröschen

Flugzeit	J	F	M	A	M	J	J	A	S	O	N	D
Raupen	J	F	M	A	M	J	J	A	S	O	N	D

(*Helianthemum* sp.) und weiteren Arten, überwintert und verpuppt sich im Juni des folgenden Jahres. Ab Ende Juni erscheinen die Falter in einer Generation und fliegen bis August. Es sind bevorzugt Gebirgsbewohner, die auf sonnigen, trockenen und mageren Almwiesen, in Felsbereichen und in Zwergstrauchheiden leben. Die Verbreitung reicht von weiten Teilen Skandinaviens bis in die Gebirgsbereiche Mitteleuropas, Schottlands, Irlands und der Iberischen Halbinsel und Süd-Ost Europas.

Hylaea fasciara (Zweibindiger Nadelwaldspanner)

Dieser Spanner erreicht etwa 30 bis 35 mm Flügelspannweite. Die Falter bilden zwei Formen, von denen die, die in Kiefernwäldern leben, in der Regel rot bis rötlich braun sind, während die, die in Fichtenwäldern leben, meist in verschiedenen Schattierungen grün gefärbt sind. Zwei gebogene weiße Querlinien begrenzen ein meist dunkleres Mittelfeld. Die Nahrungsgrundlage der Raupe sind die Triebe und Nadeln von Nadelgehölzen, be-

Flugzeit	J	F	M	A	M	J	J	A	S	O	N	D
Raupen	J	F	M	A	M	J	J	A	S	O	N	D

vorzugt der Rotfichte (*Picea abies*), aber auch der Waldkiefer (*Pinus sylvestris*), Weißtanne (*Abies alba*) und der Europäischen Lärche (*Larix decidua*). Die Raupen sind ganzjährig zu finden. Nach der Überwinterung verpuppen sie sich im Juni des folgenden Jahres. Je nach Vorkommen bilden sich ein bis zwei Generationen von Juni bis Ende September. Sie bewohnen Nadel- und Nadelmischwälder. In Europa fehlt die Art im südlichen Mittelmeerraum.

Hypomecis punctinalis (Beifuß-Blütenspanner)

Die Falter erreichen 46 bis 55 mm Spannweite. Die Vorderflügel haben eine grauweiße Grundfarbe mit einer bräunlichen Tönung und sind fein schwärzlich bestäubt sowie mit auffallenden gewellten, dunklen Querlinien überzogen. Der Außenrand ist konvex gebogen. Als Raupen leben sie zwischen Ende Mai bis Anfang Oktober an verschiedenen Laubhölzern wie Weiden (*Salix* sp.), Eiche (*Quercus* sp.), Himbeeren (*Rubus* sp.), Ge-

Flugzeit	J	F	M	A	M	J	J	A	S	O	N	D
Raupen	J	F	M	A	M	J	J	A	S	O	N	D

wöhnlicher Schlehe (*Prunus spinosa*), Hängebirke (*Betula pendula*), Ulme (*Ulmus* sp.), Rotbuche (*Fagus sylvatica*) und anderen. Sie überwintern im Puppenstadium. Die sehr lange Flugzeit reicht von Ende April bis Ende Juli. In klimatisch günstigen Regionen kommt es im August und September zu einer sehr partiellen, zweiten Generation. Sie besiedeln bevorzugt Laubmischwälder und verschiedene Laubgehölze, Gebüschbereiche und auch Parks und Gärten im Siedlungsbereich. Ein Spanner, der in Mittel- und Südeuropa mit Ausnahme des Hohen Nordens weit verbreitet und häufig ist.

Idaea aureolaria (Goldgelber Magerrasen-Zwergspanner, Goldgelber Ampferspanner,Goldgelber Kleinspanner)

Flugzeit	J	F	M	A	M	J	J	A	S	O	N	D
Raupen	J	F	M	A	M	J	J	A	S	O	N	D

Die Falter erreichen Flügelspannweiten zwischen 14 und 20 mm. Die hell goldgelb gefärbten Flügel tragen drei bräunlich-schwarze Querlinien sowie eine Saumrandlinie. Die Raupen ernähren sich von Ampfer (*Rumex* sp.), Bunter Kronwicke (*Securigera varia*), Esparsette (*Onobrychis* sp.) und Hecken-Wicke (*Vicia dumetorum*) und überwintern. Je nach Vorkommen erscheinen im Jahr ein bis zwei vorwiegend tagaktive Generationen von Juni bis Juli sowie von August bis September. Ihr bevorzugter Lebensraum besteht aus warmen Trocken- und Magerrasen, verbuschten Brachflächen und Hängen. Die Art kommt verstreut von Spanien über Frankreich und Mittel- bis Osteuropa und dem Balkan vor.
RL 2, **Naturschutzstatus:** 1 & 2

Idaea aversata (Breitgebänderter Staudenspanner, Laub-Kleinspanner, Mausohr-Spanner)

Die Spannweite der Flügel liegt bei 23 bis 31 mm. Der Falter tritt in zwei Varianten auf, gelblichbraun bis graubraun mit einem dunkelbraunen breiten Band und einer Querlinie sowie in der leicht zu unterscheidenden

Flugzeit	J	F	M	A	M	J	J	A	S	O	N	D
Raupen	J	F	M	A	M	J	J	A	S	O	N	D

Ausprägung mit drei Querlinien. Letztere ist sehr ähnlich zu *I. straminata* und *I. diversaria*. Die Raupen leben an einer ganzen Reihe verschiedener Pflanzen wie z. B. an Gewöhnlichem Löwenzahn (*Taraxacum* sect. *Ruderale*), Wachtelweizen (*Melampyrum* sp.), Einjährigem Rispengras (*Poa annua*), Labkräutern (*Galium* sp.), Vergissmeinnicht (*Myosotis* sp.), Vogelmiere (*Stellaria media*), Wegerichen (*Plantago* sp.), Heidelbeere (*Vaccinium myrtillus*), Besenheide (*Calluna vulgaris*), Erlen (*Alnus* sp.), Waldreben (*Clematis* sp.), Ginster (*Genista* sp.), Besenginster (*Cytisus scoparius*) und vielen anderen. Vom Norden nach Süden fliegen, je nach Lage ein bis drei nachtaktive Generationen von Juni bis August bzw. maximal von Mai bis Ende Oktober. Die Habitate dieser Art bestehen aus Waldrändern und Lichtungen an Laub- und Mischwäldern, Hecken und Gärten. Die Verbreitung erstreckt sich auf ganz Europa mit Lücken auf der Balkanhalbinsel und der Iberischen Halbinsel.

Idaea biselata (Breitgesäumter Zwergspanner, Breitgesäumter Gebüsch-Kleinspanner)

Die Flügel erreichen im ausgestreckten Zustand eine Breite von 15 bis 21 mm. Sie sind bräunlichweiß bis gelblich gefärbt und tragen fünf mehr

Flugzeit	J	F	M	A	M	J	J	A	S	O	N	D
Raupen	J	F	M	A	M	J	J	A	S	O	N	D

oder weniger deutlich abgegrenzte, gewellte, braune Querlinien und zwei schwarze Punkte in der Mitte. In Europa existieren einige weitere ähnliche Arten. Die Raupen sind ab August bis zur Überwinterung an den Blättern verschiedener Laubbäume sowie an krautigen Pflanzen wie Gewöhnlichem Löwenzahn (*Taraxacum* sect. *Ruderale*), Acker-Vogelknöterich (*Polygonum aviculare*), Wegerich (*Plantago* sp.), Wiesensalbei (*Salvia pratensis*), Klee (*Trifolium* sp.), Ampfer (*Rumex* sp.), Glockenblumen (*Campanula* sp.), Brombeere (*Rubus* sect. *Rubus*), Linden (*Tilia* sp.), Hasel (*Corylus* sp.), Erlen (*Alnus* sp.) und anderen zu finden. Sie sind im Mai des folgenden Jahres fertig entwickelt. Je nach klimatischen Bedingungen des Lebensraums können Falter in ein bis zwei Generationen von Juni bis Mitte Oktober auftreten. Die dämmerungs- und nachtaktiven Spanner bevorzugen feuchte

Habitate an Waldrändern und auf Waldlichtungen, in Mischwäldern, Hecken und auch im Offenland. Die Art ist über ganz West- bis Osteuropa nach Norden bis ins mittlere Skandinavien und bis ins mittlere Italien im Süden verbreitet.

Idaea dimidiata (Braungewinkelter Zwergspanner)

Die Flügelspannweite beträgt etwa 15 bis 20 mm. Charakteristisch für diese weiß bis gelblich- oder rötlichweiß gefärbte Art sind die drei mehr oder weniger scharf begrenzten, dunkelgrauen bis braunen Flecken und die darüber verlaufende, verstärkte und verdunkelte Querlinie. Die Raupen sind ab September an ihren Futterpflanzen wie Ampfer (*Rumex* sp.), Wegerich (*Plantago* sp.), Echtem Mädesüß (*Filipendula ulmaria*), Wiesen-Labkraut (*Galium mollugo*), Gewöhnlichem Wiesenkerbel (*Anthriscus sylvestris*), Hunds-Kerbel (*Anthriscus caucalis*), Kleiner Bibernelle (*Pimpinella saxifraga*), Weiden (*Salix* sp.) und anderen Arten zu finden. Nach der Überwinterung setzen sie ihre Entwicklung bis Ende Mai des folgenden Jahres fort

Flugzeit	J	F	M	A	M	J	J	A	S	O	N	D
Raupen	J	F	M	A	M	J	J	A	S	O	N	D

und verpuppen sich anschließend am Boden. Je nach klimatischen Bedingungen können ein bis drei Generationen schon Ende Mai und bis Ende September oder auch noch bis Oktober angetroffen werden. Die tagaktiven Falter sind Waldbewohner und leben in feuchteren Habitaten wie in Bach- und Flusstälern, Moorwäldern, Weich- und Hartholzauen, aber auch in Gärten und Streuobstwiesen. Die Spanner sind über West-, Süd- und

Mitteleuropa weit verbreitet und erreichen im Norden das südliche Skandinavien und im Osten Russland.

Idaea emarginata (Zackenrand-Zwergspanner, Eckrandiger Kleinspanner, Auen-Kleinspanner)

Die Flügelspannweite liegt zwischen 19 und 23 mm. Anhand des gezackten und gewellten Randes der Vorder- und Hinterflügel ist die Art kaum zu verwechseln. Die Grundfarbe der Flügel ist gelblich bis orange oder hell-

Flugzeit	J	F	M	A	M	J	J	A	S	O	N	D
Raupen	J	F	M	A	M	J	J	A	S	O	N	D

braun. Die Raupen nutzen ein breites Nahrungsspektrum und fressen bis zur Überwinterung und danach im Frühjahr unter anderem an den Blättern von Erlen (*Alnus* sp.), Birken (*Betula* sp.), Hasel (*Corylus* sp.), Brombeeren (*Rubus* sp.), Labkräutern (*Galium* sp.), Wegerichen (*Plantago* sp.), Winden (*Convolvulus* sp.), Fetthennen (*Sedum* sp.), Besenginster (*Cytisus scoparius*). Die Falter erscheinen je nach Lage und klimatischen Bedingungen in einer oder zwei Generationen pro Jahr von Juni bis August. Sie bewohnen Feuchtgebiete, Wiesen, Moore sowie Mischwälder feuchter Ausprägung und auch Kulturland. *I. emarginata* kommt hauptsächlich im mittel- und westeuropäischen Bereich vor und erreicht im Süden die britischen Inseln, das südliche Skandinavien sowie Finnland und das östliche Europa, fehlt aber in Bulgarien und Norditalien.

Idaea fuscovenosa (Graurandiger Zwergspanner, Buschflurspanner, Gebüschflur-Kleinspanner)

Die Spannweite der Falter reicht von 14 bis 19 mm. Sie sind weißlich bis hellbraun gefärbt und ähneln *I. dilutaria* und *I. humiliata.* Die Falter besitzen mehrere bräunliche, wellenförmige Querlinien und schwarze Mittelpunkte auf den Flügeln. Der vordere Rand der Vorderflügel ist bräunlich

Flugzeit	J	F	M	A	M	J	J	A	S	O	N	D
Raupen	J	F	M	A	M	J	J	A	S	O	N	D

gefärbt. Die Hauptnahrung der Raupe besteht bis zur Überwindung aus verschiedenen Gehölzen wie zum Beispiel Eichen (*Quercus* sp.) und anderen Pflanzen. Die Verpuppung erfolgt im folgenden Jahr ab Mai. Die Flugzeit der einzigen Faltergeneration erstreckt sich von Mitte Juni bis Mitte August. Die Wärme und Trockenheit liebenden Spanner leben hauptsächlich nachtaktiv an Waldrändern, Lichtungen, Hecken, Wiesen und auch im Siedlungsbereich in Gärten. Ihr Verbreitungsgebiet umfasst die Iberische Halbinsel bis ins östliche Europa und reicht im Norden bis nach England und Irland, Dänemark, das südliche Schweden und das Baltikum sowie im Süden bis in den Mittelmeerraum.

Idaea inquinata (Heu-Zwergspanner)

Die Art erreicht Flügelspannweiten von 14 bis 19 mm. Die hellbraunen bis sandfarbenen Flügel sind von verwaschen wirkenden braunen bis grauen Querlinien und Fleckenbändern überzogen und teilweise dunkel bestäubt. Die Raupen leben bei uns hauptsächlich in Gebäuden von getrockneten und welken Pflanzenteilen, Teeblättern, Heu und Pflanzenabfällen. Die

Flugzeit	J	F	M	A	M	J	J	A	S	O	N	D
Raupen	J	F	M	A	M	J	J	A	S	O	N	D

Überwinterung findet im Raupenstadium statt. Im Frühjahr verpuppen sich die Raupen und die Falter fliegen je nach klimatischen Bedingungen in zwei oder mehr Generationen von Ende April bis Mitte Juli sowie von Ende Juli bis Mitte September. In Häusern können die Generationen fortlaufend zwischen Januar und Oktober erscheinen. Die tagaktive Spannerart bewohnt Heuschober, Häuser und Ställe und in warmen Lagen auch Bereiche im Freiland. Sie sind in ganz Südeuropa verbreitet und erreichen in Mitteleuropa Frankreich, Belgien, die Niederlande und Norddeutschland sowie im Westen Spanien und im Osten Russland.

Idaea muricata (Purpurstreifen-Zwergspanner)

Die Vorderflügel messen im ausgestreckten Zustand zwischen 14 bis 19 mm. Die Art ist leicht an ihrer Purpurfärbung erkennbar, wobei die Ausdehnung der Färbung variieren kann. Es kommen gänzlich gefärbte Tiere mit entweder kleinen gelben Flecken oder Tiere mit ausgedehnten gelben Flecken und Saum vor. Eine blauviolette Linie umfasst im Außenbereich die gesamten Flügel. Die Raupen fressen ab August bis zur Überwinterung ausschließlich trockene oder verwelkte Blätter von Pflanzen wie Brombeere und Himbeere (*Rubus* sp.), Sumpf-Labkraut (*Galium palustre*), Knöterich (*Polygonum sp.*), Wegerich (*Plantago* sp.), Wolfsmilch (*Euphorbia* sp.), Sumpf-Blutauge (*Potentilla palustris*), Besenheide (*Calluna vulgaris*), Gräsern wie Schwingel (*Festuca* sp.) und vielen anderen Pflanzen. Die Verpuppung findet im Mai statt. Je nach Lage erscheinen die dämmerungsaktiven Falter in einer bis zwei Generationen pro Jahr von Juni bis August, im Süden auch bis Mitte September. Die bevorzugten Habitate sind feuchte

Flugzeit	J	F	M	A	M	J	J	A	S	O	N	D
Raupen	J	F	M	A	M	J	J	A	S	O	N	D

und warme Wiesen sowie Waldränder, jedoch auch trockenere Biotope. Die Spanner erreichen die Britischen Inseln, den Süden Skandinaviens und Finnlands. In Südeuropa sind Spanien, das mittlere Italien und die Balkanhalbinsel bis Bulgarien und Albanien besiedelt.

Idaea serpentata (Rostgelber Magerrasen-Zwergspanner)

Die Flügelspannweite beträgt ca. 22 bis 25 mm. Das Farbspektrum der Flügel reicht von gelbbraun bis rötlichbraun und wird von drei gezackten braunen Querlinien durchzogen. Die Raupen leben ab August an einer Reihe

Flugzeit	J	F	M	A	M	J	J	A	S	O	N	D
Raupen	J	F	M	A	M	J	J	A	S	O	N	D

verschiedener Pflanzenarten, zu denen z. B. Ampfer (*Rumex* sp.), Labkraut (*Galium* sp.), Thymian (*Thymus* sp.) oder Löwenzahn (*Taraxacum* sp.) gehören, und überwintern. Sie verpuppen sich im Mai. Die nachtaktiven Imagines sind je nach Lage in ein bis (im Süden) zwei Generationen von Mitte Mai bis Anfang August zu beobachten. Die Lebensräume bestehen aus trockenen, warmen, extensiv genutzten Wiesen, Kalkmagerrasen, Dämmen, Böschungen und Niedermooren. *I. serpentata* ist über weite Teile Europas verbreitet.

Ligdia adustata (Pfaffenhütchen-Harlekin)

Die ausgestreckten Vorderflügel erreichen eine Spannweite von 24 bis 28 mm. Die weißen oder bräunlichweißen Flügel haben ein dunkelbraunes Wurzelfeld und eine wellenförmige dunkelbraune bis bläulichschwarze Querbinde. Die Raupen finden sich von Mai bis Juni und August bis Oktober an den Blättern ihrer einzigen Futterpflanze, des Gewöhnlichen Pfaffenhütchens (*Euonymus europaeus*), und verpuppen sich zur Überwinterung in einem Kokon am Boden. Die Flugzeit der dämmerungs- und nachtaktiven Art reicht je nach Lage über ein bis zwei sich überlappende Generationen von Ende März bis Anfang September. Durch seine Bindung an das Pfaffenhütchen kommt *L. adustata* in verschiedensten Biotopen wie in Auwäldern, an Waldrändern, Hecken und auch in Gärten und Parks vor. Die Verbreitungsgrenzen reichen im Norden bis nach Irland, Südschweden und das Baltikum, im Westen bis zur Iberischen Halbinsel, im Osten und Süden bis nach Russland, die Ukraine und die Balkanhalbinsel.

Flugzeit	J	F	M	A	M	J	J	A	S	O	N	D
Raupen	J	F	M	A	M	J	J	A	S	O	N	D

Lomaspilis marginata (Schwarzrand-Harlekin, Vogelschmeiß-Spanner)

Die Flügelspannweite dieses Spanner beträgt 30 bis 38 mm. Der weiße Spanner mit den schwarzen Rändern und Flecken ist mit seiner Musterung, einer Nachahmung von Vogelkot (Vogelkotmimese), unverwechselbar. Als

Flugzeit	J	F	M	A	M	J	J	A	S	O	N	D
Raupen	J	F	M	A	M	J	J	A	S	O	N	D

Raupen fressen sie von Juni bis September an Pappel (*Populus* sp.), Weiden (*Salix* sp.), Birke (*Betula* sp.), Hasel (*Corylus* sp.) und verpuppen sich danach zur Überwinterung im Erdboden. Je nach Lage erscheinen ein bis zwei sich überlappende Generationen von Ende April bis August. Der Lebensraum der häufigen Spanner liegt an Waldrändern, Hecken und auch in Gärten in ganz Europa mit Ausnahme des Südens.

Lomographa bimaculata (Zweifleck-Weißspanner)

Die Spannweite dieses Spanners beträgt 22 bis 26 mm. Die weißen Falter haben an der Mündung der beiden nur angedeuteten Querlinien braunschwarze Flecken und sind damit gut bestimmbar. Die Raupen schlüpfen im Mai und leben bis zur Verpuppung ab Juli an den Blättern und Trieben von Gewöhnlicher Traubenkirsche (*Prunus padus*), Kirsche (*P.* sp.), Schlehe (*P. spinosa*), Birke (*Betula* sp.), Schneeball (*Viburnum* sp.), Weißdorn (*Crataegus* sp.) und weiteren Gehölzarten. Die Puppe überwintert. Erwachsene nachtaktive Falter schlüpfen ab Mai und fliegen je nach Lage und klimatischen Bedingungen in ein bis zwei Generationen bis etwa Juli. Die Art ist recht häufig und bevorzugt im Wald und an verbuschten Auen- und Laubwaldrändern, Parks und Gärten zu finden. In Europa fehlt *L. bimaculata* nur auf dem Balkan und Island.

Flugzeit	J	F	M	A	M	J	J	A	S	O	N	D
Raupen	J	F	M	A	M	J	J	A	S	O	N	D

Lomographa temerata (Schattenbinden-Weißspanner)

Die Flügelspannweite erreicht 22 bis 26 mm. Die weißen Flügel mit der grauen Fleckung am Saum der Flügelspitzen, dem verwaschenen Querband und dem schwarzen Mittelpunkt machen die Art unverwechselbar. Die Raupen ernähren sich zwischen Juni und Anfang September von einer Vielzahl von Laubgehölzen, z. B. Gewöhnlicher Schlehe (*Prunus spinosa*), Eiche (*Quercus* sp.), Rotbuche (*Fagus sylvatica*), Weißdorn (*Crataegus* sp.)

Flugzeit	J	F	M	A	M	J	J	A	S	O	N	D
Raupen	J	F	M	A	M	J	J	A	S	O	N	D

und weiteren Laubbäumen. Vor der Überwinterung verpuppen sie sich. Die Falter bilden je nach Lage zwischen Ende April und August ein bis wahrscheinlich zwei Generationen. Sie lassen sich weit verbreitet an verbuschten Wald- und Gehölzrändern, Hecken, in Parks und Gärten finden und sind europaweit nachgewiesen.

Lycia alpina (Alpenspanner)

Die Männchen erreichen eine Flügelspannweite von 28 bis 40 mm. Die Weibchen sind flugunfähig und besitzen nur Stummelflügel. Die Flügel sind bräunlich weiß gefärbt und tragen dunkelbraune Querbinden. Der Körper trägt am Kopf und Rücken eine dichte, weiße Behaarung. Der ähnliche Trockenrasen-Dickleibspanners *(L. zonaria)* hat viel breitere dunkle Querbänder und ist größer. Ähnlich sind auch *L. florentina* und *L. graecarius,* ihnen fehlt jedoch die weißliche Behaarung im vorderen Bereich des Körpers. Die Raupe nutzt zwischen Juli und September verschiedene Stauden und Straucharten wie Weiden (*Salix* sp.). Die Raupen verpuppen sich vor der Überwinterung und können auch einen weiteren Winter noch überdauern. Abhängig von der Höhenlage reicht die Flugzeit der einzigen Generation von Ende April bis Juli. Die Falter sind Bewohner der höheren Regionen der

Flugzeit	J	F	M	A	M	J	J	A	S	O	N	D
Raupen	J	F	M	A	M	J	J	A	S	O	N	D

Alpen wie Bergwiesen in Höhen ab 1000 m in Österreich, Bayern, in Teilen der Schweiz und der französischen Hochalpen.
RL V, **Naturschutzstatus:** 3 & 9

Lycia hirtaria (Schwarzfühler-Dickleibspanner)

Die Flügelspannweite liegt bei etwa 35 bis 45 mm. Die Vorderflügel sind graubraun bis gelblichbraun gefärbt und schwarz überstäubt und tragen

Flugzeit	J	F	M	A	M	J	J	A	S	O	N	D
Raupen	J	F	M	A	M	J	J	A	S	O	N	D

zwei dunkle Querlinien, die das Mittelfeld begrenzen. Zu den Futterpflanzen der Raupen gehören von Mai bis August eine ganze Reihe verschiedener Laubhölzer wie Eichen (*Quercus* sp.), Birken (*Betula* sp.), Erlen (*Alnus* sp.), Eschen (*Fraxinus* sp.), Ulmen (*Ulmus* sp.), Kirschen (*Prunus* sp.), Weißdorn (*Crataegus* sp.) und Weide (*Salix* sp.). Sie verpuppen sich zur Überwinterung. Die Falter sind nachtaktiv und erscheinen in einer Generation zwischen Anfang März und Mai. Gehölzreiche Biotope wie Wälder, Hecken, Magerrasen mit Gebüschen, Gärten und Parks werden als Lebensräume genutzt. *L. hirtaria* kommt bis auf den hohen Norden und den südlichsten Teil in ganz Europa vor.

Lycia pomonaria (Grauer Laubholz-Dickleibspanner)

Die Spannweite der männlichen Falter beträgt 30 bis 35 mm. Die Flügel sind bei den Männchen hellgrau mit schwarzen Querbändern und orangen Flecken. Die Weibchen besitzen nur Stummelflügel, sind schwarz mit orangebraunen Flecken und langer heller Behaarung. Als Futterpflanze nutzt die Raupe von Mai bis Juni bevorzugt Birke (*Betula* sp.), Eiche (*Quercus* sp.), Erle (*Alnus* sp.), Birne (*Pyrus* sp.), Apfel (*Malus* sp.), Gewöhnliche Schlehe (*Prunus spinosa*) und weitere Laubbäume und Gehölze. Die Art überwintert im Puppenstadium. Imagines sind in einer Generation zwischen Mitte März und Mitte April in Laubwäldern, Hartholzauen, Eichen-Hainbuchenwäldern, Streuobstwiesen und Gärten zu finden. Die Spanner sind in Mittel- und Nordeuropa verbreitet.

Flugzeit	J	F	M	A	M	J	J	A	S	O	N	D
Raupen	J	F	M	A	M	J	J	A	S	O	N	D

Lycia zonaria (Trockenrasen-Dickleibspanner)

Die Flügelspannweite der männlichen Falter liegt zwischen 27 und 34 mm. Die graubraunen Vorderflügel tragen weiße Querbänder und ein breites, weißes Längsband. Die schwarz gefärbten Weibchen sind mit ihren stummelartigen Flügeln flugunfähig und bräunlich weiß behaart. Die Raupen

Flugzeit	J	F	M	A	M	J	J	A	S	O	N	D
Raupen	J	F	M	A	M	J	J	A	S	O	N	D

leben zwischen Mai und Juli an Kräutern wie Esparsette (*Onobrychis* sp.), Flockenblume (*Centaurea* sp.) oder Hornklee (*Lotus* sp.). Die Überwinterung erfolgt im Puppenstadium. Die Falter erscheinen von Ende Februar bis April in einer Generation. Es sind trockene, warme Magerrasen, magere Wiesen, felsige oder sandige Hänge, Waldränder und Wacholderheiden, die bevorzugt als Habitate der seltenen Spanner genutzt werden. Die europäische Verbreitung reicht von Nordspanien über England, Dänemark und Südschweden bis Russland und erreicht im Süden nicht mehr den Mittelmeerraum.
RL 2, **Naturschutzstatus:** 1 und 3

Macaria alternata (Dunkelgrauer Eckflügelspanner)

Die Flügelspannweite beträgt etwa 23 bis 27 mm. Die Flügel sind von dunkelgrauer Farbe. Die Spanner ähneln *M. notata,* haben jedoch ein breites graues Band an der äußeren Querlinie, das sich auf den Hinterflügeln fortsetzt. Im Raupenstadium ernähren sie sich von Juni bis Juli und wiederum von August bis September von Gewöhnlicher Schlehe (*Prunus spinosa*), Eiche (*Quercus* sp.), Salweide (*Salix caprea*), Birke (*Betula* sp.), Gewöhnlicher Traubenkirsche (*Prunus padus*), Gewöhnlichem Faulbaum (*Frangula alnus*) und anderen. Die Überwinterung findet im Puppenstadium statt. Der tagaktive Spanner lebt an lichten Waldrändern, Hecken, Gebüschen und auch im Siedlungsbereich. Die Imagines treten je nach klimatischen Bedingungen in einer bis zwei ineinander übergehenden Generationen pro

Flugzeit	J	F	M	A	M	J	J	A	S	O	N	D
Raupen	J	F	M	A	M	J	J	A	S	O	N	D

Jahr zwischen April und August auf. In weiten Teilen Europas, mit Ausnahme des äußersten Südens und Nordens, findet man diese Falterart.

Macaria liturata (Violettgrauer Eckflügelspanner)

Die Flügelspannweite liegt bei 27 bis 30 mm. Die Flügel sind graubläulich gefärbt und werden von drei dunklen Querlinien durchzogen. Erken-

Flugzeit	J	F	M	A	M	J	J	A	S	O	N	D
Raupen	J	F	M	A	M	J	J	A	S	O	N	D

nungsmerkmal ist auch ein gelbliches bis braunes Band im Saumfeld. Die Raupen leben von Ende Juni bis September an Nadelhölzern, bevorzugt an verschiedenen Kiefern-Arten (*Pinus* sp.) und auch an Rotfichte (*Picea abies*), Weißtanne (*Abies alba*) und Europäischer Lärche (*Larix decidua*). Sie verpuppen sich zur Überwinterung. Das nachtaktive, erwachsene Insekt ist nach dem Schlupf je nach Klimabedingungen ab Ende Mai in einer lang gestreckten Generation bis etwa Anfang September in Mischwäldern, Kiefernwäldern und anderen Standorten mit Koniferen zu finden. Die sehr häufige Spannerart lebt in fast ganz Europa von Spanien bis Finnland nach Norden und im Osten bis Griechenland.

Macaria notata (Hellgrauer Eckflügelspanner)

Die Art erreicht Flügelspannweiten zwischen 28 und 32 mm. Die Art ist in Zeichnung, Flügelform und Farbe *M. alternata* und *M. signaria* sehr ähnlich, unterscheidet sich aber durch die Einbuchtung unter der Spitze der Vorderflügel, die bei *M. alternata* weniger ausgeprägt ist und bei *M. signaria* völlig fehlt. Die äußere Querlinie ist nicht so wie bei *M. alternata* ein breites graues Band. Die Spanner leben als Raupen an Weiden (*Salix* sp.), Gewöhnlicher Hasel (*Corylus avellana*), Hängebirke (*Betula pendula*), Gewöhnlicher Schlehe (*Prunus spinosa*) und verpuppen sich zur Überwinterung. Als Flugzeiten der beiden nachtaktiven Generationen sind die Monate von April bis Juni und Juli bis August bekannt. Ihr Vorkommen ist an Au-, Laub- und Mischwälder sowie gebüschreiche Habitate gebunden. Das mittlere und nördliche Europa sind ihr Verbreitungsgebiet.

Flugzeit	J	F	M	A	M	J	J	A	S	O	N	D
Raupen	J	F	M	A	M	J	J	A	S	O	N	D

Macaria signaria (Braungrauer Eckflügelspanner)

Die Spannweite liegt bei 25 bis 30 mm. Die Art unterscheidet sich von *M. alternata* und *M. notata* durch die weniger eckige Form der Flügelau-

Flugzeit	J	F	M	A	M	J	J	A	S	O	N	D
Raupen	J	F	M	A	M	J	J	A	S	O	N	D

ßenränder. Im Raupenstadium sind ab Juli bis Anfang Oktober Triebe und Nadeln der Fichte (*Picea* sp.) und möglicherweise weitere Nadelhölzer die Nahrungsgrundlage. Die Lebensräume bestehen in erster Linie aus Fichtenwäldern, aber auch anderen Standorten der Fichte im Siedlungsbereich. Als Überwinterungsstadium lässt sich sowohl die ausgewachsene Raupe als auch die Puppe finden. Der Falter erscheint in einer langen Generation zwischen Ende Mai und Anfang August. *M. signaria* ist europaweit verbreitet.

Macaria wauaria (Vauzeichen-Eckflügelspanner)

Die Vorderflügel haben zwischen 22 und 30 mm Spannweite. Die hellgraue bis violettgraue Grundfarbe der Flügel trägt mehrere dunkelbraune Flecken, von denen der mittlere in der Verlängerung ein „V" bildet. Als Nahrung nutzt die Raupe nach dem Schlupf von Ende März bis Anfang Juni Stachelbeere und Johannisbeere (*Ribes* sp.). Ab Ende Mai bis Anfang August sind die Falter in einer Generation an Waldrändern, Hecken, Gebüschen und in Gärten zu beobachten. Der Spanner ist in ganz Europa verbreitet.

Flugzeit	J	F	M	A	M	J	J	A	S	O	N	D
Raupen	J	F	M	A	M	J	J	A	S	O	N	D

Opisthograptis luteolata (Gelbspanner)

Die Flügelspannweite beträgt zwischen 33 und 46 mm. Die hellgelben Vorderflügel mit den rotbraunen Flecken an der Vorderkante machen die Art unverwechselbar. Die Raupen fressen von Juli bis August an einer Reihe

Flugzeit	J	F	M	A	M	J	J	A	S	O	N	D
Raupen	J	F	M	A	M	J	J	A	S	O	N	D

von Laubgehölzen, unter anderem an Apfelbäumen (*Malus* sp.), Birken (*Betula* sp.), Felsenbirnen (*Amelanchier* sp.), Gewöhnlichen Vogelbeeren (*Sorbus aucuparia*), Gewöhnlichen Schlehen (*Prunus spinosa*), Stachelbeergewächsen (*Ribes* sp.), Gewöhnlichen Traubenkirschen (*Prunus padus*), Weiden (*Salix* sp.) und Weißdornen (*Crataegus* sp.). Der Gelbspanner überwintert als Raupe oder Puppe. Als Imago lebt er, je nach klimatischen Bedingungen, nachtaktiv in einer bis zwei Generationen zwischen Ende April und Mitte Juli und von August bis September. Er ist in Habitaten wie Mischwäldern, an Waldrändern und -lichtungen, Hecken, Parks und in großen Gärten zu finden. *O. luteolata* ist über weite Teile Europas verbreitet.

Ourapteryx sambucaria (Nachtschwalbenschwanz)

Die Flügelspannweite der großen Spanner erreicht 40 bis 50 mm. Die Grundfarbe der Vorder- und Hinterflügel ist weiß bis gelblichweiß. Sie haben zwei fast gerade, hellbraune Querlinien, deren innere sich auf den Hinterflügel fortsetzt. Die schwanzartig verlängerten Spitzen der Hinterflügel mit dem länglichen roten Fleck machen den Falter unverwechselbar.

Flugzeit	J	F	M	A	M	J	J	A	S	O	N	D
Raupen	J	F	M	A	M	J	J	A	S	O	N	D

Die Raupe ernährt sich ab August von Blättern und Trieben des Schwarzen Holunders (*Sambucus nigra*), der Gewöhnlichen Waldrebe (*Clematis vitalba*), der Zitterpappel (*Populus tremula*), des Gewöhnlichen Flieders (*Syringa vulgaris*), der Johannisbeere (*Ribes* sp.) und des Gewöhnlichen Efeus (*Hedera helix*), überwintert und verpuppt sich in einem Gespinst zwischen zusammengesponnenen Blättern im Mai. Die nachtaktiven Imagines sind in einer Generation, in klimatisch begünstigten Regionen auch in zwei, von Mitte Juni bis Ende Juli und September bis Oktober anzutreffen. Sie bevorzugen Ränder von Auwäldern und Laubwäldern, Hecken, Gebüsche und auch Gärten als Lebensraum. In Europa fehlen die häufigen Spanner nur im hohen Norden und im südlichen Mittelmeerraum.

Phigalia pedaria (Schneespanner)

Die Spannweite beträgt zwischen 35 und 40 mm. Die Vorderflügel sind hellgrau, dunkler bestäubt, mit drei meist undeutlichen, dunklen Querlinien, die am Vorderrand zu Flecken verdickt sind. Die Hinterflügel sind

Flugzeit	J	F	M	A	M	J	J	A	S	O	N	D
Raupen	J	F	M	A	M	J	J	A	S	O	N	D

hellgrau, dunkel bestäubt mit zwei verwaschenen, dunklen Querlinien. Weibchen sind grau gefärbt und tragen sehr kurze Flügelstummel und weißlich gefleckte Beine. Als Raupen ernähren sie sich zwischen April und Juni von verschiedenen Laubhölzern wie Pappel (*Populus* sp.), Gewöhnlicher Hainbuche (*Carpinus betulus*), Eiche (*Quercus* sp.), Weiden (*Salix* sp.), Gewöhnlicher Schlehe (*Prunus spinosa*)und anderen. Die Falter der einzigen Generation erscheinen ab Ende Dezember, Anfang Januar und fliegen bis April. Die Spanner besiedeln Waldränder, Hecken, Gärten und Parks und sind in ganz Europa verbreitet.

Plagodis dolabraria (Streifenspanner, Hobelspanner)

Die Spannweite reicht von 28 bis 33 mm. Die Vorderflügel sind weißlich grau bis hell gelbbraun gefärbt, mit zahlreichen feinen braunen Querstri-

Flugzeit	J	F	M	A	M	J	J	A	S	O	N	D
Raupen	J	F	M	A	M	J	J	A	S	O	N	D

chen und je einem violettbraunen Fleck, und sehen einem gemaserten Holzstück ähnlich. Die Hinterflügel sind weißlich und tragen je einen großen, violettbraunen Fleck am Innenrand. Die Raupe lebt von Juni bis Ende August an Blättern und Trieben von Eiche (*Quercus* sp.), Buche (*Fagus* sp.), Linde (*Tilia* sp.) und anderen. Die häufigen nachtaktiven Spanner fliegen je nach klimatischen Bedingungen in einer bis zwei Generationen von Ende April bis Anfang Juni und von Juli bis August in Laubwäldern und auch Gärten. Die Verbreitung der Art erstreckt sich über ganz Europa mit Ausnahme des hohen Nordens und des südlichen Mittelmeeres.

Pseudopanthera macularia (Pantherspanner)

Die Flügelspannweite liegt bei 23 bis 28 mm. Die hellgelb bis sattgelb gefärbten Flügel haben mehrere Querreihen dunkelbrauner Flecken, deren Zahl und Größe variieren kann. Diese und schwarz unterbrochene Fransen am unteren Rand der Hinterflügel machen den Spanner unverwechselbar. Die Raupen leben zwischen Juli und September an Ziest (*Stachys* sp.), Gefleckter Taubnessel (*Lamium maculatum*), Hauhecheln (*Ononis* sp.), Gewöhnlicher Hasel (*Corylus avellana*), Minze (*Mentha* sp.) und anderen

Flugzeit	J	F	M	A	M	J	J	A	S	O	N	D
Raupen	J	F	M	A	M	J	J	A	S	O	N	D

Arten. Die tagaktiven Falter fliegen in einer Generation von April bis Anfang Juli auf Trockenrasen, an Waldrändern, auf Waldlichtungen und auch in Parks. Mit Ausnahme des südlichen Mittelmeerraumes und des nördlichen Skandinaviens findet man *P. macularia* in ganz Europa.

Selenia dentaria (Dreistreifiger Mondfleckspanner)

Flugzeit	J	F	M	A	M	J	J	A	S	O	N	D
Raupen	J	F	M	A	M	J	J	A	S	O	N	D

Der Spanner erreicht 34 bis 43 mm Flügelspannweite. Die Art ist *S. lunularia* und *S. tetralunaria* sehr ähnlich, hat jedoch auf den Flügeln keine deutlichen Mittelpunkte wie diese. Die drei braunen Querlinien münden am Vorderflügelrand in drei dunkelbraunen Flecken. Als Raupen leben sie in zwei Generationen von Mai bis Juli und August bis Anfang Oktober an verschiedenen Laubhölzern, wie zum Beispiel Gewöhnlicher Hasel (*Corylus avellana*), Hundsrose (*Rosa canina*), Salweide (*Salix caprea*), Eiche

(*Quercus* sp.), Feldahorn (*Acer campestre*), Hängebirke (*Betula pendula*) und vielen weiteren Arten. Sie überwintern im Puppenstadium. Je nach Lage treten ein bis zwei Generationen von nachtaktiven Faltern zwischen Ende März und Juni sowie von Anfang Juli bis Anfang September in vielen verschiedenen Lebensräumen wie Laubwäldern und deren Rändern, Hecken, Gärten und Parks auf. *S. dentaria* kann in weiten Teilen Europas nachgewiesen werden.

Selenia tetralunaria (Violettbrauner Mondfleckspanner)

Die Spanner erreichen eine Flügelspannweite von 30 bis 40 mm. Die Flügel sind dunkel rotbraun gefärbt. Auf den Flügeln befindet sich je ein breiter

halbmondförmiger, durchsichtiger Mittelfleck und ein verwaschen weißes, scharf abgesetztes Querband. Falter der zweiten Generation sind kleiner und deutlich heller gefärbt. Die Raupe frisst von Mai bis Juli und August bis September an Blättern von Eiche (*Quercus* sp.), Erle (*Alnus sp.*), Weide (*Salix* sp.), Birke (*Betula pendula*), Linde (*Tilia* sp.) und anderen Laubgehölzen. Die Verpuppung zur Überwinterung findet am Boden oder zwischen Blättern statt. Die erste Generation schlüpft im Frühjahr ab März und lebt bis Juni, die zweite von Juli bis August. Ihr Habitat sind Laubwälder und

Flugzeit	J	F	M	A	M	J	J	A	S	O	N	D
Raupen	J	F	M	A	M	J	J	A	S	O	N	D

auch Gärten sowie Parks. Die Falter sind in Mitteleuropa häufig, fehlen jedoch im hohen Norden und Südosteuropa.

Siona lineata (Linienspanner, Hartheuspanner)

Die Spanne der gestreckten Vorderflügel reicht von etwa 35 bis 45 mm. Die weißen Flügel tragen die schwarze, namengebende Aderung auf der

Flugzeit	J	F	M	A	M	J	J	A	S	O	N	D
Raupen	J	F	M	A	M	J	J	A	S	O	N	D

Flügelunterseite und sehen Weißlingen (*Pieris* sp.) sehr ähnlich. Die Raupen nutzen von Juni mit Überwinterung und dann wieder bis zur Verpuppung im Mai viele verschiedene Pflanzen wie Löwenzahn (*Taraxacum* sp.), Esparsette (*Onobrychis* sp.), Thymian (*Thymus* sp.), Wegerich (*Plantago* sp.) und andere als Nahrung. Die tagaktiven Falter sind von Mitte Mai bis Anfang Juli in einer Generation auf Trockenrasen, Heiden, mageren Wiesen, Dämmen und an Waldrändern zu finden. Die Verbreitung reicht von der Iberischen Halbinsel bis Osteuropa, mit Ausnahme des nördlichen Europas und des südlichen Mittelmeerraumes.

Theria primaria (Früher Schlehenbusch-Winterspanner)

Die Spannweite dieses Spanners beträgt 32 bis 37 mm. Die Art *T. rupicapraria* ist sehr ähnlich, aber wesentlich heller. Die Vorderflügel zeigen je einen dunklen Mittelpunkt, zwei Begrenzungslinien fassen ein dunkleres Mittelband ein. Das Weibchen hat nur verkümmerte, stummelartige Flügel. Die Raupen leben ab Februar bis in den Juni an den Blättern von Weißdorn (*Crataegus* sp.) und Gewöhnlicher Schlehe (*Prunus spinosa*). Die Falter fliegen schon zu Beginn des Winters ab Ende Dezember bis März bei Temperaturen zwischen 0 und 5 °C und sind damit die am frühesten erscheinenden heimischen Nachtfalter. Die Habitate bestehen aus warmen, gehölzreichen Trockenrasen, Hecken und Waldrändern. Die Art ist im west-

Flugzeit	J	F	M	A	M	J	J	A	S	O	N	D
Raupen	J	F	M	A	M	J	J	A	S	O	N	D

lichen und nördlichen Europa über England, Frankreich, die Beneluxstaaten und Mitteleuropa verbreitet.

Theria rupicapraria (Später Schlehenbusch-Winterspanner)

Die Spannweite der Flügel beträgt bei den Männchen 28 bis 30 mm, während die Weibchen nur stark reduzierte Flügel besitzen. Im Gegensatz zur

Flugzeit	J	F	M	A	M	J	J	A	S	O	N	D
Raupen	J	F	M	A	M	J	J	A	S	O	N	D

vorangehenden Art ist das Mittelband in der Regel etwas dunkler und deutlicher. Die Raupen leben ab Juni ebenfalls an Gewöhnlicher Schlehe (*Prunus spinosa*) und Weißdorn (*Crataegus* sp.). Die Überwinterung findet im Puppenstadium statt. Die Falter fliegen ebenfalls sehr früh im Jahr, in einer Generation von Februar bis zum April an verbuschten Hängen, Hecken, an Waldrändern und auch in Gärten. Die Verbreitung dieses Spanners erstreckt sich von Westeuropa bis in den Süden Skandinaviens und im Süden bis nach Norditalien und das südliche Russland.

Unterfamilie Geometrinae

Comibaena bajularia (Pustelspanner, Grüner Eichenwaldspanner, Eichenwald-Grünspanner, Eichen-Sackträgerspanner)

Die Flügelspannweite beträgt zwischen 22 und 32 mm. Die Grundfarbe der Flügel ist grün, verblasst aber mit zunehmendem Alter. Auf den Vorder- und Hinterflügeln liegen an den Innenwinkeln je ein gelblicher, ins Braune verlaufender Fleck und wenig deutliche, helle Querlinien. Als Raupen ernähren

Flugzeit	J	F	M	A	M	J	J	A	S	O	N	D
Raupen	J	F	M	A	M	J	J	A	S	O	N	D

sie sich ab Juli hauptsächlich von den Blättern verschiedener Eichenarten (*Quercus* sp.) und überwintern. Während ihrer Entwicklung verspinnen sie sich in Blättern und tragen diese bis zur Verpuppung im Juni des folgenden Jahres mit sich herum. Die Art bildet zwischen Juni und Anfang August eine Generation pro Jahr und fliegt in der Dämmerung und nachts. Laubwälder mit einem hohem Anteil von Eichen sind die bevorzugten Habitate des teilweise seltenen, jedoch in vielen Teilen Europas zu findenden Spanners.
RL V, **Naturschutzstatus:** 2

Geometra papilionaria (Grünes Blatt)

Die Falter werden sehr groß und erreichen Spannweiten zwischen 40 und 65 mm. Die grünen Flügel tragen zwei mehr oder weniger gut erkennbare gezackte, weißliche Querlinien und zum Saum hin eine weitere aus weißen Flecken bestehende Wellenlinie. Die Raupe schlüpft im August, überwintert und lebt bis zur Verpuppung im Mai des Folgejahres an den Trieben und Blättern verschiedener Laubhölzer wie bevorzugt der Birke *(Betula* sp.), aber auch Rotbuche (*Fagus sylvatica*), Erle (*Alnus* sp.), Esche (*Fraxinus* sp.), Gewöhnlicher Hasel (*Corylus avellana*) oder Holunder (*Sambucus* sp.). Die Falter schlüpfen ab Juni und fliegen in einer Generation bis Au-

Flugzeit	J	F	M	A	M	J	J	A	S	O	N	D
Raupen	J	F	M	A	M	J	J	A	S	O	N	D

gust. Sie sind sowohl in und um Laub-, Laubmisch- und Nadelwäldern, in Heidebereichen, Mooren als auch in Gärten zu finden und sind über weite Teile Europas verbreitet.

Hemistola chrysoprasaria (Waldreben-Grünspanner)

Die Spannweite der Vorderflügel reicht von 25 bis 39 mm. Die bläulich grünen Vorderflügel tragen zwei gebogene weiße Querlinien, von denen sich nur die äußere auch auf den Hinterflügeln findet. Die Raupe frisst ab

Flugzeit	J	F	M	A	M	J	J	A	S	O	N	D
Raupen	J	F	M	A	M	J	J	A	S	O	N	D

August bis zur Überwinterung und von Frühjahr bis zur Verpuppung im Juni oder Juli an den Blättern verschiedener Waldrebenarten (*Clematis* sp.). Die Imagines bilden eine lang gestreckte Generation von Ende Mai bis August und können in warmen Jahren oder im Süden noch eine weitere Generation im September und Oktober hervorbringen. Sie leben nachtaktiv in lichten Auwäldern an Waldrändern, Hecken und Gebüschen, warmen Hängen sowie Parks und Gärten. *H. chrysoprasaria* ist in Europa weit verbreitet.

Thalera fimbrialis (Magerrasen-Grünspanner)

Die Spannweite der Vorderflügel reicht von 24 bis 34 mm. Die grünen Flügel haben zwei weiße, wenig gewellte Querlinien, von denen die äußere sich auf den Hinterflügeln fortsetzt. Die Flügelfransen tragen ein auffälliges rotweißes Muster. An den Hinterflügeln befindet sich neben den

Flugzeit	J	F	M	A	M	J	J	A	S	O	N	D
Raupen	J	F	M	A	M	J	J	A	S	O	N	D

Flügelecken eine Einbuchtung. Die Raupen leben ab August bis zur Überwinterung und im Frühjahr bis zur Verpuppung im Juni an einer Vielzahl von Sträuchern und Kräutern, unter anderem an Gewöhnlicher Schafgarbe (*Achillea millefolium*), Thymian (*Thymus* sp.), Gewöhnlicher Goldrute (*Solidago virgaurea*), Besenheide (*Calluna vulgaris*), Färber-Ginster (*Genista tinctoria*), Feld-Beifuß (*Artemisia campestris*) und weiteren Arten. Im Norden des Verbreitungsgebietes leben die nachtaktiven Falter in einer Generation zwischen Juni und August, im Süden erscheint im September und Oktober noch eine zweite Generation. Die Art benötigt trockene Habitate wie Magerrasen, Sandmagerrasen, Heiden und Brachflächen und kommt in großen Teilen Europas mit Ausnahme des nördlichen Skandinaviens vor.

Unterfamilie Larentiinae

Acasis viretata (Gelbgrüner Lappenspanner)

Dieser Falter erreicht eine Flügelspannweite zwischen 19 und 21 mm. Die bei frischen Faltern grüne Grundfarbe wird später gelblich oder bräunlich. Ein graues Mittelband kann mehr oder weniger intensiv erscheinen und wird von zwei dunklen Wellenlinien begrenzt. Nach dem Schlüpfen ab Juni leben die Raupen bis zur Verpuppung im September an den Blättern ihrer Nahrungsgrundlage, wie z. B. Gewöhnlichem Faulbaum (*Frangula alnus*), Liguster (*Ligustrum* sp.), Schneeball (*Viburnum* sp.), Blutrotem Hartriegel (*Cornus sanguinea*) und anderen. Die Puppe überwintert. Je nach Lage fliegen ein bis zwei nachtaktive Generationen zwischen Anfang April und Juni sowie wiederum zwischen Juli und August. Es sind ganz unterschiedliche Lebensräume wie Laubwälder, Bruchwälder und deren Ränder, Hecken,

Flugzeit	J	F	M	A	M	J	J	A	S	O	N	D
Raupen	J	F	M	A	M	J	J	A	S	O	N	D

Gebüsche, Moore und auch Gärten, die genutzt werden. Verbreitung finden die Falter von der Iberischen Halbinsel nach Mittel- und Osteuropa, im Süden bis Italien und im Norden bis in mittlere Bereiche Skandinaviens.

Anticlea derivata (Schwarzbinden-Rosenblattspanner, Schwarzbindiger Rosenblattspanner)

Der Spanner erreicht eine Flügelspannweite von 25 bis zu 32 mm. Die Flügel sind graubraun gefärbt und haben eine schwarz gesäumte, braune Querlinie und eine auffällige weitere, quer zur Flügelspitze verlaufende,

Flugzeit	J	F	M	A	M	J	J	A	S	O	N	D
Raupen	J	F	M	A	M	J	J	A	S	O	N	D

schwarze Linie. Zwischen Mai und Ende Juli sind die Raupen an Trieben, Blüten und Blättern verschiedener Rosenarten (*Rosa* sp.) zu finden. Die Überwinterung erfolgt im Puppenstadium. Die ersten nachtaktiven Imagines der einzigen Generation findet man ab Ende März bis etwa Anfang Juni. Ihre Lebensräume bestehen aus Waldrändern, Hecken, besonnte, mit Gebüschen bestandene Hänge, Parks und Gärten. Nachweise für die Verbreitung reichen von Spanien über West- und Mitteleuropa, die Britischen Inseln bis Osteuropa und ins nördliche Skandinavien.
RL V, **Naturschutzstatus:** 1 & 2

Aplocera praeformata (Bergheiden-Johanniskrautspanner)

Mit ausgespannten Flügeln erreicht der Falter zwischen 34 und 44 mm. Die Grundfärbung ist bräunlich grau. Zwei durch Wellenlinien begrenzte, etwas dunklere Bänder ziehen sich quer über die Flügel, wobei an der inneren ein länglicher, rötlichbrauner Fleck anliegt. Die Raupen schlüpfen ab August und fressen an ihrer Nahrungspflanze, dem Tüpfel-Johanniskraut (*Hypericum perforatum*), überwintern und verpuppen sich im Mai des folgenden Jahres. Als Falter sind sie nachtaktiv und fliegen in einer Generation zwischen Juni und Anfang September. Sie sind Bewohner der Mittelgebirgsregionen und des Hügellandes und finden sich an Waldrändern, auf Magerrasen, in Heiden und an Berghängen. Die Art ist in Europa von der Iberischen Halbinsel über Frankreich, Teile Westeuropas bis nach Osteuropa, im Norden bis ins südliche Finnland und das Baltikum verbreitet.

Flugzeit	J	F	M	A	M	J	J	A	S	O	N	D
Raupen	J	F	M	A	M	J	J	A	S	O	N	D

Aplocera plagiata (Großer Johanniskrautspanner)

Falter dieser Art können recht unterschiedliche Größen erreichen, ihre Flügelspannweite reicht von 27 bis 40 mm. Im Gegensatz zu *A. praeformata* fehlt auf den grauen Vorderflügeln der rot-braune Fleck am inneren Quer-

Flugzeit	J	F	M	A	M	J	J	A	S	O	N	D
Raupen	J	F	M	A	M	J	J	A	S	O	N	D

band. Sehr ähnlich ist der Sandheiden-Johanniskrautspanner (*A. efformata*) und von diesem nur durch Form und Länge des letzten Hinterleibssegments zu unterscheiden. Die Raupen leben ab September je nach Lage und klimatischen Bedingungen in der ersten Generation bis zur Überwinterung und dann wieder bis April des Folgejahres an Tüpfel-Johanniskraut (*Hype-*

ricum perforatum), in der zweiten erscheinen sie zwischen Juli und August. Falter der ersten Generation fliegen ab Ende April bis etwa Mitte Juli, die der zweiten Generation fliegen nicht immer klar trennbar von Ende Juli bis Anfang Oktober. Sie besiedeln warme, trockene Hänge und Böschungen, Wiesen und Sandmagerrasen und Waldränder. Der Große Johanniskrautspanner ist von der Iberischen Halbinsel über Teile West- und Mitteleuropas bis nach Osteuropa, im Norden bis zu den Britischen Inseln und das südliche Skandinavien verbreitet.

Asthena albulata (Ungepunkteter Zierspanner)

Die geringe Flügelspannweite von 16 bis 19 mm macht die Art gut unterscheidbar von anderen weißen Spannerarten. Sie ähnelt *Asthena anseraria,* hat aber keine schwarzen Punkte auf den Vorderflügeloberseiten.

Flugzeit	J	F	M	A	M	J	J	A	S	O	N	D
Raupen	J	F	M	A	M	J	J	A	S	O	N	D

Sechs gelblich braune Querlinien überziehen die Flügel, von denen die dritte und vierte nah beieinander liegen. Die Raupe nutzt als Nahrungsgrundlage von Juli bis September verschiedene Laubgehölze wie Eiche (*Quercus* sp.), Birke (*Betula* sp.), Gewöhnliche Hainbuche (*Carpinus betulus*), Gewöhnliche Hasel (*Corylus avellana*). Ihre Flugzeit liegt zwischen April und Juni. In warmen Regionen kommt es noch zu einer zweiten Generation von Juli bis August. Sie bewohnen bevorzugt warme Laubmischwälder, Auwälder, Streuobstwiesen, Waldränder, Gebüsche und Gärten. *A. albulata* ist von Spanien, England über West- und Mitteleuropa, bis Osteuropa, im Norden bis Skandinavien, im Süden vom westlichen Mittelmeer bis zum Balkan verbreitet.

Camptogramma bilineata (Ockergelber Blattspanner)

Die Flügelspannweite dieser Art liegt bei 20 bis 30 mm. Der häufige Falter ist gelb bis ockerfarben und trägt eine ganze Reihe brauner oder weiß

Flugzeit	J	F	M	A	M	J	J	A	S	O	N	D
Raupen	J	F	M	A	M	J	J	A	S	O	N	D

gezackter Querlinien. Die Raupe lebt von August mit Überwinterung und dann wieder bis Juni des Folgejahres an Rispen-Sauerampfer (*Rumex thyrsiflorus*), Sonnenröschen (*Helianthemum* sp.) und Kriechender Hauhechel (*Ononis repens*). Die Flugzeit der beiden tag- und nachtaktiven Generationen reicht von Mitte Mai bis Mitte Juli und von Mitte Juli bis Ende September. Die Spanner bevorzugen keinen bestimmten Lebensraum und fliegen sowohl an Waldrändern als auch in Offenlandbereichen und auch sowohl an feuchten als auch trockenen Stellen. Das Verbreitungsgebiet dieses Spanners reicht von der Iberischen Halbinsel einschließlich der Britischen Inseln über das westliche mittlere Europa, im Norden bis ins nördliche Skandinavien und im Süden bis in den Balkan und das südliche Mittelmeer.

Cataclysme riguata (Hügelmeisterspanner)

Dieser Falter erreicht Flügelspannweiten zwischen 20 und 23 mm. Die bräunlich bis dunkelgrau gefärbten Falter tragen eine Vielzahl von teilweise undeutlichen, wellenförmigen Querlinien. Die Raupe erscheint im Juni und nochmals von August bis September an ihren Futterpflanzen, zu denen unter anderem der Hügelmeier (*Asperula cynanchica*), das Gänseblümchen (*Bellis perennis*) und Labkrautarten (*Galium* sp.) gehören. Zur Überwinterung verpuppen sie sich. In der ersten Generation erscheinen die Falter von April bis Anfang Juni, in der zweiten von Juli bis August. Sie bevorzugen warme, sonnige, trockene Habitate wie Hänge, Sandmagerra-

Flugzeit	J	F	M	A	M	J	J	A	S	O	N	D
Raupen	J	F	M	A	M	J	J	A	S	O	N	D

sen oder Brachflächen. Die Verbreitung der bei uns seltenen Art beschränkt sich auf das westliche und mittlere Europa.
RL 2, **Naturschutzstatus:** 1 & 2

Catarhoe cuculata (Braunbinden-Blattspanner)

Die Falter erreichen Flügelspannweiten zwischen 22 und 27 mm. Die Vorderflügel sind weiß und an der Basis schwarz und haben ein sich darin befindliches rotbraunes, schmales Band. An den Flügelspitzen befinden sich schwarze und braune Flecken und Bänder. Als Nahrung dienen den

Flugzeit	J	F	M	A	M	J	J	A	S	O	N	D
Raupen	J	F	M	A	M	J	J	A	S	O	N	D

Raupen verschiedene Labkräuter wie Echtes Labkraut (*Galium verum*), Wiesen-Labkraut (*Galium mollugo*), Weißes Labkraut (*Galium album*) und

Wald-Labkraut (*Galium sylvaticum*). Zur Überwinterung verpuppen sie sich. Die ersten Falter erscheinen ab Anfang Mai und fliegen je nach Lage und Klima bis Anfang September in ein bis drei Generationen. Bewohnt werden sowohl feuchte als auch trockene Lebensräume wie Waldränder, extensive Wiesen, verbuschende Magerrasen und Offenlandbereiche. Man findet die Art in weiten Teilen Europas.

Chloroclysta siterata (Olivgrüner Bindenspanner)

Die Flügelspannweite liegt bei 27 bis 30 mm. Die Art kann leicht verwechselt werden. Die Vorderflügel sind moosgrün bis dunkel braungrün, mit rostbrauner Einmischung gefärbt. Je ein auffälliger weißer Fleck befindet sich am Flügelaußenrand in Nähe der Spitze. Die verwandte Art *C. mia-*

Flugzeit	J	F	M	A	M	J	J	A	S	O	N	D
Raupen	J	F	M	A	M	J	J	A	S	O	N	D

ta ist *C. siterata* sehr ähnlich. Als sicheres Unterscheidungsmerkmal gilt die graubraune bis dunkelbraune Grundfarbe der Hinterflügel. Die Raupe ernährt sich von Juni bis August von Laubhölzern wie Weide (*Salix* sp.), Eiche (*Quercus* sp.), Pappel (*Populus* sp.) und anderen. Die nachtaktiven Falter fliegen in einer langen Generation von August bis zur Überwinterung und ab dem Vorfrühling bis Mai des Folgejahres. Unterschiedliche Lebensräume wie Laub- und Mischwälder, Gebüschbereiche, Hecken, Streuobstwiesen und auch Parks und Gärten werden von dem Spanner genutzt. Der Olivgrüne Bindenspanner ist von der Iberischen Halbinsel bis nach Osteuropa, im Süden bis zum Mittelmeerraum verbreitet und fehlt im Norden nur in den mittleren und nördlichen Bereichen Skandinaviens.

Chloroclystis v-ata (Grüner Blütenspanner)

Die Falter variieren in der Flügelspannweite zwischen 14 und 19 mm. Die namengebende V-förmige, schwarze Zeichnung und die grüne Grundfärbung der Vorderflügel machen diesen Spanner unverwechselbar. Die Raupen leben von Ende April bis Oktober an den Blüten und Samen von Pflanzen wie z. B. Gewöhnlichem Dost (*Origanum vulgare*), Brombeere (*Rubus* sp.), Holunder (*Sambucus* sp.) sowie Waldrebe (*Clematis* sp.) und überwin-

Flugzeit	J	F	M	A	M	J	J	A	S	O	N	D
Raupen	J	F	M	A	M	J	J	A	S	O	N	D

tern in der späten Generation als Puppe im Boden. Die dämmerungs- und nachtaktiven Falter erscheinen je nach Lage in ein bis zwei nicht klar zu trennenden Generationen pro Jahr von April bis Juni sowie von Juli bis August. Die Falter bevorzugen feuchtere Stellen an Waldrändern, auf Wiesen und in Gärten. Die Verbreitung reicht über ganz Europa.

Cidaria fulvata (Gelber Rosen-Bindenspanner)

Die Vorderflügel erreichen im ausgestreckten Zustand eine Spannweite von 20 bis 25 mm. Dieser gelblich gefärbte Spanner mit dem breiten orangebraunen bis violettgrauen, gezackten Mittelfeld ist wegen der auffälligen Zeichnung mit keiner anderen gelben Spannerart zu verwechseln. Die Raupe ist von April bis Anfang oder spätestens Mitte Juni anzutreffen und ernährt sich von Blättern und Blüten verschiedener Rosenarten wie Hundsrose (*Rosa canina*), Weinrose (*Rosa rubiginosa*) und auch von Zuchtrosen. Zur Verpuppung spinnen sie sich ab Juni in Blätter ein. Pro Jahr erscheint eine Generation der dämmerungs- und nachtaktiven Spannerart zwischen Mai und Anfang August. Bevorzugt werden eher alle Arten trockener und warmer Habitate wie steinige, felsige, mit Gebüschen bewachsene Hän-

Flugzeit	J	F	M	A	**M**	**J**	**J**	**A**	S	O	N	D
Raupen	J	F	M	**A**	**M**	**J**	J	A	S	O	N	D

ge, Magerrasen, Hecken, Waldränder, Heideflächen, Brachland und auch Parks und Gärten. *C. fulvata* besiedelt weite Teile Europas von Spanien, den Britischen Inseln bis nach Osteuropa, im Norden bis ins mittlere Skandinavien, im Süden bis Italien und die Balkanländer.

Colostygia olivata (Olivgrüner Bergwald-Blattspanner, Moosgrüner Bindenspanner)

Flugzeit	J	F	M	A	M	**J**	**J**	**A**	S	O	N	D
Raupen	**J**	**F**	**M**	**A**	**M**	**J**	J	A	**S**	**O**	**N**	**D**

Die Spanner erreichen 22 bis 25 mm Flügelspannweite. Die braun-grüne Färbung und ein schmales weißes Band zum Flügelsaum hin unterscheidet ihn im frischen Zustand vom sehr ähnlichen *C. aptata*, der außerdem noch eine kurze, strichförmige Zeichnung im Mittelfeld hat. Die Raupe lebt ab Herbst an Labkrautarten (*Galium* sp.), Ampfer (*Rumex* sp.) sowie Löwenzahn (*Taraxacum* sp.) und verpuppt sich nach der Überwinterung ab Juni des folgenden Jahres. Als Falter sind sie dämmerungs- und nachtaktiv. Sie fliegen in einer Generation von Ende Juni bis Ende August und leben im Hügel- und Bergland an felsigen, trockenen Berghängen, Waldrändern, an Lichtungen, auf Magerrasen, Bergmatten, an Böschungen und in Steinbrüchen. In Europa beschränkt sich die Verbreitung auf die westlichen Bereiche und den Mittelmeerraum.

Colostygia pectinataria (Prachtgrüner Bindenspanner)

Die hellgrünen bis weißlich grünen Vorderflügel erreichen 22 bis 28 mm Spannweite. Weiße Querlinien begrenzen im Außenbereich der Flügel schwarze dreieckige Flecken. Ab Anfang Juni leben die ersten Raupen bis Anfang Juli und von September überwinternd bis zur Verpuppung im Mai hauptsächlich an Labkraut (*Galium* sp.), aber auch anderen Pflanzen wie Brennnessel (*Urtica* sp.) oder Taubnessel (*Lamium* sp.). Je nach klimatischen Bedingungen und Lage entstehen ein bis zwei Generationen von Ende April bis Juni sowie von August bis September. Sie sind wenig

Flugzeit	J	F	M	A	M	J	J	A	S	O	N	D
Raupen	J	F	M	A	M	J	J	A	S	O	N	D

anspruchsvoll und besiedeln fast alle mit Gebüschen bewachsenen und nicht zu trockenen, offenen und bewaldeten Lebensräume und sind auch im Siedlungsbereich zu finden. In Europa ist die Art hauptsächlich in gemäßigten Bereichen verbreitet.

Cosmorhoe ocellata (Schwarzaugen-Bindenspanner)

Die Spannweite der gestreckten Flügel beträgt 27 bis 30 mm. Die weißen Flügel tragen ein dunkelbraunes breites Querband in der Mitte und auch einen ebenso gefärbten Kopf und Basalbereich der Flügel sowie je ein bis

Flugzeit	J	F	M	A	M	J	J	A	S	O	N	D
Raupen	J	F	M	A	M	J	J	A	S	O	N	D

zwei schwarze Flecken im Saumbereich. Zwischen Juni und Juli und in einer weiteren Generation ab August leben die Raupen an verschiedenen Laubkrautarten (*Galium* sp.). Sie spinnen sich im Herbst zur Überwinterung in einem Kokon ein und verpuppen sich im Frühjahr des folgenden Jahres. Die nachtaktiven Falter erscheinen je nach klimatischen Bedingungen in ein bis zwei Generationen von Ende April bis Juni und wiederum von Juli bis September. Ihre Ansprüche an den Lebensraum sind nicht besonders hoch, so bewohnen sie lichte Laubmischwälder, Lichtungen, Waldränder, Waldwege, Gebüsche, Böschungen, Streuobstwiesen und auch Gärten. Die Verbreitung des Spanners erstreckt sich auf beinahe ganz Europa.

Cyclophora albipunctata (Birken-Gürtelpuppenspanner)

Die Spannweite der Flügel erreicht etwa 20 bis 25 mm. Die Flügelfarbe ist grauweiß. Die innere Querlinie ist punktförmig und oft sehr undeutlich. Die

Flugzeit	J	F	M	A	M	J	J	A	S	O	N	D
Raupen	J	F	M	A	M	J	J	A	S	O	N	D

äußere schwärzlich punktförmige Querlinie tritt dagegen deutlich hervor. Die auffälligen Ringflecken sind bräunlich gerandet. Auch am Saum befinden sich schwärzliche Punkte. Selten treten auch dunkle oder rötlich graue Exemplare auf. Die Raupe ernährt sich zwischen Juni und bis zur Verpuppung im Oktober von Birken-Arten, bevorzugt von Blättern der Hängebirke (*Betula pendula*), Moorbirke (*Betula pubescens*) und anderen. Die Flugzeit in Abhängigkeit von den klimatischen Bedingungen reicht bei der ersten Generation von April bis Juni und in der zweiten von Juli bis August. Im südlichen Verbreitungsgebiet ist auch noch eine dritte Generation möglich. Wälder mit Birkenanteil, Auwälder, Moorwälder, Bruchwälder, Heide- und Moorflächen mit Birken sind die Heimat dieser über Spanien, West- und Mitteleuropa bis zu den britischen Inseln verbreiteten Spannerart. Im Norden sind sie über den Polarkreis und nach Süden bis Italien und über den gesamten Balkan zu finden.

Dysstroma citrata (Buschhalden-Blattspanner, Spitzwinkel-Bindenspanner)

Die Flügelspannweite beträgt 27 bis 32 mm. Die Unterscheidung dieser ebenfalls sehr variablen Art von der ähnlichen *D. truncata* ist schwierig. Die Hinterflügel-Oberseite hat nur ausnahmsweise Möndchenflecken. Die Mittellinie der Hinterflügel ist stärker winklig gerundet, auf den Hinterflügeln fehlt meistens die helle Fleckenreihe vor dem Saum, die bei *D. truncata* beinahe immer vorhanden ist. Von Ende April bis Anfang Juli lebt die Raupe von einer breiten Palette von Pflanzen wie Heidelbeeren (*Vaccinium myrtillus*), Himbeeren (*Rubus idaeus*), Weidenröschen (*Epilobium* sp.), Erdbeere

Flugzeit	J	F	M	A	M	J	J	A	S	O	N	D
Raupen	J	F	M	A	M	J	J	A	S	O	N	D

(*Fragaria vesca*), Weißdorn (*Crataegus* sp.), Weide (*Salix* sp.), Birke (*Betula* sp.), Rosen und anderen. Als Falter bilden sie eine lange Generation zwischen Juni und September und leben nachtaktiv in Wäldern, an Waldrändern, teils bewaldeten Mooren und Feuchtgebieten, in lichten Fichtenwäldern, in Moorwäldern und vereinzelt auch Parks und Gärten. Die Falter sind in weiten Teilen Europas mit Ausnahme des südlichen Balkans beheimatet.

Dysstroma truncata (Möndchenflecken-Bindenspanner)

Die sehr variable Art erreicht Spannweiten zwischen 24 und 32 mm und hat eine sehr breite Palette an Farben im Mittelfeld der Vorderflügel, die von Rostrot über Hellbraun, Schwarz, Grau bis Weiß reichen kann. Die Falter ähneln dem Spitzwinkel-Bindenspanner *(D. citrata)*. Die Raupen nutzen zwischen Juni und Juli sowie wiederum von August und nach der Überwinterung bis zum Mai des folgenden Jahres die Blätter verschiedener Pflanzen wie Rauschbeere (*Vaccinium uliginosum)*, Heidelbeere *(Vaccinium myrtillus)*, Himbeere (*Rubus idaeus*), Ungeflecktes Lungenkraut (*Pulmonaria obscura*), Große Brennnessel (*Urtica dioica*), Birken (*Betula* sp.), Gewöhnliche Schlehe (*Prunus spinosa*) und auch Weiden (*Salix* sp.). Der Spanner lebt in verschiedenen Habitaten wie Mischwäldern, Nadelbergwäldern, Gebüschen, Heiden, Mooren und Parks. Die nachtaktiven Falter bilden zwei Generationen von Mai bis Juli und wiederum von August bis September. In Europa reicht die Verbreitung von Westeuropa über Skandinavien bis ins Mittelmeergebiet.

Flugzeit	J	F	M	A	M	J	J	A	S	O	N	D
Raupen	J	F	M	A	M	J	J	A	S	O	N	D

Earophila badiata (Violettbrauner Rosen-Blattspanner)

Die Vorderflügel erreichen eine Spannweite von 26 bis 32 mm. Die Färbung besteht aus verschiedenen Brauntönen und einem hellen, gelben Mittelband. Im Saumbereich zeigt sich eine weiße, gewellte Querlinie mit einem

Flugzeit	J	F	M	A	M	J	J	A	S	O	N	D
Raupen	J	F	M	A	M	J	J	A	S	O	N	D

weißen Fleck in der Mitte. Die Nahrungsgrundlage der Raupen bilden zwischen April und Ende Juni verschiedene Rosenarten wie z. B. die Hundsrose (*Rosa canina*), Weinrose (*Rosa rubiginosa*), aber auch Zuchtformen. Sie überwintern im Puppenstadium. Die Spannerart erscheint früh im Jahr ab Februar bis in den Mai in einer Generation an Waldrändern, Gehölzen und Hecken und auch in Parks und Gärten. Nachweise dieser Art liegen für weite Teile Europas vor.

Ecliptopera capitata (Gelbleibiger Springkrautspanner, Gelbköpfiger Springkraut-Blattspanner)

Die Flügelspannweite der Falter liegt etwa zwischen 20 und 25 mm. Die Art ist leicht mit der folgenden *E. silaceata* zu verwechseln, aber etwas kleiner

Flugzeit	J	F	M	A	M	J	J	A	S	O	N	D
Raupen	J	F	M	A	M	J	J	A	S	O	N	D

und hat einen gänzlich hell rötlichgelben Körper. Auch ist das Saumfeld heller und hat weniger Zeichnungselemente. Die Raupen fressen zwischen Mitte Juni und September ausschließlich am Großen Springkraut (*Impatiens noli-tangere*) und verpuppen sich zur Überwinterung. Es entsteht in der Regel eine Generation der nachtaktiven Falter von Mai bis August. Bei günstigen klimatischen Bedingungen tritt eine unvollständige, zweite Generation zwischen August und September auf. Feuchte, schattige bis halbschattige Bereiche in Misch-, Laub- und Auwäldern mit den Nahrungspflanzen in der Krautschicht und vereinzelt auch Randbereiche von Fichtenmonokulturen sind ihre bevorzugten Habitate. Dieser Spanner hat den Schwerpunkt seiner Verbreitung in Mitteleuropa, im Norden erreicht er das

südliche Skandinavien, während die Britischen Inseln, das westliche und südliche Europa nicht besiedelt sind.
RL V, **Naturschutzstatus:** 2

Ecliptopera silaceata (Braunleibiger Springkrautspanner)

Etwas größer als die vorangehende Art beträgt seine Flügelspannweite 25 bis 29 mm. Im Gegensatz zum ähnlichen *E. capitata* ist der Körper braun gezeichnet und hat kaum gelbliche Farbanteile, dafür aber einen Saumbereich mit mehr und dunkleren Zeichnungsanteilen. Die Raupe ernährt sich von Juni bis Juli und August bis Oktober nicht nur von Großem Springkraut

Flugzeit	J	F	M	A	M	J	J	A	S	O	N	D
Raupen	J	F	M	A	M	J	J	A	S	O	N	D

(*Impatiens noli-tangere*) wie die vorangehende Art, sondern auch von Weidenröschen (*Epilobium* sp.) und wird auch vereinzelt an Hexenkraut *(Circaea* sp.) gefunden. Im Spätherbst verpuppen sie sich zur Überwinterung. Abhängig von Lage und klimatischen Bedingungen erscheinen pro Jahr ein bis zwei Generationen zwischen Ende April und Anfang September. Die Falter sind Bewohner von Laubwäldern, Mischwäldern und auch Nadelwäldern, wo sie sich hauptsächlich an deren Rändern, in der Krautschicht an Wegen, Gräben, Lichtungen, Schneisen und auch in Gärten und Parks mit ihren Futterpflanzen aufhalten. Auch im Siedlungsbereich findet man die Art. *E. silaceata* ist über große Teile Europas verbreitet.

Epirrhoe alternata (Graubinden-Labkrautspanner)

Die Vorderflügel dieses sehr häufigen Spanners erreichen Spannweiten von 20 bis 25 mm. Sie sind am Flügelansatz, im Mittelbereich und am Saum grau bis bräunlich oder olivgrün gemustert und werden von mehreren gezackten, weißen Querbändern und Wellenlinien unterbrochen. Die

Flugzeit	J	F	M	A	M	J	J	A	S	O	N	D
Raupen	J	F	M	A	M	J	J	A	S	O	N	D

sehr häufige Art ist schwer von der folgenden zu unterscheiden und sieht auch einigen weiteren Arten ähnlich. Die Raupen leben von Anfang Mai bis Oktober an verschiedenen Labkrautarten (*Galium* sp.). Die Puppe überwintert. Die tag- und nachtaktiven Falter erscheinen in zwei oder mehreren Generationen von Anfang April bis Oktober. Ihr Lebensraum erstreckt sich auf alle Bereiche, in denen Labkraut wächst. Sie ist an Waldrändern, Hecken, aber auch in Gärten und Parks zu finden.

Epirrhoe rivata (Weißbinden-Labkrautspanner)

Die Falter werden etwas größer als die vorangegangene Art und haben eine Flügelspannweite von 28 bis 34 mm. Die weißen Vorderflügel haben im Wurzelbereich eine graue bis braune Färbung. Die äußere Querlinie ist etwas breiter als bei der vorigen Art und hat statt einer dunklen Mittellinie nur ein paar Punkte am vorderen Rand der Vorderflügel. Hauptnahrungsquelle für die Raupen sind von Juni bis September Labkrautarten (*Galium* sp.). Das Überwinterungsstadium ist die Puppe. Je nach Höhenlage und

Flugzeit	J	F	M	A	M	J	J	A	S	O	N	D
Raupen	J	F	M	A	M	J	J	A	S	O	N	D

Temperaturbedingungen findet man die Falter in ein bis zwei Generationen von April bis September sowohl in trockenen als auch feuchten Lebensräumen an Waldrändern, auf Wiesen, Auwaldlichtungen und Mooren. *E. rivata* ist auf Mittel- und Südeuropa beschränkt und erreicht im Norden das südliche Skandinavien.

Epirrhoe tristata (Fleckleib-Labkrautspanner)

Flugzeit	J	F	M	A	M	J	J	A	S	O	N	D
Raupen	J	F	M	A	M	J	J	A	S	O	N	D

Die Vorderflügel erreichen Spannweiten zwischen 21 und 24 mm. Die sehr variable Art ist schwarz mit braunen Farbelementen und trägt eine weiße Musterung. Das weiße Mittelband durchzieht in der Mitte eine Reihe schwarzer Punkte. Sehr ähnlich ist der etwas kleinere *E. hastulata,* der aber einen schwarzen Hinterleib mit weißen Ringen auf jedem Segment hat. Die Raupe nutzt verschiedene Labkrautarten wie Wiesen-Labkraut (*Galium molugo*), Wald-Labkraut (*G. sylvaticum*), Waldmeister (*G. odoratum*) sowie Echtes Labkraut (*G. verum*) und verpuppt sich vor der Überwinterung. Zwischen Mai und Juni fliegt die erste Generation und die zweite folgt von Juli bis August. Die auch tagsüber aktiven Spanner bewohnen Waldränder und -lichtungen von Laub- und Mischwäldern, Auwälder, Wegränder, trockene Hänge und Bergwiesen. *E. tristata* kann in ganz Europa mit Ausnahme der Britischen Inseln, der Iberischen Halbinsel, der Balkanhalbinsel und Sardinien und Sizilien gefunden werden.

Epirrita christyi (Buchenwald-Herbstspanner, Grauer Rotbuchen-Herbstspanner, Kleiner Herbstspanner)

Als Falter erreicht diese Art eine Flügelspannweite von 25 bis 30 mm. Die

Flugzeit	J	F	M	A	M	J	J	A	**S**	**O**	**N**	D
Raupen	J	F	M	A	**M**	**J**	J	A	S	O	N	D

Grundfärbung der Vorderflügel reicht von weiß über hellbraun bis dunkel graubraun. Die Querlinien und -binden bieten keine verlässlichen Anhaltspunkte zur Bestimmung der Art, da sie stark variieren können. Die sichere Unterscheidung von den beiden weiteren Arten *E. dilutata* und *E. autumnata* ist nur anhand der Genitalien möglich. Als Nahrungspflanzen der Raupe dienen zwischen Mai und Juni die Blätter von Sal-Weide (*Salix caprea*),

Purpurweide (*S. purpurea)*, Rotbuche (Fagus sylvatica), Bergahorn (*Acer pseudoplatanus*), Ulmen (*Ulmus* sp.) und Hängebirke (*Betula pendula*). Die Imagines sind hauptsächlich nachtaktiv und fliegen in einer Generation von September bis etwa Ende November. Sie bewohnen bevorzugt Buchenwälder sowie Berg-Auenwälder und bewaldete Hochmoore. In Europa sind die Falter von Spanien über die Britischen Inseln bis in den Balkan und den Norden Skandinaviens verbreitet. Im Süden erreichen sie nur den nördlichen Mittelmeerraum.

Eulithis mellinata Scheckrand-Haarbüschelspanner, Honiggelber Haarbüschelspanner)

Die durchschnittliche Flügelspannweite liegt zwischen 27 und 30 mm. Die Vorderflügel sind honiggelb gefärbt und tragen mehrere gezackte Querlinien. Die Tiere unterscheiden sich von den ähnlichen verwandten Arten im frisch geschlüpften Zustand durch die dunkelbraune und weiße Fleckung der Fransen am Rand der Vorder- und Hinterflügel. Das äußere, dunkelbraune Querband auf den Vorderflügeln springt zum Außenrand nur in einem Fortsatz hervor. Die Raupe lebt ab dem Frühjahr bis zur Verpuppung im Juni an Johannis- und Stachelbeersträuchern (*Ribes* sp.). Als Falter fliegen sie in einer Generation von Anfang Juni bis Ende Juli. Als Kulturfolger ist ihr Lebensraum der Siedlungsbereich in Gärten mit Obstanbau und Beerensträuchern. In der freien Natur leben sie in Gebüschbereichen und an Waldrändern. Die Verbreitung reicht über West- und Mitteleuropa, die Britischen Inseln bis Russland, Skandinavien und südlich bis Tschechien und die Slowakei.

Flugzeit	J	F	M	A	M	J	J	A	S	O	N	D
Raupen	J	F	M	A	M	J	J	A	S	O	N	D

Eulithis populata (Veränderlicher Haarbüschelspanner)

Der Falter erreicht Flügelspannweiten zwischen 25 und 32 mm, ist farblich variabel zwischen gelblich und dunkel braunrot gefärbt und ähnelt *E. mellinata* und *Gandaritis pyraliata*. Das Mittelband springt an der Außenseite in zwei Bögen vor. Die Raupe schlüpft nach der Überwinterung ab April

Flugzeit	J	F	M	A	M	J	J	A	S	O	N	D
Raupen	J	F	M	A	M	J	J	A	S	O	N	D

und ernährt sich bis etwa Ende Juli von Blättern der Heidelbeere (*Vaccinium myrtillus*) und Rauschbeere (*Vaccinium uliginosum*). Die Falter sind vorwiegend dämmerungs- und nachtaktiv. Sie schlüpfen schon ab Juni und fliegen in einer Generation bis Anfang September. Ihr Lebensraum liegt im höheren Bergland, wo sie Hochmoore mit Sträuchern und alpine Zwergstrauchheiden besiedeln. In Europa beschränkt sich die Art auf die Bergregionen und alpinen Bereiche.

Eulithis prunata (Dunkelbrauner Haarbüschelspanner)

Durchschnittliche Flügelspannweiten der Falter reichen von etwa 28 bis 37 mm. Die dunkelbraunen Vorderflügel sind in Abgrenzung zum hellen graubraunen bis weißen Saumbereich stark gezackt und lassen sich damit gut von *Ecliptopera silaceata* und *Ecliptopera capitata* unterscheiden. Die Raupe schlüpft nach der Überwinterung ab März aus dem Ei und ernährt sich bis Mai oder Anfang Juni von Stachelbeere (*Ribes uva-crispa*), Alpen-Johannisbeere (*Ribes alpinum*), Eiche (*Quercus* sp.), Gewöhnlicher

Flugzeit	J	F	M	A	M	J	J	A	S	O	N	D
Raupen	J	F	M	A	M	J	J	A	S	O	N	D

Schlehe (*Prunus spinosa*), Weißdorn (*Crataegus* sp.) oder Zwetschge (*Prunus domestica*). Die dämmerungs- und nachtaktiven Falter bilden eine langgestreckte Generation von Ende Mai bis Ende September und sind in Wäldern, Gehölzen, Hecken, Randbereichen mit Gebüsch, buschbestandenen Magerrasen und auch in Gärten anzutreffen. Die Spanner sind in ganz Europa weit verbreitet.

Eupithecia abbreviata (Eichen-Blütenspanner)

Die Spannweite der Flügel bewegt sich zwischen 19 und 22 mm. Die graubraunen Flügeloberseiten haben eine schwarze, strichförmige Zeichnung

Flugzeit	J	F	M	A	M	J	J	A	S	O	N	D
Raupen	J	F	M	A	M	J	J	A	S	O	N	D

in der Mitte und weitere schwarze Fleckenmuster. Im Raupenstadium ernähren sie sich zwischen Mai und Anfang Juni von den Blättern und Blüten im Kronenbereich von Eichen (*Quercus* sp.) und auch Weißdorn (*Crataegus* sp.). Die Imagines sind nachtaktiv und fliegen in einer Generation, je nach Lage, schon ab Februar bis Ende Mai. Als Bewohner lichter, warmer Laub- und Mischwälder und Parkanlagen sind sie in Europa weit verbreitet, fehlen aber in Finnland, Teilen des Baltikums und der Balkanhalbinsel.

Eupithecia centaureata (Mondfleckiger Blütenspanner)

Die Falter haben eine Flügelspannweite von 15 bis 24 mm. Die weißen Vorderflügel verlaufen zum Saum ins Grauweiße bis Bräunliche und haben in der Mitte einen strichförmigen, schwarzen Fleck. Die Raupe lebt zwischen Juli und September an Blüten- und Samenständen einer Vielzahl von Korb-

Flugzeit	J	F	M	A	M	J	J	A	S	O	N	D
Raupen	J	F	M	A	M	J	J	A	S	O	N	D

und Doldenblütlern wie z. B. dem Strand-Silberkraut (*Lobularia maritima*) und verpuppen sich zur Überwinterung. Je nach Verbreitungsgebiet bilden die Falter ein, zwei oder mehrere Generationen, in Mitteleuropa meist von Mitte April bis Juni sowie von Juli bis September. Im Süden Europas kann man die Art auch ganzjährig antreffen. Die Tiere sind dämmerungs- und nachtaktiv und leben an Waldlichtungen und -rändern, auf Trockenrasenhängen und Wacholderheiden sowie auch in Gärten und Parks. Die Art ist in ganz Europa mit Ausnahme des nördlichen Skandinaviens verbreitet.

Eupithecia exiguata (Hecken-Blütenspanner)

Die Spannweite der Vorderflügel beträgt zwischen 20 und 22 mm. Die weiß und graubraun gemusterten Flügel zeigen mehrere auffällige schwarze keilfleckförmige Zeichnungen. Die Raupe nutzt von Juni bis zur Verpuppung

Flugzeit	J	F	M	A	M	J	J	A	S	O	N	D
Raupen	J	F	M	A	M	J	J	A	S	O	N	D

Anfang Oktober als Nahrung die Blätter einer Vielzahl von Pflanzen wie Weiden (*Salix* sp.), Gewöhnliche Schlehen (*Prunus spinosa*), Gewöhnliche Ebereschen (*Sorbus aucuparia*), Stieleichen (*Quercus robur*), Himbeeren (*Rubus idaeus*), Gewöhnliche Berberitzen (*Berberis vulgaris*), Rotem Hartriegel (*Cornus sanguinea*) und verschiedenen weiteren Sträuchern und Bäumen. Die Art überwintert als Puppe. Es erscheint nur eine Generation der nachtaktiven Spanner im Jahr von Ende April bis Anfang Juli. Sie leben an Waldrändern, Gebüschen und Hecken, an meist feuchten Standorten in Auenwäldern, Parkanlagen und Gärten. Verbreitet sind diese Blütenspanner in Mittel- und Nordeuropa und fehlen im größten Teil Südeuropas.

Eupithecia icterata (Schafgarben-Blütenspanner)

Der Spanner erreicht 20 bis 26 mm Flügelspannweite. Die Grundfarbe ist graubräunlich mit rotbraunen Einsprengungen und hellen, schwarz gesäumten, gezackten Wellenlinien. Insgesamt kann die Färbung sehr veränderlich sein. Die Raupe lebt von Ende August bis Oktober an den Blättern, Blüten und Früchten von Wiesen-Schafgarbe (*Achillea millefolium*) und vereinzelt auch Rainfarn (*Tanacetumvulgare*) und Gewöhnlichem Beifuß (*Artemisia vulgaris*) und verpuppt sich spätestens im November. Die Falter fliegen von Juni bis September in einer Generation. Bevorzugt bewohnen sie trockenere Standorte wie Magerrasen, Dämme, Bergwiesen, Waldränder, Buschgehölze und auch Parks. In Europa ist *E. icterata* weit verbreitet und fehlt nur in Portugal und im nördlichen Skandinavien.

Flugzeit	J	F	M	A	M	**J**	**J**	**A**	**S**	O	N	D
Raupen	J	F	M	A	M	J	J	**A**	**S**	**O**	N	D

Eupithecia lanceata (Fichten-Blütenspanner)

Die Flügelspannweite reicht von 16 bis 22 mm. Die Form der Vorderflügel ist sehr spitz zulaufend. Die gelblich bis rötlichbraunen Flügel tragen mehrere wellenförmige helle, schwarz gesäumte Querlinien und Flecken. Für die Raupen stellen zwischen Mai und Juni Triebe und Nadeln der Rotfichte (*Picea abies*) und anderer Nadelgehölze die Hauptnahrungsquelle dar. Die dämmerungs- und nachtaktiven Falter erscheinen sehr früh ab März und bilden bis Mai eine einzige Generation im Jahr. Die Blütenspanner bewohnen Nadel- und Mischwälder und sind in West- und Mitteleuropa verbreitet, fehlen aber im Mittelmeerraum.

Flugzeit	J	F	**M**	**A**	**M**	J	J	A	S	O	N	D
Raupen	J	F	M	A	**M**	**J**	J	A	S	O	N	D

Eupithecia linariata (Leinkraut-Blütenspanner)

Die Spannweite der Vorderflügel erreicht 12 bis 18 mm. Die schöne braun und gelblichbraun gefärbte Art mit einer dunkelgrauen Binde ähnelt *E. pulchellata* und *E. pyreneata*. Die Raupengenerationen ernähren sich zwischen Mai und Juli sowie von August bis Oktober im Unterschied zu den ähnlichen beiden Arten von Blüten und Fruchtständen des Gewöhnlichen

Flugzeit	J	F	M	A	M	J	J	A	S	O	N	D
Raupen	J	F	M	A	M	J	J	A	S	O	N	D

Leinkrauts (*Linaria vulgaris*) und des Löwenmauls (*Antirrhinum* sp.). Vor der Überwinterung erfolgt die Verpuppung. Je nach Standort fliegen die Falter von April bis Oktober in zwei nicht klar zu trennenden Generationen pro Jahr. Die Falter findet man vereinzelt an Wald- und Wegrändern, Böschungen und Dämmen, auf Sandflächen, Magerrasen und Ruderalflächen und auch in Gärten mit Beständen der Nahrungspflanze. Nachweise der Art existieren für weite Teile Europas.

Eupithecia satyrata (Satyr-Blütenspanner)

Die Spannweite der Flügel reicht von 17 bis 24 mm. Die Flügel sind grau und entlang der Flügeladern weiß und schwarz gefleckt und sehen zwei weiteren Arten *E. cauchiata* und *E. intricata* ähnlich. Die Art ist heller und kleiner als diese. Als Raupe ernährt sich der Spanner von Juli bis Anfang September von einer Vielzahl von Pflanzenarten wie Greiskraut (*Senecio* sp.), Flockenblumen (*Centaurea* sp.), Glockenblumen (*Campanula* sp.),

Flugzeit	J	F	M	A	M	J	J	A	S	O	N	D
Raupen	J	F	M	A	M	J	J	A	S	O	N	D

Heidekraut (*Calluna* sp.), Goldruten (*Solidago* sp.), Fingerhut (*Digitalis* sp.) und anderen. Sie verpuppen sich zur Überwinterung. Im Jahresverlauf erscheint eine Generation zwischen Anfang Mai bis Anfang Juli. Als Lebensraum werden Wiesen, Hochstaudenfluren, Magerrasen, Wegränder, Böschungen und Waldlichtungen genutzt. In Europa beschränkt sich die Verbreitung auf Mittel-, Nord- und Osteuropa und reicht im Süden bis in den nördlichen Mittelmeerraum.

Eupithecia succenturiata (Beifuß-Blütenspanner)

Die Falter erreichen Flügelspannweiten von 20 bis 27 mm. Die Vorderflügel sind weiß und zum Außenrand graubraun bis braun gemustert. Der

Flugzeit	J	F	M	A	M	J	J	A	S	O	N	D
Raupen	J	F	M	A	M	J	J	A	S	O	N	D

Körper ist hinter dem Kopf ebenfalls weiß gefärbt. Wegen ihrer auffälligen Zeichnung ist die Art gut bestimmbar. Als Raupe nutzt die Spannerart von August bis Oktober bevorzugt die Blätter, Blüten und Samen vom Gewöhnlichen Beifuß (*Artemisia vulgaris*) und auch Rainfarn (*Tanacetum vulgare*) sowie Gewöhnlicher Schafgarbe (*Achillea millefolium*). Vor der Überwinterung verpuppen sie sich. Ab Ende Mai schlüpfen die Falter und sind in einer einzigen langgestreckten Generation bis August zu finden. Sie sind nachtaktiv und bewohnen trockene Lebensräume wie verbuschte Magerrasen, Ruderalflächen und auch Parks. Ihre Verbreitung erstreckt sich auf ganz Europa.

Eupithecia tantillaria (Nadelgehölz-Blütenspanner)

Die Flügelspannweiten erreichen zwischen 14 und22 mm. Die graubraunen bis hellgrauen Flügel sind von mehr oder weniger gut sichtbaren dunkel-

Flugzeit	J	F	M	A	M	J	J	A	S	O	N	D
Raupen	J	F	M	A	M	J	J	A	S	O	N	D

braunen, wellenförmigen Querlinien durchzogen und tragen einen dunklen Mittelfleck. Die Raupen leben zwischen Ende Mai bis Mitte September vor allem an Nadeln von Rotfichten (*Picea abiesis*), aber auch an Gewöhnlichen Lärchen (*Larix decidua*) und Gewöhnlichen Douglasien (*Pseudotsuga menziesii*) und verpuppen sich zur Überwinterung. Je nach Lage erscheinen eine bis zwei Generationen von April bis Ende Juni und in Südeuropa nochmals im August. Die dämmerungs- und nachtaktiven Falter leben in Nadel- und Mischwäldern und sind auch in Gärten und Parks mit Nadelhölzern verbreitet. *E. tantillaria* fehlt in Europa nur in Teilen Spaniens, in Portugal und auf den Mittelmeerinseln.

Eupithecia tripunctaria (Dreipunkt-Blütenspanner)

Die Falter messen mit ausgebreiteten Vorderflügeln zwischen 16 und 23 mm. Die Falter sind meist eintönig grau, manchmal auch fast schwarz gefärbt, lassen sich aber an den drei gut sichtbaren weißen Punkten an

Flugzeit	J	F	M	A	M	J	J	A	S	O	N	D
Raupen	J	F	M	A	M	J	J	A	S	O	N	D

der Wellenlinie am Saum der Flügel erkennen. Die Raupen leben zwischen Ende Mai und Juni und häufiger im Sommer von August bis September an Blüten und Samen von beispielsweise Gewöhnlicher Wald-Engelwurz (*Angelica sylvestris*), Kleiner Bibernelle (*Pimpinella saxifraga*), Wiesen-Bärenklau (*Heracleum sphondylium*), Schwarzem Holunder (*Sambucus nigra*) und anderen. Die zweite Generation der Raupen verpuppt sich und überwintert. Je nach Lage erscheinen in der Regel zwei Generationen der dämmerungs- und nachtaktiven Falter von Ende April bis Juni und von Juli bis Anfang September. Sie siedeln an Waldsäumen von Bruch- und Auwäldern, in Hochstaudenfluren und Feuchtwiesenbereichen. Die Verbreitung weist nur in Südeuropa größere Lücken auf.

Gagitodes sagittata (Wiesenrauten-Kapselspanner)

Die Flügelspannweite erreicht zwischen 26 bis 34 mm. Die Grundfärbung der Flügel dieser nicht zu verwechselnden Art ist rotbraun. Zwei dunkelbraune Bänder ziehen sich quer über die Vorderflügel, davon trägt das mittlere im Mittelfeld je einen Zacken, der pfeilförmig nach unten weist.

Flugzeit	J	F	M	A	M	J	J	A	S	O	N	D
Raupen	J	F	M	A	M	J	J	A	S	O	N	D

Die Hinterflügel sind dagegen weißgrau und tragen eine dunkle Querlinie. Die Raupe ernährt sich von Ende Juli bis Anfang September von den Blüten und Früchten der Wiesenrauten (*Thalictrum* sp.). Die Puppe überwintert bis zu zweimal. Die nachtaktiven Falter erscheinen ab Mitte Juni bis Mitte August in einer Generation und sind in feuchten Auwäldern und Bruchwäldern sehr selten zu finden. *G. sagittata* ist in Nord- und Mitteleuropa beheimatet.
RL 2, **Naturschutzstatus:** 1 &2

Gandaritis pyraliata (Schwefelgelber Haarbüschelspanner)

Flugzeit	J	F	M	A	M	J	J	A	S	O	N	D
Raupen	J	F	M	A	M	J	J	A	S	O	N	D

Die Flügelspannweite erreicht 28 bis 33 mm. Die gelblich gefärbten Spanner ähneln *Eulithis mellinata,* sind aber in der dunkelbraunen Zeichnung reduziert und die Fransen sind nicht gescheckt. Die Überwinterung findet im Eistadium statt. Die Raupe lebt zwischen April und Ende Juni an verschiedenen Labkrautarten wie dem Weißen Labkraut (*Galium album*). Je nach Lage erscheinen die ersten Falter in einer Generation ab Ende Mai und sind noch bis Anfang September zu finden. Sie sind dämmerungs- und nachtaktiv und leben an Hecken, Gebüsch- und Gehölzrändern, extensiven, mageren Wiesen, Böschungen, Dämmen und auch Gärten. Die Spannerart ist über fast ganz Europa verbreitet.

Hemithea aestivaria (Gebüsch-Grünspanner)

Die Flügelspannweite der Falter reichen von 25 bis 30 mm. Die Grundfärbung der Flügel ist grün und die Vorderflügel werden von zwei hellen Wel-

Flugzeit	J	F	M	A	M	J	J	A	S	O	N	D
Raupen	J	F	M	A	M	J	J	A	S	O	N	D

lenlinien quer zu je einem Drittel unterteilt. Die Fransen der Flügel sind abwechselnd gelblich und grau gestreift. Die Art sieht *Thalera fimbrialis* ähnlich, hat aber einen braunen Hinterleib und nur einen Zacken am Flügelsaum. Die Raupen sind ab August an ihren Futterpflanzen wie z. B. Eiche (*Quercus* sp.), Rosen (*Rosa* sp.), Weißdorn (*Crataegus* sp.), Gewöhnlicher Schlehe (*Prunus spinosa*), Gewöhnlicher Waldrebe (*Clematis vitalba*), Schneeball (*Viburnum* sp.), Stachelbeere (*Ribes uva-crispa*), Brombeere (*Rubus* sect. *Rubus*) und anderen Arten zu finden. Sie überwintern und verpuppen sich im folgenden Jahr ab Mai. Die dämmerungs- und nachtaktiven Falter treten in einer Generation pro Jahr zwischen Ende Mai und Mitte August und bilden im Süden auch oft eine zweite Generation. Sie leben an Hecken, in Laubwäldern, Gebüschen und auch in Gärten und Parks. Die Verbreitung der Falter ist auf Süd- und Mitteleuropa beschränkt.

Horisme radicaria (Flussauen-Waldrebenspanner)

Die Flügelspannweite liegt bei 26 bis 32 mm. Die Bestimmung ist nach äußeren Merkmalen oft nicht sicher und nur beschränkt anhand der oberhalb eines schwarzen Schrägstriches auffällig helleren Flügelspitze und dem fehlenden schwarzen Mittelpunkt auf den Vorderflügeln möglich. Die Raupen findet man zwischen Mai und Oktober an Gewöhnlicher Waldrebe (*Clematis vitalba*). Zur Überwinterung verpuppen sie sich. Die Flugzeit der beiden nicht eindeutig zu trennenden Generationen reicht von Anfang Mai bis September. Die Lebensräume hängen mit dem Vorkommen der Waldrebe zusammen und sind ähnlich wie bei der folgenden Art meist warme Waldränder, Waldlichtungen von Auwäldern und Mischwäldern sowie auch Trockenrasen mit Gebüschen. Mit Ausnahme von Teilen Nordeuropas ist die Art weitverbreitet zu finden.

Flugzeit	J	F	M	A	M	J	J	A	S	O	N	D
Raupen	J	F	M	A	M	J	J	A	S	O	N	D

Horisme tersata (Waldrebenspanner)

Die Art erreicht eine Flügelspannweite von 28 bis 35 mm. Die Unterscheidung zu *H. radicaria* ist anhand des meist weniger deutlichen schwarzen Schrägstriches in der Flügelspitze und der fehlenden Aufhellung darüber

Flugzeit	J	F	M	A	M	J	J	A	S	O	N	D
Raupen	J	F	M	A	M	J	J	A	S	O	N	D

und dem oft vorhandenen schwarzen Mittelpunkt auf den Vorderflügeln nicht immer sicher möglich. Die Raupe lebt zwischen Mai und Oktober an ihren Nahrungspflanzen, bevorzugt der Gewöhnlichen Waldrebe (*Clematis vitalba*), aber auch an Wald-Geißblatt (*Lonicera periclymenum*) und Roter Heckenkirsche (*L. xylosteum*). Die Überwinterung findet im Puppenstadium statt. Je nach Lage und klimatischen Bedingungen erstreckt sich die Flugzeit der nachtaktiven Falter von Mitte April bis Anfang September in ein bis zwei, im Süden sogar drei Generationen. Die Lebensräume hängen mit dem Vorkommen der Waldrebe zusammen und sind meist Waldränder, Waldlichtungen von Auwäldern, Heckenbereiche, buschbestandene Ruderalflächen sowie auch Gärten und Parks. In Europa fehlt der Spanner nur in Portugal, Teilen Spaniens, Irlands und dem Norden Skandinaviens.

Hydrelia sylvata (Braungestreifter Erlenspanner)

Die Falter haben eine Flügelspannweite von 18 bis 23 mm. Die Vorderflügel sind weiß bis grauweiß oder gelblich-weiß und haben mehrere rötlichbraune und dunkelbraune Querbinden. Ähnlich ist *Venusia cambrica*, die jedoch größer ist und auf den weißen Hinterflügeln weniger Zeichnungselemente hat. Die Nahrung der Raupen besteht hauptsächlich aus Weiden (*Salix* sp.), Erlen (*Alnus* sp.), Gewöhnlicher Hasel (*Corylus avellana*) und Heidelbeeren

Flugzeit	J	F	M	A	M	J	J	A	S	O	N	D
Raupen	J	F	M	A	M	J	J	A	S	O	N	D

(*Vaccinium myrtillus*), an denen sie von August bis September zwischen zusammengesponnenen Blättern leben und zur Überwinterung verpuppen. Die nachtaktiven Spanner treten in einer langen Generation von Mai bis August auf. Sie sind Bewohner von Au- und Erlenbruchwäldern, Hochmooren und Waldmooren. In Europa endet die Verbreitung nach Norden im mittleren Fennoskandinavien, nach Süden am südlichen Alpenrand.
RL 3, **Naturschutzstatus:** 1 & 2

Hydria cervinalis (Großer Berberitzenspanner)

Flugzeit	J	F	M	A	M	J	J	A	S	O	N	D
Raupen	J	F	M	A	M	J	J	A	S	O	N	D

Die Spannweite der Vorderflügel liegt bei 30 bis 40 mm. Der Falter ähnelt *Triphosa dubitata,* hat aber ein schmaleres Mittelfeld auf den dunkelgrauen bis hellbraunen mit dunklen, gewellten Querlinien versehenen Vorderflügeln. Als Raupen leben sie von Ende April bis Anfang Juli an Gewöhnlicher Berberitze (*Berberis vulgaris*), vereinzelt auch an der Gartenform (*B. thunbergii*). Die Überwinterung findet in der Puppenhülle statt. Je nach Lage erscheint in der Regel zwischen März und Mitte Juni eine Generation, in klimatisch günstigen Regionen gefolgt von einer zweiten zwischen Ende Juni und Ende Juli. Lebensräume sind Auwälder und Lichtungen, Waldränder, Trockenrasen und Hänge mit Gebüsch und Gärten und Parks mit Berberitzenpflanzungen. In Europa reicht die Verbreitung über ganz West-, Mittel- und Osteuropa, im Norden bis ins südliche Skandinavien und nach Süden bis zum Südrand der Alpen.

Hydria undulata (Wellenspanner)

Die Spannweite der Flügel variiert zwischen 28 und 35 mm. Aufgrund der schönen wellenförmigen Querlinienzeichnung ist der Falter mit keiner anderen europäischen Art zu verwechseln. Als Raupe spinnt sich der Spanner zwischen Juli und September zwischen die Blätter ihrer Futterpflanzen, zu denen unter anderem Weidenarten wie die Sal-Weide (*Salix caprea*), Zitterpappel (*Populus tremula*), Erle (*Alnus* sp.) und Heidelbeere (*Vaccinium myrtillus*) gehören. Ab September verpuppen sie sich dann zur Überwinterung. Ab Mitte Mai erscheinen die ersten tagaktiven Falter der einzigen Generation und sind noch bis Ende August zu beobachten. Der Lebensraum besteht aus kühler und feuchter ausgeprägten lichten Auenwäldern,

Flugzeit	J	F	M	A	M	J	J	A	S	O	N	D
Raupen	J	F	M	A	M	J	J	A	S	O	N	D

Mischwäldern, Waldrändern und -lichtungen, Mooren, Gärten und Parkanlagen. Mit Ausnahme des Mittelmeerraumes ist die Art in Europa verbreitet, aber nicht mehr häufig und in einigen Ländern bereits gefährdet.

Hydriomena furcata (Heidelbeer-Palpenspanner)

Die Größe der gespannten Vorderflügel liegt bei 23 bis 30 mm. Bei dieser Art ist es aufgrund ihrer vielfältigen variablen Kennzeichen sehr schwierig,

Flugzeit	J	F	M	A	M	J	J	A	S	O	N	D
Raupen	J	F	M	A	M	J	J	A	S	O	N	D

eine Beschreibung abzugeben. Die Färbung reicht von Grün über Rötlichbraun bis Grau. In der Regel treten zwei oder mehrere dunklere Bänder auf. Die Hinterflügel sind hellgrau gefärbt. Die Raupen schlüpfen nach der Überwinterung ab Mai aus der Eihülle und fressen zwischen zusammengesponnenen Blättern an Pflanzenarten wie Sal-Weide (*Salix caprea*), Gewöhnlicher Hasel (*Corylus avellana*), Heidelbeere (*Vaccinium myrtillus*) und weiteren Laubhölzer. Sie verpuppen sich im Juni. Die Falter erscheinen in einer Generation von Ende Juni bis August. Als Waldbewohner besiedeln sie Lichtungen und Waldwiesen in Laubmischwäldern, Feuchtgebiete und Moore mit Vorkommen der Heidelbeere. Ihre Verbreitung ist für weite Teile Europas nachgewiesen.

Hydriomena impluviata (Erlen-Palpenspanner, Erlenhain-Blattspanner)

Die Flügelspannweite erreicht 28 bis 34 mm. Auch diese Art ist sehr variabel, aber eher hellgrau bis braungrau ohne grüne Anteile und wenig kontrastreich gezeichnet. Bevorzugte Nahrungspflanzen der Raupe sind während ihrer Entwicklung zwischen Juli und Oktober Grauerle (*Alnus incana*) oder Schwarzerle (*Alnus glutinosa*), wo sie zwischen zum Schutz locker zusammengesponnenen Blättern leben. Zur Überwinterung verpuppen sie sich. Je nach Lage und klimatischen Bedingungen entsteht die erste Generation von Ende April bis Juli und in günstigen Jahren sowie im Süden eine zweite Generation von Anfang August bis September. Die Falter sind

Flugzeit	J	F	M	A	M	J	J	A	S	O	N	D
Raupen	J	F	M	A	M	J	J	A	S	O	N	D

in Erlenbrüchen, Flusstälern, Auwäldern, Waldschluchten und in Mooren beheimatet und vor allem in den mittleren und nördlichen Teilen Europas verbreitet, während sie im Süden fehlen.

Lampropteryx suffumata (Labkraut-Bindenspanner, Rauchbrauner Labkraut-Blattspanner)

Die Spanner erreichen Flügelspannweiten von etwa 25 bis 32 mm. Die bräunlichen Vorderflügel werden durch zwei weiße Querbinden unterbrochen. Zwischen Wurzel- und Mittelfeld sowie zwischen Mittel- und Saumfeld befindet sich je eine weißliche Querlinie. Die Arten *Ecliptopera sila-*

Flugzeit	J	F	M	A	M	J	J	A	S	O	N	D
Raupen	J	F	M	A	M	J	J	A	S	O	N	D

ceata und *Eulithis prunata* ähneln dieser etwas, stellen allerdings in der Ruhestellung meist den Hinterleib auf. Die Raupen nutzen von Mai bis Anfang Juli verschiedene Labkrautarten (*Galium* sp.), so auch den Waldmeister (*Galium odoratum*). Nach der Überwinterung schlüpft ab April die erste Generation der dämmerungs- und nachtaktiven Spanner, sie ist bis Ende Juni zu finden. In günstigen Jahren entsteht eine zweite, unvollständige, im Süden vollständige Generation von Ende Juli bis September. Sie sind Bewohner des Hügel- und Berglands in Laub-, Misch- und Fichtenwäldern auf Lichtungen und an Waldrändern. In Europa fehlt die Art in Griechenland sowie auf einigen Mittelmeerinseln und ist ansonsten weit verbreitet.

Lobophora halterata (Grauer Lappenspanner)

Die Flügel erreichen eine durchschnittliche Spannweite von 20 bis 25 mm. Die meist bräunlichgrau gemusterten Falter können aber auch ein helles Mittelfeld und ein dunkelbraunes Saum- und Basalfeld besitzen und haben am Innenrand der Hinterflügel einen lappenförmigen Anhang. Zwischen Mai und Juni leben die Raupen bevorzugt an Zitterpappeln (*Populus tremula*) und anderen Pappelarten (*Populus* sp.), selten auch an Weiden (*Salix* sp.) sowie anderen Laubgehölzen. Sie leben als Falter in einer Generation zwischen Ende April und Juni in lichten Laub- und Auenwälder, an Waldrändern und auch in Gärten mit ihren Futterbäumen. Das Verbreitungsgebiet reicht über weite Teile Europas.

Flugzeit	J	F	M	A	M	J	J	A	S	O	N	D
Raupen	J	F	M	A	M	J	J	A	S	O	N	D

Melanthia procellata (Waldreben-Blattspanner, Sturmvogel)

Die Flügelspannweite erreicht 32 bis 40 mm. Die Vorderflügel tragen ein schwarzbraunes Wurzelfeld und einen großen, viereckigen dunkelbraunen Fleck in der Mitte am Vorderrand, von dem aus oft Querlinien zum Innenrand laufen. Die Raupe frisst von Juni bis Juli und von August bis Oktober an den Blättern der Gewöhnlichen Waldrebe (*Clematis vitalba*). Die zweite Raupengeneration verpuppt sich zur Überwinterung. Die Art bildet zwei Generationen von April bis Mai sowie im September und lebt in Auwäldern

Flugzeit	J	F	M	A	M	J	J	A	S	O	N	D
Raupen	J	F	M	A	M	J	J	A	S	O	N	D

und an Waldrändern, aber auch Gärten, in denen die Waldrebe wächst. Die Spanner sind in ganz Europa verbreitet.

Mesoleuca albicillata (Brombeer-Blattspanner)

Die Flügel erreichen Spannweiten von 30 bis 35 mm. Die weißen Flügeloberseiten sind an der Basis schwarzbraun mit einem bläulichen Ein-

Flugzeit	J	F	M	A	M	J	J	A	S	O	N	D
Raupen	J	F	M	A	M	J	J	A	S	O	N	D

schlag. Am Flügelaußenrand befindet sich ein braun-schwarzer Fleck und am Saum ein graublaues Fleckenband. Von Ende Mai bis Anfang Oktober fressen die beiden Raupengenerationen an Brombeere (*Rubus* sect. *Rubus*), Himbeere (*Rubus idaeus*) und Rosen (*Rosa* sp.). Im Spätherbst verpuppen sie sich zur Überwinterung. Die Flugzeit der ein bis zwei Generationen beginnt ab Ende April und dauert je nach Verbreitungsgebiet und Klimabedingungen bis Anfang September. Die Spannerart lebt auf Lichtungen und in Gebüschbereichen an Waldrändern, aber auch in Gärten und Parks. Das Verbreitungsgebiet reicht über weite Teile Europas.

Minoa murinata (Wolfsmilchspanner, Mausspanner)

Ein kleiner, unscheinbar graubraun bis gelbbraun gefärbter Falter ohne Zeichnung mit einer Flügelspannweite von 14 bis 20 mm ist diese Spannerart. Die erste Raupengeneration erscheint ab Mai und entwickelt sich bis Juni an Zypressen-Wolfsmilch (*Euphorbia cyparissias*) und weiteren Wolfs-

Flugzeit	J	F	M	A	M	J	J	A	S	O	N	D
Raupen	J	F	M	A	M	J	J	A	S	O	N	D

milcharten wie der Mandelblättrigen Wolfsmilch (*Euphorbia amygdaloides*). Die zweite Generation ist dann zwischen Ende Juli und September zu finden und verpuppt sich zur Überwinterung im Erdboden. Abhängig von Höhenlagen und Temperaturbedingungen entstehen ein bis zwei, in Ausnahmefällen auch drei Generationen zwischen April und Ende Juni sowie von Juli bis Anfang September. Die Falter bevorzugen trockene, sonnige Habitate wie Magerrasen, Dämme, Geröllhänge, Böschungen, Weinbergbrachen, Heidegebiete und Waldränder als Lebensräume. Mit Ausnahme des nördlichen und mittleren Skandinaviens ist dieser Spanner europaweit verbreitet.

Odezia atrata (Schwarzspanner, Kaminfegerle)

Die Flügelspannweite reicht von 23 bis 30 mm. Die Flügel sind schwarz und ohne Zeichnung. An den Spitzen der Vorderflügel befinden sich weiße Fransen. Die Raupe lebt von Ende April bis Juni an Kälberkropf (*Chaerophyllum* sp.) und vereinzelt an Gewöhnlichem Wiesenkerbel (*Anthriscus sylvestris*). Ab Ende Mai erscheint die einzige Generation. Einzelne der tag- und nachtaktiven Falter können noch bis August angetroffen werden. Bevorzugt werden Habitate wie Feuchtwiesen, Moore, Gewässerränder, Auwaldlichtungen und Waldränder und -wiesen. Der Schwarzspanner ist in Europa weit verbreitet und fehlt nur im nördlichen Skandinavien und in nordöstlichen Bereichen Europas.

Flugzeit	J	F	M	A	M	J	J	A	S	O	N	D
Raupen	J	F	M	A	M	J	J	A	S	O	N	D

Operophtera brumata (Kleiner Frostspanner)

Die Männchen erreichen Spannweiten der Vorderflügel zwischen 18 und 25 mm und sind dunkel gelblichbraun bis graubraun mit mehreren mehr oder weniger gut sichtbaren gezackten braunen Querlinien. Die Weibchen haben stummelartig verkürzte Flügel. Vom Buchen-Frostspanner (*O. faga-*

Flugzeit	J	F	M	A	M	J	J	A	S	O	N	D
Raupen	J	F	M	A	M	J	J	A	S	O	N	D

ta) unterscheiden sie sich durch die geringere Größe und die meist etwas dunkleren Flügel. Beide Arten kommen oft nebeneinander vor, wobei der Kleine Frostspanner in Wäldern in sehr großen Mengen auftreten kann. Die Raupe findet man von Ende März bis Anfang Juni im Frühjahr an den Knospen, Trieben und Blättern ihrer Futterpflanzenarten, an denen sie sich zum Schutz vor Feinden einspinnen. Zu den Futterpflanzen gehören eine Vielzahl verschiedener Baum- und Straucharten wie Buche (*Fagus* sp.), Eiche (*Quercus* sp.), Gewöhnliche Hainbuche (*Carpinus betulus*), Ahorn (*Acer* sp.), Gewöhnliche Schlehe (*Prunus spinosa*), Apfelbaum (*Malus* sp.) und einige Weidenarten (*Salix* sp.). Die Falter schlüpfen bei Temperaturen um die 5 °C und fliegen in einer Generation sehr spät im Jahr von Mitte Oktober bis Ende Dezember. Ihr Lebensraum sind Laub- und Mischwälder, Obstpflanzungen, Gärten und Parks. Die Frostspanner kommen in Nord- und Mitteleuropa, nach Süden bis Norditalien vor.

Operophtera fagata (Buchen-Frostspanner)

Die etwa 22 bis 29 mm Spannweite messenden Flügel sind größer und heller als beim häufigeren Kleinen Frostspanner *(O. brumata)*, grau bis weißlichgelb, mit einigen dunkelbraunen mehr oder weniger deutlichen Querlinien. Die Weibchen haben nur angedeutete Flügelstummel. Beide Arten *O. brumata* und *O. fagata* sind nur durch Genitaluntersuchung sicher bestimmbar. Die Raupe schlüpft nach der Überwinterung im Ei ab Mai und

Flugzeit	J	F	M	A	M	J	J	A	S	O	N	D
Raupen	J	F	M	A	M	J	J	A	S	O	N	D

lebt bis Ende Juni bevorzugt von Rotbuchenblättern (*Fagus sylvatica*), frisst aber auch an Birken (*Betula* sp.). Als Imagines fliegen sie in einer Generation von Anfang Oktober bis Anfang Dezember. Der Buchen-Frostspanner ist in Mitteleuropa meist nicht häufig, tritt aber in Misch- und Buchenwäldern manchmal sehr zahlreich auf. Sein Verbreitungsgebiet beschränkt sich auf Mittel- und Nordeuropa.

Orthonama obstipata (Wandernder Blattspanner)

Die Spannweite dieser Art beträgt 18 bis 21 mm. Die Geschlechter unterscheiden sich stark. Die rötlich- bis hellbraunen Männchen tragen eine weiße, wellenlinienförmige Musterung und ein dunkles, breites Band. Die sehr viel dunkleren und größeren Weibchen sind schwärzlich-braun gefärbt und tragen eine verwaschen wirkende hellere Zeichnung und einen schwarzen, weiß umrandeten Mittelpunkt auf den Vorderflügeln. Die Raupe lebt von Juli bis Oktober bevorzugt an Kletten-Labkraut (*Galium aparine*), Windengewächsen (*Convolvulus* sp.) und einigen weiteren Pflanzenarten. Zur Verpuppung bilden sie einen Kokon am Erdboden. Die Falter fliegen aus dem Süden nach Mitteleuropa ein und können je nach Vorkommen und Temperatur zwischen April und November in mehreren Generationen in fast allen Lebensräumen angetroffen werden. Die Art ist ein Wanderfalter und lebt in ganz Europa.

Flugzeit	J	F	M	A	M	J	J	A	S	O	N	D
Raupen	J	F	M	A	M	J	J	A	S	O	N	D

Pareulype berberata (Kleiner Berberitzenspanner)

Die Flügelspannweite erreicht etwa 27 bis 32 mm. Die hell graubraunen Falter ähneln *Xanthorhoe birivata* und *X. designata,* sind aber im Mittelfeld immer hell und haben ein helleres Basalfeld, gefolgt von einem braunen Feld, das durch zwei dunkelbraune Bänder begrenzt wird. Die Raupen leben zwischen Juli und Oktober an der Gewöhnlichen Berberitze (*Berberis vulgaris*) und der Thunberg-Berberitze (*Berberis thunbergii*). Die zweite Generation verpuppt sich im Spätherbst zur Überwinterung. Die erste Faltergeneration erscheint ab Ende April und fliegt bis Juni, die zweite von Juli

Flugzeit	J	F	M	A	M	J	J	A	S	O	N	D
Raupen	J	F	M	A	M	J	J	A	S	O	N	D

bis Anfang September. Als nachtaktive Falter bewohnen sie hauptsächlich lichte Auwälder, lichte Bereiche in Kiefernwäldern, Trockenrasen und Hänge und auch Gärten und Parks mit Anpflanzungen von *Berberis thunbergii*. Die Verbreitung reicht über weite Teile Europas mit Ausnahme des hohen Nordens.

Pasiphila rectangulata (Graugrüner Apfel-Blütenspanner)

Die Flügel erreichen 16 bis 23 mm Spannweite. Die variablen Falter sind dunkel- bis graubraun und haben meist olivgrüne Farbanteile. Sie ähneln

Flugzeit	J	F	M	A	M	J	J	A	S	O	N	D
Raupen	J	F	M	A	M	J	J	A	S	O	N	D

dem Schlehen-Blütenspanner (*P. chloerata*) und dem Heidelbeer-Grünspanner (*P. debiliata*). Von April bis Mai leben die Raupen in zusammengesponnenen Blütenblättern, bevorzugt von Apfel (*Malus* sp.), aber auch Birne (*Pyrus* sp.), Kirsche (*Prunus* sp.) und Felsenbirne (*Amelanchier* sp.). Nach der Verpuppung schlüpfen die häufigen Falter Mitte Mai und fliegen in einer Generation bis Anfang August. Sie sind sowohl auf Streuobstwiesen, in Gebüschbereichen, Feldgehölzen, Hecken, an Waldrändern als auch in Gärten mit Apfelbäumen zu finden. *P. rectangulata* ist im größten Teil Europas weit verbreitet.

Pelurga comitata (Melden-Blattspanner)

Die Spannweite der Falter liegt bei 25 bis 30 mm. Die gelblichbraune Grundfärbung wird durch ein bräunliches Wurzelfeld und zwei abgestufte

Flugzeit	J	F	M	A	M	J	J	A	S	O	N	D
Raupen	J	F	M	A	M	J	J	A	S	O	N	D

hell- bis dunkelbraune Querbänder unterbrochen. Von August bis September leben die Raupen an Blüten und Früchten von Gänsefußgewächsen (*Chenopodium* sp.) wie Gutem Heinrich (*Chenopodium bonus-henricus*), Gewöhnlichem Beifuß (*Artemisia vulgaris*) sowie Melden (*Atriplex* sp.) und verpuppen sich zur Überwinterung. Die Falter erscheinen in einer Generation im Juli und sind bis September zu beobachten. Sie bewohnen nährstoffreichere Ruderalstandorte und Hochstaudenfluren, auch im Siedlungsbereich. Außer im hohen Norden und dem Süden ist *P. comitata* in Europa weit verbreitet.

Perizoma affinitata (Dunkler Lichtnelken-Kapselspanner)

Die Spanner haben eine Flügelspannweite von 20 bis 28 mm. In der Grundfarbe sind sie braun mit einem durch eine braune Wellenlinie geteilten weißen Querband. Die Art ähnelt *P. alchemillata,* ist aber größer, die Hinter-

Flugzeit	J	F	M	A	M	J	J	A	S	O	N	D
Raupen	J	F	M	A	M	J	J	A	S	O	N	D

flügel sind heller und die weiße Querlinie ist nur einfach ausgebuchtet. Die Raupe lebt zwischen Juni und August in den Samenkapseln der Roten Lichtnelke (*Silene dioica*) und verpuppt sich zur Überwinterung. Die Spanner erscheinen ab Mai und bilden je nach Lage und Vorkommen eine, im südlichen Verbreitungsgebiet auch zwei Generationen bis Ende August. Als Lebensraum werden lichte, kühlere Wald- und Auwaldbereiche, Wiesen und Hochstaudenfluren an Waldrändern und Waldwegen sowie auch Parklandschaften genutzt. In Europa sind sie weit verbreitet und reichen im Süden bis Ungarn und in Gebiete des ehemaligen Jugoslawiens.

Perizoma alchemillata (Hohlzahn-Kapselspanner)

Die Flügelspannweite erreicht 17 bis 25 mm. Die graubraunen Vorderflügel sind im Mittelfeld innen von zwei weißlichen Querlinien, außen von einer weißen Querbinde begrenzt, die durch eine dunkle Querlinie geteilt und im Gegensatz zu *P. affinitata* doppelt ausgebuchtet ist. Die Hinterflügel sind grau und besitzen undeutliche Querlinien. Die Art ähnelt sehr dem größeren Dunklen Lichtnelken-Kapselspanner (*P. affinitata*), der jedoch hellere Hinterflügel hat. Blüten und Samenkapseln verschiedener Ziestarten wie Heil-Ziest (*Stachys officinalis*), Wald-Ziest (*Stachys sylvatica*)und

Flugzeit	J	F	M	A	M	J	J	A	S	O	N	D
Raupen	J	F	M	A	M	J	J	A	S	O	N	D

auch Hohlzahn (*Galeopsis* sp.) wie Gewöhnlicher Hohlzahn (*Galeopsis tetrahit*) sowie Taubnesseln (*Lamium* sp.) dienen den Raupen zwischen Juli und September als Nahrung. Die Überwinterung findet im Puppenstadium statt. Je nach Verbreitung und Höhenlage erstreckten sich die Flugzeiten der ein bis zwei Generationen von Ende Mai bis Anfang Juli sowie August bis September. Die Habitate dieser weit verbreiteten, dämmerungs- und nachtaktiven Spanner liegen in Wäldern und an Waldrändern, auf Lichtungen, an Hecken und auch in Gärten. Das Verbreitungsgebiet umfasst weite Teile Europas.

Phibalapteryx virgata (Streifenspanner)

Die Spannweite der Vorderflügel beträgt 22 bis 25 mm. Die Vorderflügel sind hellgrau mit geraden Querlinien und je einem Strich auf den Flügelspitzen. Die Raupen ernähren sich zwischen Mai und Juli und August bis September von Labkraut (*Galium* sp.) sowie Meier (*Asperula* sp.) und verpuppen sich zur Überwinterung. In der Regel erscheinen zwei Generationen, in Südeuropa möglicherweise auch drei, die von Ende März bis Anfang Juni und von Anfang Juli bis August fliegen. Die wärmeliebenden Falter leben auf Mager- und Trockenrasen, Sandmagerasen und auch Wacholderheiden

Flugzeit	J	F	M	A	M	J	J	A	S	O	N	D
Raupen	J	F	M	A	M	J	J	A	S	O	N	D

und sind von Großbritannien, Frankreich und Mitteleuropa bis Osteuropa und einigen Teilen Südeuropas verbreitet.
RL 2, **Naturschutzstatus:** 1

Philereme transversata (Großer Kreuzdornspanner)

Die Spannweite der holzbraunen bis schwarzbraunen Vorderflügel beträgt 29 bis 37 mm. Sie sind deutlich kontrastreich mit einem breiten dunkelbraunen Mittelfeld und zahlreichen Querlinien gezeichnet. Die Larven le-

Flugzeit	J	F	M	A	M	J	J	A	S	O	N	D
Raupen	J	F	M	A	M	J	J	A	S	O	N	D

ben nach dem Schlupf von Ende April bis Juni an Echtem Kreuzdorn (*Rhamnus cathartica*). Die Flugzeit der einzigen Generation reicht von Juni bis August. Lebensraum sind Stellen mit Gebüsch an Waldrändern, an Hecken, auf Trockenrasen und in Mooren. *P. transversata* kann in vielen Regionen Europas nachgewiesen werden.

Philereme vetulata (Kleiner Kreuzdornspanner)

Die Spannweite beträgt 24 bis 30 mm. Die grauen Vorderflügel tragen zahlreiche gewellte, eher undeutliche Querlinien. Am Außenrand sind die

Flugzeit	J	F	M	A	M	J	J	A	S	O	N	D
Raupen	J	F	M	A	M	J	J	A	S	O	N	D

Flügel wellenförmig gezähnt. Das Ei überwintert und die Raupe schlüpft ab April. Sie lebt bis Anfang Juni zuerst an den Triebspitzen, später in einer zusammen gesponnenen Blatttüte an Echtem Kreuzdorn (*Rhamnus cathartica*), vereinzelt auch an Gewöhnlichem Faulbaum (*Frangula alnus*). Die Falter können sehr zahlreich auftreten und fliegen in einer Generation pro Jahr von Ende Mai bis Anfang August. *P. vetulata* besiedelt Trockenrasen mit Gebüsch, Hecken sowie Waldränder mit Saumzonen. Die Verbreitung erstreckt sich über weite Teile Europas.

Plemyria rubiginata (Milchweißer Bindenspanner)

Die Vorderflügel werden mit Spannweiten zwischen 22 und 28 mm gemessen. Die Falter sind weiß mit einem rötlichbraunem Wurzelfeld und einem Fleck im Mittelfeld und meist schwarzgrauen bis braunen Flecken und Überstäubungen im Saumbereich. Nach der Überwinterung im Eistadium

Flugzeit	J	F	M	A	M	J	J	A	S	O	N	D
Raupen	J	F	M	A	M	J	J	A	S	O	N	D

und möglicherweise auch als Raupe lebt die Art zwischen Mai und Juni und wahrscheinlich auch von Juli bis August an verschiedenen Laubgehölzen wie Gewöhnlicher Schlehe (*Prunus spinosa*), Schwarzerle (*Alnus glutinosa*), Apfel (*Malus* sp.), Kirsche (*Prunus* sp.), Rosen (*Rosa* sp.) und vereinzelt auch an Birke (*Betula* sp.) sowie Eiche (*Quercus* sp.). Die Imagines bilden vermutlich zwei Generationen, da schon ab Ende April und auch noch Ende August und im September immer wieder Falter zu beobachten sind. In der Regel sind die meisten Falter von Mitte Juni bis Anfang August auf verbuschten Magerrasen, Waldlichtungen, an Hecken und vereinzelt auch in Gärten in weiten Teilen Europas zu finden.

Rhodometra sacraria (Rotgestreifter Wanderspanner, Purpurstreifenspanner)

Die Art hat Flügelspannweiten zwischen 18 und 26 mm Die Vorderflügel sind hellgelb oder auch gelblichbraun und tragen einen, von unterhalb der Mitte der Flügelinnenkante zur Flügelspitze verlaufenden rötlichen bis bräunlichen Strich. Die Hinterflügel sind weiß. Im Raupenstadium bevorzugen sie Nahrungspflanzen wie Acker-Vogelknöterich (*Polygonum aviculare*), Teufelsdorn (*Emex spinosa*), Gänsefuß (*Chenopodium* sp.) und vereinzelt auch Rosen (*Rosa* sp.) und weitere Arten. Die Raupen können in Südeuropa fast das ganze Jahr gefunden werden und bilden als Falter dort von März bis November drei oder mehr Generationen. Sie sind Bewohner von mediterranen, küstennahen Gebüschbiotopen (Macchie) und Sanddünenlandschaften. Zugewanderte Falter bevorzugen in Mitteleuropa Brach- und Ruderalflächen als Lebensraum. Ihr eigentlicher Verbreitungsraum ist Südeuropa, sie wandern allerdings im Frühsommer nach Norden ein und erreichen Skandinavien, wo sie sich auch fortpflanzen können und die nächste Generation bis zum Herbst fliegt. Eine Überwinterung ist in unseren Breiten allerdings nicht möglich.

Flugzeit	J	F	M	A	M	J	J	A	S	O	N	D
Raupen	J	F	M	A	M	J	J	A	S	O	N	D

Scotopteryx bipunctaria (Zweipunkt-Wellenstriemenspanner)

Es finden sich Exemplare mit Flügelspannweiten von 30 bis 32 mm. Die hellgrauen mit dunklen, gewellten Querbändern und Linien überzogenen Vorderflügel tragen im Mittelband je zwei schwarze Punkte. In Südwesteuropa fliegt der ähnliche *S. octodurensis.* Die Raupe lebt ab August und nach der Überwinterung von Frühjahr bis Juni an den Nahrungspflanzen Klee (*Trifolium* sp.), Wicke (*Vicia* sp.), Gelber Hauhechel (*Ononis natrix*),

Flugzeit	J	F	M	A	M	J	J	A	S	O	N	D
Raupen	J	F	M	A	M	J	J	A	S	O	N	D

Wegerich (*Plantago* sp.), Thymian (*Thymus* sp.) und weiteren Arten. Die Generation der dämmerungs- und nachtaktiven Falter hat ihre Flugzeit zwischen Anfang Juli und Ende August und lebt in trockenen Gebieten, an felsenreichen Hängen mit Geröll, an Böschungen, Wacholderheiden, auf Magerrasen von tieferen Lagen bis ins höhere Bergland. Im Norden reicht die Verbreitung bis zum Baltikum, ansonsten ist die Art über weite Teile Europas zu finden.

Scotopteryx chenopodiata (Braunbinden-Wellenstriemenspanner)

Dieser Falter erreicht eine Flügelspannweite von 25 bis 30 mm und variiert in der Färbung sehr stark von braungelben über hellbraunen, rötlich braunen bis grauen Tönen. Auf den Vorderflügeln finden sich mehrere parallel verlaufende dunkelbraune, braune bis graue gezackte Querlinien und -bänder. Die Raupe schlüpft im August, überwintert und frisst bis zur Verpuppung im Erdboden im Juni des folgenden Jahres an Wicken (*Vicia* sp.), Ginster (*Genista* sp.) und Platterbsen (*Lathyrus* sp.). Ab Juni erscheint dann

Flugzeit	J	F	M	A	M	J	J	A	S	O	N	D
Raupen	J	F	M	A	M	J	J	A	S	O	N	D

eine Generation der sowohl tag- als auch nachtaktiven Falter, die noch bis August angetroffen werden können. Die Art bevorzugt etwas trockenere Bereiche an Wald- und Wegsäumen, Gebüsche, verbuschte Magerrasen, Wiesen und auch Gärten bis in höhere Bergregionen. Ganz Europa ist Verbreitungsgebiet dieses Spanners.

Scotopteryx mucronata (Hellgrauer Wellenstriemenspanner)

Die grauen Vorderflügel erreichen Flügelspannweiten von 28 bis 36 mm. Die Art hat ein durch zwei bräunliche Querlinien begrenztes Mittelband

Flugzeit	J	F	M	A	M	J	J	A	S	O	N	D
Raupen	J	F	M	A	M	J	J	A	S	O	N	D

mit einem schwarzen Punkt darin und ähnelt sehr dem Braungrauen Wellenstriemenspanner (*S. luridata*) und *S. ignorata*. Eine sichere Unterscheidung ist nur durch Genitaluntersuchungen möglich. Die Raupe lebt ab August bis zur Überwinterung und im folgenden Jahr bis zur Verpuppung im Mai an verschiedenen Arten von Schmetterlingsblütlern wie Ginster (*Genista* sp., *Ulex* sp., *Cytisus* sp.), Heidekraut (*Calluna* sp.) und Skabiose (*Scabiosa* sp.). Die Falter erscheinen in zwei Generationen und haben eine Flugzeit zwischen Mai und Juli sowie zwischen August und September. Ihr Lebensraum sind trockene, sonnige Waldränder, Heidegebiete mit Ginsterbewuchs, Hänge mit Geröll, lichte Kiefernwälder, Trockenrasen vom Flachland bis in höheres Bergland. *S. mucronata* ist über ganz Europa verbreitet.

Thera (Protothera) firmata (Herbst-Kiefern-Nadelholzspanner, Violettgrauer Kiefern-Blattspanner)

Die Spannweite der Vorderflügel misst 30 bis 34 mm. Es besteht eine Ähnlichkeit zum eng verwandten *T. obeliscata*, wobei aber das braune Querband an den Seiten der Vorderflügel auffallend stark in das Mittelband einknickt. Die Überwinterung findet im Raupenstadium, möglicherweise auch im Eistadium statt. Die Raupen ernähren sich bis zur Verpuppung im Juni oder Anfang Juli von Waldkiefer (*Pinus sylvestris*). Die Art bildet zwei nicht klar zu trennende Generationen von Anfang August bis Anfang November. Sie bewohnen Kiefernwälder auf Sandböden, Moore, Parks und andere Lebensräume mit Kiefernanteil und finden sich lokal in weiten Teilen Europas.

Flugzeit	J	F	M	A	M	J	J	A	S	O	N	D
Raupen	J	F	M	A	M	J	J	A	S	O	N	D

Thera juniperata (Grauer Wacholder-Nadelholzspanner, Grauer Buschhalden-Wacholder-Blattspanner)

Vertreter dieser Art erreichen eine Flügelspannweite von 22 bis zu 28 mm. Die Vorderflügel sind grau bis hellgrau gefärbt und haben einen braunen

Flugzeit	J	F	M	A	M	J	J	A	S	O	N	D
Raupen	J	F	M	A	M	J	J	A	S	O	N	D

Wurzelbereich und ein durch schwarze Wellenlinien begrenztes braunes Mittelfeld. Der ähnliche Braune Linien-Blattspanner *(T. cognata)* hat zwischen den Vorderflügeladern gerade verlaufende, kaum gewellte schwarze Querlinien. Die Raupen leben ab Juni bis in den August und wieder von Oktober bis zur Überwinterung und von Frühjahr bis zur Verpuppung im August bevorzugt an Gewöhnlichem Wacholder (*Juniperus communis*), aber auch an in Gärten und Parks angepflanzten Arten wie Sadebaum (*J. sabina*) und wahrscheinlich auch Chinesischem Wacholder (*J. chinensis*). Sie überwintern als Ei oder auch als Jungraupe. Die Flugzeit der einzigen Generation dauert von Anfang September bis, je nach Lage, Mitte bis Ende November. Die nachtaktiven Falter kommen an vielen Orten, an denen Wacholder wächst, vor, sowohl an Waldrändern, in Wacholderheiden, Parks als auch in Gärten bis in höhere Berglagen. Mit Ausnahme der Balkanhalbinsel sind die Falter lokal in Europa manchmal häufiger zu finden.

Thera obeliscata (Zweibrütiger Kiefern-Nadelholzspanner)

Die Spannweite beträgt etwa 28 bis 35 mm. Die recht variable Färbung reicht von rotbraun über hellbraun bis graubraun. Der Bereich an der Wurzel der braunen Vorderflügel und das Querband sind rötlichbraun, gelbbraun oder dunkelbraun. Im Saumfeld findet sich eine nur schwach oder kaum ausgebildete Wellenlinie. Die Raupen ernähren sich von Juni bis

Flugzeit	J	F	M	A	M	J	J	A	S	O	N	D
Raupen	J	F	M	A	M	J	J	A	S	O	N	D

August und in der nächsten Generation von September bis zur Überwinterung und im Frühjahr bis zur Verpuppung im April von Waldkiefer (*Pinus sylvestris*) und Rotfichte (*Picea abies*). Ausgewachsene Falter erscheinen in zwei Generationen zwischen April und Juli und September und Oktober und leben in Kiefernmischwäldern und anderen Bereichen mit Kiefernvorkommen. *T. obeliscata* ist in weiten Teilen Europas verbreitet.

Trichopteryx carpinata (Hellgrauer Lappenspanner)

Die Spannweite liegt bei etwa 31 bis 35 mm. Die grauen Vorderflügel haben einige in der Regel mehr oder weniger gut erkennbare dunkle, gewellte Querlinien oder -bänder. Zwischen Mai und Juli ernährt sich die Raupe von den Trieben und Blättern von Pappeln (*Populus* sp.) wie Zitterpappel (*Populus tremula*) sowie von Birke (*Betula* sp.), Sal-Weide (*Salix caprea*), Ohrweide (*Salix aurita*), Gewöhnlicher Hainbuche (*Carpinus betulus*) und

Flugzeit	J	F	M	A	M	J	J	A	S	O	N	D
Raupen	J	F	M	A	M	J	J	A	S	O	N	D

Heckenkirsche (*Lonicera* sp.). Vor der Überwinterung verpuppt sich der Falter und schlüpft ab März. Die Generation ist nachtaktiv und fliegt bis Mai. Sie bewohnen Gebüschzonen an Rändern und Lichtungen von Mischwäldern, Auwäldern, Mooren, Parks und Gärten. Die Verbreitung reicht über ganz Europa mit Ausnahme von Sardinien, Sizilien, Kroatien und Griechenland.

Trichopteryx polycommata (Gestrichelter Lappenspanner)

Flugzeit	J	F	M	A	M	J	J	A	S	O	N	D
Raupen	J	F	M	A	M	J	J	A	S	O	N	D

Die Spannweite der Flügel beträgt 26 bis 30 mm. Die weißen Vorderflügel sind graubraun überstäubt und haben ein braunes Mittelfeld mit schwarzer Äderung und einem graubraunen Fleck darin. Die Raupe lebt von Mai bis Juni an verschiedenen Laubgehölzen wie Gewöhnlichem Liguster (*Ligustrum vulgare*), Ulme (*Ulmus* sp.), Esche (*Fraxinus* sp.), Feldahorn (*Acer campestre*) und Heckenkirsche (*Lonicera* sp.). Nur eine Generation pro Jahr fliegt von März bis Mai am Rand von Laub- und Mischwäldern, mit Gebüsch bestandenen Hängen und auch im Siedlungsbereich in Gärten. Die nicht gerade häufigen Falter sind europaweit zu finden.

Triphosa dubitata (Olivbrauner Höhlenspanner)

Die Falter erreichen Flügelspannweiten von 38 bis 48 mm. Die Färbung der Vorderflügel ist in der Regel violett-, rötlich- oder olivbraun, kann aber

Flugzeit	J	F	M	A	M	J	J	A	S	O	N	D
Raupen	J	F	M	A	M	J	J	A	S	O	N	D

auch graubraun sein und wird von wellenförmigen schwarzen und weißen Querlinien und -bändern durchzogen. Zwischen Mai und Juni leben die Raupen an den Blättern von Gehölzarten wie dem Kreuzdorn (*Rhamnus* sp.), Gewöhnlicher Schlehe (*Prunus spinosa*) und Faulbaum (*Frangula alnus*). Sie treten ab Juli als Falter in einer Generation auf und suchen manchmal schon früh ab August Winterquartiere wie Höhlen, Felsspalten, Tunnel, Keller, Straßenunterführungen und andere geeignete Bereiche auf und legen im folgenden Frühjahr die Eier an den Futterpflanzen ab. Die Art bewohnt Waldränder und -lichtungen, Gebüschzonen, verbuschte Trockenrasen, Hecken, Parks und Gärten bis in höhere Berglagen. *T. dubitata* ist in ganz Europa verbreitet.
RL V, **Naturschutzstatus:** 2

Xanthorhoe biriviata (Springkraut-Blattspanner)

Die Flügelspannweite beträgt 22 bis 23 mm. Das Basalfeld der Vorderflügel ist hellbraun und grenzt an ein dunkelbraunes Querband mit je einem

Flugzeit	J	F	M	A	M	J	J	A	S	O	N	D
Raupen	J	F	M	A	M	J	J	A	S	O	N	D

Zacken, der in die bräunlichweiße Saumhälfte reicht. Die Raupen lassen sich ab Mai bis Anfang Juli und von August bis Oktober an ihrer Nahrungspflanze, dem Großen Springkraut (*Impatiens noli-tangere*), finden, fressen aber möglicherweise auch Kleinblütiges Springkraut (*I. parviflora*) oder Drüsiges Springkraut (*I. glandulifera*), was aber durch Raupenfunde bisher nicht belegt werden konnte. Sie verpuppen sich zur Überwinterung. Als Falter bildet die Art je nach Lage zwei Generationen im Jahr zwischen April und Juni sowie Ende Juni bis August. Als Lebensraum nutzt der Spanner bevorzugt Auwälder, Waldränder und -wege sowie Lichtungen in feuchten, schattigen Bereichen. *X. biriviata* fehlt in Europa nur im hohen Norden und ist im Süden Europas nur auf die Gebirgslagen beschränkt.

Xanthorhoe designata (Kohl-Blattspanner)

Die Flügelspannweite beträgt etwa 22 bis 24 mm. Der hellgraubraun gefärbte Falter hat ein rotbraunes Basalfeld, gefolgt von einem hellen Feld und einem rötlichbraunen, schwarz begrenzten Mittelband. Die Nah-

Flugzeit	J	F	M	A	M	J	J	A	S	O	N	D
Raupen	J	F	M	A	M	J	J	A	S	O	N	D

rungspflanzen der Raupe sind von Mai bis Juni und Juli bis September Kreuzblütler wie Knoblauchsrauke (*Alliaria petiolata*) und wahrscheinlich auch Acker-Senf (*Sinapis arvensis*) und Acker-Hederich (*Raphanus raphanistrum*). Pro Jahr erscheinen zwei Generationen der nachtaktiven Falter zwischen Ende April und Juni sowie im Juli bis zur Verpuppung und Überwinterung ab September. Die Art lebt in Au- und Bruchwäldern und Laubmischwäldern, in Feuchtwiesen und Niedermooren an Waldrändern und Lichtungen, in Gebüschen sowie auch in Gärten. In Europa ist die Art weit verbreitet, allerdings fehlt ein Nachweis für den Balkan.

Xanthorhoe ferrugata (Dunkler Rostfarben-Blattspanner)

Die Falter erreichen eine Flügelspannweite von 18 bis 22 mm. Wenn das Mittelfeld nicht dunkelbraun, sondern ebenso rötlich gefärbt ist, kann er

Flugzeit	J	F	M	A	M	J	J	A	S	O	N	D
Raupen	J	F	M	A	M	J	J	A	S	O	N	D

ohne Genitaluntersuchung nicht leicht von *X. spadicearia* unterschieden werden. Die Hinterflügel sind jedoch heller als bei diesem. Als Raupe tritt die Art im Jahr von Juni bis Juli und von August bis September auf. Ihre Hauptnahrung besteht aus verschiedenen Kräutern und Stauden wie Labkraut (*Galium* sp.), Glockenblume (*Campanula* sp.), Sternmiere (*Stellaria* sp.), Flockenblume (*Centaurea* sp.), Kratzdisteln (*Cirsium* sp) und anderen. Die Überwinterung erfolgt im Puppenstadium. Pro Jahr treten in der Regel zwei Generationen von Ende April bis Anfang Juli und von Anfang Juli bis Mitte September auf. Bevorzugt werden waldnahe Lebensräume wie Waldränder, Waldwege, Lichtungen in Laub- und Mischwäldern, Auenwäldern, Gebüsche und auch Parkanlagen sowie Gärten genutzt. In Europa ist diese Art weit verbreitet.

Xanthorhoe fluctuata (Garten-Blattspanner)

Die Falter erreichen Flügelspannweiten zwischen 18 und 25 mm. Die Vorderflügel sind weiß gefärbt und tragen eine charakteristische graue bis schwarze wellenförmige Zeichnung. Zweimal pro Jahr sind die Raupen von

Flugzeit	J	F	M	A	M	J	J	A	S	O	N	D
Raupen	J	F	M	A	M	J	J	A	S	O	N	D

Mai bis Juni und von August bis Oktober an ihren Futterpflanzen, Kreuzblütlergewächsen wie Knoblauchsrauke (*Alliaria petiolata*), Goldlack (*Erysimum cheiri*), Kohl (*Brassica oleracea*), Kapuzinerkresse (*Tropaeoleum* sp.) und weiteren Arten zu finden. Der fertig entwickelte Falter erscheint je nach Lage und Klimabedingungen in zwei bis drei Generationen pro Jahr ab Mitte April bis Ende Juni und von Juli bis Oktober. Das Überwinterungsstadium ist die Puppe. Die Spanner stellen wenig Ansprüche an ihren Lebensraum und besiedeln Wälder, Gehölze, Gebüsch, Gärten und andere Bereiche, in denen ihre Futterpflanzen vorhanden sind, und sind über weite Teile Europas verbreitet.

Xanthorhoe montanata (Schwarzbraunbinden-Blattspanner)

Die Spannweite der weißen Vorderflügel liegt bei 24 bis 31 mm. Sie werden von hellbraunen Querbändern durchzogen. Das braune Mittelband ist

Flugzeit	J	F	M	A	M	J	J	A	S	O	N	D
Raupen	J	F	M	A	M	J	J	A	S	O	N	D

nach innen deutlich eingeschnürt und öffnet sich unter dem Vorderrand meist zu zwei Querbändern, einen weißen Fleck mit schwarzem Mittelpunkt einschließend. Als Raupe lebt die Art von August überwinternd bis zur Verpuppung im April des Folgejahres an Pflanzenarten wie dem Stumpfblättrigen Ampfer (*Rumex obtusifolius*), Brombeere (*Rubus* sect. *Rubus*), Großer Schlüsselblume (*Primula eliator*), Labkraut (*Galium* sp.), Waldstorchschnabel (*Geranium sylvaticum*) und anderen. Ab Mai bis Ende Juli erscheinen die ausgewachsenen Falter in einer Generation gerne auf Lichtungen und Wiesen an Rändern von Laubmisch- und Nadelwäldern bis in höhere Berglagen.

Xanthorhoe quadrifasiata (Vierbinden-Blattspanner)

Die Falter erreichen Flügelspannweiten zwischen 25 und 26 mm. In Färbung und Zeichnung ähneln sie *X. ferrugata*, sind aber um einiges größer und dunkler und haben eine fast schwarze Mittelbinde mit zwei schwarzen, begrenzenden Querlinien. Die Raupe lebt von Juni bis Juli und von September mit Überwinterung und bis zur Verpuppung im Mai unter anderem an Taubnessel (*Lamium* sp.), Großer Brennnessel (*Urtica dioica*) und Labkraut (*Galium* sp.). Ihre Flugzeit beginnt je nach Lage ab Mai und reicht bis Juli und in südlichen Breiten in der zweiten Generation von Juli bis Oktober. Sie besiedeln eine Vielzahl von Lebensräumen wie Auwälder, Laubmischwälder, Kiefernwälder, Wacholderheiden, Magerrasen, Moorflächen und auch Parks und Gärten und sind europaweit verbreitet.

Flugzeit	J	F	M	A	M	J	J	A	S	O	N	D
Raupen	J	F	M	A	M	J	J	A	S	O	N	D

Xanthorhoe spadicearia (Heller Rostfarben-Blattspanner)

Es treten bei dieser Art Exemplare mit Flügelspannweiten zwischen 25 und 29 mm auf. Der Falter ist vom Dunklen Rostfarben-Blattspanner (*X. ferrugata*) nicht einfach zu unterscheiden. Die Hinterflügel sind heller als bei *X. ferrugata* und haben deutliche, schwarze Wellenlinien. Es gibt keine Individuen mit schwarzbraunem oder -grauem Mittelband. Die Raupe

Flugzeit	J	F	M	A	M	J	J	A	S	O	N	D
Raupen	J	F	M	A	M	J	J	A	S	O	N	D

ernährt sich zwischen Mai und Juli und Juli bis September von Pflanzen wie Wegerich (*Plantago* sp.), Labkraut (*Galium* sp.), Sternmiere (*Stellaria* sp.), Greiskraut (*Senecio* sp.), Heidelbeere (*Vaccinium myrtillus*), Knöterich (*Polygonum* sp.) und weiteren Arten. Je nach Lage und klimatischen Bedingungen fliegen ein bis zwei Generationen der Falter zwischen Mai und Juni und Juli bis zur Überwinterung im August. Die Lebensräume reichen von trockenem und warmem Offenland mit Gebüsch und feuchteren und kühleren Waldgebieten bis zu Parks und Gärten. Artnachweise fehlen in Europa nur in Portugal und Korsika.

Unterfamilie Orthostixinae
Unterfamilie Sterrhinae

Cyclophora annularia (Ahorn-Gürtelpuppenspanner)

Die Spannweite beträgt 18 bis 22 mm. Der Falter ist gut an seinen ringförmigen Zeichnungen in der Mitte der hell gelblichbraunen Flügel erkennbar. Auffallend ist auch die über die Flügel ziehende zackenförmige, dunkelbraune Querbinde. Die Raupen fressen ab Ende Mai bis September/Oktober bevorzugt an den Blättern von Feldahorn (*Acer campestre*) und anderen Ahornarten und verpuppen sich angesponnen an einem Blatt. Diese Art tritt je nach klimatischen Bedingungen in ein bis zwei Generationen von Mitte April bis Ende Juni sowie von Mitte Juli bis Anfang September auf. Die nachtaktiven Tiere sind Bewohner der Hartholzauen, Laubmischwälder, lichter Waldränder, Gebüschsäume, warmer Heckengebiete, gehölzreicher

Flugzeit	J	F	M	A	M	J	J	A	S	O	N	D
Raupen	J	F	M	A	M	J	J	A	S	O	N	D

Magerrasen und Steinbrüche. Die Verbreitung erstreckt sich über Spanien, West- und Mitteleuropa bis Russland, im Norden bis Dänemark und das Baltikum und nach Süden bis Italien, den Balkan und Kleinasien.

Cyclophora linearia (Rotbuchen-Gürtelpuppenspanner)

Die Flügelspannweite erreicht zwischen 30 und 35 mm. Der gelblich- bis orangebraune Falter trägt eine breitere, bogenförmige und zwei schmäle-

Flugzeit	J	F	M	A	M	J	J	A	S	O	N	D
Raupen	J	F	M	A	M	J	J	A	S	O	N	D

re, wellenförmige, dunkle Querlinien auf den Flügeln, die auch punktförmig aufgelöst sein können. Die Raupen leben ab Mai bis Juni und von August bis November an Rotbuche (*Fagus sylvatica*) und Heidelbeere (*Vaccinium myrtillus*). Die Überwinterung der zweiten Generation findet im Puppenstadium statt. Die Falter sind nachtaktiv und fliegen in zwei Generationen sich überschneidend von Anfang Mai bis in den September hinein. Der Lebensraum sind Laubwälder mit Anteil von Buchen und Eichen, wobei die Buche die Lebensgrundlage der Raupen darstellt. Verbreitet ist *C. linearia* von Spanien über West- und Mitteleuropa, den Britischen Inseln bis Südrussland im Osten, Italien und den Balkan, im Norden bis zum Baltikum und Südskandinavien.

Cyclophora punctaria (Gepunkteter Eichen-Gürtelpuppenspanner)

Die Flügelspannweite reicht von 22 bis 29 mm. Die Vorderflügel sind gelblich gefärbt und etwas dunkler als die Hinterflügel. Manchmal ist bei dem

Flugzeit	J	F	M	A	M	J	J	A	S	O	N	D
Raupen	J	F	M	A	M	J	J	A	S	O	N	D

sehr variablen Falter im unteren Teil eine rötliche oder grauschwarze Beschuppung, getrennt durch eine bräunlich bis rötlich gefärbte Querlinie im Mittelfeld vorhanden. Zwei weitere Querlinien sind als Punktflecken vorhanden und befinden sich unter und oberhalb der mittleren Querlinie. Von Juni bis Ende September ernähren sich die Raupen von den Blättern und Trieben der Stieleiche (*Quercus robur*) und der Traubeneiche (*Quercus petraea*) und vereinzelt auch anderer Gehölzarten. Sie verpuppen sich und überwintern. Pro Jahr treten zwei Generationen von Ende März bis Juni sowie von Juli bis September auf, in Südeuropa ist auch eine dritte Generation möglich. Der bevorzugte Lebensraum der nachtaktiven Falter sind Laubwälder mit Eichenanteil. In Europa trifft man diese Art in Teilen des nördlichen Spaniens über die Britischen Inseln, Frankreich bis Osteuropa, nach Norden bis Skandinavien, die Balkanhalbinsel und den Süden Italiens.

Cyclophora quercimontaria (Gelbroter Eichen-Gürtelpuppenspanner)

Die Spannweite der orangebraunen Flügel erreicht 24 bis 28 mm. Sie sind mit rötlichen Schuppen bedeckt und tragen eine mittlere durchgehende rote zwischen zwei gepunkteten Querlinien. Die Falter ähneln *C. punctaria,* der aber heller und gelblicher gefärbt ist. Die Raupe nutzt von Juni bis September Blätter von Eichen (*Quercus* sp.). Die Art überwintert im Puppenstadium. Die Imagines leben von April bis Mai in einer Generation pro Jahr, im Süden und bei günstigen klimatischen Bedingungen ist eine zweite, partielle Generation von Juli bis August möglich. Trockene, warme Wal-

Flugzeit	J	F	M	A	M	J	J	A	S	O	N	D
Raupen	J	F	M	A	M	J	J	A	S	O	N	D

dränder mit Gebüschen und Eichenjungwuchs sind ihr Habitat. Die Verbreitung reicht vom südlichen Skandinavien über Mittel-, Ost- und Südeuropa.

Lythria cruentaria (Ampfer-Purpurspanner)

Die Flügelspannweite dieses Spanners beträgt 25 bis 32 mm. Die Unterscheidung vom Knöterich-Purpurspanner (*L. purpuraria*) ist oft nicht ohne

Flugzeit	J	F	M	A	M	J	J	A	S	O	N	D
Raupen	J	F	M	A	M	J	J	A	S	O	N	D

Genitaluntersuchung möglich. Die Vorderflügel sind gelb, gelblichbraun oder olivgrün und werden von drei mehr oder weniger intensiv purpurrot gefärbten Querbinden überzogen, deren beide hinteren in den meisten Fällen beinahe gänzlich miteinander verschmolzen und breiter und intensiver als bei der verwandten Art sind. Zur Nahrung der Raupen gehören von Anfang Juni bis Anfang Juli und von Ende August bis zur Verpuppung und Überwinterung Mitte Oktober verschiedene Pflanzenarten wie Kleiner Sauerampfer (*Rumex acetosella*), Wiesen-Sauerampfer (*Rumex acetosa*) und Vogelknöterich (*Polygonum aviculare*). Die tagaktiven Falter schlüpfen ab März und fliegen in zwei Generationen bis Mai und dann wieder von Juni bis September. Ihre Lebensräume bestehen meist aus warmen, trockenen Sand- oder Felsböden mit Magerrasen, Wiesen und Heiden, sonnigen Waldlichtungen und Rändern von Mooren. Die Art ist über ganz Europa verbreitet, fehlt aber auf den Britischen Inseln und in den Alpen.

Problepsis ocellata

Die Spannweite reicht von 28 bis 35 mm. Die Flügel sind weiß bis grauweiß gefärbt mit zwei grauen Fleckenreihen und einer Querlinie im Saumbereich und je einem großen, schwarz umrandeten Augenfleck auf den Vorderflü-

Flugzeit	J	F	M	A	M	J	J	A	S	O	N	D

geloberseiten sowie mehreren kleinen ovalen auf den Hinterflügeln. Die Nahrungsgrundlagen der Raupe bilden die Blätter des Olivenbaumes (*Olea europaea*). Pro Jahr erscheinen zwei Faltergenerationen zwischen Mai und Juli sowie von August bis September, sie leben in Olivenhainen und Plantagen. Die Art ist im Vorkommen auf den Südosten Europas und die dortigen Inseln beschränkt.

Rhodostrophia vibicaria (Rotbandspanner)

Die Flügelspannweiten liegen bei dieser Art zwischen 27 und 33 mm. Die Falter sind gelblichbraun bis hellbraun und tragen drei meist gut sichtbare rote Querlinien, von denen das Feld zwischen der mittleren und der äußeren in der Regel rot ausgefüllt ist. Die Raupen leben an einer Vielzahl von Pflanzen wie Besenheide (*Calluna vulgaris*), Ginster (*Genista* sp.), Besenginster (*Cytisus scoparius*), Kleiner Wiesenknopf (*Sanguisorba minor*), Schlehe (*Prunus spinosa*), Futter-Esparsette (*Onobrychis viciifolia*), Ge-

Flugzeit	J	F	M	A	M	J	J	A	S	O	N	D
Raupen	J	F	M	A	M	J	J	A	S	O	N	D

wöhnlicher Löwenzahn (*Taraxacum officinale*), Kronwicken (*Coronilla sp.*), Luzerne (*Medicago sativa*), Wundklee (*Anthyllis* sp.), Ampfer (*Rumex* sp.), Heidelbeere (*Vaccinium myrtillus*), Gewöhnliche Wegwarte (*Cichorium intybus*) und weiteren Arten. Die Raupe erscheint ab Juni, überwintert und verpuppt sich ab Mai. Je nach Lage und Klimabedingungen treten eine bis zwei Generationen von Ende Mai bis Anfang Juli sowie von Ende Juli bis Mitte September auf. Als Lebensraum besiedeln die Falter bevorzugt trockene, warme Magerrasen, felsige Halbtrockenrasen, Wacholderheiden, Laubwälder mit Eichenanteil, Kiefernwälder auf Sandboden, Sandfluren und felsige Hänge. Die Art kommt verstreut und lückenhaft über ganz Europa mit Ausnahme der Britischen Inseln und des hohen Nordens vor.
RL 3, **Naturschutzstatus:** 1

Scopula floslactata (Gelblichweißer Kleinspanner)

Die Falter erreichen eine Flügelspannweite von 20 bis 30 mm. Die Grundfarbe der Flügel ist weiß bis gelblichweiß und es befinden sich vier mehr

Flugzeit	J	F	M	A	M	J	J	A	S	O	N	D
Raupen	J	F	M	A	M	J	J	A	S	O	N	D

oder weniger gut sichtbare Querlinien darauf. Einige weitere Arten wie der Heidelbeer-Kleinspanner (*S. ternata),* der Eckflügel-Kleinspanner (*S. nigropunctata*) und der Hellbindige Doppellinien-Zwergspanner (*Idaea deversaria*) sind sehr ähnlich. Als Nahrungsgrundlage dienen eine Reihe von Pflanzen wie Heidelbeere (*Vaccinium myrtillus*), Waldmeister (*Galium odoratum*), Rote Heckenkirsche (*Lonicera xylosteum*), Schwarz-Erle (*Alnus glutinosa*), Labkräuter (*Galium* sp.), Sauerampfer (*Rumex* sp.) und Zaun-Wicke (*Vicia sepium*). Die Raupe findet man ab Juli bis zur Überwinterung und Verpuppung im Juni. Zwischen Ende Mai bis Ende Juni erscheint eine Generation. Südliche Populationen bilden eine zweite Generation zwischen Juli und August. Als Waldbewohner nutzen sie die Randbereiche, Wege und Lichtungen von Laubmischwäldern. *S. floslactata* reicht in seiner Verbreitung von den Pyrenäen bis Osteuropa, erreicht aber nicht den Norden Skandinaviens und fehlt im Süden und im Mittelmeerraum fast gänzlich.

Scopula immorata (Marmorierter Kleinspanner)

Die Flügelspannweiten erreichen 22 bis 27 mm. Die weißlich, olivgrau bis graubraun gefärbten Flügel tragen zwei bis drei weißliche, schwarz bis braun bestäubte, mehr oder weniger gut sichtbare, gewellte Querlinien. Vielfach erscheinen die Falter bräunlich marmoriert. Die Saumlinie ist schwärzlich, manchmal strichförmig gezeichnet. Die Fransen sind weiß und bräunlich gescheckt. Die Raupe ernährt sich zwischen Juni und August sowie im September mit Überwinterung bis zum folgenden Frühjahr von verschiedenen Pflanzenarten wie Fieder-Zwenke (*Brachypodium pin-*

natum), Besenheide (*Calluna vulgaris*), Arznei-Thymian (*Thymus pulegioides*), Gewöhnlichem Dost (Oregano, *Origanum vulgare*), Habichtskräutern (*Hieracium sp.*), Gewöhnlicher Pechnelke (*Silene viscaria*), Breitwegerich (*Plantago major*), Gewöhnlichem Löwenzahn (*Taraxacum officinale*), Vogelknöterichen (*Polygonum* sp.), Gewöhnlicher Schafgarbe (*Achillea millefolium*) und einigen weiteren Arten. Die Flugzeit der beiden Generatio-

Flugzeit	J	F	M	A	M	J	J	A	S	O	N	D
Raupen	J	F	M	A	M	J	J	A	S	O	N	D

nen reicht, abhängig von Lage und Klima von Mitte Mai bis Anfang Juli und von Ende Juli bis Ende August. Man findet die Art sowohl auf warmen Trockenrasen, Wiesen, Heiden, an Waldrändern und Lichtungen als auch im Siedlungsbereich in Streuobstwiesen und Gärten. Die Falter sind in weiten Teilen Europas verbreitet.

Scopula nigropunctata (Eckflügel-Kleinspanner, Ziest-Kleinspanner)

Die Spannweite der Vorderflügel reicht von 23 bis 29 mm. Die hell gelblichbraunen bis hellgrauen Falter tragen mehrere braune Querlinien und unterscheiden sich von einigen ähnlichen verwandten Arten durch die auffällig spitz zulaufenden Hinterflügel. Die Raupen ernähren sich hauptsächlich von Waldrebe (*Clematis* sp.) und anderen Arten wie z. B. Ahorn (*Acer* sp.), Gewöhnlichem Dost (Oregano, *Origanum vulgare*), Wald-Ziest (*Stachys sylvatica*) und Gewöhnlichem Liguster (*Ligustrum vulgare*). Sie schlüpfen im Juni, überwintern und verpuppen sich Anfang Juni. Im Norden des Verbreitungsgebietes erscheint nur eine Generation von Juni bis

August, im Süden zwei zwischen Mai und Oktober. Die Falter lassen sich sowohl am Rand und auf Lichtungen von Mischwäldern als auch in offenen

Flugzeit	J	F	M	A	M	J	J	A	S	O	N	D
Raupen	J	F	M	A	M	J	J	A	S	O	N	D

Landschaften und auch im Siedlungsbereich in feuchten und trockenen Bereichen finden. Die europäische Verbreitung reicht im Norden bis ins südliche Skandinavien, im Süden bis in den nördlichen Mittelmeerraum.

Scopula ornata (Schmuck-Kleinspanner)

Flugzeit	J	F	M	A	M	J	J	A	S	O	N	D
Raupen	J	F	M	A	M	J	J	A	S	O	N	D

Die hellen weißen Falter erreichen eine Flügelspannweite von 20 bis 26 mm. Zwischen der hellgrauen Wellenlinie vor dem Saum und der äußeren Querlinie befinden sich einige hell goldbraune Flecke. Die Saumlinie ist strichförmig hell und dunkel gescheckt. Die Raupe lebt von August mit Überwinterung bis zum Frühjahr des Folgejahres hauptsächlich an Thymian (*Thymus* sp.) und auch an Gewöhnlichem Dost (Oregano, *Origanum vulgare*). Ab Ende April können je nach Lage und Klimabedingungen eine bis drei Generationen pro Jahr ausgebildet werden, die bis Ende Juni und Juli bis Mitte September und im Süden Europas bis Ende Oktober fliegen können. Die tag- und dämmerungsaktiven Falter sind an trockenwarme, offene, magere Standorte, vielfach an Böschungen, Hängen und Hügeln angepasst. *S. ornata* ist weit verbreitet über Europa, fehlt aber im hohen Norden.

Scopula rubiginata (Violettroter Kleinspanner, Weinroter Triftenflurspanner, Rostspanner)

Ein Falter mit einer Flügelspannweite von 16 bis 22 mm. Die Flügel können gelblichbraun bis rötlichbraun oder rotviolett gefärbt sein und tragen drei

Flugzeit	J	F	M	A	M	J	J	A	S	O	N	D
Raupen	J	F	M	A	M	J	J	A	S	O	N	D

dunkle gewellte Querlinien. Als Futterpflanzen nutzen die Raupen Thymian (*Thymus* sp.), Sauerampfer (*Rumex* sp.), Besenheide (*Calluna vulgaris*), Beifuß (*Artemisia* sp.) und andere Arten. Im Süden können sie ganzjährig auftreten. Abhängig vom Ort des Vorkommens und den klimatischen

Bedingungen erscheinen pro Jahr ein bis drei Generationen der tag- und nachtaktiven Falter zwischen April und Anfang Oktober. Die Lebensräume bestehen aus trockenen, warmen Bereichen wie Magerrasen mit Gebüsch, Sandflächen, Brachen, Heidelandschaften, Hänge und Böschungen. Die Verbreitung reicht im Norden Europas bis ins südliche Skandinavien, die Art fehlt hingegen im Süden der Iberischen Halbinsel, auf Sizilien und den südlicher gelegenen griechischen Inseln.

Timandra comae (Ampferspanner)

Die Flügelspannweite dieses Nachtfalters reicht von 23 bis 28 mm. Der rote Flügelsaum, die spitz hervortretenden Hinterflügel und die rotbraune Querbinde machen die Falter in Mitteleuropa und im Süden unverwechselbar. Allerdings gilt dies nicht für Nordosteuropa, wo *T. griseata* die Art ersetzt und nur durch Genitaluntersuchung zu unterscheiden ist. Als Hauptnahrung nutzen die Raupen zwischen August mit Überwinterung und wieder im folgenden Frühjahr sowie im April und Mai an Ampfer (*Rumex* sp.) und Knöterich (*Polygonum* sp.). In der Regel erscheinen zwei Generationen ab April bis Juni und Juli bis September, in warmen Jahren und im Süden kann sich im Oktober noch eine dritte Generation entwickeln. Die Art bewohnt eine vielfältige Palette feuchter und auch trockener Lebensräume wie Fluss- und Bachufer, feuchte Laubmischwälder, Trocken- und Magerrasen, Heiden, aufgelassene Weinberge, Ackerbrachen, offene lichte Kiefernwälder, Dämme und Böschungen, Gärten und Siedlungsbereiche. Die Verbreitung des Spanners erstreckt sich über weite Teile Europas.

Flugzeit	J	F	M	A	M	J	J	A	S	O	N	D
Raupen	J	F	M	A	M	J	J	A	S	O	N	D

Überfamilie Noctuoidea

Notodontidae Familie Zahnspinner

Die Familie ist in Europa mit 55 Arten in den Unterfamilien *Thaumetopoeinae* (Prozessionsspinner), *Pygaerinae, Notodontinae, Phalerinae* und *Heterocampinae* vertreten. Ein großer Teil der Falterarten hat einen charakteristischen namengebenden Schuppenzahn, eine Ausbuchtung am Hinterrand der Vorderflügel. Die Mitglieder der Falterfamilie bewohnen hauptsächlich Wälder und ihre Raupen ernähren sich in der Regel von den Blättern von Sträuchern und Bäumen.

Unterfamilie Heterocampinae

Harpyia milhauseri (Pergament-Zahnspinner)

Die Flügelspannweite reicht von 40 bis 52 mm. Die Vorderflügel sind hellgrau und haben auffällige dunkle Längsadern und einen dunklen breiten Strich an der Innenseite sowie ein gelbliches unterbrochenes Querband. Als Raupen ernähren sie sich von Juni bis August bevorzugt von Eichen (*Quercus* sp.), manchmal auch von Buchen (*Fagus* sp.) oder Birken (*Betula* sp.). Zur Überwinterung fertigen sie aus Holzborke einen festen

Flugzeit	J	F	M	A	M	J	J	A	S	O	N	D
Raupen	J	F	M	A	M	J	J	A	S	O	N	D

Kokon und verpuppen sich darin. In der Regel entsteht nur eine Generation von Faltern im Jahr von April bis Juni. In warmen Jahren und im südlichen Verbreitungsgebiet kann sich von Juli bis August eine zweite Generation entwickeln. Die Falter sind Waldbewohner und leben in warmen Laubmischwäldern, Eichenwäldern und Hutweiden mit Alteichen. Die Art ist in Süd-, Mittel- und Westeuropa verbreitet, aber durch den Rückgang der Eichenwälder seltener. Sie fehlt in Nord- und Nordosteuropa.

Stauropus fagi (Buchen-Zahnspinner)

Die Spannweite reicht von 45 bis 65 mm. Die Vorderflügel sind graubraun mit einem durch hellere Wellenlinien abgesetzten dunkleren Band und dunklen Flecken zum Flügelaußenrand zwischen den Längsadern. Mit ihren zu langen, dünnen Beinen umgewandelten Brustfüßen sehen die braunen Raupen Ameisen ähnlich. Sie ernähren sich von Juni bis Ende September von den Blättern verschiedenster Laubgehölze wie Rotbuche (*Fagus sylvatica*), Stieleiche (*Quercus robur*), Hängebirke (*Betula pendula*), Gewöhnlicher Haselnuss (*Corylus avellana*), Gewöhnlicher Hainbuche (*Carpinus betulus*), Gewöhnlicher Schlehe (*Prunus spinosa*), Feldahorn (*Acer campestre*) und anderen. Die Imagines erscheinen je nach Lage und Klima von Mitte April bis Ende Mai und von Anfang Juni bis August, wobei immer noch nicht klar ist, ob es sich um zwei Generationen oder zwei verschiedene Stämme handelt oder nur die Puppenstadien verschieden lange Entwicklungs- oder Ruhezeiten haben. Die Falter bewohnen Auwälder und Laubmischwälder, bevorzugt Buchenwälder, und auch Gärten und Parks in ganz Europa mit Ausnahme des nördlichen Skandinaviens und der südlichen Iberischen Halbinsel.

Flugzeit	J	F	M	A	M	J	J	A	S	O	N	D
Raupen	J	F	M	A	M	J	J	A	S	O	N	D

Unterfamilie Notodontinae

Cerura erminea (Weißer Gabelschwanz)

Die Flügelspannweite reicht von 50 bis 70 mm. Die Art ist weiß und damit wesentlich heller als *C. vinula*. Die Vorderflügel tragen schwarze, gewellte Linien und Punkte. Der Hinterleib ist auf der Oberseite mit breiten schwarzen, aus Behaarung bestehenden Querbinden auf weißem Grund versehen. Im Raupenstadium lebt die Art von Juni bis Anfang September,

Flugzeit	J	F	M	A	M	J	J	A	S	O	N	D
Raupen	J	F	M	A	M	J	J	A	S	O	N	D

bevorzugt an den Blättern von hohen älteren Zitterpappeln (*Populus tremula*) und weiteren Pappelarten (*Populus* sp.) sowie an Salweiden (*Salix caprea*), Korbweiden (*Salix viminalis*) und weiteren Weidenarten. Zur Überwinterung verpuppen sich die Raupen im Spätsommer in einem stabilen Kokon aus Holzmehl und Spinnseide an Baumborke oder am Boden. Die nachtaktiven Falter fliegen pro Jahr in einer Generation von Mai bis Juli, im Süden Europas entwickelt sich eine zweite Generation im August und September. Diese lokal und nicht häufig vorkommende Art lebt in Auwäldern und an Gewässerufern hauptsächlich in Süd- und Mitteleuropa, fehlt aber in Großbritannien, Skandinavien und im Süden des Mittelmeergebietes.
RL V, **Naturschutzstatus:** 2

Cerura vinula (Großer Gabelschwanz)

Die Flügelspannweite der Falter reicht von 58 bis 75 Millimetern. Die weiß- bis hellgrauen Vorderflügel tragen dunkle, gewellte und gebogene Querlinien und eine hellbraune Längsaderung. Die wehrhaften Raupen, die mit ihren beiden Schwanzgabeln bei Bedrohung Ameisensäure verspritzen können, findet man von Juni bis September an Pappeln (*Populus* sp.) und Weiden (*Salix* sp.). Zur Überwinterung verpuppen sie sich in einem harten Kokon. Die nachtaktiven Falter fliegen jährlich in einer Generation von Ende April bis Anfang Juli und leben an Waldrändern, auf Waldlichtungen, in Auen mit Weidenbestand und in Kiesgruben. Die Art kommt in ganz Europa außer im hohen Norden vor.
RL V, **Naturschutzstatus:** 2

Flugzeit	J	F	M	A	M	J	J	A	S	O	N	D
Raupen	J	F	M	A	M	J	J	A	S	O	N	D

Drymonia querna (Weißbinden-Zahnspinner)

Die Flügelspannweite reicht von 39 bis 45 mm. Die Vorderflügel der Falter sind braun bis grau und zeigen mehrere deutliche Querlinien, einen weiß aufgehellten Mittelfleck sowie weiße Hinterflügel. Als Raupen fressen sie zwischen Juli und bis zur Verpuppung ab September ausschließlich an den

Flugzeit	J	F	M	A	M	J	J	A	S	O	N	D
Raupen	J	F	M	A	M	J	J	A	S	O	N	D

Blättern von Eichen (*Quercus* sp.). Sie sind nachtaktiv und bilden im nördlichen Verbreitungsgebiet eine Generation zwischen Juni und Juli. Im Süden und unter klimatisch günstigen Bedingungen entsteht im August und September eine zweite Generation. Man findet die eher seltenen Falter in warmen Mischwaldbereichen, Eichenwäldern und alten Hutweiden. Die Art tritt in West-, Mittel- und Südeuropa auf, fehlt aber im Norden.

Drymonia ruficornis (Dunkelgrauer Zahnspinner)

Flugzeit	J	F	M	A	M	J	J	A	S	O	N	D
Raupen	J	F	M	A	M	J	J	A	S	O	N	D

Die Vorderflügel erreichen eine Spannweite von 35 bis 40 mm und haben eine graubräunliche Grundfärbung mit zwei hellen weißen, gezackten, quer verlaufenden Linien und einem dazwischen liegenden hellen Band. Im mittleren Bereich befindet sich je ein dunkler, sichelförmiger „Mondfleck". Die hellgraubraunen Hinterflügel tragen eine undeutliche, noch hellere Querbinde. Die Raupen leben von Mai bis Juni an den Blättern von Eichen (*Quercus* sp.) und verpuppen sich zur Überwinterung. Die Art bringt eine Generation pro Jahr von Ende März bis Anfang Juni hervor. Die Art ist an Eichen gebunden und lebt daher in Mischwäldern mit Eichenanteil, Eichenwäldern und Hutweiden. In Europa ist sie mit Ausnahme des hohen Nordens verbreitet.

Furcula bifida (Espen-Gabelschwanz, Kleiner Gabelschwanz)

Die Flügelspannweiten der Vorderflügel erreichen bei dieser Art zwischen 35 und 45 mm. Sie haben eine weiße bis grauweiße Grundfärbung und

Flugzeit	J	F	M	A	M	J	J	A	S	O	N	D
Raupen	J	F	M	A	M	J	J	A	S	O	N	D

tragen ein gleichmäßig breites graues Mittelfeld, das von zwei kräftigen schwarzen, wenig gebogenen Linien begrenzt wird, wodurch sie sich von *F. furcula* und *F. bicuspis* gut unterscheiden lassen. Von Juni bis zur Verpuppung im September lebt die Raupe hauptsächlich an den Blättern von Zitterpappel (*Populus tremula*), und seltener auch an anderen Pappeln (*Populus* sp.) und Weiden (*Salix* sp.). Die Falter sind nachtaktiv und bilden je nach Lage und klimatischen Bedingungen eine bis zwei Generationen von April bis August. Sie leben sowohl in lichten Wäldern, Auwäldern, Mooren und Moorwäldern als auch manchmal in Parkanlagen. *F. bifida* hat eine europaweite Verbreitung.

Furcula furcula (Buchen-Gabelschwanz, Weiden-Gabelschwanz)

Die Flügelspannweite der kleinsten Gabelschwanzart reicht von 27 bis 35 mm. Die Falter erscheinen hellgrau mit einer breiten, dunkelgrauen

Flugzeit	J	F	M	A	M	J	J	A	S	O	N	D
Raupen	J	F	M	A	M	J	J	A	S	O	N	D

Mittelbinde, die am hinteren Rand kräftig gewellt ist. Die Raupen ernähren sich zwischen Mai und Juni und von Juli bis September von den Blättern der Zitterpappel (*Populus tremula*), Sal-Weide (*Salix caprea*), Ohr-Weide (*Salix aurita*), Rotbuche (*Fagus sylvatica*) und von Birken (*Betula* sp.). Den Winter übersteht die Art als Puppe, indem sie sich einen harten Kokon aus zernagten Holzspänen anfertigt. Als Falter treten sie lage- und klimabedingt in ein bis zwei Generationen von April bis Juni und Juli bis August auf. Sie leben sowohl in Mooren, Heidegebieten und Laubmischwäldern als auch in Parks und Gärten. Die Falter sind in ganz Europa einschließlich der Balkanhalbinsel mit Ausnahme des Mittelmeerraumes verbreitet.

Gluphisia crenata (Kleiner Pappelauen-Zahnspinner)

Die grauen Vorderflügel haben eine Spannweite von 26 bis 35 mm und sind meist sehr kontrastarm mit einem helleren Mittelband und schwarzen gewellten Querlinien gezeichnet. Im Raupenstadium leben sie ab Juni bis

Flugzeit	J	F	M	A	M	J	J	A	S	O	N	D
Raupen	J	F	M	A	M	J	J	A	S	O	N	D

Juli und dann wieder von September bis zur Verpuppung und Überwinterung im Oktober vorwiegend an den Blättern von Schwarzpappel (*Populus nigra*) und weiterer Hybrid-Pappelarten. Die nachtaktiven Falter erscheinen während des Jahres je nach Lage und klimatischen Bedingungen in zwei Generationen zwischen April und Anfang September. Sie besiedeln sowohl Auwälder als auch Pappelanpflanzungen. Die Verbreitung reicht über ganz Europa mit Ausnahme von Nordengland und Nordskandinavien.

Leucodonta bicoloria (Weißer Zahnspinner, Schneeweißer Zahnspinner)

Die Spannweite der Vorderflügel beträgt zwischen 26 und 34 mm. Die weiße Grundfarbe und die orangefarbene Zeichnung in Form eines Y macht die Art unverwechselbar. Die Raupen leben zwischen Juni und August ausschließlich an Blättern im Kronenbereich von Birken (*Betula* sp.). Zur Überwinterung verpuppen sie sich in einem Gespinst am Boden. Die nachtaktive Art bildet eine Generation von Mitte Mai bis Anfang Juli. Lichte Birkenwälder, Moorwälder, Wälder auf Sandboden und Heiden mit Birken sind

Flugzeit	J	F	M	A	M	J	J	A	S	O	N	D
Raupen	J	F	M	A	M	J	J	A	S	O	N	D

ihr Lebensraum. Man findet die Falter in West-, Mittel- und Nordeuropa bis ins südliche Skandinavien und in den osteuropäischen Birkenwäldern. Sie fehlen in Südeuropa.
RL 3, **Naturschutzstatus:** 2

Notodonta dromedarius (Dromedar-Zahnspinner)

Flugzeit	J	F	M	A	M	J	J	A	S	O	N	D
Raupen	J	F	M	A	M	J	J	A	S	O	N	D

Die Flügelspannweite beträgt 37 bis 45 mm. Die Vorderflügel sind graubraun mit dunkleren, gewellten Querbinden und rötlich brauner bis gelber Fleckenzeichnung. Die Raupe ernährt sich von Juni bis Juli und August bis zur Verpuppung zur Überwinterung im Boden im September von Hängebirke (*Betula pendula*), Schwarzerle (*Alnus glutinosa*), Zitterpappel (*Populus tremula*), Sal-Weide (*Salix caprea*) und Gewöhnlicher Hasel (*Corylus avellana*). *N. dromedarius* ist eine häufige Art, die je nach Lage in ein bis zwei Generationen pro Jahr von Mitte Mai bis Juni und von Ende Juli bis Ende August vorkommt. Ihr Habitat liegt an Rändern von Laubmischwäldern, in Auwäldern, Heiden, Mooren und auch im Siedlungsbereich in Gärten und Parks. In Europa sind die Falter weit verbreitet.

Notodonta tritophus (Espen-Zahnspinner)

Die Spannweiten der Vorderflügel erreichen 45 bis 55 mm. Die früher als *N. phoebe* bezeichnete Art ist sehr variabel in Farbgebung sowie in Helligkeit und Kontrast. Die schwarze bis dunkelbraune Grundfärbung wird durch ein rötlich braunes oder weißlich braunes Mittelband unterbrochen, an dessen hinterem Rand sich ein länglicher Nierenfleck befindet. Der Flügelsaum trägt ebenfalls ein rotbraunes oder weißliches Band. Als Raupe lebt die Art von Ende Juni bis Juli und wieder von August bis September an Pappeln (*Populus* sp.) wie der Zitterpappel (*Populus tremula*) sowie vereinzelt auch an Weiden (*Salix* sp.) und Birken (*Betula* sp.). Die Flugzeit der von Lage und Klima abhängenden ein bis zwei Generationen bildenden

Flugzeit	J	F	M	A	M	J	J	A	S	O	N	D
Raupen	J	F	M	A	M	J	J	A	S	O	N	D

Art beginnt ab Ende April und reicht bis Juni und dann wieder von Juli bis August. Sie bewohnt Auwälder und lichte Laubmischwälder. Die Art ist europaweit verbreitet, aber nicht häufig und im Bestand rückläufig.

Notodonta ziczac (Zickzack-Zahnspinner)

Flugzeit	J	F	M	A	M	J	J	A	S	O	N	D
Raupen	J	F	M	A	M	J	J	A	S	O	N	D

Dieser Falter hat eine Flügelspannweite von 35 bis 50 mm. Die Färbung reicht von hellgrau bis hellbraun am Vorderflügelrand. Ein dunkelbrauner Bogenfleck in der Mitte begrenzt ein dunkelgraues Feld. Die Raupe lebt von Juni bis Juli und von August bis September an Zitterpappel (*Populus tremula*), Sal-Weide (*Salix caprea*), Gewöhnlicher Hasel (*Corylus avellana*) und weiteren Laubgehölzen. Die Imagines sind nachtaktiv und treten in zwei Generationen von Ende April bis Anfang Juni und von Anfang Juli bis September in Wäldern in der Gebüschzone, am Rand von Mooren und Gewässern, an Lichtungen und Waldwegen auf. Die häufige Art kommt in ganz Europa weit verbreitet vor.

Odontosia carmelita (Mönch-Zahnspinner)

Die Spannweite der Vorderflügel beträgt zwischen 32 und 42 mm. Der rötlich braune Falter hat einen gelblich weißen Fleck in der Nähe der Flügelspitze an der Flügelaußenkante und einen kapuzenartigen Haarschopf. Die Nahrungsgrundlage der Raupen bilden von Juni bis August die Blätter im Bereich der Baumkronen von Birken (*Betula* sp.) und seltener auch von Erlen (*Alnus* sp.). Zur Überwinterung verpuppen sie sich in einem Gespinst in der Erde. Schon sehr zeitig im Frühjahr ab März schlüpft die einzige Generation der nachtaktiven Art und ist noch bis Mai zu finden. Als Lebens-

Flugzeit	J	F	M	A	M	J	J	A	S	O	N	D
Raupen	J	F	M	A	M	J	J	A	S	O	N	D

räume bevorzugen sie Moorwälder mit Birken, Mischwälder sowie reine Birkenwälder. In Europa sind die Birkenwälder im Norden und Nordosten und weite Bereiche von West-, Mittel- und Osteuropa besiedelt. Im Mittelmeerraum fehlt die Art.

Pheosia gnoma (Birken-Zahnspinner)

Die Falter erreichen eine Flügelspannweite von 45 bis 50 mm. Die Art ist von *P. tremula* durch einen weißen, keilförmigen Fleck im inneren Winkel der Vorderflügel gut zu unterscheiden. Als Raupe lebt diese Art von Ende Mai bis zur Verpuppung Mitte Oktober an Birke *(Betula* sp.) und wahrscheinlich auch an Pappeln (*Populus* sp.*)*. Ein bis zwei Generationen erscheinen je

Flugzeit	J	F	M	A	M	J	J	A	S	O	N	D
Raupen	J	F	M	A	M	J	J	A	S	O	N	D

nach Lage von April bis Juni und Juli bis Anfang September. Ihr Lebensraum besteht aus Laub- und Mischwäldern mit Birken, Birkenwäldern, Moorbereichen, Sandböden und auch Siedlungsbereichen. Das Verbreitungsgebiet reicht im Westen von den Pyrenäen über Nord- und Mitteleuropa.

Pheosia tremula (Pappel-Zahnspinner)

Flugzeit	J	F	M	A	M	J	J	A	S	O	N	D
Raupen	J	F	M	A	M	J	J	A	S	O	N	D

Die Spannweite dieses Falters variiert zwischen 45 und 55 mm. Die weißlich-grau gefärbten Vorderflügel tragen am Vorderrand zwei schwarze, keilförmige Flecken, entlang der Flügelhinterränder ein langes, dunkles braunes Band. Drei weiße Keile weisen vom Hinterrand der Flügel nach vorne. Im Unterschied zum Pappel-Zahnspinner hat der Birken-Zahnspinner (*Pheosia gnoma*) nur einen weißlichen Keilfleck im dunklen Streifen entlang des Hinterrands der Vorderflügel. Die Raupe lebt von Mai bis Juli und von September bis Oktober an Blättern der Zitterpappel (*Populus tremula*) und Weiden (*Salix* sp.). Nach dem Schlüpfen erscheinen die Falter in zwei Generationen von April bis Juli in lichten Wäldern, an Waldrändern und in Parks. Die Verbreitungsgrenze ist im Norden Europas das südliche Skandinavien, im Süden kommen die Falter bis in den nördlichen Mittelmeerraum vor.

Pterostoma palpina (Palpen-Zahnspinner)

Die Spannweite der Vorderflügel beträgt zwischen 35 bis 52 mm. Die gelbbraun gefärbten Falter haben lange, behaarte Kiefertaster sowie sägezahnartige Schuppenkämme am Flügelrand, die sie unverwechselbar machen. Als Raupe lebt die Art von Juni bis Juli und August bis Anfang Oktober an Blättern von Zitterpappel (*Populus tremula*), Sal-Weide (*Salix caprea*), Korbweide (*Salix viminalis*) und weiteren Pappel- und Weidenarten. Ab Ende April bis Anfang Juni erscheint die erste von zwei Generationen und von Ende Juli bis August die zweite. Ihr Lebensraum sind lichte Wälder, Waldränder, Kiesgruben und Gärten. Die häufige Art ist in ganz Europa weit verbreitet.

Flugzeit	J	F	M	A	M	J	J	A	S	O	N	D
Raupen	J	F	M	A	M	J	J	A	S	O	N	D

Ptilodon capucina (Kamel-Zahnspinner)

Die Flügelspannweite reicht von 30 bis 45 mm. Eine kapuzenartige Erhebung aus Behaarung hinter dem Kopf, die an einen Kamelhöcker erinnert und oben hellgelb gefärbt ist, gibt der Art den Namen. Die Flügel sind gelb- bis rotbraun mit zwei dunklen, gezackten Querlinien. Ein weiterer schwarzer Zacken aus Haaren befindet sich in der Mitte der Innenkanten der Vorderflügel.

Flugzeit	J	F	M	A	M	J	J	A	S	O	N	D
Raupen	J	F	M	A	M	J	J	A	S	O	N	D

Die Raupen ernähren sich von Juni bis Oktober von einer Vielzahl verschiedener Laubgehölze, wie z. B. Sal-Weide (*Salix caprea*), Hängebirke (*Betula pendula*), Rotbuche (*Fagus sylvatica*), Stieleiche (*Quercus robur*), Zitterpappel (*Populus tremula*), Gewöhnliche Hasel (*Corylus avellana*) und Schwarzerle (*Alnus glutinosa*). Die nachtaktiven Falter fliegen jährlich in zwei Generationen von Ende April bis Anfang Juli und von Ende Juli bis Mitte August. Man findet sie an Laubwaldrändern, in Alleen, in Parkanlagen und Gärten. Die häufige Zahnspinnerart ist in Europa weit verbreitet.

Ptilodon cucullina (Ahorn-Zahnspinner)

Flugzeit	J	F	M	A	M	J	J	A	S	O	N	D
Raupen	J	F	M	A	M	J	J	A	S	O	N	D

Die Spannweiten der Vorderflügel erreichen 32 bis 40 mm. Die gelbbraun bis rotbraun gefärbte Art ähnelt dem Kamel-Zahnspinner (*P. capucina*), unterscheidet sich aber durch die weißlich hellgraue Binde am Vorderflügelaußenrand. Als Raupe lebt sie von Juli bis Mitte September an Ahornen wie Feldahorn (*Acer campestris*) oder Bergahorn (*Acer pseudoplatanus*). Die Überwinterung erfolgt im Puppenstadium. Im Laufe des Jahres erscheinen je nach Lage und Klimabedingungen ein bis zwei Generationen von Anfang Mai bis Ende Juni sowie von Ende Juli bis August. Sie leben bevorzugt in Laubmischwäldern, an warmen, mit Gebüsch bestandenen Hängen, Feldgehölzen, Parks und Gärten. Die Art ist in Europa mit Ausnahme des südlichen Mittelmeerraumes verbreitet, tritt aber nirgends häufig auf.

Ptilophora plumigera (Haarschuppen-Zahnspinner)

Die Flügelspannweite beträgt 30 bis 43 mm. Sie sind gelblich-, rötlich- oder schwarzbraun gefärbt mit einem dunkleren Mittelband. Die auffäl-

Flugzeit	J	F	M	A	M	J	J	A	S	**O**	**N**	**D**
Raupen	J	F	M	A	**M**	**J**	J	A	S	O	N	D

ligen breiten gefiederten Fühler der Männchen verleihen der Art ihren wissenschaftlichen Namen. Als Raupe lebt die Art zwischen Mai und Juni an Ahornarten wie Feldahorn (*Acer campestre*), Bergahorn (*Acer pseudoplantanus*) und möglicherweise noch weiteren Gehölzarten. Die Falter fliegen sehr spät in einer Generation von Oktober bis Dezember. Das Eistadium überwintert. *P. plumigera* ist ein Bewohner von Laub- und Mischwäldern. Die südliche europäische Verbreitungsgrenze verläuft von Südfrankreich zum nördlichen Balkan, die nördliche reicht bis in das südliche Skandinavien.

Unterfamilie Phalerinae

Peridea anceps (Großer Eichen-Zahnspinner)

Die Spannweite dieser Art liegt zwischen 53 und 65 mm. Der Falter ist graubraun bis gelblich braun. Drei dunkle, gezackte Querlinien und einige

Flugzeit	J	F	M	A	M	J	J	A	S	O	N	D
Raupen	J	F	M	A	M	J	J	A	S	O	N	D

dunkle Längsstriche an den Flügelsäumen sind als Zeichnungselemente vorhanden. Die Raupe ist ab Ende April bis in den Juni an ihren Nahrungspflanzen, verschiedenen Eichenarten (*Quercus* sp.), zu finden. Sie verpuppen sich unter der Borke und am Boden. Je nach Verbreitung und klimatischen Bedingungen sind die Falter in einer Generation von April bis Juni, vereinzelt bis Ende Juli zu finden. Die Falter sind an Eichen gebunden und nutzen warme Laubmischwälder, Eichenwälder, Hutweiden und Magerrasen mit Alteichen. *P. anceps* besiedelt weite Teile Europas nördlich bis in den Süden Skandinaviens.

Phalera bucephala (Mondvogel, Mondfleck)

Die recht große Art hat Flügelspannweiten zwischen 55 und 65 mm. Der Falter hat eine ungewöhnliche Körperform, vorne ähnelt er einem abgebrochenen Ast. Die Grundfärbung ist silbrig grau mit dunkelrotbraunen, wellenförmigen Querlinien und einem großen, runden, gelben Fleck am Außenrand der Vorderflügel. Ab Juli erscheint die Raupe und verzehrt bis zur Verpuppung und Überwinterung Blätter vieler verschiedener Laubgehölze wie Hängebirke (*Betula pendula*), Salweide (*Salix caprea*), Winterlinde (*Tilia cordata*), Rotbuche (*Fagus sylvatica*), Zitterpappel (*Populus tremula*) und anderer Arten. Der nachtaktive Mondvogel fliegt in einer Generation

Flugzeit	J	F	M	A	M	J	J	A	S	O	N	D
Raupen	J	F	M	A	M	J	J	A	S	O	N	D

von Mai bis August in Laubwäldern, Gebüschen, Gärten und Parkanlagen. Die Verbreitung erstreckt sich im Norden bis südlich des Polarkreises, im Süden bis in den nördlichen Mittelmeerraum.

Unterfamilie Pygaerinae

Clostera anachoreta (Schwarzgefleckter Raufußspinner, Einsiedler)

Flugzeit	J	F	M	A	M	J	J	A	S	O	N	D
Raupen	J	F	M	A	M	J	J	A	S	O	N	D

Die Flügelspannweite der Falter reicht von 26 bis 35 mm. Die Grundfärbung ist ein Grau bis Dunkelgrau und auf den Vorderflügeln befinden sich mehrere schmale, weiße Querbinden, von denen die hintere durch einen dunklen, großen Fleck an der Flügelspitze verläuft. Eine dunkle, aus Flecken bestehende Wellenlinie verläuft durch diesen schwarzen Fleck und endet außerhalb in einem größeren und einem kleineren Fleck. Die ersten Raupen im Jahr findet man von Juni bis Juli, die der nächsten Generation von August bis September an Blättern der Zitterpappel (*Populus tremula*) und anderer Pappeln (*Populus* sp.) sowie Weiden (*Salix* sp.), wie beispielsweise der Sal-Weide (*S. caprea*) und der Korbweide (*S. viminalis*). Sie verpuppen sich zur Überwinterung am Boden zwischen zusammengesponnenen Blättern. Ab Ende April erscheint die erste von zwei Faltergenerationen pro Jahr und fliegt bis Anfang Juni, die zweite lebt von Mitte Juli bis Mitte August. Die nachtaktiven Falter bevorzugen Lebensräume in Auwäldern, Bruchwäldern und Moorwäldern. In Europa fehlt die Art im hohen Norden, in Irland und im Süden des Mittelmeerraums.
RL 3, **Naturschutzstatus:** 2

Clostera anastomosis (Rostbrauner Raufußspinner)

Die Spannweite beträgt 30 bis 40 mm. Die graubraunen Flügel tragen einige hellere Querlinien. Als Raupen ernähren sie sich zwischen Mai und Juli sowie im September bis zur Überwinterung bis April des Folgejahres von Weide (*Salix* sp.), Zitterpappel (*Populus tremula*) und Schwarzpappel (*P. ni-*

Flugzeit	J	F	M	A	M	J	J	A	S	O	N	D
Raupen	J	F	M	A	M	J	J	A	S	O	N	D

gra). Die Jungraupen schließen sich in einem gemeinschaftlichen Gespinst zur Überwinterung zusammen. Zur Verpuppung spinnen sie sich zwischen Blättern am Boden ein. Die Falter bilden zwei Generationen von Mai bis Juni und von Juli bis August, in warmen Jahren und im Süden erscheint manchmal auch eine dritte Generation. Lebensraum ist die Strauchschicht in lichten Zitterpappelbeständen in warmen Gebieten auf sandigen Böden. Verbreitet ist der Rostbraune Raufußspinner in ganz Europa.

Clostera curtula (Weiden-Raufußspinner, Erpelschwanz-Raufußspinner)

Die Art hat eine Flügelspannweite von 25 bis 35 mm. Die Färbung der Vorderflügel reicht von graubraun bis rötlich braun und es befinden sich mehrere weiße Querlinien darauf. Die hintere Querlinie begrenzt einen großen, dunkel- bis rötlich braunen Fleck an der Flügelspitze. Die Raupen ernähren sich von den Blättern von noch jungen Pappeln (*Populus* sp.) sowie Weiden (*Salix* sp.) und leben zwischen Juni und Juli sowie von August bis September. Die erwachsenen Falter fliegen in zwei Generationen pro Jahr von Ende April bis Anfang Juni und von Mitte Juli bis Mitte August. In Europa findet man die Art auf den Lichtungen und an den Rändern von Au- und Laubmischwäldern und auch auf Trockenrasen, Wiesen, Mooren sowie im Siedlungsbereich in Parks und Gärten. *C. curtula* ist in Europa weit ver-

Flugzeit	J	F	M	A	M	J	J	A	S	O	N	D
Raupen	J	F	M	A	M	J	J	A	S	O	N	D

breitet, fehlt aber im hohen Norden, dem Norden der Britischen Inseln, in Irland und im südlichen Mittelmeerraum.

Clostera pigra (Kleiner Raufußspinner)

Die Flügelspannweite liegt bei dieser sehr kleinen Art bei 22 bis 28 mm. Die graubraun bis rötlich braun gefärbten Falter haben in frischem Zustand

Flugzeit	J	F	M	A	M	J	J	A	S	O	N	D
Raupen	J	F	M	A	M	J	J	A	S	O	N	D

einen lilafarbenen Einschlag und einen rötlich braunen Fleck. Sie tragen auf den Vorderflügeln mehrere helle Querlinien. Die Raupe lebt von Juni bis Juli sowie September bis Oktober an den Blättern von Pappel-Arten (*Populus* sp.), Weide (*Salix* sp.) und Zitterpappel (*Populus tremula*). Zur Überwinterung verpuppen sich die Raupen in einem Gespinst. Die Falter sind nachtaktiv und fliegen in zwei Generationen pro Jahr von Anfang April bis Mitte Juni und von Ende Juli bis Ende August. Sie bewohnen verschiedene Lebensräume wie Waldränder und -lichtungen, Bäche und Flüsse, Hecken, Moore und auch Parks und Gärten. Die Tiere sind in weiten Teilen Europas anzutreffen.

Unterfamilie Thaumetopoeinae (Prozessionspinner)

Thaumetopoea pinivora (Kiefern-Prozessionsspinner)

Die Spannweite dieser Art beträgt zwischen 30 und 40 mm. Die hellgrau, leicht rötlich braun oder gelblich gefärbten Vorderflügel besitzen drei dunkle Querlinien. Die Falter sind dem Eichen-Prozessionsspinner (*T. processionea*) sehr ähnlich, sind jedoch heller und es fehlt eine bogenförmige Linie auf den Hinterflügeln. Die Raupe lebt zwischen Mai und Juni oder auch Juli und August in Gemeinschaft mit anderen Raupen an den Nadeln der Waldkiefer (*Pinus sylvestris*) und Hakenkiefer (*Pinus uncinata*). Im Unterschied zum Eichen-Prozessionsspinner bilden sie bei ihren Raupenprozessionen nur eine Reihe. Sie bilden verschiedene Stämme mit unterschiedlichen

Flugzeit	J	F	M	A	M	J	J	A	S	O	N	D
Raupen	J	F	M	A	M	J	J	A	S	O	N	D

Entwicklungszeiten und -stadien und überwintern als Eier oder Puppen. So erscheinen Falter im Mai und Juni und in anderen Jahren erst im Juli und August in einer Generation. Daher treten in manchen Jahren nur Raupen, in anderen nur Falter auf. Die bevorzugten Lebensräume sind trockene Kiefernwälder auf Sandböden. Die Art ist an Kiefernwälder gebunden und kommt daher hauptsächlich im südlichen Finnland und Schweden, in Dänemark, den nordöstlichen Teilen Deutschlands, Polen und Osteuropa vor. Nachweise sind auch aus Frankreich und Spanien bekannt.

Thaumetopoea processionea (Eichen-Prozessionsspinner)

Der Falter erreicht eine Flügelspannweite von 25 bis 36 mm. Die Vorderflügel sind beim Männchen hellgrau bis braungrau mit zwei schmalen, dunklen Querstreifen. Die Hinterflügel sind gelblich weiß und dunkel gefranst. Die Fühler sind doppelt gekämmt und beim Männchen größer. Die Raupen leben von Ende April bis Juni an Eichen (*Quercus* sp.) und besitzen Brennhaare, die ein Gift (Thaumetopoein) enthalten, das zu Entzündungen auf Haut und Schleimhäuten führt. Die Haare können sich nach Häutungen auch lösen und in der Luft verteilen und beim Einatmen zu erheblichen Beeinträchtigungen führen. Eine Bekämpfung ist nur sinnvoll, wo eine Gefahr für den Menschen entstehen kann, beispielsweise im Siedlungsbereich, da erhebliche Auswirkungen auf andere Arten und das gesamte Ökosystem durch den Einsatz von Giften und Häutungshemmern wie Dimilin nicht aus-

Flugzeit	J	F	M	A	M	J	J	A	S	O	N	D
Raupen	J	F	M	A	M	J	J	A	S	O	N	D

zuschließen sind. Die Falter schlüpfen im Juli und sind bis September in einer Generation zu finden. Sie leben in Eichenwäldern, Mischwäldern mit Eichen und auch in Alleen und Parks. In Europa fehlen sie nur im mittleren und nördlichen Skandinavien und im Nordwesten.

Noctuidae Familie Eulen

Mit 1711 Vertretern ist diese Familie die artenreichste Europas. Man unterteilt sie derzeit nach einem Merkmal (trifin) in der Flügeladerung in die Unterfamilien *Rivulinae, Boletobiinae, Hypenodinae, Araeopteroninae, Eublemminae, Herminiinae, Hypeninae, Phytometrinae, Euteliinae, Aventiinae, Calpinae, Catocalinae, Erebinae, Arctiinae, Lymantriinae, Pantheinae, Dilobinae, Acronictinae, Plusiinae, Eustrotiinae, Bagisarinae, Nolinae, Metoponiinae, Acontiinae, Cuculliinae, Oncocnemidinae, Amphipyrinae, Psaphidinae, Heliothinae, Condicinae, Eriopinae, Bryophilinae, Xyleninae, Hadeninae* und *Noctuinae*. Falter der europäischen Arten erreichen Flügelspannweiten von 20 bis 60 mm und haben schmale Flügel, einen gedrungenen, kräftigen Körper und die eulenartigen Zeichnungselemente.

Unterfamilie Acontiinae

Acontia (Emmelia) trabealis (Ackerwinden-Bunteulchen)

Die Vorderflügel sind schwarz mit gelben Linien- und Fleckenmustern und erreichen eine Spannweite von 18 bis 24 mm. Die Färbung der Hinterflügel ist braun und wird zur Wurzel etwas heller. Sehr vereinzelt kommen sehr dunkle, fast schwarzbraun gefärbte Tiere vor. Die Raupen, welche die erste Generation von Faltern im nächsten Jahr bilden, leben von Ende August bis Oktober und überwintern als Puppe, die der zweiten von Juni bis Juli an Blättern und Blüten von Windenarten wie der Ackerwinde (*Convolvulus arvensis*). Imagines fliegen in zwei nicht klar zu trennenden Generationen von Mitte Mai bis Ende August. Die Eulen leben auf warmen Trockenrasen, an Böschungen, Dämmen, Feld- und Wegrändern, ausnahmsweise auch in Feuchtwiesen, Niedermooren, lichten Laubmischwäldern, an Ruderalstel-

Flugzeit	J	F	M	A	M	J	J	A	S	O	N	D
Raupen	J	F	M	A	M	J	J	A	S	O	N	D

len und in Gärten. Die Falter halten sich vom Flachland bis ins Hügelland in Höhen von über 600 m auf. Die Verbreitung erstreckt sich überwiegend auf Südeuropa, nach Norden wird das Vorkommen lückenhafter und erreicht seine Grenze auf einer Linie vom Süden Englands, wo sie schon fast ausgestorben sein soll, und Südskandinavien.
RL V, **Naturschutzstatus:** 1

Unterfamilie Acronictinae

Acronicta aceris (Ahorn-Rindeneule)

Die aschgrauen bis dunkelgrauen Vorderflügel erreichen zwischen 41 und 49 mm Spannweite und sind damit meistens deutlich größer als die anderen *Acronicta*-Arten. Die innere und äußere Querlinie ist schwarz und doppelt und gezackt und heller gefüllt. Am Flügelsaum liegt parallel eine Linie von schwarzen Punkten. Die Raupe lebt von Ende Juni bis Anfang Oktober an Rosskastanie (*Aesculus hippocastanum*), Pappeln (*Populus* sp.) und Weiden (*Salix* sp.), Bergahorn (*Acer pseudoplatanus*), Stieleichen (*Quercus robur*) und einigen weiteren Laubhölzern und verpuppt sich zur Überwinterung. Die Falter fliegen in Mitteleuropa in einer lang gezogenen oder möglicherweise in warmen Jahren in einer zweiten, unvollständigen Generation von Mai bis September. Im Süden Europas können auch drei Generationen beobachtet werden. Die Art lebt in unterschiedlichen Aus-

Flugzeit	J	F	M	A	M	J	J	A	S	O	N	D
Raupen	J	F	M	A	M	J	J	A	S	O	N	D

prägungen von Laubmischwäldern mit hohem Ahorn- und Eichenanteil, Alleen und Feldgehölzen von der Ebene bis in Gebirgsregionen bis 1600 m. In Europa sind nur der Norden der Britischen Inseln und Skandinavien nicht besiedelt.

Acronicta alni (Erlen-Rindeneule)

Die Falter erreichen eine Flügelspannweite von 36 bis 46 mm. Die Vorderflügel variieren von weißgrau über hell-braungrau bis dunkel-braungrau und sind längs des Innenrandes und in der Mitte bis zum Vorderrand schwärzlich verdunkelt. Die Raupe lebt von Ende Mai bis Mitte September am Laub von Erlenarten (*Alnus* sp.), Ahornen (*Acer* sp.), Zitterpappel (*Populus tremula*), Gewöhnlicher Haselnuss (*Corylus avellana*), Gewöhnlicher Schlehe (*Prunus spinosa*), Birke (*Betula* sp.) und weiteren Gehölzarten.

Flugzeit	J	F	M	A	M	J	J	A	S	O	N	D
Raupen	J	F	M	A	M	J	J	A	S	O	N	D

Sie verpuppt sich spätestens im Frühherbst und überwintert am Boden oder im morschen Holz. Die Rindeneule bildet eine, bisweilen zwei Generationen zwischen Mai und August. Die Art nutzt als Habitat Moor- und Erlenbruchwälder, Misch- und Laubwälder, Streuobstwiesen, Hecken und Gebüsche, sowie Gärten und Parklandschaften von der Ebene bis ins Bergland. Die europäische Verbreitung erstreckt sich von der Iberischen Halbinsel, Westfrankreich und den Britischen Inseln im Westen über Mittel- und Osteuropa. Nördlich erreichen die Falter den Süden Schottlands und das südliche Fennoskandinavien. Im Süden erreicht die Art Mittelitalien, Albanien und Bulgarien.

Acronicta auricoma (Goldhaar-Rindeneule)

Die Falter erreichen eine Flügelspannweite der Vorderflügel von 34 bis 39 mm. Die Grundfarbe reicht von hellgrau bis dunkelgrau. Ein helles, schmales Querband ist von einer inneren und einer äußeren gezackten, schwarzen Linie begrenzt. Der Ringmakel ist ein ovaler schwarzer Kreis. Die Raupen leben von Juni bis Oktober vom Laub einer Vielzahl verschiedenster Laubbaum- und Pflanzenarten wie Zitterpappel *(Populus tremula)*, Schwarzpappel (*Populus nigra*), Eichen (*Quercus* sp.), Hainbuchen (*Carpinus* sp.), Birken (*Betula* sp.), Erlen (*Alnus* sp.), Weiden (*Salix* sp.), Weißdornen (*Crataegus* sp.), Mädesüß (*Filipendula* sp.), Ampfer (*Rumex* sp.) sowie Wolfsmilch (*Euphorbia* sp.) und verpuppen sich zur Überwinterung. Imagines fliegen in zwei Generationen von April bis Juni und von Juli bis Ende August. Sie nutzen Auwälder, Waldlichtungen und -ränder, Gebüsche, Wegränder, Alleen, Säume von Trockenrasen, Sandmagerrasen

Flugzeit	J	F	M	A	M	J	J	A	S	O	N	D
Raupen	J	F	M	A	M	J	J	A	S	O	N	D

sowie Parklandschaften und Siedlungen vom Flachland bis in Gebirgsregionen in 2000 m Höhe. Die Verbreitung erstreckt sich auf ganz Europa mit Ausnahme Süditaliens und Südgriechenlands.

Acronicta leporina (Pudel, Woll-Rindeneule)

Die weiß gefärbten Eulen erreichen Flügelspannweiten zwischen 34 und 45 mm. Einige schwarze Zeichnungselemente sind als Reste von Makelumrandungen und Querlinien vorhanden. Zwischen Anfang Juli und Ende Sep-

Flugzeit	J	F	M	A	M	J	J	A	S	O	N	D
Raupen	J	F	M	A	M	J	J	A	S	O	N	D

tember ernähren sich die Raupen der Woll-Rindeneule von Birken (*Betula* sp.), Pappeln (*Populus* sp.) wie Zitterpappeln (*Populus tremula*), Weiden (*Salix* sp.), Erlen (*Alnus* sp.) und anderen Gehölzarten. Die Überwinterung findet im Puppenstadium statt. Bisher nicht genau abgeklärt erscheint die Art in einer, möglicherweise aber auch in einer zweiten, unvollständigen Generation von Mai bis September. Die Habitate liegen an Waldrändern und Randlagen von Lichtungen von Laub- und Laubmischwäldern, Auwäldern, Birkenwäldern, Gewässerufern, Flach- und Hochmooren und auch Gärten und Parks vom Flachland bis in Höhen von mehr als 1500 m. Die Art ist über ganz Europa vom Süden Spaniens, in Mittelitalien und Bulgarien bis Schottland und das mittlere Skandinavien bis in den Norden Finnlands und Osteuropa verbreitet.

Acronicta megacephala (Großkopf-Rindeneule)

Die Vorderflügel erreichen eine Flügelspannweite von 38 bis 45 mm. Die Grundfarbe kann von Falter zu Falter zwischen hellgrau, dunkelgrau bis schwarzgrau wechseln und sieht schwärzlich bestäubt aus. Ein helles schmales Querband ist von einer inneren, nur angedeuteten und einer äußeren gezackten dunkelgrauen Linie begrenzt. Der Ringmakel ist ein ovaler schwarzer Kreis mit einem grauen Auge. Die Raupen leben von Juni bis September vom Laub verschiedener Laubbaumarten wie Zitterpappel (*Populus tremula*), Schwarzpappel (*Populus nigra*), Eichen (*Quercus* sp.)

und Weiden (*Salix* sp.) und verpuppen sich zur Überwinterung. Die Imagines fliegen wahrscheinlich in zwei nicht klar zu trennenden Generationen von April bis September. Sie nutzen Auwälder, Pappel- und Weidenauf-

Flugzeit	J	F	M	A	M	J	J	A	S	O	N	D
Raupen	J	F	M	A	M	J	J	A	S	O	N	D

wuchsflächen, Gebüschsäume an Waldrändern und Weichholzgürtel an Gewässerufern vom Flachland bis ins Bergland über 1000 m. Die Verbreitung erstreckt sich auf ganz Europa mit wenigen Ausnahmen.

Acronicta psi (Pfeileule)

Die Spannweite der hellgrauen bis dunkel graubraun gefärbten Vorderflügel liegt zwischen 37 und 44 mm. Die Unterscheidung von der Dreizack-Pfeileule (*A. tridens*) und der Erlen-Pfeileule (*A. cuspis*) ist im Freiland

Flugzeit	J	F	M	A	M	J	J	A	S	O	N	D
Raupen	J	F	M	A	M	J	J	A	S	O	N	D

aufgrund unterschiedlicher Ausprägungen der Strich- und Zeichnungsmuster und der Helligkeitsstufen nicht sicher möglich und bleibt dem Fachmann überlassen. Die Raupen leben zwischen Juni und Anfang Oktober an Blättern verschiedener großer Laubbäume und Gehölze wie Weiden (*Salix* sp.), Eichen (*Quercus* sp.), Apfelbäumen (*Malus* sp.), Weißdorn (*Crataegus* sp.), Erlen (*Alnus* sp.), Pappeln (*Populus* sp.) und weiteren Arten. Sie verpuppen sich dann und überwintern. Die beiden Generationen fliegen von Ende April bis Ende Juni und von Mitte Juli bis Anfang September. Die Eulenfalter leben an Waldrändern, Säumen von Lichtungen, Waldwegen und Schneisen, in Auwäldern, Laubmischwäldern, am Rand von Trockenrasen und Sandmagerrasen von der Ebene bis ins hohe Bergland von über 1500 m. Die Art ist beinahe in ganz Europa mit Ausnahme des westlichen und nördlichen Skandinaviens zu finden.

Acronicta rumicis (Ampfereule, Ampfer-Rindeneule)

Die grauen bis dunkelgrauen oder braungrauen Vorderflügel haben eine Spannweite von 35 bis 40 mm. Die doppelten, schwarzen, gezackten Querlinien sind meist wie die übrige Zeichnung recht verschwommen. In der Mitte, knapp vor dem Innenrand befindet sich oft ein deutlicher hakenförmiger, weißer Fleck, der gut zur Bestimmung herangezogen werden kann. Die Raupen leben von Juni bis Oktober an verschiedensten Gehölzen und Kräutern wie Sal-Weide (*Salix caprea*), Löwenzahn (*Taraxacum* sp.), Brennnesseln (*Urtica* sp.), Zypressen-Wolfsmilch (*Euphorbia cyparissias*), Brombeeren (*Rubus* sect. Rubus), Spitzwegerich (*Plantago lanceolata*) und vielen anderen. Sie verpuppen sich am Boden in einem Kokon und überwintern. Die Imagines fliegen häufig in zwei, in warmen Jahren in einer dritten, unvollständigen Generation von April bis September. Als Habitat

Flugzeit	J	F	M	A	M	J	J	A	S	O	N	D
Raupen	J	F	M	A	M	J	J	A	S	O	N	D

werden Biotope verschiedenster Ausprägung genutzt, vom Flachland bis ins Bergland in Höhen von über 1500 m. Die Falter sind weit verbreitet und fehlen in Europa nur in Nordskandinavien.

Acronicta strigosa (Striemen-Rindeneule, Laubgebüsch-Striemeneule)

Flugzeit	J	F	M	A	M	J	J	A	S	O	N	D
Raupen	J	F	M	A	M	J	J	A	S	O	N	D

Die Falter sind mit 27 bis 30 mm Spannweite die kleinsten Vertreter der Gattung *Acronicta*. Die Färbung der Vorderflügel geht von hellbraun bis dunkelgraubraun. Auffällig und als namengebendes Bestimmungsmerkmal geeignet sind die drei Striemen, die sich am inneren Flügelrand befinden und von denen die mittlere nach innen versetzt ist. Die Nahrungsgrundlage der Raupen besteht zwischen Juni und September aus Blättern von Arten wie beispielsweise der Gewöhnlichen Schlehe (*Prunus spinosa*) und der Pflaume (*Prunus domestica*), Weißdornen (*Crataegus* sp.), Mehlbeeren (*Sorbus* sp.), Birnen (*Pyrus* sp.) und anderen. Sie verpuppen sich am Baum in weichem, morschem Holz und überwintern. Man geht europaweit im Süden von zwei Generationen von Juni bis Juli sowie von August und September aus. Im Norden ist meist nur eine Generation von Ende Mai bis August nachzuweisen. Die Lebensräume bestehen hauptsächlich aus Auwäldern und Flusstälern und den Gebüsch- und Gehölzsäumen von Bächen und Gräben und auch Gehölzbereichen in Parks und im Siedlungsbereich vom Flachland bis ins Bergland über 1200 m Höhe. Die bei uns seltene Art ist in Europa stellenweise verbreitet, südlich bis zu den Pyrenäen, dem Südrand der Alpen bis nach Slowenien und den Norden Griechenland. Im Norden reicht die Grenze bis in den Süden von Dänemark, Schweden und Finnland, östlich bis über Osteuropa hinaus.
RL 2, **Naturschutzstatus:** 2

Acronicta tridens (Dreizack-Pfeileule)

Die Spannweite der Vorderflügel erreicht 36 bis 45 mm. Die Dreizack-Pfeileule ist leicht mit der Erlen-Pfeileule (*A. cuspis*) und der Pfeileule (*A. psi*) zu verwechseln und ist äußerlich kaum zu unterscheiden. Hier ist für eine exakte Bestimmung die Form der Genitalien ausschlaggebend. Die Vorderflü-

Flugzeit	J	F	M	A	M	J	J	A	S	O	N	D
Raupen	J	F	M	A	M	J	J	A	S	O	N	D

gel sind grau bis dunkelgrau und tragen schwarze, gezackte Pfeile. Seine Raupe lebt von Ende Juli bis Oktober an Eichen (*Quercus* sp.), Rosen (*Rosa* sp.), Weiden (*Salix* sp.), Erlen (*Alnus* sp.), Gewöhnlicher Schlehe (*Prunus spinosa)* und vielen anderen. Sie verpuppen sich vor dem Winter. Die Falter erscheinen in zwei Generationen von Anfang Mai bis Ende Juni und Mitte Juli bis Anfang September vom Flachland bis ins Bergland über 1500 m. Sie nutzen Lebensräume wie gebüschreiche Waldränder und -wege, Lichtungen von warmen und etwas trockeneren Auwäldern und Laubmischwäldern mit hohen Eichenanteilen. In Europa ist sie bis auf den Norden Fennoskandinaviens und Schottlands überall verbreitet, jedoch nicht häufig.
RL V, **Naturschutzstatus:** 2

Craniophora ligustri (Ligustereule, Liguster-Rindeneule)

Die Vorderflügel erreichen Spannweiten von 36 bis 41 mm. Es kommen verschiedene Zeichnungs- und Farbvarianten vor. Verdunkelte, fast schwarze Exemplare haben einen weiß umrandeten Ringmakel und weiße Flecken am Kopf. Eine weitere Variante ist von dunkelbrauner Grundfarbe mit leicht weiß umrandeten Ringmakeln. Es gibt auch dunkelbraune Exemplare mit gelblichen Ringmakeln und gelben Flecken am Vorderflügelaußenwinkel, und auch eine olivgrüne bis grünliche Farbvariante mit schwarz umrandeten Ringmakeln kommt vor. Die Larvenstadien leben von Juni bis Oktober an Liguster (*Ligustrum* sp.), Esche (*Fraxinus* sp.), Flieder (*Syringa* sp.), Ahorn (*Acer* sp.) und anderen Gehölzen. Die Imagines erscheinen von Ende April bis September in zwei sich überschneidenden Generationen,

Flugzeit	J	F	M	A	M	J	J	A	S	O	N	D
Raupen	J	F	M	A	M	J	J	A	S	O	N	D

wobei die zweite in kühleren Gegenden oder Jahren auch nur partiell stattfinden kann. Die Ansprüche an den Lebensraum erfüllen Waldränder mit Gebüschsäumen, Auwälder mit Eschenanteil, Bergwälder in Mittelgebirgsregionen und auch Parks und Siedlungsbereiche luftfeuchter Ausprägung von der Ebene bis in Mittelgebirgsbereichen von 1200 m Höhe. In Europa findet man die Art vom Westen mit Ausnahme des äußersten Südens von Spanien bis nach Osteuropa, im Norden bis ins südliche Skandinavien.

Moma alpium (Seladoneule)

Die blassgrünen Vorderflügel erreichen 35 bis 42 mm Spannweite. Ein charakteristisches Muster aus schwarzen, gezackten Flecken und Querlinien und je zwei weißlichen Längsstreifen macht die Art von der ähnlichen Grü-

Flugzeit	J	F	M	A	M	J	J	A	S	O	N	D
Raupen	J	F	M	A	M	J	J	A	S	O	N	D

nen Eicheneule (*Dichonia aprilinia*) gut unterscheidbar. Die Raupe lebt von Juni bis September an verschiedenen Laubgehölzen, bevorzugt an Eichen (*Quercus* sp.), vereinzelt auch anderen Laubgehölzen, wie Erle (*Alnus* sp.), Birke (*Betula* sp.) oder Haselnuss (*Corylus* sp.). Die Flugzeit der oft zwei unvollständigen Generationen reicht von Mai bis August. Ihr Lebensraum sind Laub- und Mischwälder und Parks. Die Seladoneule ist in Mitteleuropa sehr lokal verbreitet und fehlt im hohen Norden und im südlichen Mittelmeer.
RL V, **Naturschutzstatus:** 2

Unterfamilie Amphipyrinae

Amphipyra berbera (Svenssons Pyramideneule)

Die Spannweite der Vorderflügel liegt zwischen 49 und 53 mm. Die Musterung der Flügel reicht vom Hellbraun der gezackten Querbänder bis zum dunklen Graubraun eines Teiles des Bereichs dazwischen. Ein hellbrauner,

Flugzeit	J	F	M	A	M	J	J	A	S	O	N	D
Raupen	J	F	M	A	M	J	J	A	S	O	N	D

schwarz gekernter Ringmakel liegt in der Mitte. Die Pyramideneule (*A. pyramidea*) ist sehr ähnlich. Die Raupe lebt von Mai bis Anfang Juli an den Blättern von Weißdorn- (*Crataegus* sp.) und Lindenarten (*Tilia* sp.). Die Überwinterung findet im Eistadium statt. Die Imagines bilden von Anfang Juli bis Anfang Oktober eine Generation im Jahr. Die Art nutzt Misch-, Laub- und Auwälder sowie Parks von der Ebene bis zur Waldgrenze. Die Art ist über ganz Europa bis Mittelengland, Mittelschweden und Südfinnland verbreitet.

Amphipyra perflua (Gesäumte Glanzeule)

Die Eule erreicht mit ihren gestreckten Vorderflügeln eine Spannweite von 44 bis 54 mm. Die Färbung reicht vom Hellbraun der beiden gezackten, schwarz gefassten Querbänder bis zum dunklen Braun des breiten Querbandes. Der gelbbraune Außensaum trägt kleine schwarze Pfeile an der Wellenlinie. Die Raupen ernähren sich von April bis Juni von den Blättern verschiedener Laubbäume und Sträucher, wie z.B. Hasel (*Corylus* sp.), Weißdorn (*Crataegus* sp.), Rote Heckenkirsche (*Lonicera xylosteum*), Ulme (*Ulmus* sp.), Zitterpappel (*Populus tremula*), Pappel (*Populus* sp.), Weide (*Salix* sp.), Gewöhnliche Schlehe (*Prunus spinosa*) und Garten-Apfel (*Malus domestica*). Imagines der Art fliegen in einer Generation im Jahr von Mitte Juli bis Ende August. Als Habitat nutzt die Glanzeule feuchte, lichte Auwälder und Laub- und Laubmischwälder sowie auch trockene, warme Eichenwälder von der Ebene bis in Gebirgsregionen von bis zu 1500 m Höhe.

Flugzeit	J	F	M	A	M	J	J	A	S	O	N	D
Raupen	J	F	M	A	M	J	J	A	S	O	N	D

Die Überwinterung findet im Eistadium statt. *A. perflua* ist hauptsächlich in Mitteleuropa, lückenhaft bis Südnorwegen, Süd- und Mittelschweden und Südfinnland, nach Westen bis in die Niederlande, Luxemburg und Südostfrankreich und im Süden bis zum Südrand der Alpen, Slowenien, Bosnien, Rumänien und die Ukraine verbreitet.
RL 3

Amphipyra pyramidea (Pyramideneule)

Die Vorderflügel erreichen eine Spannweite von 40 bis 52 mm. Die Musterung reicht von zwei hellbraunen, wellenförmigen Querbändern bis zum dunklen Braun bis Schwarzbraun des breiten Querbandes in der Flügelmitte. In dem Band befindet sich je ein heller Ring. Fliegende Exemplare können mit Svenssons Pyramideneule (*A. berbera*) verwechselt werden. Die Raupen ernähren sich von Mai bis Anfang Juli von verschiedenen Laubbäumen und Sträuchern wie Himbeere (*Rubus idaeus*), Gewöhnlicher Hasel (*Corylus avellana*), Liguster (*Ligustrum* sp.), Salweide (*Salix caprea*), Gewöhnlicher Esche (*Fraxinus excelsior*), Linde (*Tilia* sp.) und Bergahorn (*Acer pseudoplatanus*). Die Imagines leben in einer Generation im Jahr von Mitte Juli bis Anfang Oktober. Pyramideneulen leben in fast allen Lebensräumen mit Gehölzbeständen von Laubwäldern, Laubmischwäldern, Waldrändern und -wegen, Hecken, Streuobstwiesen, Parks und Gärten von der Ebene bis ins Bergland auf über 1300 m. Sie sind in ganz Europa verbreitet.

Flugzeit	J	F	M	A	M	J	J	A	S	O	N	D
Raupen	J	F	M	A	M	J	J	A	S	O	N	D

Unterfamilie Araepteroninae
Arctiinae Unterfamilie Bärenspinner

Amata phegea (Weißfleckwidderchen)

Das Weißfleckwidderchen misst bei ausgestreckten Vorderflügeln 35 bis 40 mm Spannweite. Die schwarzblauen Flügel tragen unterschiedlich viele

Flugzeit	J	F	M	A	M	J	J	A	S	O	N	D
Raupen	J	F	M	A	M	J	J	A	S	O	N	D

große, weiße Flecke. Die Fühler sind schwarz und tragen weiße Spitzen. Auf dem Hinterleib befindet sich ein breiter, gelber Ring als weiteres Erkennungsmerkmal. Es ahmt mit seinem Aussehen das giftige, für Fressfeinde ungenießbare Veränderliche Widderchen (*Zygaena ephialtes)* nach. In Südeuropa leben einige weitere eng verwandte, sehr ähnliche Arten. Die Raupen nutzen nach dem Schlupf ab Juli Pflanzen wie unter anderem Heidekraut (*Calluna vulgaris*), Blaues Pfeifengras (*Molinia caerulea*), Ampfer (*Rumex* sp.), Labkraut (*Galium* sp.) oder Wegerich (*Plantago* sp.) als Nahrung. Sie bauen sich ein gemeinsames Gespinst und überwintern bis zum Mai des folgenden Jahres. Imagines fliegen in einer Generation von Juni bis Juli. Das Habitat ist trocken, heiß und offen, mit Bäumen und Sträuchern bewachsen, oft in steilen Hanglagen, an Waldrändern oder in lichten Wäldern. Verbreitung findet die Art hauptsächlich im südlichen Europa mit Ausnahme von Teilen des Mittelmeerraums und den atlantischen Teil Westeuropas bis hinauf ins nördliche Deutschland.
RL 2, **Naturschutzstatus:** 1

Arctia caja (Brauner Bär)

Bei ausgebreiteten Vorderflügeln erreicht der Braune Bär 45 bis zu 70 mm Spannweite. Die Vorderflügel sind mit einem weißen, netzartigen Muster

Flugzeit	J	F	M	A	M	J	J	A	S	O	N	D
Raupen	J	F	M	A	M	J	J	A	S	O	N	D

auf dunkelbraunem Grund überzogen. Die Oberseite der Hinterflügel ist wie der Hinterleib hellrot bis orange, vereinzelt auch gelb und trägt stahlblaue glänzende, runde Flecken. Die Raupe schlüpft im Herbst, überwintert und frisst wieder ab Anfang Mai des folgenden Jahres bis zur Verpuppung im Juni an Himbeere (*Rubus idaeus*), Heidelbeere (*Vaccinium myrtillus*), Salweide (*Salix caprea*), Großer Brennnessel (*Urtica dioica*) und anderen Arten. Die Falter leben in lichten Wäldern, Auwäldern, in Fluss- und Bachtälern, auf verbuschenden Magerrasen und auch in Gärten. Die Flugzeit erstreckt sich bei einer Generation pro Jahr von Ende Juni bis Mitte August. Die Art ist europaweit verbreitet, aber im Bestand abnehmend.

RL V, **Naturschutzstatus:** 1 & 2

Arctia festiva (Englischer Bär)

Die Falter erreichen Flügelspannweiten zwischen 47 und 57 mm. Die Zeichnung der Vorderflügel besteht aus weißen, gelblich braun gesäumten, variablen Querbinden auf schwarzem Grund. Die hellroten Hinterflügel tragen schwarze, oft auch schmal gelb gesäumte Flecken. Die Raupen schlüpfen im Sommer, machen abhängig vom Standort bei Trockenheit eine sommerliche Ruhephase und ernähren sich von einer ganzen Reihe von Pflanzen, wie z. B. Gewöhnlicher Schafgarbe (*Achillea millefolium*), Löwenzahn (*Taraxacum* sp.), Feld-Thymian (*Thymus pulegioides*), Wegerich (*Plantago* sp.), Wolfsmilch (*Euphorbia* sp.) und weiteren Arten. Sie überwintern und verpuppen sich im Frühjahr von März bis April. Die nachtaktiven Falter fliegen in einer Generation im Jahr zwischen April und Juli. Ihre Lebensräume sind trockene, warme, besonnte Brachflächen, Ackerrandstreifen, Trockenrasen und steppenartige Biotope. Sie sind in Europa von Spanien über den Süden und Südosten noch verbreitet. Für Deutschland fehlt die Art seit den 1970er-Jahren.

Flugzeit	J	F	M	A	M	J	J	A	S	O	N	D
Raupen	J	F	M	A	M	J	J	A	S	O	N	D

RL 0, **Naturschutzstatus:** 1

Arctia flavia (Engadiner Bär)

Die Falter werden mit einer Spannweite der Vorderflügel von 52 bis 70 mm relativ groß. Sie ähneln in der Zeichnung etwas dem Braunen Bären (*A. caja*), sind jedoch in der Grundfarbe schwarz. Die Hinterflügel sind gelb mit einigen schwarzen Flecken, der Hinterleib rot mit einem schwarzen Mit-

telstreifen, der sich bis zum schwarzen Hinterleibsende zieht. Die Raupen entwickeln sich über zwei bis drei Jahre und nutzen verschiedene Pflanzen wie Alpen-Wegerich (*Plantago alpina*), Wolfs-Eisenhut (*Aconitum vulparia*), Alpen-Frauenmantel (*Alchemilla alpina*) und andere. Die Imagines fliegen in einer Generation von Mitte Juli bis Mitte August. Als Lebensräume beanspruchen sie sonnenbeschienene alpine Matten mit Schuttfeldern in der Nähe von Bächen. In Europa findet man sie in den zentralen und südlichen französischen, schweizerischen, italienischen und österreichischen Hochlagen der Alpen.

Flugzeit	J	F	M	A	M	J	J	A	S	O	N	D
Raupen	J	F	M	A	M	J	J	A	S	O	N	D

Arctia villica (Schwarzer Bär)

Er erreicht bei gestreckten Vorderflügeln 45 bis 62 mm Spannweite. Die Vorderflügeloberseite trägt ein weißes Fleckenmuster auf schwarzem Grund, wobei die Ausdehnung und Musterung leicht differieren kann. Bei Exemplaren mit ausgedehnterem Weißanteil haben einige Autoren weitere zwei Arten, *A. angelica* (Südspanien) und *A. konewkaii* (Sizilien), abgespalten. Die Hinterflügeloberseiten tragen je einen großen schwarzen

Flugzeit	J	F	M	A	M	J	J	A	S	O	N	D
Raupen	J	F	M	A	M	J	J	A	S	O	N	D

Fleck am Außenrand und einen kleinen schwarzen Fleck auf gelbem Grund. Die Raupe lebt ab Herbst und nach der Überwinterung bis zur Verpuppung im Mai an Taubnessel (*Lamium* sp.), Brombeere (*Rubus* sect. *Rubus*), Gewöhnlichem Löwenzahn (*Taraxacum officinalis*) und anderen Pflanzen. Die Imagines fliegen in einer Generation von Mitte Mai bis Mitte Juli. Ihr Lebensraum sind buschreiche, warme Trockenrasen und sonnige Hänge. Ihre Verbreitung haben die Schwarzen Bären von der Iberischen Halbinsel über Frankreich bis Mittel- und Südeuropa. Die Art ist in Deutschland sehr selten, in Südeuropa noch häufig.
RL 1, **Naturschutzstatus:** 1

Atlantarctia tigrina (Tigerbär)

Flugzeit	J	F	M	A	M	J	J	A	S	O	N	D
Raupen	J	F	M	A	M	J	J	A	S	O	N	D

Die Falter erreichen Spannweiten von 42 bis 50 mm. Die weißen Vorderflügel tragen ein variables Muster aus schwarzen Querbändern und Flecken. Die Hinterflügel sind gelb mit schwarzen Flecken, einem rotorangem Saum und gelben Fransen. Die Raupen leben ab dem Spätsommer an verschiedenen Pflanzen, wie z.B. an Flieder (*Syringa* sp.), Ginster (*Genista* sp.), Löwenzahn (*Taraxacum* sp.) und anderen. Sie überwintern und verpuppen sich ab März, April. Die Falter schlüpfen schon im April und fliegen bis Juli in einer Generation. Die Habitate sind steinige bis felsige Flusstäler, Trockenrasenhänge mit Schutt, Steppenheiden und auch Steinbrüche. Die Verbreitung beschränkt sich in Europa auf die nördlichen Regionen der Iberischen Halbinsel, Südfrankreich und Nordwestitalien.

Atolmis rubricollis (Rotkragen-Flechtenbärchen)

Die Vorderflügel erreichen im ausgestrecktem Zustand eine Spannweite von 31 bis zu 35 mm. Die Art ist mit ihrem dunklen Grau und dem orangerotem Kragen am Halsansatz unverwechselbar. Das Ende des Hinter-

Flugzeit	J	F	M	A	M	J	J	A	S	O	N	D
Raupen	J	F	M	A	M	J	J	A	S	O	N	D

leibes ist ebenso orangerot gefärbt. Die Raupe lebt von Juli bis Mitte Oktober an Flechtenarten wie der Gelbflechte (*Xanthoria* sp.) und Algen an Nadelholz und Laubholz und verpuppt sich zur Überwinterung. Die Bärchen fliegen in einer Generation von Mitte Mai bis Ende Juli vom Flachland bis ins Bergland. Der Falter lebt in Mischwäldern und als einer der wenigen Schmetterlingsarten auch in Nadelwäldern wie Buchen-Tannenwäldern, reinen Fichtenwäldern oder Tannen-Fichtenwäldern. Sie sind von West-, Nord- und Mitteleuropa mit den Britischen Inseln bis über Osteuropa hi-

naus verbreitet. Nach Süden reicht ihr Vorkommen bis in den südlichen Mittelmeerraum, im Norden bis in die südlichen Bereiche Skandinaviens.
RL G, **Naturschutzstatus:** 2

Callimorpha dominula (Schönbär)

Die Flügelspannweite erreicht 42 bis zu 53 mm. Die Oberseite der Vorderflügel ist mit kleineren und größeren weißen und hellgelben Flecken auf

Flugzeit	J	F	M	A	M	J	J	A	S	O	N	D
Raupen	J	F	M	A	M	J	J	A	S	O	N	D

schwarzem, blaugrün schillerndem Grund versehen. Die roten Hinterflügel tragen schwarze, unterbrochene Bänder oder Flecken. Die Raupe überwintert und lebt von März bis Juni an Gehölzen und Stauden wie Roter Heckenkirsche (*Lonicera xylosteum*), Himbeere (*Rubus idaeus*), Weiden (*Salix* sp.), Echtem Mädesüß (*Filipendula ulmaria*), Großer Brennnessel (*Urtica dioica*) und vielen anderen. Die Flugzeit der einzigen Generation dauert von Anfang Juni bis Ende Juli. Der Falter bevorzugt eher kühlere und feuchte Standorte in Nadel- und Laubmischwäldern, Lichtungen, Talauen, Feuchtwiesen, Graben- und Bachränder sowie Quellgebiete, wo er gerne die Blüten von Disteln und Wasserdost aufsucht. Nördlich ist *C. dominula* bis zur Nordküste der Iberischen Halbinsel, dem Süden Englands und Mittel- bis über Osteuropa hinaus, nach Süden bis in den nördlichen Mittelmeerraum verbreitet.

Callimorpha quadripunctaria (Russischer Bär, Spanische Fahne)

Flugzeit	J	F	M	A	M	J	J	A	S	O	N	D
Raupen	J	F	M	A	M	J	J	A	S	O	N	D

Der Nachtfalter erreicht 50 bis zu 60 mm Flügelspannweite. Seine Vorderflügel sind schwarz mit weißgelben Querstreifen an der Spitze der Flügel in Form eines „Vs" im geschlossenen Zustand. Die Hinterflügel weisen schwarze Flecken auf roter Grundfarbe auf. Die Art ist mit keiner anderen verwechselbar. Als Raupe lebt sie von September und nach der Überwinterung dann wieder ab März bis zur Verpuppung im Juni an verschiedenen Kräutern und Gehölzen wie Großer Brennnessel (*Urtica dioica*), Wiesensalbei (*Salvia pratensis*), Gewöhnlichem Natternkopf (*Echium vulgare*), Brombeere (*Rubus* sect. *Rubus*), Salweide (*Salix caprea*) und anderen. Die Flugzeit der einzigen Generation beginnt Mitte Juli und endet Anfang September. Der Lebensraum des Falters erstreckt sich auf gebüschreiche, warme Trockenrasen und Waldränder, Waldlichtungen, Weg- und Straßenränder, Hochstaudenfluren am Rande von Trockenrasen. Die Imagines saugen gerne an Wasserdost und sind vom Flachland bis in höheres Bergland anzutreffen. Die gesamte Verbreitung erstreckt sich von der Iberischen Halbinsel und den Süden Englands über Mitteleuropa bis Osteuropa. Die südliche Grenze läuft durch den Mittelmeerraum, im Norden verläuft sie durchs Baltikum. Auf der Insel Rhodos sind die Falter für ihr Auftreten in großer Anzahl während der Übersommerung bekannt.

Coscinia cribraria (Weißer Grasbär)

Die Flügelspannweite der Falter reicht von 32 bis 40 mm. Die weißen bis fast grauen Vorderflügel tragen unterschiedliche schwarze Fleckenmuster. Dies reicht von völlig weißen Exemplaren ohne jegliche Flecken bis zu vielen reihenartig angeordneten, auch strichförmigen schwarzen Punkten. Die grauen Hinterflügel haben einen mehr oder weniger breiten weißen

Flugzeit	J	F	M	A	M	J	J	A	S	O	N	D
Raupen	J	F	M	A	M	J	J	A	S	O	N	D

Saum, der auch gänzlich fehlen kann. Einige Arten von Kleinschmetterlingen können sehr ähnlich aussehen. Im Herbst schlüpfen die Raupen und fressen an Gräsern und anderen Pflanzen, wie z. B. Ginster (*Genista* sp.), Schwingel *(Festuca* sp.), Spitzwegerich (*Plantago lanceolata*), Besenheide (*Calluna vulgaris*), Löwenzahn (*Taraxacum* sp.). Sie überwintern und verpuppen sich im im Juni des folgenden Jahres. Die nachtaktiven Falter bilden je nach Vorkommen und temperaturbedingt eine, im Süden zwei Generationen von Juni bis September. Ihr Lebensraum sind trockene, warme Magerrasen auf Sandböden, steppenartiges Gelände, Heiden, Sanddünen und Kiefernwälder. Die in weiten Teilen Europas verbreiteten Falter fehlen in Großbritannien, im hohen Norden und im Alpenbereich.
RL V, **Naturschutzstatus:** 1

Cybosia mesomella (Elfenbein-Flechtenbärchen)

Die Art erreicht 27 bis über 33 mm Vorderflügelspannweite. Die Vorderflügel sind blassgelb oder fast weiß mit einem gelben Außenrand und tragen je zwei schwarze Punkte. Die Raupe lebt überwinternd von August bis Mai

Flugzeit	J	F	M	A	M	J	J	A	S	O	N	D
Raupen	J	F	M	A	M	J	J	A	S	O	N	D

des Folgejahres vermutlich an auf Baumborken wachsenden Flechtenarten wie der häufigen Gelbflechte (*Xanthoria* sp.) und an Moosen oder Grünalgen. Die Nahrung ist aber derzeit nicht genau abgeklärt. Die Art entwickelt eine Faltergeneration, die von Mitte Mai bis Anfang August reicht. Die Habitate der Flechtenbärchen-Art sind Landschaftskomplexe mit Abfolgen von trockenen Wäldern, Lichtungen, Waldrändern, Wiesen, Gebüschen und Trockenrasen in verschiedensten Ausprägungen, wo man sie in Höhen zwischen 50 und 1000 m antreffen kann. Verbreitung finden die Nachtfalter von der Nordküste der Iberischen Halbinsel mit Westeuropa und den

Britischen Inseln bis über Osteuropa hinaus, nach Norden bis ins südliche Fennoskandinavien, nach Süden bis in den nördlichen Mittelmeerraum und den Balkan.

Cymbalophora pudica (Südlicher Bär, Südlicher Grasbär)

Die Flügelspannweite variiert von 35 bis 42 mm. Die gelblich weiße Grundfarbe der Flügel wird durch ein mehr oder weniger intensives schwarzes

Flugzeit	J	F	M	A	M	J	J	A	S	O	N	D
Raupen	J	F	M	A	M	J	J	A	S	O	N	D

Fleckenmuster unterbrochen, das den Vorderflügeln ein netzartiges Aussehen verleiht. Die weißen Hinterflügel haben nur einige wenige schwarze Punkte. Der Hinterleib ist rot mit einer Reihe schwarzer Flecken entlang der Mitte. Die Hauptnahrung der Raupe besteht ab dem Spätherbst und nach der Überwinterung bis zur Verpuppung im Mai aus Süßgräsern (*Poa* sp.). Die Falter fliegen in einer Generation von August bis November. Als Habitat werden vor allem Magerrasenflächen, Steppenheiden und warme, sonnige Felshänge genutzt. In Europa sind die Falter hauptsächlich im Mittelmeerbereich und auf den Inseln häufig vertreten.

Chelis maculosa (Flecken-Bär)

Mit den ausgestreckten hellbraunen Vorderflügeln erreicht der Falter 27 bis zu 33 mm Spannweite und zeigt eine schwarze, in drei Querreihen angeordnete Fleckenzeichnung. Die Hinterflügel sind rot gefärbt und tragen größere schwarzgraue Flecken. Die Raupe lebt ab August an Labkrautarten (*Galium* sp.), überwintert und verpuppt sich ab Ende Mai. Die Falter

Flugzeit	J	F	M	A	M	J	J	A	S	O	N	D
Raupen	J	F	M	A	M	J	J	A	S	O	N	D

erscheinen im Jahr in einer, im Süden in zwei Generationen zwischen Mitte Juni und August. Als Habitat nutzt die Art warme, im Sommer trockene Magerrasen, bevorzugt auf Sandböden, Steppenheiden und Weiden vom Flachland bis in Bergregionen von mehr als 1500 m. Die Art kommt von Spanien über Mittel- und Südeuropa bis über Osteuropa hinaus vor. Nördlich der Alpen sind die Falter sehr selten.
RL 1, **Naturschutzstatus:** 1

Diacrisia sannio (Rotrandbär)

Die Spannweite der Vorderflügel beträgt 34 bis zu 43 mm. Männchen und Weibchen unterscheiden sich. Sie sind gelb und beim Männchen mit einem roten Rand begrenzt und tragen je einen roten und einen dunklen Fleck. Die Weibchen sind gelblich braun mit orangebraunen Flügeladern und Fleckenzeichnung. Die Hinterflügel zeigen ein schwarzes Muster bestehend aus einem mehr oder minder ausgedehnten Wurzelfeld, einem Mittelfleck und einem schwarzen Querband entlang des Saumes auf gelblich braunem

Flugzeit	J	F	M	A	M	J	J	A	S	O	N	D
Raupen	J	F	M	A	M	J	J	A	S	O	N	D

Untergrund. Die Raupe lebt von Juni bis Juli an Großer Brennnessel (*Urtica dioica*), Labkraut (*Galium* sp.), Spitzwegerich (*Plantago lanceolata*), Taubnessel (*Lamium* sp.) und anderen. Die Raupe der zweiten Generation schlüpft im Juli, überwintert und verpuppt sich ab Mai des folgenden Jahres. Die Falter erscheinen lage- und temperaturbedingt in ein bis zwei Generationen von Anfang Mai bis Mitte Juni und von Mitte Juli bis Ende August. Der Falter lebt auf Waldlichtungen, in feuchten Wiesen, Niedermooren, Bergwiesen und auch auf Trockenrasen vom Flachland bis ins höhere Bergland. Die Verbreitung erstreckt sich auf ganz Europa mit Ausnahme des südlichen Mittelmeerraumes und des nördlichen Skandinaviens.

Diaphora mendica (Graubär, Hellgrauer Fleckleibbär)

Seine Vorderflügel erreichen Spannweiten von 28 bis zu ca. 37 mm. Die Geschlechter unterscheiden sich stark. Die Grundfarbe des Weibchens ist leuchtend weiß mit einigen schwarzen Punkten, während das Männchen eine bräunlich-graue Färbung besitzt. Die Kopf- und Rückenpartie ist auffallend pelzig behaart. Die Raupe kann man von Juni bis Anfang Oktober an Futterpflanzen wie Himbeere (*Rubus idaeus*), Eingriffeligem Weißdorn (*Crataegus monogyna*), Gelber Schwertlilie (*Iris pseudacorus*), Mittlerem Wegerich (*Plantago media*), Schwarzem Holunder (*Sambucus nigra*), Wiesen-Labkraut (*Galium mollugo*) und anderen Pflanzenarten finden. Die Verpuppung findet im Herbst statt. Graubären bilden pro Jahr eine Generation und fliegen sehr früh von April bis Anfang Juli. Als Habitat werden sowohl Feuchtwiesen und Heidemoore als auch Kiefernheidewälder, Magerrasen, Waldränder sowie vereinzelt auch Gärten genutzt. Die Art fehlt in Europa nur im Mittelmeergebiet und im nördlichen Skandinavien.

Flugzeit	J	F	M	A	M	J	J	A	S	O	N	D
Raupen	J	F	M	A	M	J	J	A	S	O	N	D

Eilema lurideola (Grauleib-Flechtenbärchen)

Die Falter erreichen eine Flügelspannweite von 30 bis 35 mm. Die silbergrauen Vorderflügel tragen einen schmalen gelben Rand, der zur Flügelspitze lang zugespitzt ausläuft. Im Ruhezustand sind die Flügel flach übereinandergelegt. Das Flechtenbärchen ist leicht mit einigen verwandten Arten zu verwechseln. Die Raupen leben ab Herbst bis zur Überwinterung

Flugzeit	J	F	M	A	M	J	J	A	S	O	N	D
Raupen	J	F	M	A	M	J	J	A	S	O	N	D

an Stein- und Baumflechten, Grünalgen und Moosen. Sie überwintern und verpuppen sich gegen Ende Mai bis Anfang Juni. Dazu bilden sie ein Gespinst zwischen Flechten oder Borke. Die Imagines fliegen von Ende Mai bis spätestens Anfang September in einer Generation. Die Habitate umfassen verschiedene Waldtypen wie lichte Laub- und Laubmischwälder, Nadelwälder, verbuschende Heidegebiete und Trockenrasen sowie auch Gärten, sowohl in der Ebene als auch in höheren Berglagen. Die Verbreitung erstreckt sich auf fast ganz Europa bis zum nördlichen Mittelmeerraum und der Balkanhalbinsel im Süden und dem mittlerem Skandinavien im Norden.

Eilema pygmaeola (Blassstirniges Flechtenbärchen, Nadelwald-Flechtenbärchen)

Die Falter erreichen eine Flügelspannweite von 23 bis 30 mm. Die Vorderflügel sind hellgelb bis weißlich grau gefärbt, der Kopf an der Stirn und der restliche Körper gelb. Im Ruhezustand sehen die zusammengelegten Vorderflügel gerollt aus. Der sehr ähnlichen *E. lutarella* fehlt die gelbe Stirn.

Flugzeit	J	F	M	A	M	J	J	A	S	O	N	D
Raupen	J	F	M	A	M	J	J	A	S	O	N	D

Die Raupe erscheint ab September, überwintert und findet sich bis Juni des folgenden Jahres an Steinflechten und flechtenbewachsenen Sandbereichen, von denen sie sich ernährt. Die Falter fliegen in einer Generation von Ende Juni bis spätestens September. Ihre bevorzugten Lebensräume bestehen aus trocken-warmen Hängen und Sandgebieten, Halbtrockenrasen und Heideflächen vom Flachland bis in Mittelgebirgshöhen. Die Art ist

europaweit verbreitet, im Süden bis in den Mittelmeerraum, nördlich bis in den Süden Finnlands.
RL 3, **Naturschutzstatus:** 1

Eilema sororcula (Dottergelbes Flechtenbärchen)

Die Falter besitzen eine Flügelspannweite zwischen 21 und 30 mm. Die Vorder- und Hinterflügel sind dottergelb, hellgelb, selten auch fast weiß gefärbt. Die Vorderflügel sind an der Spitze (*Apex*) stumpfwinklig und nach

Flugzeit	J	F	M	A	M	J	J	A	S	O	N	D
Raupen	J	F	M	A	M	J	J	A	S	O	N	D

außen stärker gerundet als die der verwandten Arten und besitzen keinen Vorderrandstreifen. Die Flügel sind im zusammengelegten Zustand flach. Die Raupen ernähren sich zwischen Juli und bis zu ihrer Verpuppung ab September von Baum- und Steinflechten sowie von Grünalgen. Die Art fliegt sehr früh in einer Generation von Anfang April bis Ende Juni und einer in warmen Jahren und in Südeuropa manchmal vorkommenden partiellen, zweiten Generation von Juli bis August. Die Lebensräume bestehen aus Lichtungen und Waldrändern von Eichen-, Buchen- und Laubmischwäldern, Auwäldern mit felsenbesetzten Trockenhängen sowie Geröllhalden und auch Gehölzbeständen im Siedlungsbereich. Ihre Verbreitung reicht von Süd- und Mitteleuropa mit Ausnahme Griechenlands, nördlich bis Mittelengland und Südschweden.

Epatolmis luctifera (Kaiserbär)

Die grauschwarzen Falter erreichen eine Flügelspannweite von 32 bis 40 mm. Einzig auf den Hinterflügeln befinden sich an den Innenseiten mehr oder minder große gelbe Flecken. Der Körper ist gelb mit schwarzen Mittelflecken, bei manchen Exemplaren auch fast gänzlich schwarz. Die Raupen entwickeln sich von Juli bis August an verschiedenen Nahrungspflanzen wie Brombeeren (*Rubus* sect. *Rubus*), Spitzwegerich (*Plantago lanceolata*), Melden (*Atriplex* sp.), Labkraut (*Galium* sp.), Hundszunge (*Cynoglossum* sp.) und weiteren Arten und verpuppen sich ab September zur Überwinterung. Zwischen Mai und Juni lebt die einzige Generation im Jahr.

Flugzeit	J	F	M	A	M	J	J	A	S	O	N	D
Raupen	J	F	M	A	M	J	J	A	S	O	N	D

Sie leben auf sonnigen, warmen und trockenen Magerrasen, an felsdurchsetzten Hängen, Ruderalflächen, Wegrändern, Wiesen und auch auf Sandböden. Die europäische Verbreitung erstreckt sich auf Teile der Iberischen Halbinsel, über Frankreich bis nach Norddeutschland, Polen und das Baltikum, im Süden bis Mittelitalien und Bulgarien.
RL 2, **Naturschutzstatus:** 1

Hyphoraia aulica (Hofdame)

Die braunen, 34 bis 40 mm Spannweite erreichenden Vorderflügel sind mit gelblich weißen Flecken und die orangegelben Hinterflügel mit schwarzen Flecken versehen und machen die Art unverwechselbar. In Südeuropa

Flugzeit	J	F	M	A	M	J	J	A	S	O	N	D
Raupen	J	F	M	A	M	J	J	A	S	O	N	D

leben die ähnliche Südliche Hofdame (*H. testudinaria*) und der Iberische Braunbär (*H. dejeanii*). Die Raupe schlüpft im Juli und lebt bis zur Überwinterung an Gewöhnlicher Schafgarbe (*Achillea millefolium*), Spitzwegerich (*Plantago lanceolata*), Kletten-Labkraut (*Galium aparine*) und anderen Pflanzen und verpuppt sich Ende April, Anfang Mai. Die Imagines fliegen in einer Generation von Mai bis Juni vom Flachland bis ins Bergland. In warmen Jahren ist eine zweite, partielle Generation im Juli möglich. Als Lebensräume sind trockene, sonnige Magerrasen, felsige warme Hänge oder Sandmagerrasen vom Flachland bis ins Bergland geeignet. Die Art ist durch ihre hohen Ansprüche an den Lebensraum und dessen Veränderungen akut gefährdet. Der Falter kommt in Mittel- und Osteuropa vor und ist südlich der Alpen nicht vertreten.
RL 1, **Naturschutzstatus:** 1

Hyphoraia testudinaria (Südliche Hofdame)

Die Falter sehen der vorangehenden Art sehr ähnlich und erreichen Flügelspannweiten zwischen 36 und 44 mm. Die Vorderflügel sind hellbraun bis dunkelbraun mit einem gelben Fleckenmuster. Die Hinterflügel sind rot oder gelb mit mehr oder minder großen schwarzen Flecken. Die Farbgebung und Fleckenmusterung und deren Größe ist sehr variabel. Die Raupe erscheint im Spätsommer und überwintert. Sie ernähren sich z.B. von Ampfer (*Rumex* sp.), Wegerich (*Plantago* sp.), Fingerkraut (*Potentilla* sp.), Löwenzahn (*Taraxacum* sp.), Schmiele (*Deschampsia* sp.), Reitgras (*Cala-*

Flugzeit	J	F	M	A	M	J	J	A	S	O	N	D
Raupen	J	F	M	A	M	J	J	A	S	O	N	D

magrostis sp.), Hundszunge (*Cynoglossum* sp.), Schafgarbe (*Achillea* sp.), Habichtskraut (*Hieracium* sp.) sowie Zypressen-Wolfsmilch (*Euphorbia cyparissias*) und verpuppen sich je nach Verbreitung und Lage von April bis Mai. Die Falter leben von Mai bis Juli in einer Generation in trockenen, warmen Lebensräumen wie Magerrasen, an Waldrändern und -lichtungen, Berghängen, Böschungen oder Macchien, vereinzelt auch in feuchteren Bereichen. Die Art ist in Südeuropa von Nordspanien sowie das südliche und mittlere Frankreich und die südliche Schweiz bis ins nordöstliche und südliche Italien mit Ausnahme Siziliens verbreitet.

Lithosia quadra (Vierpunkt-Flechtenbärchen)

Die Falter sind mit einer Vorderflügelspannweite von 35 bis 55 mm die größten mitteleuropäischen Flechtenbären. Männchen und Weibchen unterscheiden sich farblich, die Männchen haben graue Vorderflügel, die an der Basis zu Gelb übergehen, und schwarze schmale Streifen an der Außenkante der Flügel, von der Wurzel über die Gelbfärbung hinausreichend. Die Weibchen sind gänzlich gelb oder weißlich-gelb und tragen je zwei bläulich-schwarze Punkte auf der Oberseite der Vorderflügel. Die bevorzugte Nahrungsquelle der Raupen stellen ab Herbst bis zur Überwinterung und im folgenden Jahr bis zur Verpuppung im Juni Flechten an Laub-, Obst- und Nadelbäumen dar. Es gibt auch einige nicht ganz abgesicherte Hinweise auf Blätter und Nadeln als Nahrung. Die Raupe überwintert unter der Borke und verpuppt sich dort in einem Gespinst. Die nachtaktiven Falter fliegen vermutlich nur in einer Generation zwischen Ende Juni und spätestens Ende September, Anfang Oktober. Eine zweite Generation ist nicht gesichert

Flugzeit	J	F	M	A	M	J	J	A	S	O	N	D
Raupen	J	F	M	A	M	J	J	A	S	O	N	D

nachgewiesen. Ihr Lebensraum besteht aus Laubwäldern, Laubmischwäldern und Nadelwäldern, Streuobstbeständen sowie Parks und Gärten mit gutem Flechtenbesatz vom Flachland bis in Höhen von über 1600 m. Die im Bestand stark schwankende und rückläufige Art ist in ganz Europa mit Ausnahme des mittleren und nördlichen Skandinaviens verbreitet.

Miltochrista miniata (Rosen-Flechtenbärchen)

Flugzeit	J	F	M	A	M	J	J	A	S	O	N	D
Raupen	J	F	M	A	M	J	J	A	S	O	N	D

Die Vorderflügel erreichen 23 bis 30 mm Spannweite und haben eine gelbbraune Grundfärbung mit einem roten Saum am Außenrand der Hinterflügel und charakteristische schwarze Wellenlinien und am Saumbereich eine Fleckenreihe. Als Raupe erscheint diese Art ab Ende August, September und lebt bis zur Überwinterung und dann bis zur Verpuppung im Juni des folgenden Jahres an Grünalgen und Flechtenarten. Die Falter leben in einer Generation von Ende Mai, Anfang Juni bis September. Die Habitate sind sowohl trocken als auch feucht und bestehen aus Mischwäldern, Auwäldern, Gewässeruferzonen mit Gebüschen und Gehölzen, Feldgehölzen und Hecken vom Flachland bis in höhere Berglagen. Verbreitung findet *M. miniata* in ganz Europa und reicht im Süden bis in den Mittelmeerraum und den Balkan, im Norden bis ins südliche Skandinavien.
RL V, **Naturschutzstatus:** 2

Parasemia plantaginis (Wegerichbär)

Der sehr variabel aussehende Falter erreicht eine Spannweite der Vorderflügel von 33 bis zu 40 mm. Sie sind mit einer weißen bis gelblichen

Flugzeit	J	F	M	A	M	J	J	A	S	O	N	D
Raupen	J	F	M	A	M	J	J	A	S	O	N	D

Zeichnung aus Streifen und Flecken auf schwarzem Grund versehen. So gibt es Exemplare mit grauer Grundfärbung mit weißem oder gelbem Muster auch auf den Hinterflügeln oder schwarzer Grundfärbung mit weißlich gelben Vorder- und Hinterflügeln, andere mit Rot oder Gelb auf Schwarz

auf den Hinterflügeln. Weibchen und Männchen unterscheiden sich durch die Farbe der Beine, die beim Weibchen schwarz und beim Männchen weiß sind. Die Raupe des Wegerichbären ist ab dem Sommer zu finden und lebt an verschiedenen Pflanzen wie Spitzwegerich (*Plantago lanceolata*), Gewöhnlichem Löwenzahn (*Taraxacum officinalis*), Kleinem Habichtskraut (*Hieracium pilosella*) und anderen. Nach der Überwinterung verpuppen sie sich bis Anfang Mai. Die Flugzeit erstreckt sich in einer Generation pro Jahr von Mitte Mai bis Ende Juli. Die Lebensräume sind vielfältig, so lebt die Art auf Bergmatten, in Feuchtwiesen und in Krautsäumen von Waldlichtungen, an Waldrändern, Waldwegen und auch in nadelholzreichen Mischwäldern vom Flachland bis in Gebirgshochlagen. Wegerichbären sind in ganz Europa bis zum Nordkap und dem nördlichen Mittelmeerraum im Süden verbreitet.
RL V, **Naturschutzstatus:** 1 & 2

Pelosia muscerda (Mausgraues Flechtenbärchen, Erlenmoor-Flechtenbärchen)

Die Falter erreichen eine Spannweite von 24 bis 31 mm. Die hellgrauen, graubraunen oder auch gelblich braunen Vorderflügel haben zwei schwarze Fleckenreihen. Das ähnliche Schilf-Flechtenbärchen (*P. obtusa*) hat bräunlichere, kürzere und abgerundetere Flügel. Ab Anfang Herbst bis zur Überwinterung findet man die Raupen an der Borke von Bäumen, wo

Flugzeit	J	F	M	A	M	J	J	A	S	O	N	D
Raupen	J	F	M	A	M	J	J	A	S	O	N	D

sie sich wahrscheinlich von Flechten und Algen ernähren. Im Juni des folgenden Jahres verpuppen sie sich. Als Falter fliegen sie zwischen Juni und September in einer Generation. *P. muscerda* ist ein Bewohner feuchter Lebensräume und in Bruchwäldern, Auwäldern, Mooren, Feuchtwiesen und an Gewässerufern sowie an Waldrändern zu finden. Die Verbreitung reicht von den nördlichen Teilen der Iberischen Halbinsel durch West- und Mittel- bis Osteuropa. Im nördlichen Mittelmeerraum verläuft die südliche, im Süden Skandinaviens die nördliche Verbreitungsgrenze.

Pericallia matronula (Augsburger Bär)

Die Vorderflügel erreichen eine Spannweite von 65 bis 84 mm. Sie sind bei unserem größten mitteleuropäischen Bärenspinner dunkelbraun bis schwarz mit weißlich-gelben Flecken am Vorderrand. Die Hinterflügel ha-

Flugzeit	J	F	M	A	M	J	J	A	S	O	N	D
Raupen	J	F	M	A	M	J	J	A	S	O	N	D

ben eine gelbe Grundfärbung mit schwarzen Flecken. Der rote Hinterleib trägt mittig eine Reihe schwarzer Flecken. Die Raupen leben von August mit meist zweimaliger Überwinterung bis zur Verpuppung im Frühjahr des folgenden Jahres an Pflanzen wie Gewöhnlichem Löwenzahn (*Taraxacum officinale*), Gewöhnlicher Hasel (*Coryllus avellana*), Himbeere (*Rubus idaeus*), Roter Heckenkirsche (*Lonicera xylosteum*) und anderen. Die Falter erscheinen in einer Generation von Juni bis Juli. Trocken-warme, locker mit Büschen bestandene Steilhänge mit felsigen, vegetationsfreien Bereichen sind Lebensräume des Augsburger Bären. Die sehr attraktiven Falter sind in Deutschland sehr selten und nur noch an wenigen Fundstellen in Süddeutschland nachgewiesen. Die europäische Verbreitung erstreckt sich von Ostfrankreich bis nach Deutschland, Österreich, die Schweiz, Südtirol, Piemont und von Osteuropa bis zum Balkan.
RL 1, **Naturschutzstatus:** 1

Phragmatobia fuliginosa (Zimtbär, Rostflügelbär)

Die Vorderflügel erreichen im ausgestreckten Zustand 30 bis zu 39 mm Spannweite. Die zimtbraune Farbe der Vorderflügel gibt dem Falter den Namen. Die Hinterflügel sind karminrot gefärbt mit schwarzen Flecken. Die Raupen der verschiedenen Generationen leben das ganze Jahr und überwinternd an Großer Brennnessel (*Urtica dioica*), Gewöhnlichem Löwenzahn (*Taraxacum officinale*) und auch Sträuchern wie Brombeere (*Rubus* sect. *Rubus*), Gewöhnlicher Schlehe (*Prunus spinosa*) und anderen Pflanzenarten. Der Lebensraum der Falter erstreckt sich auf sonnige, nicht zu trockene Standorte an nadelholzreichen Waldrändern, in Waldlichtungen,

Flugzeit	J	F	M	A	M	J	J	A	S	O	N	D
Raupen	J	F	M	A	M	J	J	A	S	O	N	D

Gärten, Streuobstwiesen und auch Feuchtwiesen vom Flachland bis ins Bergland. Die Verbreitung der Art umfasst ganz Europa.

Rhyparia purpurata (Purpurbär)

Die Art erreicht Spannweiten zwischen 39 und 50 mm. Die gelben Vorderflügel tragen graubraune Flecken. Die Hinterflügel sind rot mit schwarzen Flecken und einem gelben Saum am Flügelrand. Sie sind unverwechselbar.

Flugzeit	J	F	M	A	M	J	J	A	S	O	N	D
Raupen	J	F	M	A	M	J	J	A	S	O	N	D

Die überwinternde Raupe lebt von Juli bis spätestens Anfang Juni des folgenden Jahres an einer ganzen Reihe von Futterpflanzen, wie Labkräutern (*Galium* sp.), Himbeere (*Rubus idaeus*), Brombeere (*Rubus* sect. *Rubus*), Mädesüß (*Filipendula ulmaria*), Löwenzahn (*Taraxacum officinale*) und anderen. Die Flugzeit der einzigen Generation pro Jahr dauert von Anfang Juni bis Anfang August. Recht verschieden sind die Biotopstrukturen, in denen der Purpurbär lebt. So kommen sowohl feuchte Wiesen, Nieder- und Hochmoore als auch Trocken- und Halbtrockenrasen, Waldlichtungen und Waldwegränder in Höhenbereichen vom Flachland bis ins Bergland über 1500 m infrage. Die Art ist in Europa mit Ausnahme des hohen Nordens und der Britischen Inseln verbreitet, bei uns aber stark im Rückgang begriffen.
RL 3, **Naturschutzstatus:** 1

Rhyparioides metelkana (Sumpfbär, Metelkas Bär)

Der Bär hat eine Flügelspannweite von 38 bis 44 mm. Die gelben Vorderflügel haben in der Mitte einen roten Längsstreifen und einen schmalen roten Flügelsaum. Die Weibchen sind auf der Oberseite deutlich rötlicher gefärbt. Die Hinterflügel sind orange und haben schwarze Flecken. Die Raupen fressen von Ende August mit Überwinterung und vom Frühjahr bis Mai an Gewöhnlichem Löwenzahn (*Taraxacum officinale*), Sumpf-Wolfsmilch (*Euphorbia palustris*) und Sumpfdotterblume (*Caltha palustris*). Die Falter entwickeln eine Generation pro Jahr von Ende Juni bis Ende August. Sie sind Bewohner von Feuchtgebieten und leben nur noch sehr selten an wenigen Stellen im Südosten in Ungarn, Rumänien, Bulgarien, Kroatien, der Ukraine und dem Süden Russlands sowie in Südfrankreich.

Flugzeit	J	F	M	A	M	J	J	A	S	O	N	D
Raupen	J	F	M	A	M	J	J	A	S	O	N	D

Spilarctia lutea (Gelber Fleckleibbär)

Die Vorderflügel erreichen eine Spannweite von 28 bis 40 mm. Der männliche Falter ähnelt der vorangegangenen Art, ist jedoch eher gelblich, wobei Weibchen etwas heller, oft fast weiß sein können. Die schwarzen

Flugzeit	J	F	M	A	M	J	J	A	S	O	N	D
Raupen	J	F	M	A	M	J	J	A	S	O	N	D

Flecken sind unterschiedlich groß und bilden eine Reihe quer über die Vorderflügel. Die Raupe lebt ab Juli von Großer Brennnessel (*Urtica dioica*), Kohl-Kratzdistel (*Cirsium oleraceum*), Gewöhnlicher Waldrebe (*Clematis vitalba*), Brombeere (*Rubus* sect. *Rubus*) und anderen, verpuppt sich im Herbst und überwintert. Die Flugzeit der ein bis zwei Generationen reicht von Mai unter günstigen Bedingungen und im Süden bis August. Der Falter ist nicht besonders anspruchsvoll an seinen Lebensraum und in Auwäldern, an Waldrändern, auf Brachflächen, in Gärten und Parks vom Flachland bis ins Bergland anzutreffen. Sie kommen in ganz Europa vor, in Skandinavien nur im Südteil.

Spilosoma lubricipeda (Weiße Tigermotte)

Die Bärenspinner erreichen Spannweiten der Vorderflügel von 30 bis über 43 mm. Die Flügel sind weiß gefärbt und mit mehr oder wenigen unre-

Flugzeit	J	F	M	A	M	J	J	A	S	O	N	D
Raupen	J	F	M	A	M	J	J	A	S	O	N	D

gelmäßig angeordneten schwarzen Punkten auf der Oberseite der Vorderflügel versehen. Die Hinterflügel zeigen unterschiedlich viele Punkte, unterscheiden sich aber dadurch mit wenigen ungepunkteten Ausnahmen meist von der Schwesterart *S. urticae,* der die Flecken auf den Hinterflügeln völlig fehlen. Allerdings ist eine Unterscheidung im Freiland mehr als schwierig und selbst für Spezialisten oft nicht möglich. Die Raupe ernährt sich zwischen Juli bis zur Verpuppung Ende Oktober von verschiedensten Pflanzenzarten wie beispielsweise Großer Brennnessel (*Urtica dioica*), Gewöhnlichem Löwenzahn (*Taraxacum officinale*), Gewöhnlichem Natternkopf (*Echium vulgare*), Ampfer (*Rumex* sp.) und anderen. Die Flugzeit erstreckt sich auf ein bis zwei Generationen von Mai bis August, spätestens Anfang September. Der Lebensraum des wenig anspruchsvollen Falters erstreckt sich auf lichte Wälder, trockene und feuchte Wiesen, Brachland und auch Gärten. Verbreitung findet die Art mit Ausnahme des hohen Nordens über ganz Europa.

Spilosoma urticae (Schmalflügeliger Fleckleibbär)

Die Spannweite der Vorderflügel schwankt zwischen 37 und 44 mm. Die in der Literatur oft angegebene schwache oder fehlende Punktierung gegen-

Flugzeit	J	F	M	A	M	J	J	A	S	O	N	D
Raupen	J	F	M	A	M	J	J	A	S	O	N	D

über der ähnlichen *S. lubricipeda* ist als Unterscheidungsmerkmal leider nicht zuverlässig, da auch bei *S. urticae* durchaus gepunktete Exemplare auftreten können. Die Raupen findet man von Juli bis zur Verpuppung im Oktober an verschiedenen Pflanzen wie Gewöhnlichem Löwenzahn (*Taraxacum officinale*), Wiesen-Sauerampfer (*Rumex acetosa*), Labkraut (*Galium* sp.) und anderen. Die Flugzeit der zwei Generationen pro Jahr liegt zwischen Mitte Mai bis Ende Juni und Anfang August bis Mitte September. Die Habitate der nachtaktiven Bärenspinner bestehen aus Feuchtgebieten und Mooren, Auwald und Bruchwaldflächen mit angrenzenden Wiesen. Die Hauptverbreitung erstreckt sich von West- bis Osteuropa, über den Süden Englands und Skandinaviens sowie den nördlichen Mittelmeerraum.

Spiris striata (Gestreifter Grasbär)

Die Spannweite der Vorderflügel erreicht zwischen 28 und 40 mm. Sie sind weißlich bis gelb gefärbt und tragen schmale, schwarze Längsstreifen, die auch manchmal fehlen können. Die gelblichen Hinterflügel haben einen schwarzen Rand, können aber auch fast gänzlich schwarz gefärbt sein. Die

Flugzeit	J	F	M	A	M	J	J	A	S	O	N	D
Raupen	J	F	M	A	M	J	J	A	S	O	N	D

Raupe lebt ab Herbst unter anderem an Feld-Beifuß *(Artemisia campestris)*, Silbergras (*Corynephorus* sp.), Echtem Schaf-Schwingel (*Festuca ovina*), Aufrechter Trespe (*Bromus erectus*), Heidekraut (*Calluna vulgaris*) und Wiesen-Salbei (*Salvia pratensis*). Nach der Überwinterung frisst sie schon sehr früh im Frühjahr bis zur Verpuppung Ende Mai. Imagines sind tagaktiv und fliegen in einer Generation von Juni bis Mitte August vom Flach- bis ins Bergland. Die wärmeliebende Art hat ihre Lebensräume an mit Kalkschotter durchsetzten Trockenrasenhängen, Dämmen, in Sandmagerrasen und Sandgruben. In Europa findet sich die Art nur in besonders warmen Bereichen Mitteleuropas, der Iberischen Halbinsel, bis zum Baltikum und im Süden bis in den nördlichen Mittelmeerraum und die Balkanhalbinsel.
RL 3, **Naturschutzstatus:** 1

Thumatha senex (Rundflügel-Flechtenbärchen)

Die Falter erreichen Spannweiten zwischen 15 und 22 mm. Die Vorderflügel sind hellbraun bis gelblich braun mit dunklen Fleckenquerlinien, einer aus Punkten bestehenden Saumlinie und einem auffälligen, großen Fleck, der in Flügelmitte sitzt. Die Raupe erscheint ab Ende August, überwintert und verpuppt sich im Mai. Über ihre Entwicklung weiß man nicht sehr viel, sie soll an Lebermoosen und Baumflechten leben. Zur Verpuppung baut sie ein Gespinst am Boden. Imagines sind nachtaktiv und fliegen in einer

Flugzeit	J	F	M	A	M	J	J	A	S	O	N	D
Raupen	J	F	M	A	M	J	J	A	S	O	N	D

Generation von Mitte Juni bis Ende August. Ihre Habitate befinden sich in Sumpfwiesen, Schilfflächen, an Rändern und Lichtungen von Misch- und Auwäldern, Mooren, Erlenbrüchen vom Flachland bis ins Bergland. Die Verbreitung reicht von West- nach Nordeuropa mit den Britischen Inseln bis zum Polarkreis. In Mitteleuropa reicht ihr Vorkommen bis Norditalien und auf die Balkanhalbinsel.

Tyria jacobaea (Jakobskrautbär)

Flugzeit	J	F	M	A	M	J	J	A	S	O	N	D
Raupen	J	F	M	A	M	J	J	A	S	O	N	D

Der Bärenspinner erreicht mit seinen Vorderflügeln eine Spannweite von 32 bis 42 mm. Die schwarzen Vorderflügel tragen entlang des Vorderrandes je einen roten Streifen und je zwei rote Punkte. Auf den roten Hinterflügeln zeigt sich ein schwarzer Randsaum. Die Raupe lebt von Juni bis September bevorzugt an Jakobs-Greiskraut (*Senecio jacobaea*) und anderen Greiskrautarten, von denen es die giftigen Bestandteile zur Abwehr von Fressfeinden aufnimmt, aber auch vereinzelt an Huflattich (*Tussilago farfara*) und Pestwurzarten (*Petasites* sp.). Die Flugzeit der je nach Lage und Temperaturbedingungen ein bis zwei Generationen liegt zwischen Mai und August. Der Falter ist nachts und auch tagsüber aktiv und auf Trockenrasen, Streuwiesen, auf Ruderalflächen, an Wegrändern und an Flussufern in Höhen bis 900 m zu finden, geht aber im Bestand zurück. Die Art ist in ganz Europa mit Ausnahme des nördlichen Skandinaviens verbreitet.
RL V, **Naturschutzstatus:** 1

Utetheisa pulchella (Punktbär, Punktierter Wanderbär)

Die Spannweite der Vorderflügel liegt zwischen 29 und 42 mm. Die relativ kleinen Bärenspinner sind mit ihrer weißen Grundfarbe und ihren roten und schwarzen Punkten auf den Flügeln unverwechselbar. Manchmal treten auf den Vorderflügeln größere schwarze Flecken auf. Die Hinterflügel sind hellblaugrau gefärbt und am Rand mit einem ungleichmäßig breiten schwarzen Rand versehen. Die Raupe ernährt sich u.a. von Borretsch (*Borago* sp.), Gewöhnlichem Natternkopf (*Echium vulgare*), Sonnenwen-

Flugzeit	J	F	M	A	M	J	J	A	S	O	N	D
Raupen	J	F	M	A	M	J	J	A	S	O	N	D

de (*Heliotropium* sp.) und Vergissmeinnicht (*Myosotis* sp.) Die Imagines bilden in Südeuropa mehrere Generationen pro Jahr aus und können fast ganzjährig auftreten. Hauptsächlich besiedeln sie warme, wenig bewachsene Küstenbereiche wie Dünen, Felsbiotope und Trockenrasenhänge. Die Art ist in Europa nur in wenigen Gebieten des Mittelmeerraumes als dauerhaft bodenständig nachgewiesen, wie etwa auf den südgriechischen

Inseln Kreta, Zypern, im Süden Spaniens, den Balearen, Sardinien, Korsika und Sizilien. In warmen Jahren kann im Spätsommer eine Einwanderung der Falter in geringer Anzahl bis nach Süddeutschland, den Norden Frankreichs und die Britischen Inseln stattfinden.

Watsonarctia deserta (Labkrautbär)

Die Falter haben eine Spannweite der Vorderflügel von 26 bis 34 mm. Der Körper ist breit und gedrungen und an Kopf und Rücken dicht behaart. Ihre Vorderflügel sind gelblich oder rötlich weiß und haben an der Basis, in der Mitte und am Außenrand schwarze Binden, die in der Mitte eingebuchtet oder oft auch unterbrochen sein können. Auch die Hinterflügel, die beim Männchen weiß und beim Weibchen rosa sind, haben auf den Spitzen eine

Flugzeit	J	F	M	A	M	J	J	A	S	O	N	D
Raupen	J	F	M	A	M	J	J	A	S	O	N	D

leicht unterbrochene schwarze Binde. Als Raupen leben sie von Mitte Juni bis Mitte August an Labkräutern wie vor allem an Echtem Labkraut (*Galium verum*) und Waldmeister (*G. odoratum*), überwintern und verpuppen sich im folgenden Frühjahr in einem Gespinst. Die nachtaktiven Bärenspinner sind pro Jahr in einer Generation von Mai bis Mitte Juli vom Flachland bis ins höhere Bergland unterwegs. Lebensraum sind warme, steppenartige Trockenrasen auf sandigem oder felsigem Untergrund. Der Labkrautbär besiedelt in Europa die Mitte, den Osten und den Süden der Alpen, das Mittelmeergebiet und den Südosten.

RL R, **Naturschutzstatus:** 1

Unterfamilie Aventiinae

Laspeyria flexula (Sicheleule)

Die Flügelspannweite erreicht zwischen 26 und 35 mm. Die Vorderflügel sind stark gezackt, grau, an der Spitze dunkelbraun. Die Querlinien sind innen gelbbraun, braun gesäumt und am Vorderrand rechtwinklig gebro-

Flugzeit	J	F	M	A	M	J	J	A	S	O	N	D
Raupen	J	F	M	A	M	J	J	A	S	O	N	D

chen. Die Sicheleule ähnelt äußerlich einem Spanner. Die Raupe ernährt sich ab August bis zur Überwinterung und ab Frühjahr bis zur Verpuppung im Juni des folgenden Jahres von Flechten wie der Gewöhnlichen Gelbflechte (*Xanthoria parietina*), der Stern-Schwielenflechte (*Physcia stellaris*), Blattflechten (*Parmelia* sp.) und Algen an der Borke von Nadelhölzern, Schlehe, Weißdorn und anderen. Die Flugzeit richtet sich nach Lage und Temperaturbedingungen und reicht bei zwei bis drei nicht klar zu trennenden Generationen von Juni bis Oktober. Die nachtaktiven Falter leben bevorzugt in Laubmischwäldern, Nadelwäldern und Parks bis in höhere Berglagen. Die Art stößt im Süden der Britischen Inseln und dem Süden Skandinaviens auf ihre nördliche und im Norden der Iberischen Halbinsel, Süditaliens und Südgriechenlands und dem Schwarzen Meer an ihre südliche Verbreitungsgrenze.

Unterfamilie Bagisarinae

Unterfamilie Boletobiinae

Parascotia fuliginaria (Pilzeule)

Die Flügelspannweite reicht von 18 bis 28 mm. Die dunkelbraunen Vorderflügel haben entlang der Außenseiten der inneren und äußeren Querlinie gelbe Flecken. Sie sehen in Körperhaltung und Form eher wie Vertreter der

Flugzeit	J	F	M	A	M	J	J	A	S	O	N	D
Raupen	J	F	M	A	M	J	J	A	S	O	N	D

Spannerfamilie aus. Die Raupe ernährt sich ab August bis zur Überwinterung von Pilzen wie Birkenporling (*Piptoporus betulinus)*, Schmetterlingstramete (*Trametes versicolor*) und anderen Holzpilzen an Totholz. Sie ist im Mai oder Juni des folgenden Jahres ausgewachsen und verpuppt sich. Die Falter bilden eine Generation von Juni bis spätestens Anfang Oktober abhängig von Ort und Temperaturbedingungen und leben in feuchten Waldbereichen und auch im Siedlungsbereich an alten, chemisch unbehandelten Holzbauwerken. Die Art ist im nördlichen Mittelmeerraum bis in den Süden der Iberischen Halbinsel und im Norden bis in den Süden Englands und bis Südskandinavien verbreitet.

Unterfamilie Bryophilinae

Cryphia algae (Dunkelgrüne Flechteneule)

Die graubraunen bis schwarzgrauen und moosgrün gefärbten Vorderflügel mit grünen Einmischungen und einem grünen Band an der Basis haben eine Spannweite zwischen 22 und 26 mm. Die Art ist sehr variabel und

Flugzeit	J	F	M	A	M	J	J	A	S	O	N	D
Raupen	J	F	M	A	M	J	J	A	S	O	N	D

kann mit zunehmendem Alter die grüne Färbung verlieren, was zur Verwechslung mit weiteren Arten in Europa führen kann.
Die Raupe überwintert und lebt von März bis zur Verpuppung im Juni auf an Gehölzen und Steinen wachsenden Flechten. Die Imagines bilden pro Jahr eine Generation zwischen Ende Juni/Anfang Juli bis Anfang September. Die Falter leben hauptsächlich in Laub- und Mischwäldern, Streuobstwiesen, Siedlungsgebieten und Gärten mit Gehölzen, die gut mit Flechtenarten besetzt sind. Die Höhenverbreitung liegt zwischen 0 und über 900 m. Die Flechteneule ist vor allem in Süd- und Mitteleuropa bis etwa zur Küste der Nord- und Ostsee verbreitet.

Nyctobrya muralis (Hellgrüne Flechteneule, Mauerflechteneule, Hellgrüne Algeneule)

Die Flügelspannweite erreicht etwa 25 bis 30 mm. Die grünlich, hellgrau oder später fast weißen Falter haben eine innere Querlinie, die den Vorderrand der Vorderflügel nicht erreicht, sowie je einen schwarz gerandeten, dunkel gefüllten Ring- und Nierenmakel. Die Raupen leben ab Juli von Algen und Krustenflechten, überwintern und verpuppen sich im darauf folgenden Jahr im Mai oder Juni. Die nachtaktiven Falter erscheinen zwischen Juni und August in einer Generation pro Jahr. Die Falter sind sehr wärmeliebend und leben in tiefen Lagen an Mauern und Felsen, in Steinbrüchen, Felsgebieten, Weinbergen und Böschungsmauern. *N. muralis* ist in Südeu-

Flugzeit	J	F	M	A	M	J	J	A	S	O	N	D
Raupen	J	F	M	A	M	J	J	A	S	O	N	D

ropa weit verbreitet, während sie in Mitteleuropa nur vereinzelt gefunden werden kann.
RL 3, **Naturschutzstatus:** 1

Unterfamilie Calpinae
Unterfamilie Catocalinae

Catephia alchymista (Weißes Ordensband)

Die schwarzen Vorderflügel erreichen eine Flügelspannweite von 42 bis 48 mm. Der Flügelsaum ist dunkelbraun. Die Hinterflügel sind im Wurzelbereich weiß und tragen einen breiten schwarzen Saum mit je zwei weißen Flecken an Innen- und Außenseite. Eine Verwechslungsmöglichkeit besteht zur Zaunwinden-Trauereule (*Aedia funesta*), die aber einen hellen Fleck an der Außenkante im hinteren Flügelbereich hat. Die Raupen leben von Juli bis August von den Blättern verschiedener Eichenarten (*Quercus* sp.). Die Puppe überwintert. In Mitteleuropa fliegt die Art wohl nur in einer Generation von Mai bis Ende Juli. Eine zweite Generation kann nur an klimatisch begünstigten Stellen oder im Mittelmeerraum auftreten. Die bevorzugten Habitate liegen in lichten Eichen- und Laubmischwäldern, Auenwäldern, verbuschenden Steppenheiden und Parkanlagen von der Ebene bis ins Hügelland auf 800 m Höhe. Die Verbreitung ist hauptsächlich mediterran und erreicht im Norden Südengland, die Nord- und Ostsee. Die seltene Art ist als „stark gefährdet“ eingestuft.
RL 2, **Naturschutzstatus:** 2

Flugzeit	J	F	M	A	M	J	J	A	S	O	N	D
Raupen	J	F	M	A	M	J	J	A	S	O	N	D

Catocala electa (Weidenkarmin)

Die Vorderflügel haben eine Spannweite von 72 bis 76 mm und sind grau bis bräunlich gefärbt. Schwarze Zacken- und Wellenlinien verlaufen quer

Flugzeit	J	F	M	A	M	J	J	A	S	O	N	D
Raupen	J	F	M	A	M	J	J	A	S	O	N	D

über die Flügel, von denen die Zackenlinie in Form von zwei großen Zähnen hervorspringt. Die roten Hinterflügel tragen eine breite schwarze Saumbinde und weiße Fransen sowie eine schmale schwarze Querlinie. Als Nahrung nutzen die Raupen nach dem Schlupf zwischen Mai und Juli schmalblättrige Weiden, wie Bruchweide (*Salix fragilis*), Purpurweide (*Salix purpurea*) und Korbweide (*Salix viminalis*). Die Imagines erscheinen in einer Generation zwischen Mitte Juli und Ende September. Die Überwinterung findet im Eistadium statt. Sie bewohnen Flussauen, Ufer von Bächen und Gräben, Bruchwälder, Parks und Gärten von der Ebene bis ins Bergland über 1400 m Höhe. Die Verbreitungsgrenzen sind bei dieser Art fließend, da auch umherwandernde Tiere angetroffen werden können. So geht man davon aus, dass die Tiere in Skandinavien, auf den Britischen Inseln und den Benelux-Staaten und im südlichen Mittelmeerraum nicht bodenständig sind.
RL 2, **Naturschutzstatus:** 2

Catocala fraxini (Blaues Ordensband)

Die größte Art der Gattung *Catocala* erreicht eine Spannweite der Vorderflügel von 100 bis 110 mm. Die Grundfarbe der Vorderflügel reicht von hellgrau mit dunkelgrauen und braun gesäumten Zackenbinden und hellem Fleck in der Mitte der Vorderflügel. Die Hinterflügel sind schwarz mit einer hellblauen Binde in Form eines Bogens. Die Raupe lebt von Mai bis Juni an Pappelarten wie Zitterpappel (*Populus tremula*) und möglicherweise noch anderen Baumarten, die aber nicht sicher nachgewiesen sind. Die Überwinterung findet im Eistadium statt. Das Blaue Ordensband fliegt in einer Generation von Mitte Juli bis Oktober. Die Falter bewohnen die Rän-

Flugzeit	J	F	M	A	M	J	J	A	S	O	N	D
Raupen	J	F	M	A	M	J	J	A	S	O	N	D

der feuchter Au- und Laubwälder und Gehölze an Flussufern und Teichen, Alleen sowie auch Gärten und Parks vom Flachland bis in Bergregionen. Die Eulen sind in Europa nicht häufig und fehlen im Norden Schottlands und Skandinaviens sowie in Portugal, Südspanien, Griechenland und den Mittelmeerinseln.
RL V, **Naturschutzstatus:** 2

Catocala fulminea (Gelbes Ordensband)

Das relativ kleine Ordensband hat nur eine Spannweite von 45 bis 52 mm. Die Vorderflügel haben eine kontrastreiche hellgraue bis dunkelbraune

Flugzeit	J	F	M	A	M	J	J	A	S	O	N	D
Raupen	J	F	M	A	M	J	J	A	S	O	N	D

Färbung und ein schwarzes Zackenband. Die Hinterflügel sind gelb und tragen eine schwarze, bogenförmige Binde und eine breitere schwarze Saumbinde. In Südeuropa sind einige ähnliche Arten vorhanden. Die Raupen leben von Ende April bis Anfang Juli an Gewöhnlichen Schlehen (*Prunus spinosa*) und Zwetschgen (*Prunus* sp.). Imagines sind in einer Generation von Juni bis September anzutreffen. Sie leben an Rändern warmer, lichter Laubwälder, Steppenheiden, Heckenbereichen, Halbtrockenrasen, Steinbrüchen, gebüschreichen Arealen, Parks und Gärten von der Ebene bis ins Hügelland auf 500 m Höhe. Das seltener werdende Gelbe Ordensband hat seinen Verbreitungsschwerpunkt in Europa vom Norden Spaniens über Zentralfrankreich bis zur Ostsee und fehlt südlich der Alpen und im Südosten.

RL 2, **Naturschutzstatus:** 1 & 2

Catocala hymenaea (Steineichen-Ordensband)

Die Falter erreichen eine Flügelspannweite von 41 bis 45 mm. Die grauen bis braungrauen Vorderflügel sind von mehreren dunklen Querlinien und Querbändern überzogen und besitzen je einen hellen Mittelfleck. Die Art ähnelt einigen weiteren südeuropäischen Vertretern der Ordensbänder. Nach der Überwinterung im Eistadium schlüpfen die Raupen ab Ende März

Flugzeit	J	F	M	A	M	J	J	A	S	O	N	D
Raupen	J	F	M	A	M	J	J	A	S	O	N	D

bis April und ernähren sich bis zur Verpuppung im Mai oder im Juni von Gewöhnlicher Schlehe (*Prunus spinosa*). Im Jahr erscheint eine Generation von Faltern von Juli bis August. Lebensraum sind warme, sandige mit niederen Eichen und Schlehengebüsch bestandene Trockenrasen, Lichtungen und Steppenhänge. Die Art ist in Südosteuropa beheimatet, vom Osten Österreichs über die Balkanhalbinsel bis zum Schwarzen Meer.

Catocala nupta (Rotes Ordensband)

Die Grundfarbe der 75 bis 84 mm Spannweite messenden Vorderflügel ist hellgrau, ähnlich dem Blauen Ordensband. Die Hinterflügel sind rot und

Flugzeit	J	F	M	A	M	J	J	A	S	O	N	D
Raupen	J	F	M	A	M	J	J	A	S	O	N	D

tragen eine schwarze Binde und eine schwarze Saumbinde. Die schwarzen Querbänder sind gezackt und erreichen den Außenrand der Flügel. Die Raupen ernähren sich von Mai bis Juni an Weiden (*Salix* sp.) und Pappeln (*Populus* sp.). Imagines leben in einer Generation pro Jahr von Juli bis Oktober. Das Überwinterungsstadium ist das Ei. Die Falter bewohnen feuchte Lichtungen und Waldränder von Laub- und Mischwäldern, die Ränder von Auwäldern, Pappelforste, Gärten und Parks in der Ebene und im Süden der Alpen bis auf 1600 m Höhe. In Europa ist die Eulenart nur in Südspanien nicht nachgewiesen.

Catocala pacta (Bruchweidenkarmin)

Die sehr schlanken Vorderflügel erreichen bei diesem kleinen Ordensband nur ca. 42 bis 52 mm Spannweite. Das Farbspektrum reicht von graubraun

Flugzeit	J	F	M	A	M	J	J	A	S	O	N	D
Raupen	J	F	M	A	M	J	J	A	S	O	N	D

bis bläulich grau. Die Nierenmakel sind dunkel gefüllt und tragen ein helles Auge. Die Wellenlinie liegt nahe der gezackten Querlinie. Die hellroten Hinterflügel sind am Saum mit einem schwarzen Band und einer Binde in der Mitte versehen. Unverwechselbar macht die Art auch die rote Färbung auf der Oberseite des Hinterleibes. Die Raupen ernähren sich nach dem Schlupf von Mai bis Juni von den Blättern verschiedener Weidenarten wie Salweide (*Salix caprea*). Die Falter fliegen in einer Generation zwischen Juli und September. Das Überwinterungsstadium ist das Ei. Die Art lebt in Hoch- und Niedermooren. In Europa ist die Art hauptsächlich in Südschweden, Finnland und Osteuropa zu finden.
RL 0, **Naturschutzstatus:** 1

Catocala promissa (Kleines Eichenkarmin)

Die Vorderflügel haben eine Spannweite von 58 bis 67 mm. Die Zeichnung ist recht lebhaft hell und dunkelbraun aus dunkleren Querbändern und Zacken- und Wellenlinien. Die intensiv rote Färbung der Hinterflügel zeigt

Flugzeit	J	F	M	A	M	J	J	A	S	O	N	D
Raupen	J	F	M	A	M	J	J	A	S	O	N	D

ein breites, schwarzes Saumband und eine weitere schmale Querlinie. Aus den überwinterten Eiern schlüpfen im Frühjahr die Raupen, die von Mai bis Juni vor allem die jungen Blätter verschiedener Eichenarten (*Quercus* sp.) fressen. Die Imagines erscheinen zwischen Mitte Juni und September in einer Generation. Bevorzugte Habitate sind lichte, trocken und warme Eichen- und Eichenmischwälder, Auenwälder, Feldgehölze vom Flachland bis ins Bergland in Höhen um 800 m. Das Kleine Eichenkarmin ist vor allem im Mittelmeerraum verbreitet und erreicht in Südengland und dem Süden Finnlands seine nördliche Verbreitungsgrenze. Die Art ist nicht häufig.
RL 3, **Naturschutzstatus:** 2

Catocala sponsa (Großes Eichenkarmin)

Die Spannweite der Vorderflügel beträgt zwischen 65 und 73 mm. Der attraktiv gezeichnete Eulenfalter trägt ein Muster von braungrauen oder braunen und schwarzen Elementen und hellen, weißen Wellenlinien, Makelrändern und Flecken. Die intensiv rot gefärbten Hinterflügel werden von zwei schwarzen Querbändern durchzogen. Die Raupen ernähren sich zwischen Mai und Juni von den Blättern verschiedener Eichenarten (*Quercus* sp.). Die Überwinterung findet im Eistadium statt. Die Imagines bilden pro Jahr eine Generation von Juli bis September. Die Habitate bestehen aus Laub- und Mischwäldern, Feldgehölzen, Alleen, Parks und Gärten mit Eichenanteilen von der Ebene bis ins Hügelland auf 800 m Höhe. Der Norden

Flugzeit	J	F	M	A	M	J	J	A	S	O	N	D
Raupen	J	F	M	A	M	J	J	A	S	O	N	D

Englands und Fennoskandinaviens ist vom Verbreitungsgebiet der Art in Europa ausgenommen.

Euclidia glyphica (Braune Tageule)

Ihre Flügelspannweite liegt zwischen 25 und 30 mm. Die Grundfarbe der Vorderflügel ist graubraun bis rötlich braun mit dunkelbraunen, quer verlaufenden Binden. Die Hinterflügel zeigen eine goldgelbe Querbindenzeichnung auf dunkelbraunem Grund. Raupen der ersten Generation sind von September bis Oktober, die der zweiten von Juni bis August an ihren Futterpflanzen wie Wiesen-Platterbse (*Lathyrus pratensis*), Gewöhnlichem Hornklee (*Lotus corniculatus*), Gewöhnlichem Hufeisenklee (*Hippocrepis*

Flugzeit	J	F	M	A	M	J	J	A	S	O	N	D
Raupen	J	F	M	A	M	J	J	A	S	O	N	D

comosa), Luzerne (*Medicago sativa*) und anderen zu finden. Das Überwinterungsstadium ist die Puppe. Die Flugzeit erstreckt sich auf zwei ineinander übergehende Generationen im Jahr von April bis Mitte Juli und von Ende Juli bis Ende August. Die Lebensräume können bei dieser Art sowohl feuchter als auch trockener Ausprägung sein. So findet man die Eulen in Feuchtwiesen, Niedermooren und ebenso auf Halbtrockenrasen, an Wald- und Heckenrändern von der Ebene bis ins Bergland über 1000 m.

Euclidia mi (Scheck-Tageule)

Die Grundfarbe der zwischen 25 und 30 mm Spannweite messenden Vorderflügel ist grau und zeigt eine auffällige braune, weiß umrandete Zeichnung, die an die Form einer Maske erinnert. Die Hinterflügel sind dunkelbraun und tragen eine weiße bis gelbliche Flecken- und Bindenzeichnung. Die Raupen findet man von Ende Juni bis Anfang September unter anderem an Echtem Steinklee (*Melilotus officinalis*), Rotklee (*Trifolium pratense*), Gewöhnlichem Flügelginster (*Chamaespartium sagittale*), Färberginster (*Genista tinctoria*), Vogelwicke *(Vicia cracca)*, Besenheide (*Calluna vulgaris*) und weiteren Arten. Im Puppenstadium überwintert die Eule. Die nur am Tag fliegende Art lebt in einer Generation von Ende April bis Anfang Juli,

Flugzeit	J	F	M	A	M	J	J	A	S	O	N	D
Raupen	J	F	M	A	M	J	J	A	S	O	N	D

wobei nicht ganz klar ist, ob und wo eine zweite, unvollständige Generation vorkommt. Die Falter bevorzugen eher trockene Lebensräume wie Trockenrasen, mageres Grünland, Waldlichtungen, an Waldrändern und auch auf Feuchtwiesen und Ränder von Mooren von der Ebene bis ins Bergland über 1200 m Höhe. Die Verbreitung erstreckt sich auf das gesamte europäische Gebiet.

Grammodes stolida (Tölpeleule)

Die Flügelspannweite der auffällig gefärbten Falter erreicht 30 bis 37 mm. Das dunkelbraune Mittelfeld wird von einem schräg verlaufenden weißen Mittelband durchzogen und von einem weißen Zackenband nach hinten begrenzt. Ein ockerbraunes Querband schließt sich daran an. Die ähnliche *Grammodes bifasciata* ist größer und die Querbinden verlaufen gerade. Die Raupen leben an den Blättern von Gewöhnlichem Christusdorn (*Paliurus spina-christi*), Brombeeren (*Rubus* sect. *Rubus*), Eichen (*Quercus* sp.) und Gerbersträuchern (*Coriaria* sp.). Die Überwinterung findet als Puppe statt. Zwischen April und Oktober sind im Süden Europas zwei bis mehrere Generationen dieser Falter zu finden. Sie besiedeln die Macchie-Landschaften und Steppenwiesen in Südeuropa im Mittelmeerraum und dringen zeitweise vereinzelt als Wanderfalter bis in die Schweiz, nach Deutschland, Dänemark, England und sogar Finnland vor.

Flugzeit	J	F	M	A	M	J	J	A	S	O	N	D

Lygephila pastinum (Nierenfleck-Wickeneule)

Flugzeit	J	F	M	A	M	J	J	A	S	O	N	D
Raupen	J	F	M	A	M	J	J	A	S	O	N	D

Die hellbraune, schwarz marmorierte Eule hat eine Spannweite von 35 bis 40 mm und ist an ihren schmalen, scharf abgegrenzten Nierenmakeln gut von ähnlichen Arten zu unterscheiden. Ab September bis Oktober erscheinen die Raupen an Wicken (*Vicia* sp.), Platterbsen (*Lathyrus* sp.) und anderen, überwintern und verpuppen sich im Mai des folgenden Jahres. Je nach Lage und Temperaturverhältnissen fliegen die Falter in ein bis zwei Generationen von Ende April bis Ende Juli und August bis Anfang Oktober. Bevorzugt besiedelt *L. pastinum* die Saumbereiche von verbuschten Halbtrockenrasen, Wiesen und Waldränder. Die Verbreitung beschränkt sich auf den Norden Spaniens über Frankreich, den Südrand der Alpen, den nördlichen Balkan bis Osteuropa. Im Norden reichen die Vorkommen bis zu den Britischen Inseln und den Süden Skandinaviens.

Minucia lunaris (Braunes Ordensband)

Die Flügelspannweiten dieser Art reichen von 52 bis 60 mm. Die graubraunen, hellbraunen bis dunkelbraunen Vorderflügel tragen eine innere und eine äußere helle Querlinie, zwischen denen die dunklen bis schwarzen Nierenmakel sitzen. Die Raupen entwickeln sich ab Mai an Trieben und

Flugzeit	J	F	M	A	M	J	J	A	S	O	N	D
Raupen	J	F	M	A	M	J	J	A	S	O	N	D

Blättern von Eichenbüschen (*Quercus* sp.). Sie verpuppen sich zur Überwinterung am Boden in einem festen Kokon. Die nachtaktive Art bildet je nach Lage und Temperaturen eine Generation pro Jahr zwischen April und Ende Juni aus. Als Lebensraum nutzt die sehr lokal auftretende Eule Laubwaldlichtungen, Eichen- und Huteichenwälder, Hänge und Waldränder bis ins Hügelland. Die Hauptverbreitung erstreckt sich auf Süd- und Mitteleuropa, in Nordeuropa fehlen die Falter.
RL 3, **Naturschutzstatus:** 2

Ophiusa tirhaca (Grüne Brombeer-Bandeule)

Der Falter hat Flügelspannweiten von 49 bis 65 mm. Die gelblich bis gelblich grünen Vorderflügel besitzen ein breites braunes Saumband sowie ei-

Flugzeit	J	F	M	A	M	J	J	A	S	O	N	D
Raupen	J	F	M	A	M	J	J	A	S	O	N	D

nen ebenso gefärbten Nierenmakel und einen dunkelbraunen, dreieckigen Fleck am Flügelaußenrand. Im Raupenstadium leben sie an Zistrosen (*Cistus* sp.), Schneeball (*Viburnum* sp.), Seidelbast (*Daphne* sp.), Mastix (*Pistacia* sp.) und Europäischem Perückenstrauch (*Cotinus coggyria*). Diese attraktive Eulenart ist im Mittelmeerraum eingewandert und bodenständig bis zu den Südalpen. Sie bringt zwei Generationen zwischen Februar und Mai und August bis November hervor.

Scoliopteryx libatrix (Zackeneule, Zimteule, Krebssuppe)

Die Flügelspannweiten reichen von 40 bis 45 mm. Die Vorderflügel sind grau bis zimtbraun gefärbt und haben einen gezackten Außenrand. Flügelansatz und Mittelteil sind orangebraun. Die hintere, weißliche Querlinie

verläuft doppelt. Die Raupen treten zwischen April und Juni sowie von Juli bis September auf und ernähren sich von Gehölzen wie Salweide (*Salix caprea*), Korbweide (*S. viminalis*) oder Zitterpappel (*Populus tremula)*. Die

Flugzeit	J	F	M	A	M	J	J	A	S	O	N	D
Raupen	J	F	M	A	M	J	J	A	S	O	N	D

Falter bilden im Jahr zwei Generationen von Juni bis Juli und von August überwinternd und ab Frühjahr bis Juni des folgenden Jahres. Sie kommen in verschiedensten Lebensräumen, wie z. B. in Laubwäldern, an Gewässerufern und am Rand von Mooren und Sümpfen, aber auch in Gärten und Parks vor. Sie überwintern in feuchten Kellern, Höhlen, Nistkästen und Baumhöhlen. Die Falter sind in der Lage, mit ihrem kräftigen Rüssel Früchte anzustechen. Die Art kommt in ganz Europa vor.

Unterfamilie Condicinae

Eucarta virgo

Die Spannweite der hellbraun bis rötlich braunen Vorderflügel liegt zwischen 25 und 34 mm. Eine weiße, rundliche, fast dreieckige Linie zieht sich quer darüber. In dem Feld, welches das Dreieck bildet, befinden sich die

Flugzeit	J	F	M	A	M	J	J	A	S	O	N	D
Raupen	J	F	M	A	M	J	J	A	S	O	N	D

weiß umrandeten Nieren- und Ringmakel und zwei schwarzbraune Felder. Die Raupen der ersten Generation leben von Anfang September bis Oktober, die der zweiten von Juni bis Anfang August an Beifußarten wie dem Gewöhnlichen Feld-Beifuß (*Artemisia campestris*), Gewöhnlichen Beifuß (*Artemisia vulgaris*), Rainfarn (*Tanacetum vulgare*) und anderen Pflanzenarten. Die Art fliegt je nach Klimazone und Temperaturbedingungen in zwei bis drei Generationen von Mai bis Juli und August bis September oder Oktober. Die Eule ist ein Bewohner offener Gras- und Buschvegetation, warmer Steppenlandschaften, Trockenrasen, Ruderalfächen, aber auch kühlerer und feuchter Ufer von Seen, Flüssen und Kiesgrubengewässer. Das ursprüngliche Verbreitungsgebiet ist Süd- und Südosteuropa, mittlerweile breitet sich die Art nach Mittel- und Nordeuropa aus, wird in Teilen Deutschlands schon bodenständig und ist bereits in Dänemark und Südschweden gefunden worden.

Unterfamilie Cucullinae

Cucullia absinthii (Beifuß-Mönch)

Flugzeit	J	F	M	A	M	J	J	A	S	O	N	D
Raupen	J	F	M	A	M	J	J	A	S	O	N	D

Die Spannweite der Vorderflügel beträgt bei dieser Eule zwischen etwa 35 und 44 mm. Die Farbe liegt zwischen hellgrau und bräunlich grau. Auffällig sind dunkle Querbinden und Fleckenzeichnungen im mittleren Bereich der Vorderflügel. Der Falter ist aufgrund dieser Merkmale seiner Zeichnung gut zu unterscheiden. Raupen leben zwischen August und September an Echtem Wermut (*Artemisia absinthium*), Gewöhnlichem Beifuß (*A. vulgaris*) und eher selten an Gewöhnlichem Feld-Beifuß (*A. campestris*). Die Überwinterung findet im Puppenstadium in einem Kokon in oberen Bereichen des Erdbodens statt. Die einzige Generation im Jahr existiert als Falter zwischen Anfang Juni und Mitte August. Die Habitate der Art liegen zum großen Teil auf sandigen Böden, z. B. in Hanglagen auf Trocken- und Sandmagerrasen, auf Ruderalflächen, Schuttplätzen, Weg- und Ackerrändern in der Ebene bis in Gebirgsregionen auf 1600 m Höhe. Die Falter sind außer in den nördlichen und südlichen Randbereichen in ganz Europa verbreitet.
RL V, **Naturschutzstatus:** 1

Cucullia argentea (Silbermönch)

Der Falter erreicht Flügelspannweiten von 34 bis 41 mm. Die grünen Vorderflügel mit silbrig weißer Flecken- und Streifenzeichnung machen den Falter unverwechselbar. Zwischen August und Oktober leben und ernähren sich die Raupen in der Regel von Gewöhnlichem Feld-Beifuß (*Artemisia campestris*). Die Verpuppung findet im Herbst im Boden statt. Die Falter schlüpfen ab Juni und fliegen in einer Generation im Jahr bis August. Sie bewohnen bevorzugt trockene warme Offenflächen und Heiden an Hängen und Böschungen, vielfach Sandböden mit Vorkommen von Feld-Bei-

Flugzeit	J	F	M	A	M	J	J	A	S	O	N	D
Raupen	J	F	M	A	M	J	J	A	S	O	N	D

fuß ,fehlen jedoch im Bergland. Die Verbreitung des Silbermönchs reicht in Nordeuropa bis in den Süden Finnlands und Schwedens, von Dänemark über Deutschland bis in den Westen und Süden Frankreichs, Norditalien, das östliche Österreich und Ungarn.
RL 2, **Naturschutzstatus:** 1

Cucullia artemisiae (Feldbeifuß-Mönch)

Die Spannweiten der Vorderflügel erreichen bei diesem Mönch 37 bis 42 mm. Gut sichtbar sind bei dieser Art meist die Nieren- und Ringmakel.

Flugzeit	J	F	M	A	M	J	J	A	S	O	N	D
Raupen	J	F	M	A	M	J	J	A	S	O	N	D

Manchmal treten zwischen den mehr oder weniger deutlichen gezackten Linien längliche, helle bis weiße, schmale Felder zutage. Verwechslungsmöglichkeiten bestehen zu einigen weiteren Arten von Mönchen wie *C. xeranthmi* und anderen. Die Raupen leben an ihren Futterpflanzen zwischen Ende Juli bis spätestens Anfang Oktober und verpuppen sich zur Überwinterung. Imagines erscheinen in einer Generation zwischen Ende Juni und Anfang August. Die Biotope bestehen aus Sandmagerrasen, Ruderalflächen an Feld- und Waldsäumen, trockenen, warmen Magerrasen und Böschungen mit Beifuß-Arten, wie Gewöhnlichem Beifuß (*Artemisia vulgaris*) und Gewöhnlichem Feld-Beifuß (*Artemisia campestris*), von der Ebene bis ins Hügelland bis 400 m über Meereshöhe. In Europa reicht die Verbreitung von Westfrankreich über Mitteleuropa bis zum Balkan und Osteuropa. Im Norden kommt die Art nicht über Südschweden hinaus.

Cucullia lactucae (Lattich-Mönch)

Die dunkelgrau gefärbten Falter erreichen eine Flügelspannweite von 46 bis 53 mm. Die Art unterscheidet sich durch breitere Vorderflügel und eine stärkere Rundung der Hinterflügelspitzen von den anderen Mönchen, ist aber oft nur durch eine Genitaluntersuchung sicher zu bestimmen. Die in Warnfarben gefärbten Raupen leben zwischen Juni und Anfang September an Knospen, Blüten, Fruchtständen und Blättern ihrer Nahrungspflanzen wie dem Gewöhnlichen Hasenlattich (*Prenanthes purpurea*), Mauerlattich (*Mycelis muralis*), Kompasslattich (Lactuca serriola), Gartensalat (*Lactuca sativa*), Habichtskraut (*Hieracium* sp.) oder der Kohl-Gänsedistel (*Sonchus*

Flugzeit	J	F	M	A	M	J	J	A	S	O	N	D
Raupen	J	F	M	A	M	J	J	A	S	O	N	D

oleraceus) und verpuppen sich zur Überwinterung. Je nach Lage entstehen eine bis zwei Generationen im Jahr von Mai bis Juli und von August bis September. Die Art kommt auf halbschattig gelegenen Ruderalflächen, felsigen Trockenrasen, an Wald-, Gebüschrändern und Lichtungen bevorzugt im Hügel- und Bergland vor. Die Verbreitung reicht südlich von den Pyrenäen über die gemäßigte Zone Europas in die südlichen Alpen, Slowenien und Bulgarien.
RL V, **Naturschutzstatus:** 2 & 12

Cucullia umbratica (Schattenmönch)

Dieser Falter ist mit 42 bis 57 mm Spannweite der größte Vertreter der heimischen Mönchsarten. Die aschgrauen Vorderflügel sind schmal und lang. Am Außenrand ist der Vorderflügel fast gerade. Im Mittelfeld befindet

Flugzeit	J	F	M	A	M	J	J	A	S	O	N	D
Raupen	J	F	M	A	M	J	J	A	S	O	N	D

sich je ein deutlicher, länglicher, ockerfarbener Fleck, der ein gutes Unterscheidungsmerkmal zu den anderen Arten der Familie bietet. Im Saumfeld finden sich schwarze, sehr dünne, weißlich gerandete Striche. Die Hinterflügel des Männchens sind weißlich mit dunklen Adern und dunkler Umrandung, die des Weibchens bräunlich, an der Basis aufgehellt. Die Art ist in der Zeichnung variabel, daher leicht zu verwechseln. Die Raupen leben von Ende Juni bis September an verschiedenen Kräutern wie Löwenzahn

(*Taraxacum* sp.), Habichtskräutern (*Hieracium* sp.), Gänsedisteln (*Sonchus* sp.), Wegwarten (*Cichorium* sp.) und anderen. Die Puppe überwintert. Imagines fliegen in einer Generation von Mai bis August. In wärmebegünstigten Lagen kann eine zweite Generation auftreten. Sie leben bevorzugt auf Wiesen, Trockenrasen an Heckenbereichen, Ruderalflächen, Waldrändern, auch in Gärten und Parks. In Europa fehlt der Schattenmönch nur im südlichen Mittelmeerraum und im Norden Fennoskandinaviens.

Cucullia verbasci (Königskerzen-Mönch)

Flugzeit	J	F	M	A	M	J	J	A	S	O	N	D
Raupen	J	F	M	A	M	J	J	A	S	O	N	D

Die Spannweite der braungrauen bis rötlich gelben Vorderflügel beträgt etwa 48 bis 56 mm. Beide Vorderflügel sind im Mittelbereich hell und an den Saumzonen dunkel gefärbt. Zwei helle, halbmondförmige Zeichen finden sich am Rand der Vorderflügel im unteren Bereich. Die Familie besitzt eine Reihe ähnlicher Vertreter, mit denen Verwechslungsmöglichkeiten bestehen. Die Raupe ernährt sich von Mai bis Juli von Königskerzen wie der Mehligen Königskerze (*Verbascum lychnitis*), der Schwarzen Königskerze (*V. nigrum*), der Kleinblütigen Königskerze (*V. thapsus*), der Großblütigen Königskerze (*V. densiflorum)* und anderen. Überwintert wird im Puppenstadium. Die Falter bilden eine Generation von April bis Juni. Sie leben auf warmen Trockenrasen in Hanglagen, auf warmen, sonnenbeschienenen Waldlichtungen und manchmal auch in Gärten von der Ebene bis in Gebirgslagen von fast 1600 m. In Europa fehlen die Falter nur im Norden Skandinaviens.

Unterfamilie Dilobinae

Diloba caeruleocephala (Blaukopf)

Eine von zwei Arten der Unterfamilie *Dilobinae* in Europa mit einer Flügelspannweite von 34 bis 40 mm. Die grauen bis rötlich braunen Falter tragen auf den Vorderflügeln auffällige weiße bis gelbliche, ineinander übergehende Makel, die im vorderen Bereich einer Acht ähneln. Die Raupen leben ab April bis in den Juni an Knospen und Blättern von Gewöhnlicher Schlehe (*Prunus spinosa*), Pflaume (*P. domestica*), Traubenkirsche (*P. padus*),

Flugzeit	J	F	M	A	M	J	J	A	S	O	N	D
Raupen	J	F	M	A	M	J	J	A	S	O	N	D

Eingriffeligem Weißdorn (*Crataegus monogyna*), Apfel (*Malus* sp.), Birne (*Pyrus* sp.), Haselnuss (*Corylus* sp.) und anderen. Temperatur- und standortabhängig überwintert das Ei oder der Falter. Die nachtaktiven Falter können zwischen August und Ende November abhängig von den Klimabedingungen eine oder mehrere Generationen ausbilden. Ihr Lebensraum befindet sich an Rändern von Laubmisch- und Auwäldern, auf Lichtungen, an Gebüschen und Hecken, auf verbuschten Trockenrasen und auch auf Streuobstwiesen. Eine Ausnahme der Verbreitung in Europa bilden Nordskandinavien, die nördlichen Britischen Inseln und der Norden Russlands sowie der Südwesten Portugals.

Unterfamilie Erebinae
Unterfamilie Eriopinae

Callopistria juventina (Adlerfarneule)

Die Spannweite der Vorderflügel dieser sehr attraktiv gefärbten und gezeichneten Art beträgt 33 bis 36 mm. Die Färbung reicht von rötlichen, violetten, gelben bis zu braunen Tönen. Erkennungsmerkmale sind auch die deutlichen, dichten Haarbüschel am mittleren Beinpaar und die gebogenen Fühler. Die Eule lebt als Raupe von August bis September an ihrer Nahrungspflanze und überwintert vom Herbst bis zur Verpuppung ab Anfang Mai. Sie sind auf ihre Nahrungspflanzen, Adlerfarn (*Pteridium aquilinum*) in Laub-, Misch- und Nadelwäldern, an Wald- und Wegrändern, auf Lichtungen von der Ebene bis in 1000 m Höhe, angewiesen. Die Flugzeit

Flugzeit	J	F	M	A	M	J	J	A	S	O	N	D
Raupen	J	F	M	A	M	J	J	A	S	O	N	D

reicht bei der einzigen Generation im Jahr von Anfang Juni bis August. In warmen Regionen im Süden werden auch zwei Generationen zwischen Mai und Anfang September gebildet. Die Adlerfarneule ist europaweit verbreitet, kommt aber nördlich nur bis zur Nord- und Ostsee vor.

Unterfamilie Eublemminae

Eublemma ostrina (Südliches Sandstrohblumeneulchen)

Die Flügelspannweite dieses Zuwanderers aus dem Süden beträgt zwischen 16 und 25 mm. Der Farbumfang der Falter ist groß und reicht von gelbbraun über dunkelrot bis violettbraun. Es kommen sehr dunkel gefärbte Exemplare, aber auch sehr helle gelbbraune, fast zeichnungslose Exemplare vor. An den Flügelwurzeln sind die Vorderflügel heller als der

Flugzeit	J	F	M	A	M	J	J	A	S	O	N	D
Raupen	J	F	M	A	M	J	J	A	S	O	N	D

Rest. Am hinteren Saum befindet sich eine weiße Wellenlinie. Zapfen und Ringmakel fehlen. Der Nierenmakel ist zu einem kleinen schwarzen Punkt geschrumpft. Die Hinterflügel sind graubraun gefärbt. Eine Bestimmung ist manchmal schwierig und Verwechslungsmöglichkeiten sind in Südeuropa mit weiteren *Eublema*-Arten möglich. Die Raupen der verschiedenen Generationen leben an Distel- (*Carduus* sp.), Golddistel- (*Carlina* sp.) und Strohblumenarten (*Helichrysum* sp.). In ihren Verbreitungsgebieten im Mittelmeerraum bilden die Falter zwischen April und Oktober zwei bis drei

Generationen im Jahr und sind wohl in heißen Gegenden auch ganzjährig anzutreffen. Die Falter leben in warmen, trockenen Bereichen wie Dünen, an steinigen Felshängen und Magerrasen mit dem Vorkommen der Raupenfutterpflanzen, von Meereshöhe bis auf über 1900 m. Sie kommen in Südeuropa im Mittelmeerraum vor und wandern sehr vereinzelt nach Mitteleuropa ein.

Eublemma parva (Geröllsteppenheiden-Zwergeulchen)

Die recht kleine Eule erreicht nur eine Flügelspannweite von 14 bis 18 mm. Der Falter ist gelblich hellbraun mit einer weißen Querlinie auf den Vorderflügeln und mehr oder weniger braunen Flecken und Bändern. Die Raupen

Flugzeit	J	F	M	A	M	J	J	A	S	O	N	D
Raupen	J	F	M	A	M	J	J	A	S	O	N	D

der einzelnen Generationen leben an Pflanzenarten wie Flockenblumen, z. B. der Sternflockenblume (*Centaurea calcitrapa*), Alant der Arten *Inula montana* und *I. viscosa*. In Südeuropa erscheinen in den sehr warmen Regionen mehrere, nicht klar zu trennende Generationen zwischen März und Oktober. Ihr eigentlicher Lebensraum sind trockene, heiße, steppenartige Gebiete. In Europa ist *E. parva* im Mittelmeerraum verbreitet und kommt nach Mitteleuropa nur als gelegentlicher Einwanderer. Mittlerweile sind aber aufgrund der Klimaerwärmung auch zeitweise Ansiedlungen im südlichen Mitteleuropa durchaus wahrscheinlich.

Unterfamilie Eustrotiinae

Deltote bankiana (Silbereulchen, Silberstricheulchen)

Die Falter erreichen eine Flügelspannweite von 24 bis 28 mm. Die Vorderflügel sind olivbraun bis graubraun, mit zwei schräg verlaufenden, silberweißen Querlinien. Vor dem Saum befindet sich eine weißliche Linie. Die Hinterflügel sind grauweiß mit einem leicht bräunlichen äußeren Rand.

Flugzeit	J	F	M	A	M	J	J	A	S	O	N	D
Raupen	J	F	M	A	M	J	J	A	S	O	N	D

Die Raupen ernähren sich von Juli bis Oktober von Rispengräsern (*Poa* sp.), Seggen (*Carex* sp.) und Zypergräsern (*Cyperus* sp.) Die Überwinterung findet im Puppenstadium in einem Kokon zwischen Grashalmen in Bodennähe statt. Imagines leben in einer Generation je nach Höhenlage und klimatischen Bedingungen von Anfang Juni bis Juli. In warmen Regionen und Jahren kann im August auch eine weite Generation erscheinen. Die Habitate können in Feuchtwiesen, Au- und Bruchwäldern, aber auch in trockenen Mager- und Sandmagerrasen im Flachland bis in Höhen von 1500 m liegen. Die Verbreitung des Silbereulchens in Europa erstreckt sich auf die Iberische Halbinsel, Frankreich, Teile Englands und Irlands und den Süden Schwedens. Es fehlt in Südeuropa in Griechenland.

Deltote deceptoria (Buschrasen-Grasmotteneulchen)

Die 23 bis 25 mm Spannweite messenden Vorderflügel sind mit einer weißen Quer- und einer Wellenlinie ausgestattet. Auch die Ring- und Nierenmakel sind weiß umrandet. Das Feld zwischen Wellenlinie und Saum ist dunkelbraun oder fast schwarz. Die grauen Hinterflügel tragen einen dunk-

Flugzeit	J	F	M	A	M	J	J	A	S	O	N	D
Raupen	J	F	M	A	M	J	J	A	S	O	N	D

len Mittelfleck und eine gewellte Querlinie vor dem Saum. Die Fransen sind schwarz und grau gestreift. Die Raupe ist von Ende Juli bis Oktober in der ersten Generation und von Juni bis August in der zweiten Generation an Lieschgräsern wie z. B. Wiesen-Lieschgras (*Phleum pratense*) und anderen Gräsern zu finden. Das Überwinterungsstadium ist die Puppe. Die Flugzeit erstreckt sich in ein bis zwei Generationen von Ende April bis Mitte Juli und in klimatisch günstigen Regionen von Juli bis Ende August. Die Art ist ein Bewohner offener, warmer Wiesen mit Gräsern, von Waldrändern und Gebüsch vom Flachland bis in die tieferen Lagen der Mittelgebirge. Buschrasen-Grasmotteneulchen sind in Süd- und Mitteleuropa verbreitet und fehlen im Nordeuropa.

Deltote pygarga (Waldrasen-Grasmotteneulchen)

Die Flügelspannweiten betragen bei dieser Art 22 bis 25 mm. Die Vorderflügel sind graubraun, dunkelbraun bis schwarzbraun mit weiß umringten Nieren-, Ring- und Zapfenmakeln. Im hinteren Bereich sind die Vorderflügel weiß. Im Juni schlüpfen die Raupen und fressen bis August oder September an verschiedenen Gräsern wie z. B. Zwenke (*Brachypodium* sp.),

Flugzeit	J	F	M	A	M	J	J	A	S	O	N	D
Raupen	J	F	M	A	M	J	J	A	S	O	N	D

Wiesen-Knäuelgras (*Dactylis glomerata*), Blauem Pfeifengras (*Molina caerulea*), Rohrglanzgras (*Phalaris arundinacea*) und Land-Reitgras (*Calamagrostis epigejos*), Seggen wie der Zittergras-Segge (*Carex brizoides*) sowie an weiteren Arten. Die Überwinterung findet im Puppenstadium statt. Pro Jahr erscheint eine Generation von Mai bis Juli, im Süden Europas und in warmen Jahren kann auch eine zweite Generation von August bis Oktober folgen. Die nachtaktiven Falter leben in lichten Nadel-, Laub- oder Mischwäldern, an Waldrändern, Gebüschzonen und Hecken. Die häufige Art ist in ganz Europa verbreitet.

Deltote uncula (Ried-Grasmotteneulchen)

Die kleine Eule erreicht nur etwa 22 bis 25 mm Flügelspannweite. Die hellbraunen, rötlich und dunkelbraunen Vorderflügel haben einen hakenförmigen Nierenmakel, der aus dem entlang des Vorderrandes verlaufenden weißen bis gelblichen Band entspringt. Die Larvenstadien leben zwischen Juni und September an Seggen, Gräsern (*Carex* sp.) und Zypergräsern (*Cyperus* sp.). Die Überwinterung findet im Puppenstadium statt. Die Falter fliegen entsprechend der Höhenlage und klimatischen Verhältnisse von Mai bis August in ein bis zwei Generationen. In Jahren mit nur einer Generation erstreckt sich die Flugzeit auf den Juni. Die Habitate, die diese Art nutzt, sind extensive Feuchtwiesen, Streuwiesen und Niedermoore vom

Flugzeit	J	F	M	A	M	J	J	A	S	O	N	D
Raupen	J	F	M	A	M	J	J	A	S	O	N	D

Flachland bis ins Bergland über 800 m. In Europa reicht die Besiedelung von den französischen Pyrenäen über Mitteleuropa bis Osteuropa. Im Norden erreichen sie das südliche Skandinavien, im Süden Südfrankreich, die Alpensüdseite, Dalmatien und den Süden Bulgariens.

Unterfamilie Euteliinae

Diese Unterfamilie ist mit zwei Arten *Eutelia adulatrix* und *E. adoratrix* in den südlichen Alpen und in Südeuropa vertreten.

Unterfamilie Hadeninae

Anarta myrtilli (Heidekraut-Bunteule, Heidekrauteulchen)

Die Spannweite der Flügel liegt zwischen 20 und 24 mm. Die Vorderflügel sind bunt, von grau, graubraun, gelblich, rötlich bis rot und tragen schwarze Querlinien. In der Flügelmitte befindet sich ein auffallender, weißer Fleck. Die gelben Hinterflügel haben einen breiten, schwarzen Saum. Die Raupe lebt von Juni bis August in der ersten Generation und von August bis zum Oktober hauptsächlich an Besenheide (*Calluna vulgaris*) und verpuppt sich zur Überwinterung im Boden. Die Imagines fliegen je nach Höhe und Temperaturbereich in ein bis zwei Generationen von Mitte April bis August vom Flachland bis in Berglagen von fast 2000 m, wobei die zweite Generation oft unvollständig bleibt. Als Habitat werden sowohl feuchte Bereiche wie Hochmoorflächen als auch trockene Sandgebiete und Heide-

Flugzeit	J	F	M	A	M	J	J	A	S	O	N	D
Raupen	J	F	M	A	M	J	J	A	S	O	N	D

flächen genutzt. In Europa reicht die Verbreitung vom Süden der Iberischen Halbinsel und Frankreichs bis Mittelitalien und Dalmatien, im Norden und Westen bis zu den Britischen Inseln und Fennoskandinavien und bis Osteuropa.

RL V, **Naturschutzstatus:** 1

Anorthoa (Orthosia) munda (Zweifleck-Kätzcheneule)

Dieser Vertreter erreicht 36 bis 41 mm Flügelspannweite. Die gelblich braunen, graubraunen oder rötlich braunen Falter haben auf den Vorderflügeln an der Wellenlinie im Saumbereich je zwei schwarze Flecken und

Flugzeit	J	F	M	A	M	J	J	A	S	O	N	D
Raupen	J	F	M	A	M	J	J	A	S	O	N	D

manchmal auch noch weitere am Innen- und Vorderrand. Zwischen Mai und Juli leben die Raupen an verschiedenen Laubhölzern wie Weide (*Salix* sp.), Eiche (*Quercus* sp.), Linde (*Tilia* sp.), Pappel (*Populus* sp.), Erle (*Alnus* sp.), Kirsche (*Prunus* sp.) und anderen. Zur Überwinterung verpuppen sie sich danach. Die Flugzeit der einzigen Generation reicht von März bis April. Sie leben in gehölzreichen Biotopen in lichten Laubwäldern und an deren Rändern, Hecken, Feldgehölzen, Parks und Gärten und suchen gerne blühende Weidenkätzchen auf. *O. munda* ist in Europa weit verbreitet, fehlt jedoch im hohen Norden und in Griechenland, auf Sardinien und Sizilien.

Ceramica pisi (Erbseneule, Feldflur-Blättereule)

Die Vorderflügel der 30 bis 40 mm Spannweite erreichenden Falter sind in verschiedenen Brauntönen, meist rotbraun, gefärbt. Eine helle Wellenlinie am Flügelsaum ist nicht immer gut erkennbar. Ein heller Fleck am Innenwinkel der Vorderflügel ist ein gutes Bestimmungsmerkmal. Die Vielfalt an Pflanzen, von deren Blättern und Blüten die Raupen sich ernähren, ist groß, so gehören Weidenarten (*Salix* sp.), Gartenbohnen (*Phaseolus vul-*

Flugzeit	J	F	M	A	M	J	J	A	S	O	N	D
Raupen	J	F	M	A	M	J	J	A	S	O	N	D

garis) und Erbsen (*Pisum sativum*), Kratzdisteln (*Cirsium* sp.), Heidelbeere (*Vaccinium myrtillus*) und viele andere dazu. Sie entwickeln sich von Mitte Juli bis Ende September. Die Falter fliegen in zwei Generationen von Mai bis Ende Juni sowie unvollständig von Juli bis Anfang September. Es gibt eine Vielzahl von Lebensräumen von Wäldern, Feldern, Wiesen, Hochmooren sowie Gärten und Parklandschaften von der Ebene bis in Gebirgshöhen von 2000 m, in denen die Eule leben kann. Die Verbreitung erstreckt sich auf ganz Europa.

Cerapteryx graminis (Dreizack-Graseule)

Die Spannweite der Vorderflügel kann bei dieser Art stark schwanken, so können Falter in höheren Lagen 16 mm, in tieferen, wärmeren Lagen bis zu 38 mm erreichen. Die Färbung kann zwischen rotbraun bis zu dunkel-

Flugzeit	J	F	M	A	M	J	J	A	S	O	N	D
Raupen	J	F	M	A	M	J	J	A	S	O	N	D

braun und gelbgrau variieren. Erkennungsmerkmal ist der meist gelbliche, zu einem Dreizack abgewandelte Nierenmakel. Nach der Überwinterung schlüpft im März die Raupe und ernährt sich von verschiedenen Seggen und Gräsern wie der Braun-Segge (*Carex nigra*), Straußgräsern (*Agrostis* sp.), Schmielen (*Deschampsia* sp.) und anderen Gräsern. Die Imagines fliegen in einer Generation von Juli bis September. Die Habitate dieser Art sind verschiedenartig und reichen von Flachmooren, Feuchtwiesen und Weideflächen bis zu Wald- und Bergwiesen von der Ebene bis auf 2100 m Höhe. Die Dreizack-Graseule ist in Europa vor allem in den Mittelgebirgen und Gebirgen beheimatet und meidet im Süden die trockenen Regionen.

Conisania luteago (Braungelbe Leimkrauteule)

Die Vorderflügel erreichen Spannweiten von 29 bis 40 mm und sind von ockergelb über rötlich gelb bis zu gelbbraun gefärbt. Die Linien und Makel sind mehr oder weniger deutlich sichtbar. Die Hinterflügel sind einfarbig graubraun bis gelbbraun. Die Raupen leben zwischen Ende Juni und August an Wurzeln und den Stängeln verschiedener Leimkrautarten (*Silene*

Flugzeit	J	F	M	A	M	J	J	A	S	O	N	D
Raupen	J	F	M	A	M	J	J	A	S	O	N	D

sp.). Die Art überwintert als Puppe. Die Eulenfalter erscheinen in einer Generation pro Jahr zwischen Mai und Juni. Sie bewohnen besonnte, warme und trockene, oft felsige Hänge, Trockenrasen und Steppen vom Flachland bis in Gebirgsregionen auf über 1900 m Höhe. Man findet diese Nachtfalter stellenweise im westlichen Mittelmeerraum über Frankreich, die Schweiz und Österreich, den Balkan bis nach Nordosten bis ins Baltikum.

Egira conspicillaris (Holzrindeneule, Ginster-Holzrindeneule)

Flugzeit	J	F	M	A	M	J	J	A	S	O	N	D
Raupen	J	F	M	A	M	J	J	A	S	O	N	D

Mit 36 bis 44 mm Spannweite der Vorderflügel erreicht die Art unter den Eulenfaltern eine mittlere Größe. Die länglich schlanken Vorderflügel sind verschiedenartig gefärbt. So kommen hellbraune Exemplare ohne erkennbare Zeichnung wie auch sehr dunkel- bis schwarzbraune Tiere mit weißen Flecken vor. In Südeuropa sind Verwechslungsmöglichkeiten mit *E. tibori* und *E. anatolica* gegeben, die nur zweifelsfrei durch genitalmorphologische Untersuchung ausgeräumt werden können. Ab Mai bis in den Juli leben die Raupen an Futterpflanzen wie Besenginster (*Cytisus scoparius*), Färber-Ginster (*Genista tinctoria*) und anderen Arten. Das Überwinterungsstadium ist die Puppe. Die Falter fliegen von Anfang April bis Anfang Juni in einer Generation. Als Habitate der Art sind sowohl Gärten und Parks als auch Felder, Ränder und Lichtungen von Laubmisch- und Auwäldern vom Flachland bis ins Hügelland über 700 m nachgewiesen. In Europa finden wir die Holzrindeneule von der Iberischen Halbinsel bis über Osteuropa hinaus. Das Baltikum ist die nördliche Grenze. Südeuropa ist gänzlich besiedelt.

Hada plebeja (Zahneule)

Sie erreicht Spannweiten von 30 bis 35 mm. Die weißlich-grauen bis dunkel braungrauen Vorderflügel können unterschiedlich in Kontrast und Helligkeit ausfallen. Auffällig und namensgebend ist der weiße, zweifach gezähnte Fleck in der Flügelmitte. Ab Juni findet man die ersten Raupen

Flugzeit	J	F	M	A	M	J	J	A	S	O	N	D
Raupen	J	F	M	A	M	J	J	A	S	O	N	D

an Habichtskraut (*Hieracium* sp.), Löwenzahn (*Taraxacum* sp.), Nickendem Leimkraut (*Silene nutans*) und verschiedenen anderen Kräutern und Stauden. Sie verpuppen sich Anfang August. Ende August bis Oktober erscheint die folgende Generation und verpuppt sich zur Überwinterung. Die Falter erscheinen je nach Höhenlage von April bis Ende Juni und in kälteren Gebieten nur in einer partiellen, zweiten Generation von August bis September. Sie besiedeln bevorzugt offene Lebensräume wie Magerrasen, Bergwiesen, Feuchtwiesen und auch Kulturland und Flächen im Siedlungsbereich bis in Hochgebirgsregionen. Die Eule ist in weiten Teilen Europas verbreitet.

Hadena albimacula (Weißgefleckte Nelkeneule)

Die Flügelspannweite der Eule beträgt zwischen 28 und 37 mm. Die Vorderflügel sind dunkelbraun, oliv oder rotbraun gefärbt. Zwei schwarz-weiße, gezackte Querlinien schließen die weißen, schwarz gerandeten Ringmakel ein. Die Nierenmakel sind oft etwas verwaschen. Ähnlich sind

Flugzeit	J	F	M	A	M	J	J	A	S	O	N	D
Raupen	J	F	M	A	M	J	J	A	S	O	N	D

die Bunte Waldgraseule (*Crypsedra gemmea*), die Weißbinden-Nelkeneule (*H. compta*) und die Marmorierte Nelkeneule (*H. confusa*). Bei *H. albimacula* sind Zeichnung und Farbe wesentlich klarer und farbintensiver. Raupen findet man, je nach Höhe und Lage, von Juni bis August, zuerst an den Samenkapseln und später an den Blättern verschiedener Leimkraut-Arten wie Taubenkropf-Leimkraut (*Silene vulgaris*), Nickendem Leimkraut

(*S. nutans*) und einigen weiteren. Das Überwinterungsstadium ist die Puppe. In Mitteleuropa erscheinen die Eulenfalter in einer Generation von Mai bis Juli, im Süden können dagegen in den tieferen Lagen meist zwei Generationen auftreten. Die Habitate bestehen aus warmen, besonnten Gebüschsäumen und Waldrändern, Steinbrüchen, Kalkmagerrasen und felsigen Hängen sowie Almwiesen vom Flachland bis 2000 m Höhe. Die nirgendwo häufige Weißgefleckte Nelkeneule ist in ganz Europa außer im Norden Großbritanniens Skandinaviens verbreitet.
RL 2, **Naturschutzstatus:** 1 & 2

Hadena compta (Weißbinden-Nelkeneule)

Die Spannweite der Vorderflügel beträgt zwischen 21 und 29 mm. Die Grundfarbe liegt zwischen grünlich-braun und schwarzgrau. Die Ringmakel verschmelzen mit einem weißen Querband. Die Nierenmakel sind weiß und an das Querband angehängt. Die graubraunen Hinterflügel werden zur

Flugzeit	J	F	M	A	M	J	J	A	S	O	N	D
Raupen	J	F	M	A	M	J	J	A	S	O	N	D

Außenseite etwas dunkler. Einige Arten wie die Marmorierte Nelkeneule *H. confusa*, *H. adriana* und *H. gueneei* sind sehr ähnlich. Die Raupen leben zwischen Juli und bis zur Verpuppung im September an den Blüten und Samenkapseln einiger Nelken- und Leimkraut-Arten wie Karthäusernelke (*Dianthus carthusianorum*), Steinnelke (*D. sylvestris*), Gartennelke (*D. caryophyllus*), Bartnelke (*D. barbatus*), Taubenkropf-Leimkraut (*Silene vulgaris*), Nickendem Leimkraut (*S. nutans*) und weiterer Arten. Das Überwinterungsstadium ist die Puppe, die gleich in den ausgehöhlten Samenkapseln verbleibt. Die Imagines fliegen in zwei Generationen von Mai bis Juli und einer zweiten, unvollständigen von August bis September. Die Lebensräume bestehen aus trockenen Kalkmagerrasen, Böschungen, Dämmen und Randstreifen, Heckenrändern, Gärten und Parks von der Ebene bis in Gebirgsregionen über 2000 m Höhe. *H. compta* kommt in ganz Europa mit Ausnahme des nördlichen Englands und Finnlands vor.

Hadena confusa (Marmorierte Nelkeneule)

Die Spannweite der Vorderflügel liegt zwischen 27 und 35 mm. Die Grundfarbe liegt zwischen dunkelgrau und fast schwarz. Die weißen Ringmakel sind durch eine schmale, schwarze Umrandung von einem ebenfalls wei-

Flugzeit	J	F	M	A	M	J	J	A	S	O	N	D
Raupen	J	F	M	A	M	J	J	A	S	O	N	D

ßen, gezackten Fleck abgegrenzt. Auffällig ist auch ein weißer Fleck an der Spitze der Vorderflügel, in dem eine Wellenlinie mündet. Ähnlich ist die Weißbinden-Nelkeneule (*H. compta*). Als Nahrungspflanzen dienen den Raupen zwischen Juni und Anfang September Nelkengewächse wie Taubenkropf-Leimkraut (*Silene vulgaris*), Nickendes Leimkraut (*S. nutans*), Kuckuckslichtnelke (*S. flos-cuculi*), Nelken (*Dianthus* sp.) und weitere. Imagines findet man je nach Höhenlage und klimatischen Verhältnissen zwischen Ende Mai und Anfang August in einer, im Süden auch zwei Generationen. Die Lebensräume bestehen aus sonnigen, warmen, felsigen Magerrasen, Almweiden, Felshängen vom Flachland bis in Gebirgsregionen über 2000 m Höhe. Die Puppe überwintert. Die Verbreitung von *H. confusa* erstreckt sich über ganz Europa.

RL 3, **Naturschutzstatus:** 1

Hadena magnolii (Südliche Nelkeneule)

Die Spannweite der lebhaft gezeichneten Vorderflügel reicht von 31 bis 35 mm. Die Farbgebung reicht von olivgrün bis rötlich braun. Das mittlere Querband wird durch zwei schwarz-weiße Zackenlinien begrenzt. Die darin befindlichen Ring- und Nierenmakel sind weiß, schwarz umrandet und oliv gekernt. Am hinteren Saumbereich befindet sich eine weitere schwarz-weiße Zackenlinie. Die Raupen verbringen ihre Entwicklungszeit und fressen von Juni bis August in den Samenkapseln von Nickendem Leimkraut (*Si-*

Flugzeit	J	F	M	A	M	J	J	A	S	O	N	D
Raupen	J	F	M	A	M	J	J	A	S	O	N	D

lene nutans), Taubenkropf- Leimkraut (*S. vulgaris*), Weißer Lichtnelke (*S. latifolia*) und weiteren Arten. Die Überwinterung findet im Puppenstadium statt. Imagines erscheinen in einer Generation von Ende April bis Ende Juni. Die Falter halten sich bevorzugt in Habitaten wie sonnigen, warmen, felsigen Hängen, Waldrändern und Magerrasen vom Flachland bis in 1200 Meter Höhe auf. Die Hauptverbreitung erstreckt sich auf den Mittelmeerraum, nach Norden reicht sie bis ins südliche Frankreich, die Schweiz, den Südwesten Baden-Württembergs, Österreich und den Karpatenbogen.
RL 1, **Naturschutzstatus:** 1

Hadena perplexa (Leimkraut-Nelkeneule)

Die Spannweite der Vorderflügel des Falters beträgt 24 bis 34 mm. Die Grundfarbe liegt zwischen gelbbraun, graubraun bis dunkel- oder schwarz-

Flugzeit	J	F	M	A	M	J	J	A	S	O	N	D
Raupen	J	F	M	A	M	J	J	A	S	O	N	D

braun. Die Umrandungen von Ring-, Nierenmakel und Wellenlinie sind weiß. Das beste Unterscheidungsmerkmal zur ähnlichen Lichtnelken-Eule *H. bicruris* sind die schwarzen Pfeilflecke, die an der weißen Saumlinie anliegen und zur Flügelbasis weisen. Die Eulenraupen beider Generationen sind je nach Höhenlage von Mitte Juni bis Anfang September an den Blüten und Samenkapseln an Nelkengewächsen wie Taubenkropf-Leimkraut (*Silene vulgaris*), Nickendem Leimkraut (*S. nutans*) und Echtem Seifenkraut (*Saponaria officinalis*) und weiteren zu finden. Das Überwinterungsstadium ist die Puppe. Die Imagines fliegen in einer, in warmen Jahren auch einer zweiten, partiellen Generation zwischen Mai und September. Die Lebensräume dieser Art sind warme Halbtrocken- und Magerrasen, Hänge, trockene Waldränder und Saumgesellschaften, Ackerbrachen, aufgelassene Weinberge, Gärten, verwilderte Streuobstwiesen, Felshänge und Almweiden vom Flachland bis in 2200 m Höhe. Die Verbreitung erstreckt sich über ganz Europa mit Ausnahme des Nordens von Schottland und Fennoskandinavien.

Hecatera bicolorata (Hasenlatticheule)

Die Spannweite der weißen bis hellgrauen Vorderflügel dieser nicht zu verwechselnden Eule erreicht 28 bis 35 mm. Ein markantes, breites, kontrastreiches, dunkelbraunes Querband überzieht sie. Zwischen Anfang Juni und Ende September lebt die Raupe an verschiedenen Pflanzenarten

Flugzeit	J	F	M	A	M	J	J	A	S	O	N	D
Raupen	J	F	M	A	M	J	J	A	S	O	N	D

wie Habichtskraut (*Hieracium* sp.), Kompass-Lattich (*Lactuca serriola*), Gewöhnlicher Hasenlattich (*Prenanthes pupurea*, Raukenblättriges Greiskraut (*Senecio erucifolius*) und Pippau (*Crepis* sp.) Das Überwinterungsstadium ist die Puppe. Die Falter leben von Anfang Mai bis Anfang Juni und Ende Juni bis August in einer Generation, möglicherweise zweier verschiedener Stämme, oder auch in zwei Generationen. Die Imagines bewohnen Halbtrockenrasen, Böschungen, Straßenränder, Waldwege, Bahndämme, Gärten und Siedlungsbereiche in Höhenbereichen von Meereshöhe bis in Gebirgsregionen um 2200 m. *H. bicolorata* ist von West- über Mittel- und Osteuropa verbreitet.

Hecatera dysodea (Kompasslatticheule)

Die grauweißen Vorderflügel haben eine Spannweite von 25 bis 30 mm. Zwei teilweise gezackte und gewellte schwarz-weiße Querlinien begrenzen ein dunkelbraunes Mittelfeld. Gelbbraune bis rötliche Flecken an den

Makeln und den Querlinien und pfeilförmige Flecken am Saum sind auffällige Merkmale. Die Raupen erscheinen ab Juli und ernähren sich bis in den September von verschiedenen Lattich-Arten wie Mauerlattich (*Mycelis muralis*), Kompass-Lattich (*Lactuca serriola*), Giftlattich (*Lactuca virosa*), Kopfsalat (*Lactuca sativa*) und Gewöhnlichem Hasenlattich (*Prenanthes purpurea*). Sie verpuppen sich zum Teil schon im Sommer und schlüpfen noch oder sie verpuppen sich im Frühherbst und überwintern. Die Falter fliegen zwischen Mai und August, wobei bisher nicht abgeklärt ist, ob die Falter in einer lang gezogenen Generation oder im August noch in einer zweiten, unvollständigen Generation fliegen. Es sind Lebensräume wie trockene Ruderalflächen, Böschungen, Straßenränder, Gärten und Parks sowie Industriebrachen vom Flachland bis in Mittelgebirgslagen um 1400 m, die bewohnt werden. Die Hauptverbreitung von *H. dysodea* reicht von der Iberischen Halbinsel über Mitteleuropa bis Osteuropa, geht nach Norden bis zur Ostseeküste und das südliche Litauen und nimmt nach Süden den gesamten Mittelmeerraum ein.

Flugzeit	J	F	M	A	M	J	J	A	S	O	N	D
Raupen	J	F	M	A	M	J	J	A	S	O	N	D

Lacanobia contigua (Pfeilflecken-Kräutereule

Die Falter erreichen eine Flügelspannweite von 30 bis 39 mm. Die Vorderflügel tragen ein Muster aus schwarzen, rötlich-braunen und weißen bis grauen Zeichnungselementen. An den weißlichen Ringmakeln liegt ein

Flugzeit	J	F	M	A	M	J	J	A	S	O	N	D
Raupen	J	F	M	A	M	J	J	A	S	O	N	D

heller, gelblicher Fleck an. Die Raupen erscheinen im Juli und ernähren sich bis September von verschiedenen Pflanzen wie Besenginster (*Cytisus scoparius*), Gewöhnlicher Schlehe (*Prunus spinosa*), Hängebirke (*Betula pendula*), Brombeeren (*Rubus* sect. *Rubus*), Heidelbeeren (*Vaccinium myrtillus*), Heidekraut (*Calluna vulgaris*) und weiteren. Zur Überwinterung verpuppen sie sich. Zwischen Mai und August fliegt eine Generation der Falter auf Lichtungen und an Rändern von Wäldern, an Hecken, auf Sandmagerrasen, in Heidegebieten, auf Feuchtwiesen sowie im Siedlungsbereich in Gärten bis in Gebirgslagen. Die Verbreitung von *L. contigua* reicht über ganz Europa bis ins mittlere Skandinavien im Norden.

Lacanobia (Diataraxia) oleracea (Gemüseeule)

Gemüseeulen erreichen als Falter eine Flügelspannweite von 33 bis 40 mm und sind bräunlich rot, schwarzbraun oder gelblich rot gefärbt. Die Nierenmakel sind gelblich orange gefüllt. Die weiße Querlinie am Saum zeigt eine W-förmige Zeichnung. Die Raupen leben von Juni bis Oktober in mehreren Generationen an verschiedensten Pflanzen, auch Kulturpflanzen, und verpuppen sich zur Überwinterung in einem Kokon im Boden. In Abhängigkeit von Lage und Klimabedingungen erscheinen zwei bis drei sich überschneidende Generationen pro Jahr von April bis Oktober. Als ausge-

Flugzeit	J	F	M	A	M	J	J	A	S	O	N	D
Raupen	J	F	M	A	M	J	J	A	S	O	N	D

sprochener Kulturfolger besiedelt die Gemüseeule Gärten und Parks, Anbaugebiete, Brachland, aber auch lichte Wälder. In Europa ist sie eine weit verbreitete Art, die nur im hohen Norden fehlt.

Lacanobia thalassina (Schwarzstrich-Kräutereule)

Etwa 36 bis 40 mm Spannweite erreicht diese Kräutereule. Die braune bis hellgraue Art ähnelt *L. w-latinum*, hat aber im Saumbereich der Vorder-

Flugzeit	J	F	M	A	M	J	J	A	S	O	N	D
Raupen	J	F	M	A	M	J	J	A	S	O	N	D

flügel bräunliche oder gelblich braune Zeichnungsanteile. Bei der Kleinen Veränderlichen Grasbüscheleule (*Apamea remissa*) reicht die W-Zeichnung der Saumlinie nicht in den Fransenbereich. Die Raupe kann sich von einer Reihe von Pflanzenarten ernähren und lebt von Juni bis September in ein bis zwei Generationen beispielsweise von Birke (*Betula* sp.), Gewöhnlicher Berberitze (*Berberis vulgaris*), Eiche (*Quercus* sp.), Gewöhnlichem Faulbaum (*Frangula alnus*), Besenginster (*Cytisus scoparius*), Geißblatt (*Lonicera* sp.), Brombeere (*Rubus* sect. *rubus*) und weiteren Arten. Sie überwintert als Puppe. Die Falter erscheinen von Mai bis Juli und sind abhängig von Klima und Vorkommen in einer weiteren Generation zwischen August und September zu beobachten. *L. thalassina* lebt in lichten Wäldern, an Waldrändern, verbuschten Magerrasen und auch in Gärten und ist über weite Teile Europas verbreitet.

Lacanobia w-latinum (Graufeld-Kräutereule)

Die Falter weist Flügelspannweiten zwischen 35 und 40 mm auf, namensgebend ist das grauweiße Querband mit dem zu den Fransen reichenden W. Die Raupen ernähren sich von Juli bis September von Arten wie Hängebirke (*Betula pendula*), Salweide (*Salix caprea*), Gewöhnlicher Schlehe (*Prunus spinosa*), Heidelbeere (*Vaccinium myrtillus*), Ginsterarten (*Genista* sp.), Besenginster (*Cytisus* sp.) und weiteren. Den Winter überstehen sie

Flugzeit	J	F	M	A	M	J	J	A	S	O	N	D
Raupen	J	F	M	A	M	J	J	A	S	O	N	D

als Puppe. Im Norden des Verbreitungsgebietes fliegt im Mai und Juni eine, im Süden auch eine zweite Generation von Juli bis August. Als Lebensraum nutzt die nachtaktive Eule lichte Mischwälder, Waldränder, verbuschte Magerrasen sowie Parks und Gärten. Die Falter sind in weiten Teilen Europas verbreitet.

Mamestra brassicae (Kohleule)

Flugzeit	J	F	M	A	M	J	J	A	S	O	N	D
Raupen	J	F	M	A	M	J	J	A	S	O	N	D

Die braunen, grünlich- bis dunkelbraun oder schwärzlich gefärbten Falter haben Flügelspannweiten zwischen 35 und 44 mm. Oft erscheint das Mittelfeld verdunkelt durch zwei bis drei braune oder schwarze Querlinien. Die Nierenmakel sind weiß umringt. Die Raupen nutzen von Juni bis Herbst eine Vielzahl an Pflanzen als Nahrungsgrundlage, bevorzugt Kreuzblütler wie Kohl (*Brassica* sp.) oder Senf (*Sinapis* sp.). Zur Überwinterung verpuppen sie sich. Die Flugzeit reicht von April bis Oktober, in der sich abhängig von der Lage und klimatischen Bedingungen eine bis drei ineinander übergehende Generationen pro Jahr entwickeln. Die nachtaktiven Falter sind anspruchslos an ihren Lebensraum und nutzen Äcker und Gartenbauflächen, Gärten, Ruderalgelände und viele weitere Habitate bis in höhere Gebirgsregionen. Die sehr häufige Eule kann sich stark vermehren und ist bis auf den hohen Norden in ganz Europa verbreitet.

Melanchra persicariae (Flohkrauteule)

Die Falter erreichen Spannweiten von 28 bis 38 mm. Die Vorderflügel sind schwarz oder braunschwarz und tragen einen charakteristischen weißen Nierenfleck mit braunem Längsstrich in der Mitte. Raupen erscheinen zwischen Juli und September und fressen an Pflanzen wie z.B. Schwarzem Holunder (*Sambucus nigra*), Himbeere (*Rubus idaeus),* Haselnuss (*Corylus* sp.), Großer Brennnessel (*Urtica dioica*) und anderen Pflanzen. Sie überwintern als Puppe. Im Süden des Verbreitungsgebietes können zwei bis drei Generationen von Anfang Juni bis September gebildet werden. Sie bewohnen verschiedenste Lebensräume, sowohl Wälder als auch Kulturflächen, bis in hohe Mittelgebirgslagen. In Europa sind die Eulen mit

Flugzeit	J	F	M	A	M	J	J	A	S	O	N	D
Raupen	J	F	M	A	M	J	J	A	S	O	N	D

Ausnahme des hohen Nordens und des südlichen Mittelmeerraums weit verbreitet.

Mythimna albipuncta (Weißpunkt-Graseule)

Die Flügelspannweite der Falter liegt bei 30 bis 38 mm. Die Vorderflügel variieren von gelblich braun, rotbraun bis dunkelbraun mit zwei heller angedeuteten, schwer erkennbaren gezackten und gewellten Querbän-

Flugzeit	J	F	M	A	M	J	J	A	S	O	N	D
Raupen	J	F	M	A	M	J	J	A	S	O	N	D

dern und je einem hellen, runden, weißen Punkt. Die Art ähnelt der Weißfleck-Graseule (*M. conigera*), der Kapuzen-Graseule (*M. ferrago*) und der Getreide-Weißadereule (*M. unipuncta*). Die Raupen entwickeln sich von Juli bis August und in der zweiten Generation von September mit Überwinterung und ab Frühjahr bis in den Mai des Folgejahres an verschiedenen Grasarten wie z. B. Rohr-Pfeifengras (*Molinia arundinacea*), Fieder-Zwenke (*Brachypodium pinnatum*), Gewöhnliche Quecke (*Elymus repens*) und anderen. Abhängig von der Region fliegen zwischen April und November zwei, im Süden sogar drei kaum zu trennende Generationen der nachtaktiven Eule sowohl auf Feuchtwiesen als auch auf Trockenrasen und in den verschiedensten Offenlandbiotopen, auch im Siedlungsbereich bis in Gebirgshöhen. Das Verbreitungsgebiet erweitert sich derzeit nach Norden bis in den Süden der Britischen Inseln und den Süden Skandinaviens. In Südeuropa ist die Art weit verbreitet.

Mythimna conigera (Weißfleck-Graseule, Buschrasen-Weißfleckeule, Gelbbraune Schilfgraseule)

Die Flügelspannweite der Falter erreicht etwa 33 bis 38 mm. Die Vorderflügel sind orangebraun, gelbbraun oder graubraun gefärbt, tragen eine dunkle innere und eine äußere Querlinie sowie einen am Nierenfleck anlagernden, kegelförmigen weißen Fleck, der der Eule den Namen verleiht.

Flugzeit	J	F	M	A	M	J	J	A	S	O	N	D
Raupen	J	F	M	A	M	J	J	A	S	O	N	D

Die Raupen erscheinen nach dem Schlupf im August und ernähren sich bis zur Überwinterung und danach im folgenden Jahr bis zur Verpuppung im Mai bevorzugt von verschiedenen Gräsern und anderen Pflanzen wie z.B. Einjährigem Rispengras (*Poa annua*), Gewöhnlichem Schilf (*Phragmites australis*), Großer Brennnessel (*Urtica dioica*), Gänseblümchen (*Bellis perennis*), Ampfer (*Rumex* sp.), Löwenzahn (*Taraxacum* sp.) oder Wald-Erdbeere (*Fragaria vesca*) und anderen. Eine Generation der meist nachtaktiven Falter im Jahr ist von Juni bis spätestens September zu finden. Die Lebensräume bestehen aus Wiesen, Trockenrasen, Hängen, Dämmen, Böschungen, Waldrändern und Lichtungen und anderen Flächen mit Grasbewuchs bis in höhere Gebirgsregionen. Die Falter sind in Europa sehr verstreut, vereinzelt bis in den südlichen Mittelmeerraum und das mittlere Skandinavien verbreitet.

Mythimna ferrago (Kapuzen-Graseule)

Die Flügelspannweite erreicht etwa 35 bis 40 mm. Die Farbgebung reicht von graugelb, gelblich braun bis rötlich braun mit undeutlichen Querlinien. Weiterhin charakteristisch sind die hakenförmigen, weißen Mittelflecken und die kapuzenartig aufrichtbare Behaarung im Bereich hinter dem Kopf, von der die deutsche Namensgebung herrührt. Die Raupe lebt ab August

Flugzeit	J	F	M	A	M	J	J	A	S	O	N	D
Raupen	J	F	M	A	M	J	J	A	S	O	N	D

bis zur Überwinterung hauptsächlich an Gräsern wie Knäuelgras (*Dactylis* sp.), Pfeifengras (*Molinia* sp.), Trespe (*Bromus* sp.), Reitgras (*Calamagrostis* sp.) und anderen. Sie verpuppt sich im Mai des folgenden Jahres. Die nachtaktiven Imagines bilden im Jahr, je nach Lage und Temperaturbedingungen, eine bis zwei Generationen von Mai bis Juni und von Juli bis September. Sie erreichen im Norden das südliche Skandinavien und Schottland und sind über weite Teile des Mittelmeerraumes verbreitet.

Mythimna l-album (Weißes L)

Die hellbraun bis graubraun gefärbten, kontrastreich mit hellen Längslinien gezeichneten Vorderflügel der Falter haben Spannweiten von 30 bis 37 mm. Das weiße „L" in der Flügelmitte verleiht den Namen und macht die Art unverwechselbar. Die Raupen leben von Oktober überwinternd und von Frühjahr bis Mai sowie in der nächsten Generation zwischen Juli und August an Gräsern wie z. B. Gewöhnlichem Glatthafer (*Arrhenatherum elatius*), Aufrechter Trespe (*Bromus erectus*), Echtem Schafschwingel (*Festuca ovina*), Fieder-Zwenken (*Brachypodium pinnatum*) und anderen. Lage- und temperaturabhängig fliegen zwei Generationen der nachtaktiven Falter von Mai bis Juli und August bis Oktober. Ihre bevorzugten Lebensräume sind trockene, warme Magerrasen, Geröllflächen, Wacholderheiden, besonnte Böschungen und Hänge, Dämme, Steinbrüche, Weinberge und auch Gärten. In Südeuropa ist die Art weit verbreitet, im Norden breitet sie

Flugzeit	J	F	M	A	M	J	J	A	S	O	N	D
Raupen	J	F	M	A	M	J	J	A	S	O	N	D

sich durch ihr Wanderverhalten mittlerweile bereits bis in den Süden Englands, Skandinaviens und bis zur Ostsee ins Baltikum aus und wird dort bodenständig.

Mythimna pallens (Bleiche Graseule)

Flugzeit	J	F	M	A	M	J	J	A	S	O	N	D
Raupen	J	F	M	A	M	J	J	A	S	O	N	D

Die Spannweite der Flügel beträgt etwa 30 bis 35 mm. Die gelben bis rötlich-gelben Vorderflügel zeigen helle Adern und je einen kleinen schwarzen Punkt in der Mitte. Die Raupen leben von August bis zur Überwinterung ab Oktober an verschiedenen Gräsern, wie Gewöhnlichem Glatthafer (*Arrhenatherum elatius*), Land-Reitgras (*Calamagrostis epigejos*), Wiesen-Knäuelgras *(Dactylis glomerata)* und weiteren Arten, und verpuppen sich im folgenden Jahr ab Mai. Falter leben je nach Lage und Temperaturbedingungen in ein bis zwei Generationen von April bis Juli sowie von August bis Oktober. Bevorzugt bewohnen sie trockene bis wenig feuchte Lebensräume wie Sandmagerrasen, Halbtrockenrasen, extensive Wiesen, Waldränder, Lichtungen, Dämme und auch Gärten. Die Art ist in Europa im Norden weit verbreitet, im Mittelmeerraum aber oft nur sehr vereinzelt zu finden.

Mythimna pudorina (Breitflügel-Graseule)

Die Spannweite der Vorderflügel beträgt 35 bis 38 mm. Die gelblich braunen Falter sind nicht leicht zu bestimmen. Sie tragen keine schwarzen

Flugzeit	J	F	M	A	M	J	J	A	S	O	N	D
Raupen	J	F	M	A	M	J	J	A	S	O	N	D

Punkte, aber graue, undeutliche, verwaschene Längsstreifen. Die Raupe nutzt ab Ende August Gräser wie Pfeifengras (*Molinia* sp.), Schilf (*Phragmites* sp.), Rohrglanzgras (*Phalaris arundinacea*), Land-Reitgras (*Calamagrostis epigejos*), Rasen-Schmiele (*Deschampsia cespitosa*), Sumpf-Segge (*Carex acutiformis*) und weitere Arten. Sie überwintert und verpuppt sich danach im folgenden Jahr im Mai. Die Falter entwickeln sich in einer Generation im Jahr von Mai bis August. Die Breitflügel-Graseule lebt bevorzugt in Feuchtgebieten wie Schilf- und Uferzonen von Gewässern, Mooren, Feuchtwiesen, feuchten Waldlichtungen und -rändern. Die Verbreitung erstreckt sich auf die mittleren Teile Europas. Die Art fehlt im Norden und Süden weitgehend.

Mythimna turca (Rotbraune Graseule)

Die Spannweite der Vorderflügel dieses großen Vertreters der Gattung beträgt 37 bis 45 mm. Er ist rötlich braun gefärbt und trägt zwei gezackte dunkle Querlinien, die ein dunkler marmoriertes Mittelfeld mit je einem hellen Mittelfleck begrenzen. Als Nahrungsgrundlage der Raupe dienen

Flugzeit	J	F	M	A	M	J	J	A	S	O	N	D
Raupen	J	F	M	A	M	J	J	A	S	O	N	D

nach dem Schlupf ab August verschiedene Gräser, so z. B. Wiesen-Knäuelgras (*Dactylis glomerata*), Rispengras (*Poa* sp.), Zittergras-Segge *(Carex brizoides)* und andere. Sie überwintert und verpuppt sich ab Anfang Mai. Die Falter entwickeln sich pro Jahr in einer Generation und fliegen von Anfang Juni bis August. Die Art lebt in feuchten bis von Wasser überstauten Waldbereichen auf Lichtungen und auch in Mooren. In Europa fehlt *M. turca* nur im hohen Norden und im südlichen Mittelmeerraum.
RL V, **Naturschutzstaus:** 2

Mythimna unipuncta (Einpunkt-Graseule, Getreide-Weißadereule)

Die Flügelspannweite erreicht 32 bis 43 mm. Die gelblich- bis rötlich-braunen Vorderflügel sind spitzflügelig geformt und tragen einen dunkelbraunen Querstrich an der Spitze. Die äußere Querlinie ist durch kleine schwarze oder dunkelbraune Punkte auf den Flügeladern angedeutet. Die

Flugzeit	J	F	M	A	M	J	J	A	S	O	N	D
Raupen	J	F	M	A	M	J	J	A	S	O	N	D

Raupen fressen in Südeuropa an Blättern und Stängeln einer Vielzahl von Nahrungspflanzen wie Wiesen-Knäuelgras (*Dactylis glomerata*), Einjährigem Rispengras (*Poa annua*), Weißem Straußgras (*Agrostis stolonifera*), Gewöhnlicher Quecke (*Elymus repens*), Honiggras (*Holcus* sp.), Hafer (*Avena* sp.), Lieschgras (*Phleum* sp.), Lauch (*Allium* sp.), Möhre (*Daucus* sp.), Luzerne (*Medicago sativa*) und vielen anderen Arten. In Südeuropa können die Raupen ganzjährig auftreten, im Norden überleben sie den Winter nicht. Im Süden Europas sind die nachtaktiven Falter von März bis Dezember in mehreren Generationen anzutreffen, während sie in Mittel- und Nordeuropa erst spät im Oktober oder November aus dem Süden einfliegen. Die Art kann in allen warmen, trockenen oder auch feuchten Habitaten mit Grasbewuchs leben. Die Falter sind in Südeuropa bodenständig und wandern nach Mittel- und Nordeuropa regelmäßig ein.

Mythimna vitellina (Dottergelbe Graseule, Dottereule, Steppenhügel-Weißadereule)

Die Spannweite dieser Falter erreicht zwischen 37 und 42 mm. Die Vorderflügel sind gelbbraun bis rötlich braun gefärbt. Sie sind von zwei gezackten Querlinien überzogen, die ein Mittelfeld mit je einem dunkleren Nieren-

Flugzeit	J	F	M	A	M	J	J	A	S	O	N	D
Raupen	J	F	M	A	M	J	J	A	S	O	N	D

fleck einschließen. Die Raupen leben an verschiedenen Gräsern und überwintern. In ihrem Hauptverbreitungsgebiet im Süden Europas findet man die Falter in zwei bis drei Generationen von Mai bis Oktober. In Mitteleuropa können früh einwandernde Falter eine neue Generation hervorbringen. Als Lebensraum bewohnt die Art Magerrasen, Wiesen und Ruderalflächen. Die Eule ist in Südeuropa bodenständig und wandert in Mitteleuropa vereinzelt ein.

Orthosia cerasi (Rundflügel-Kätzcheneule)

Die Falter erreichen 30 bis 35 mm Spannweite. Das Farbspektrum der Vorderflügel reicht von Gelblichbraun über Hellbraun bis Bräunlichrot. Die sehr großen Nieren- und Ringmakel sind etwas dunkler gefüllt und gelblich umrandet. Im Saumfeld sind die Adern aufgehellt. Die Raupen sind ab Ende April bis spätestens zur Verpuppung Anfang Juli an verschiedenen Laubgehölzen, zu denen z. B. Weiden (*Salix* sp.), Eiche (*Quercus* sp.), Buche (*Fagus* sp.), Pappel (*Populus* sp.), Linde (*Tilia* sp.) oder Schlehe gehö-

Flugzeit	J	F	M	A	M	J	J	A	S	O	N	D
Raupen	J	F	M	A	M	J	J	A	S	O	N	D

ren, zu finden. Zwischen März und Mai fliegt eine Generation von Faltern sowohl in Laub- und Mischwäldern als auch in Gärten und Parks bis in höhere Gebirgslagen. In Europa ist *O. cerasi* weit verbreitet, fehlt aber im hohen Norden.

Orthosia gothica (Braungraue Obstbaumeule, Gothica-Kätzcheneule)

Die häufige Art hat 31 bis 37 mm Flügelspannweite. Sie ist auf den Vorderflügeln violettgrau, gelbgrau bis braungrau gefärbt. Eine schwarze, selten auch dunkelbraune Zeichnung in der Mitte der Vorderflügel sieht einem mittelalterlichen Schriftzeichen ähnlich und macht die Falter unverwechselbar. Als Nahrungsgrundlage dienen den Raupen zwischen Mai und Juni die Blätter von einer Vielzahl von Gehölzen, Stauden und Pflanzen wie Weide (*Salix* sp.), Eiche (*Quercus* sp.), Brennnessel (*Urtica* sp.) und andere.

Flugzeit	J	F	M	A	M	J	J	A	S	O	N	D
Raupen	J	F	M	A	M	J	J	A	S	O	N	D

Das Überwinterungsstadium stellt die Puppe dar. Die dämmerungs- und nachtaktiven Falter sind sehr kälteunempfindlich und fliegen schon ab Februar bis Mai in einer Generation und besuchen gerne blühende Weidenkätzchen. Die Lebensräume sind sehr verschiedenartig. So findet man sie an Waldrändern, Hecken, Lichtungen, verbuschten Wiesen und auch in Gärten und Kulturland bis in höheren Gebirgslagen. *O. gothica* lebt in ganz Europa mit Ausnahme des südlichen Mittelmeerraumes.

Orthosia incerta (Variable Kätzcheneule)

Die sehr variablen Falter können zwischen 35 und 43 mm Flügelspannweite erreichen. Farbgebung und Zeichnung können bei den Individuen sehr unterschiedlich ausfallen, daher auch der Name *incerta* (incertus = lateinisch für unzuverlässig, ungewiss). Sie sind graubraun, gelblich braun oder rotbraun gefärbt. Die Nierenmakel erscheinen meist etwas dunkler gefüllt als die Ringmakel und sind hell umrandet. Letzere sind im unteren Teil dunkel gefüllt, Nieren- und Ringmakel sind fein weiß umrandet. Ein weiteres Erkennungsmerkmal ist die äußere, zur Flügelspitze hin stark zurückversetzte Wellenlinie. Die Raupen leben von Mai bis Anfang Juli an verschiedenen Laubhölzern wie Weiden (*Salix* sp.), Pappeln (*Populus* sp.), Esche (*Fraxinus* sp.), Kirschen (*Prunus* sp.) und anderen. Sie verpuppen sich zur Überwinterung im Boden. Die Art fliegt wie die meisten Kätzcheneulen sehr früh im Jahr ab März bis Mai in einer Generation und besucht gerne blühende Weidenkätzchen. Ihre Lebensräume sind auch entsprechend gehölzreich und bestehen aus Wäldern, Feldgehölzen und Hecken

Flugzeit	J	F	M	A	M	J	J	A	S	O	N	D
Raupen	J	F	M	A	M	J	J	A	S	O	N	D

bis zu Parks und Gärten bis in höhere Gebirgsregionen. Die Verbreitung reicht über ganz Europa mit Ausnahme des hohen Nordens und des südlichen Mittelmeerraumes.

Panolis flammea (Forleule, Kieferneule)

Die Kieferneule erreicht Flügelspannweiten von 32 bis 36 mm. Der Falter ist sehr verschiedenartig gefärbt. Das Farbspektrum reicht von hell oran-

Flugzeit	J	F	M	A	M	J	J	A	S	O	N	D
Raupen	J	F	M	A	M	J	J	A	S	O	N	D

gerot, rötlich braun, grau bis grünlich grau. Je zwei weiße, gekrümmte Nierenmakel und kleinere Ringmakel auf der Vorderflügelseite sind in der Regel deutlich erkennbar. Die Zeichnung und Musterung macht die Art unverwechselbar. Die Raupe frisst von Ende Mai bis Ende Juli bevorzugt an den Nadeln der Waldkiefer (*Pinus sylvestris*), ausnahmsweise bei Massenauftreten auch an Weißtanne (*Abies alba*) oder Rotfichte (*Picea abies*). Zur Überwinterung verpuppen sie sich. Die Falter fliegen in einer Generation von März bis Juni. Sie bewohnen sowohl Laubmischwälder mit Kiefernanteil als auch reine Kiefernwälder und auch Parks und Gärten mit Kiefern. Die Art ist über ganz Europa verbreitet, erreicht Italien mit Sizilien und Sardinien, kommt sonst aber nur im nördlichen Mittelmeerraum vor.

Papestra biren (Moorwald-Blättereule)

Die Falter haben Flügelspannweiten zwischen 30 und 38 mm. Die braungrauen bis schwarzgrauen Vorderflügel haben meist deutliche hellgraue Zapfen-, Nieren- und Ringmakel. Die gezackte Querlinie mit den anliegenden schwarzen Pfeilflecken ist gut erkennbar, während die innere

Flugzeit	J	F	M	A	M	J	J	A	S	O	N	D
Raupen	J	F	M	A	M	J	J	A	S	O	N	D

und äußere Querlinien oft undeutlich zu sehen sind. Die Raupen leben im Hochsommer zwischen Juli und September an den Blättern ihrer Futterpflanzen wie bevorzugt Heidelbeere (*Vaccinium myrtillus*), Rauschbeere (*V. uliginosum*) und auch an Gehölzen wie Sal-Weide (*Salix caprea*) oder Gewöhnlicher Eberesche (*Sorbus aucuparia*). Zur Überwinterung verpuppen sie sich. Sie entwickeln sich zu einer Faltergeneration pro Jahr und fliegen zwischen April und August in den Abend- und Nachtstunden. Die Art ist ein Bewohner von Hochmooren, Laubmisch- und Nadelwäldern bis in Gebirgslagen. Mit Ausnahme des Südens der Iberischen Halbinsel, Italiens und Griechenlands ist *P. biren* europaweit verbreitet.
RL V, **Naturschutzstatus:** 1

Sideridis reticulata (Haldenflur-Nelkeneule, Netzeule)

Die Eule hat eine Spannweite von 32 bis 38 mm. Die olivgrünen Vorderflügel sind von einer hellgelben bis rosafarbenen netzartigen Aderung und Querlinien überzogen. Die Ringmakel sind innen dunkelbraun gefüllt

Flugzeit	J	F	M	A	M	J	J	A	S	O	N	D
Raupen	J	F	M	A	M	J	J	A	S	O	N	D

und schwarz und hell umrandet. Die gelblich braunen Nierenmakel sind gebogen. Ähnlich ist die Buchdruckereule *Naenia typica*. Die Raupe soll von Juni bis Anfang Juli an Nelkenarten leben, was sich durch Freilandbeobachtungen jedoch nicht überall eindeutig belegen lässt. Einen sicheren Nachweis gibt es allerdings an Heidelbeere (*Vaccinium myrtillus*) und Heidekraut (*Calluna vulgaris*). Das Überwinterungsstadium ist die Puppe. Falter sind in einer Generation und einer zweiten, partiellen je nach Höhenlage und klimatischen Bedingungen ab Ende Mai bis Anfang August zu beobachten. Die Liste der möglichen Lebensräume ist umfangreich und reicht von Halbtrockenrasen, felsigen Magerrasen, Heckenlandschaften, Saumbereichen von Laubmischwäldern, Wegrändern, Brachflächen bis zu Gärten und Parks bis in Mittelgebirgslagen. Die Verbreitung erstreckt sich auf ganz Europa.

Sideridis rivularis (Violettbraune Kapseleule)

Die Falter erreichen Spannweiten von 29 bis 34 mm. Es handelt sich um eine farbig sehr lebhaft gezeichnete Eule mit brauner, grünlicher, rötlich brauner, gelblicher bis violetter Farbgebung. Die Art ähnelt *Hadena bicruris* und *H. perplexa*, hat aber breitere Vorderflügel und eine violett-rosafarbene, bogenförmig verlaufende Querlinie im Saumbereich sowie intensiv gelblich umringte Nieren- und Ringmakel, die einen V-förmigen Einschnitt am Vorderrand der Flügel bilden. Im Mai erscheinen die Raupen und fressen bis Juli. Ende Juli bis Oktober folgt die nächste Generation. Sie ernäh-

Flugzeit	J	F	M	A	M	J	J	A	S	O	N	D
Raupen	J	F	M	A	M	J	J	A	S	O	N	D

ren sich von Pflanzenarten wie Leimkraut und Lichtnelken (*Silene* sp.), wie Kuckucks-Lichtnelke (*Silene flos-cuculi*), Nelke (*Dianthus* sp.), Seifenkraut (*Saponaria* sp.) und weiteren. In der Regel entwickeln sich zwei Generationen von April bis Anfang Juli und Ende Juli bis September. Im Süden und in warmen Jahren kann auch noch eine dritte Generation erscheinen. Sie besiedeln Wegränder, Magerrasen, Wiesen, Hänge, lichte Wälder, Dämme, Böschungen und auch Gärten. In Europa ist die Art mit Ausnahme von Griechenland und dem südlichen Mittelmeerraum weit verbreitet.

Tholera cespitis (Dunkelbraune Lolcheule)

Diese dunkelbraune Art erreicht Flügelspannweiten von 35 bis 41 mm. Makel und innere sowie äußere Querlinie sind schwarz und gelb umrandet. Nach der Überwinterung im Eistadium oder auch im Raupenstadium leben sie ab März, April bis zur Verpuppung im Juli an verschiedenen Gräsern wie Schmiele (*Deschampsia* sp.), Aufrechter Trespe (*Bromus erectus*), Borstgras (*Nardus stricta*), Schwingel (*Festuca* sp.), Wiesen-Knäuelgras (*Dactylis glomerata*), Fieder-Zwenke (*Brachypodium pinnatum*) und Reitgras (*Calamagrostis* sp.). Sie leben auf trockenwarmen Magerrasen, Wiesen, Weiden, Feuchtwiesen in Mooren und vereinzelt auch auf Obstwiesen und

Flugzeit	J	F	M	A	M	J	J	A	S	O	N	D
Raupen	J	F	M	A	M	J	J	A	S	O	N	D

in Gärten. Im Laufe eines Jahres erscheint eine Generation der Falter ab Ende Juli bis spätestens Anfang Oktober. *Th. cespitis* ist über weite Teile Europas verbreitet.

Tholera decimalis (Weißgerippte Lolcheule)

Flugzeit	J	F	M	A	M	J	J	A	S	O	N	D
Raupen	J	F	M	A	M	J	J	A	S	O	N	D

Die Falter erreichen Flügelspannweiten zwischen 35 und 44 mm. Eine auffällige Zeichnung aus weißen Adern und hell umrandeten Nieren- und Ringmakeln sowie einem hellen Saumband mit schwarzen Pfeilflecken schmückt die dunkelbraunen Vorderflügel. Nach der Überwinterung im Ei oder als Jungraupe leben sie bis zur Verpuppung im Juli an Wurzeln einer Reihe von Gräsern wie Aufrechter Trespe (*Bromus erectus*) oder Echtem Schafschwingel (*Festuca ovina*). Falter schlüpfen ab Ende Juli. Sie bilden eine Generation und sind bis September, spätestens Anfang Oktober zu finden. Lebensräume der Falter bestehen aus Magerrasen, Weiden, Wiesen, Wacholderheiden und auch Gärten. In Europa ist die Art bis auf den hohen Norden weit verbreitet.

Unterfamilie Heliothinae

Helicoverpa armigera (Baumwoll-Sonneneule, Baumwoll-Kapseleule)

Die Flügelspannweite der Falter erreicht 30 bis 41 mm. Die Art ist sehr unterschiedlich in der Grundfärbung von rötlich braun über gelblich braun bis grünlich grau gefärbt und in der Regel netzartig oder nur schwach gezeichnet. *Heliothis peltigera* ist auffälliger und kontrastreicher gezeichnet,

Flugzeit	J	F	M	A	M	J	J	A	S	O	N	D
Raupen	J	F	M	A	M	J	J	A	S	O	N	D

während *H. nubigera* dunkler gefärbt ist und die Ringmakel grau gefüllt sind. In Mitteleuropa tritt die Art als Wanderfalter auf und kann im Raupenstadium von Juni bis September Blüten und Früchte von Pflanzenarten wie

Resede (*Reseda* sp.), Tabak (*Nicotiana* sp.), Tomate (*Lycopersicon esculentum*), Paprika (*Capsicum* sp.), Mais (*Zea mays*) oder Kultur-Hanf (*Cannabis sativa*) nutzen. In Südeuropa kommt Baumwolle (*Gossypium* sp.) hinzu. Die Art wird oft auch im mittleren und nördlichen Europa eingeschleppt, überlebt aber im Puppenstadium die Winter meist nicht. Sie sind tag- und nachtaktiv und bilden zwei Generationen von Mai bis Juni sowie von Juli bis Oktober. Die Art ist wärmeliebend und lebt an sonnigen Hängen, auf Baumwollplantagen, Brachflächen, Maisfeldern und anderen Kulturflächen und auch in Gärten. Die bodenständige Verbreitung erstreckt sich auf Südeuropa, doch je nach Klimabedingungen stoßen die Falter bis nach Skandinavien und die Britischen Inseln vor.

Heliothis nubigera (Bewölkte Sonneneule, Südliche Blüteneule)

Die Flügelspannweite der Falter reicht von 30 bis zu 41 mm. Die Vorderflügel können weißgrau bis bräunlich grau oder hellbräunlich gefärbt sein. Die Zeichnung besteht aus einem mehr oder weniger gut sichtbaren brau-

Flugzeit	J	F	M	A	M	J	J	A	S	O	N	D

nen Saumband und einer Querlinie in Verlängerung der Nierenmakel. In den südlichsten Teilen Europas, in denen die Art beheimatet ist, ernähren sich die Raupen von Heckenkirschen (*Lonicera* sp.), Kugeldistel (*Echinops* sp.), Jochblatt (*Zygophyllum* sp.) und weiteren Pflanzenarten. Dort verpuppen sie sich und überleben den Winter, den sie in Mittel- und Nordeuropa nicht überstehen können. Die wärmeliebende Art bildet im Süden mehrere Generationen zwischen April und November und lebt an Berghängen,

Steppenwiesen, Magerwiesen auf Brachflächen und Gärten im Siedlungsbereich. Die Verbreitung beschränkt sich auf Südgriechenland, Sizilien und Südspanien. In warmen Jahren wandert die Art sehr vereinzelt nach Mitteleuropa ein.

Heliothis peltigera (Bilsenkraut-Blüteneule, Schild-Sonneneule)

Der Wanderfalter erreicht Spannweiten der Vorderflügel von 29 bis 40 mm. Die Falter sind gelblich braun, rötlich braun oder graubraun gefärbt. Die Nierenmakel sind dunkel umrandet und liegen an einem braunen Fleck an,

Flugzeit	J	F	M	A	M	J	J	A	S	O	N	D
Raupen	J	F	M	A	M	J	J	A	S	O	N	D

der bis zum Flügelvorderrand reicht. Ein bis zwei nebeneinander liegende, auffällige schwarze Punkte befinden sich am Innenwinkel der Vorderflügel. Die Raupe lebt von Juli bis August und September bis Oktober an vielen verschiedenen Stauden und Kräutern wie Tollkirsche (*Atropa belladonna*), Jakobs-Greiskraut (*Senecio jacobaea*), Wiesensalbei (*Salvia pratensis*), Tabak (*Nicotiana* sp.) sowie anderen Arten. Raupen der letzten Generation überwintern. In ihrem bodenständigen Verbreitungsgebiet im Süden Europas bilden sie von Mai bis Oktober mehrere Generationen. Sie leben auf warmen, trockenen Wiesen an Hängen, Trockenrasen und auf steppenartigen Flächen. Die Eule hat ihr Verbreitungsgebiet im Mittelmeerraum und wandert häufig über die Alpen nach Mittel- und Nordeuropa ein.

Heliothis viriplaca (Karden-Sonneneule)

Die Flügelspannweite der Falter liegt bei etwa 28 bis 32 mm. Die Vorderflügel sind variabel in gelblichen und bräunlichen Färbungen mit dunkler, quer verlaufender, manchmal auch rotbrauner Mittelschattierung versehen. Raupen sind ab Juni bis Juli und von Juli bis Ende August an einer Vielzahl verschiedener Futterpflanzen zu finden. So werden Blüten und Samen von Kleinem Wiesenknopf (*Sanguisorba minor*), Weißer Lichtnelke (*Silene latifolia),* Nickendem Leimkraut (*S. nutans*), Hauhechel (*Ononis* sp.), Stein-

Flugzeit	J	F	M	A	M	J	J	A	S	O	N	D
Raupen	J	F	M	A	M	J	J	A	S	O	N	D

klee (*Melilotus* sp.), Wegwarte (*Cichorium* sp.), Beifuß (*Artemisia* sp.) oder Flockenblumen (*Centaurea* sp.) und vieler mehr genutzt. Das Überwinterungsstadium ist die Puppe. Die Imagines erscheinen pro Jahr in zwei Generationen von Anfang Mai bis Juni und Juli bis August. Die Art bevorzugt warme Lebensräume und bewohnt Trocken- und Magerrasen, Brachflächen, Böschungen, Dämme, Wegränder, Sand- und Kiesgruben hauptsächlich vom Flachland bis in 500 m Höhe. Neben den bodenständigen Faltern wandert die Art nördlich der Alpen ein und dringt in klimatisch günstigen Jahren bis in nördliche Skandinavien vor. Ihr Hauptverbreitungsgebiet ist Südeuropa.

Pyrrhia umbra (Umbra-Sonneneule, Goldbraune Hauhecheleule)

Die Falter haben etwa zwischen 28 und 35 mm Flügelspannweite. Die Vorderflügel sind gelblich bis rötlich braun mit dunkleren Adern und einem bräunlich violetten Saumfeld gezeichnet. Raupen erscheinen nach dem Schlupf ab Juni bis in den August an Futterpflanzen wie Dorniger Hauhechel (*Ononis spinosa*), Großem Löwenmaul (*Antirrhinum majus*), Braun-

Flugzeit	J	F	M	A	M	J	J	A	S	O	N	D
Raupen	J	F	M	A	M	J	J	A	S	O	N	D

wurz (*Scrophularia* sp.), Wiesen-Storchschnabel (*Geranium pratense*) und einer ganzen Reihe anderer Arten. Sie verpuppen sich zur Überwinterung. Die dämmerungs- und nachtaktiven Falter bilden im Norden ihrer Verbreitung meist eine Generation zwischen Mai und August, können aber im Süden und in warmen Jahren noch eine zweite Generation von August bis September hervorbringen. Sie sind wärmeliebend und leben an trockenen Hängen, Dämmen, Wegrändern, Halbtrockenrasen, Ruderalflächen, Weinbergen und Gärten. Die Falter sind in Europa bis auf den hohen Norden weit verbreitet, aber oft nur sehr vereinzelt zu finden.

Unterfamilie Herminiinae

Herminia grisealis (Bogenlinien-Spannereule)

Mit einer Flügelspannweite von 24 bis 28 mm ist der Falter einer der kleinsten Vertreter seiner Gattung. Die Vorderflügel sind braungrau oder hellbraun gefärbt und tragen eine gerade, dunkelgraue oder dunkelbraune innere Querlinie sowie eine mittlere, zum Flügelrand nach oben gebogene Mittellinie und eine bogenförmige, zu den Flügelspitzen verlaufende äußere Querlinie. Die Raupen können sich im Juli und von September bis Mitte Oktober von abgefallenem, absterbendem Laub verschiedener Pflanzen wie Eichen (*Quercus* sp.), Birke (*Betula* sp.), Gewöhnlicher Hainbuche (*Car-*

Flugzeit	J	F	M	A	M	J	J	A	S	O	N	D
Raupen	J	F	M	A	M	J	J	A	S	O	N	D

pinus betulus), Gewöhnlicher Schlehe (*Prunus spinosa*), Weißdorn (*Crataegus* sp.), Brombeere (*Rubus* sect. *Rubus*), Holunder (*Sambucus* sp.), Hartriegel (*Cornus* sp.), Brennnessel (*Urtica* sp.) und weiteren Arten ernähren. Sie überwintern als Puppe. Je nach Lage und Klimabedingungen sind die dämmerungs- und nachtaktiven Falter in einer bis zwei Generationen von April bis Juni und August bis September zu beobachten. Sie bewohnen gehölzreiche Biotope wie lichte Laub- und Mischwälder und deren Ränder, Gebüsche, Hecken, verbuschte Wiesen und Trockenrasen sowie Parks und sind in Europa bis in Bergregionen weit verbreitet.

Herminia tarsicrinalis (Braungestreifte Spannereule)

Dieser Falter erreicht 28 bis 32 mm Flügelspannweite. Die Färbung ist hellbraun bis graubraun, wobei die innere dunkelbraune Querlinie am Flügelrand nach vorne geknickt ist und die äußere gerade verläuft. Ein unscharfes braunes Querband verläuft in der Mitte. Die Raupe lebt vom Sommer bis zur Überwinterung und danach bis zur Verpuppung im Frühjahr von toten Blättern und absterbenden Pflanzenteilen verschiedener Kräuter und Sträucher wie Waldrebe (*Clematis* sp.), Brombeere (*Rubus* sect. *Rubus*) und anderen. In warmen Jahren und im südlichen Verbreitungsgebiet erscheinen zwei Generationen von Mai bis Anfang August und von August bis Ende September. *H. tarsicrinalis* ist ein Bewohner lichter Laub- und Mischwälder, aber auch von verbuschten Feuchtwiesen oder Halbtrocken-

Flugzeit	J	F	M	A	M	J	J	A	S	O	N	D
Raupen	J	F	M	A	M	J	J	A	S	O	N	D

rasen, Steinbrüchen, Kiesgruben und Gärten. Die Falter sind in Mitteleuropa häufig, fehlen aber im südlichen Mittelmeergebiet und in Skandinavien.

Unterfamilie Hypeninae

Hypena crassalis (Heidelbeer-Schnabeleule)

Die recht unterschiedlich gezeichnete Eule hat Flügelspannweiten zwischen 25 und 30 mm. Die Vorderflügel können in Kontrast und Helligkeit sehr unterschiedlich auftreten. Das mehr oder weniger braun gefärbte Mittelfeld wird von einer weißen Linie nach hinten zum helleren Saumband abgegrenzt und knickt in einem Bogen nach vorne zur Flügelaußenkante. Die Raupen leben zwischen Juli und September an Heidelbeeren (*Vaccinium myrtillus*) und verpuppen sich meist zur Überwinterung, können aber auch manchmal als Raupe den Winter überstehen. Die Falter sind dämmerungs-

Flugzeit	J	F	M	A	M	J	J	A	S	O	N	D
Raupen	J	F	M	A	M	J	J	A	S	O	N	D

und nachtaktiv und bilden zwischen Mai und August eine Generation im Jahr. Ihr Lebensraum besteht aus Wäldern mit dem Vorkommen von Heidelbeeren und Mooren bis in höhere Bergregionen. In Europa fehlen Nachweise für diese Eule im hohen Norden und im südlichen Mittelmeerraum.

Hypena obesalis (Voralpen-Schnabeleule)

Die Eule hat eine Flügelspannweite von 35 bis 40 mm. Die gelblich braunen Vorderflügel besitzen an der Flügelspitze einen gelblichen Fleck und ein annähernd als dreieckig am Vorderflügelrand anliegendes Mittelfeld. Die Raupen ernähren sich im Juni und Juli von Taubnessel (*Lamium* sp.) und Brennnessel (*Urtica* sp.). Die Falter erscheinen im Juli, suchen sich im September einen geschützten Platz zur Überwinterung und sind im Frühjahr ab Mai bis Juni wieder zu beobachten. Ihre Lebensräume befinden sich auf Ruderalflächen, Böschungen, in Siedlungsbereichen, Obstgärten, lichten Wäldern und deren Rändern und Abraumhalden mit Brennnesselbewuchs. Die Art beschränkt sich auf Mitteleuropa, Spanien und das östliche und südöstliche Europa. Sie treten im nördlichen Europa nur vereinzelt als Zuwanderer auf.

Flugzeit	J	F	M	A	M	J	J	A	S	O	N	D
Raupen	J	F	M	A	M	J	J	A	S	O	N	D

Hypena proboscidalis (Nessel-Schnabeleule)

Die Spannweite erreicht 27 bis 35 mm. Ihre Vorderflügel variieren von rötlichem über dunklem Braun bis zu Grautönen. Die Taster bilden am Kopf einen schnabelartigen Fortsatz. Je eine vordere, gezackte und die hintere, leicht geschwungene Linie schließen ein braunes Querband ein. Raupen leben von Juni bis Ende Juli und von August bis zur Überwinterung und wieder im Frühjahr bis Mai an Brennnessel (*Urtica* sp.). Die je nach Lage und Temperaturbedingungen ein bis zwei Generationen von Faltern fliegen von Mai bis Juli und August bis September in Auwäldern, Gärten und an

Flugzeit	J	F	M	A	M	J	J	A	S	O	N	D
Raupen	J	F	M	A	M	J	J	A	S	O	N	D

Gewässerufern. Die Art ist von Westen durch Mittel- bis nach Osteuropa verbreitet, fehlt aber im Mittelmeerraum.

Hypena rostralis (Hopfen-Schnabeleule, Hopfen-Zünslereule)

Die Spannweite dieser häufigen Art erreicht 27 bis 32 mm. Die Falter können sich im Aussehen stark unterscheiden. Ihre Färbung reicht von hell- bis dunkelbraun. Eine gewellte Querlinie in der Flügelmitte ist immer sichtbar, während die innere und die äußere Querlinie oft kaum zu sehen sind. Im Raupenstadium frisst die Art zwischen Mai und August an Gewöhnlichem Hopfen (*Humulus lupulus*), Brennnesseln (*Urtica* sp.) sowie Brombeeren und Himbeeren (*Rubus* sp.). Lage- und temperaturabhängig erscheinen ein bis zwei Generationen von Ende Mai bis Ende August und die späte Generation überwintert als Falter und erscheint im April des folgenden Jahres wieder. Ihr Lebensraum besteht aus Auwäldern, Laub- und Mischwäldern, Waldrändern und -lichtungen, Erlenbrüchen, Feldgehölzen und Hecken mit Brennnesseln und Hopfen. Die Verbreitung von *H. rostralis* erstreckt sich auf ganz Europa mit Ausnahme des Mittelmeerbereichs und des hohen Nordens.

Flugzeit	J	F	M	A	M	J	J	A	S	O	N	D
Raupen	J	F	M	A	M	J	J	A	S	O	N	D

Unterfamilie Hypenodinae

Zur Lebensweise der zwölf relativ kleinen Arten in Europa ist wenig bekannt. Ein Vertreter, die Schmalflügel-Motteneule (*Schrankia costaestrigalis*), wandert sehr viel und ist fast weltweit verbreitet.

Unterfamilie Lymantriinae Trägspinner

Arctornis l-nigrum (Schwarzes L)

Der weiße Falter erreicht Flügelspannweiten von 40 bis 55 mm. Die einzige Zeichnung ist ein schwarzes L oder V auf den Vorderflügeln. Ab Herbst findet man die Raupen, die überwintern und dann bis zum Frühjahr an Blättern im Kronenbereich von Rotbuchen (*Fagus sylvatica*) und vereinzelt

Flugzeit	J	F	M	A	M	J	J	A	S	O	N	D
Raupen	J	F	M	A	M	J	J	A	S	O	N	D

auch von Linden (*Tilia* sp.) und einigen anderen Laubhölzer wie Weide (*Salix* sp.) leben. Sie fliegen zwischen Juni und August in einer Generation. Als Habitat nutzen sie Laubwälder vom Flachland bis in Mittelgebirgslagen. Die Verbreitung reicht von der Iberischen Halbinsel über West- bis nach Osteuropa. Im Süden liegt die Grenze im nördlichen Mittelmeerraum und der Balkanhalbinsel und reicht im Norden bis ins südliche Skandinavien.

Calliteara abietis (Tannen-Streckfuß)

Die Flügel erreichen eine Spannweite von 32 bis 40 mm. Die Unterscheidung der hellbraunen Falter von *C. pudibunda* ist durch die bei *C. abietis* dunkel bis heller braunen, gezackten Querlinien und die V-förmigen Nierenmakel gut möglich. Die Raupen erscheinen ab Juli, überwintern und leben bis zur Verpuppung im Frühjahr des folgenden Jahres an Rotfichte (*Picea abies*) oder an Weißtanne (*Abies alba*). Die Bewohner von Fichten-

Flugzeit	J	F	M	A	M	J	J	A	S	O	N	D
Raupen	J	F	M	A	M	J	J	A	S	O	N	D

und Tannenwäldern leben in einer Generation zwischen Juni und Anfang August. Die Verbreitung erstreckt sich über den eurosibirischen Raum bis in die Mittelgebirgslagen Mitteleuropas.

Calliteara pudibunda (Buchen-Streckfuß, Rotschwanz)

Die Spannweite reicht von 41 bis zu 65 mm. Die Vorderflügel sind hellbraun bis graubraun mit zwei dunklen Querlinien, die ein verdunkeltes Mittelfeld

Flugzeit	J	F	M	A	M	J	J	A	S	O	N	D
Raupen	J	F	M	A	M	J	J	A	S	O	N	D

einschließen. Oft kommen auch einheitlich graue Exemplare ohne Zeichnung vor. Der Falter streckt in der Ruhestellung seine pelzigen Vorderbeine nach vorne, wovon sich der Name ableitet. Die Raupe schlüpft ab Juni und ernährt sich bis in den Oktober von einer ganzen Reihe von Laubhölzern wie Weide (*Salix* sp.), Rotbuche (*Fagus sylvatica*), Eiche (*Quercus* sp.), Hasel (*Corylus* sp.) und anderen Bäumen und Sträuchern. Die Flugzeit reicht in einer Generation von April bis Ende Juli. Die Falter sind in Laub- und Laubmischwäldern, Gebüschbereichen, Hecken, Parks und Gärten verbreitet. *C. pudibunda* ist in West-, Mittel- und Osteuropa zu finden und erreicht im Norden den Süden Skandinaviens und nach Süden hin den nördlichen Mittelmeerraum und die Balkanhalbinsel.

Gynaephora selenitica (Mondfleck-Bürstenspinner, Mondfleck-Bürstenbinder)

Die Art hat Flügelspannweiten zwischen 23 und 36 mm. Die braunen Vorderflügel tragen mittig weiße Flecken. Die Hinterflügel sind dunkelbraun.

Flugzeit	J	F	M	A	M	J	J	A	S	O	N	D
Raupen	J	F	M	A	M	J	J	A	S	O	N	D

Beim Männchen sind die Fühler ausgeprägt kammartig befiedert. Im Juli erscheinen die Raupen an Futterpflanzen wie Weiden (*Salix* sp.), Gewöhnlicher Schlehe (*Prunus spinosa*), Brombeere (*Rubus* sect. *Rubus*), Heidelbeere (*Vaccinium* sp.), Rosen (*Rosa* sp.), Heidekraut (*Calluna* sp.), Hornklee (*Lotus* sp.), Fingerkraut (*Potentilla sp.)* sowie vielen weiteren Arten. Nach der Überwinterung verpuppen sie sich im April. Die Falter sind tagaktiv und entwickeln eine Generation von Mai bis Juni. Man findet die seltene Art auf Magerrasen, Heideflächen und trockenen Hochmoorbereichen. *G. selenitica* ist in Europa nur auf den östlichen und mittleren Bereich beschränkt und fehlt auch in den Alpen.

RL 1, **Naturschutzstatus:** 1

Leucoma salicis (Pappelspinner)

Die Spannweite beträgt 43 bis zu 50 mm. Die weißen Falter sind völlig zeichnungslos. Auffällig sind die schwarz geringelten Beine. Die Nahrung

Flugzeit	J	F	M	A	M	J	J	A	S	O	N	D
Raupen	J	F	M	A	M	J	J	A	S	O	N	D

der Raupe besteht zwischen Herbst und nach der Überwinterung im Frühjahr bis zur Verpuppung aus Blättern der Pappel (*Populus* sp.) und der Weide (*Salix* sp.). Sie fliegen in einer Generation zwischen Ende Mai bis spätestens Anfang August. Ihr Lebensraum sind Bruchwälder, Moor- und Auwaldbereiche mit diesen Gehölzbeständen. Die früher zur Massenvermehrung neigende Art ist heute längst nicht mehr häufig. Ihre Verbreitung reicht fast über ganz Europa.

Lymantria dispar (Schwammspinner)

Die Spannweite der Vorderflügel erreicht 38 bis zu 70 mm. Die Geschlechter unterscheiden sich stark. Die Männchen sind bräunlich und haben große gefiederte Fühler. Die Weibchen sind größer und haben weiße bis gelblich weiße Flügel mit quer verlaufenden Wellenlinien und schwarzen Flecken. Die Raupe findet man von April bis Juli an Laubgehölzen wie Eiche (*Quercus* sp.), Weide (*Salix* sp.), Rotbuche (*Fagus sylvatica*), Gewöhnlicher

Flugzeit	J	F	M	A	M	J	J	A	S	O	N	D
Raupen	J	F	M	A	M	J	J	A	S	O	N	D

Hainbuche (*Carpinus betulus*), Pappel (*Populus* sp.), Weißdorn (*Crataegus* sp.) und anderen Bäumen und Sträuchern. Falter entwickeln sich in ein bis zwei Generationen von Ende Mai bis September in lichten Laubwäldern mit Eichenanteil und anderen Gehölzen, auch im Siedlungsbereich und meist nur in niederen Lagen. Die Falter neigen in wärmeren Sommern zur Massenvermehrung. Schadwirkungen werden jedoch in der nächsten Generation durch Parasiten meist schnell wieder eingedämmt. Eine Bekämpfung ist nur in Ausnahmefällen im Siedlungsbereich nötig und ansonsten sehr umstritten, da durch den Einsatz von Häutungshemmern wie Dimilin auch andere, seltene Schmetterlingsarten massiv geschädigt oder ganz vernichtet werden können. Die Verbreitung erstreckt sich über ganz Europa mit Ausnahme des südlichen Skandinaviens.

Lymantria monacha (Nonne, Nonnenfalter)

Die Spannweite der Falter reicht von 38 bis zu 55 mm. Die weißen bis gelblich braunen Vorderflügel besitzen charakteristische Wellen- und Zackenquerlinien. Manchmal treten auch Falter mit dunklen Flächen oder fast schwarze Exemplare auf. Die Raupe nutzt als Nahrungsgrundlage vereinzelt schon im Herbst vor der Überwinterung, überwiegend aber erst ab April bis Juni die Triebe und Nadeln von Nadelgehölzen wie Rotfichte (*Picea abies*), Kiefer (*Pinus* sp.), Weißtanne (*Abies alba*) und Lärche (*Larix* sp.), aber auch einige Laubbäume wie Rotbuche (*Fagus sylvatica*), Eiche (*Quer-*

Flugzeit	J	F	M	A	M	J	J	A	S	O	N	D
Raupen	J	F	M	A	M	J	J	A	S	O	N	D

cus sp.), Pappel (*Populus sp.)* und andere. Falter entwickeln sich in einer Generation von Ende Mai bis Anfang September in Nadelwäldern, auch in Kiefern- und Fichtenmonokulturen und Laubmischwäldern in kühleren und feuchteren Bereichen sowie auch in hohen Lagen von Mittelgebirgen. Die Verbreitung reicht südlich bis ins mittlere Spanien über Korsika bis Kroatien, im Norden bis über das mittlere Skandinavien hinaus bis Sibirien.

Orgyia antiqua (Schlehen-Bürstenspinner, Schlehen-Bürstenbinder)

Die Spannweite der Vorderflügel erreicht 27 bis zu 31 mm beim Männchen. Die Geschlechter unterscheiden sich stark. Die Männchen besitzen eine rostbraune Grundfärbung und je einen weißen Fleck auf den Vorderflügeln. Die Weibchen haben einen übergroßen, sackförmigen Körper ohne Flügel. Die Männchen der ähnlichen *O. antiquoides* sind undeutlicher gezeichnet mit kaum sichtbaren weißen Flecken. Die Raupe lebt von frühestens März bis Anfang September an vielen verschiedenen Laubhölzern wie Gewöhnlicher Schlehe (*Prunus spinosa*), Brombeere (*Rubus* sect. *Rubus*), Weißdorn (*Crataegus* sp.), Weide (*Salix* sp.) und weiteren Arten. Imagines fliegen

Flugzeit	J	F	M	A	M	J	J	A	S	O	N	D
Raupen	J	F	M	A	M	J	J	A	S	O	N	D

vermutlich in einer lang gestreckten oder auch in zwei Generationen von Ende Mai bis Oktober auf Waldlichtungen, an Wald- und Heckenrändern und auch in Gärten. Die Art hat ihre Verbreitung von der nördlichen Hälfte der Iberischen Halbinsel über Frankreich bis Osteuropa und bis in den hohen Norden. Im Süden sind die Falter bis ins mittlere Italien und auf der Balkanhalbinsel bodenständig.

Orgyia trigotephras

Die Männchen dieser Falterart erreichen 22 bis 25 mm Flügelspannweite. Die rostbraunen bis dunkelbraunen Vorderflügel haben im Wurzelbereich

Flugzeit	J	F	M	A	M	J	J	A	S	O	N	D

eine helle, gewellte Querlinie, einen grauweißen, an der Flügelaußenkante anliegenden Mittelfleck und einen weiteren weißen Fleck am Innenwinkel. Die Hinterflügel sind orangebraun. Die Weibchen sind ungeflügelt. Im Raupenstadium lebt die Art an Eiche (*Quercus* sp.), Ginster (*Genista* sp.), Gerberstrauch (*Coriaria* sp.), Zistrose (*Cistus* sp.) und Brombeere (*Rubus* sect. *Rubus*). Die Falter bilden zwei Generationen von Mai bis Mitte Juli und von Anfang September bis Mitte Oktober und leben in Bereichen mit Macchie, Trockenrasen, Gebüschen und Gehölzen. Die Verbreitung erstreckt sich über Süd- und Westeuropa von der Iberischen Halbinsel über Frankreich, Italien und Korsika.

Sphrageidus (Euproctis) similis (Schwan)

Die Art erreicht Spannweiten von 28 bis zu 36 mm. Die Falter haben eine glänzend weiße Grundfarbe mit borstenartiger Behaarung und oft je zwei dunkelgrauen oder schwarzen Flecken am Innenwinkel der Vorderflügel. Das Hinterleibsende ist im Gegensatz zum sehr ähnlichen Goldafter (*Euproctis chrysorrhoaea*) gelborange. Im Raupenstadium sind sie von September mit Überwinterung bis Mai des Folgejahres an Laubhölzern wie Weide (*Salix* sp.), Eiche (*Quercus* sp.), Gewöhnlicher Schlehe (*Prunus spinosa*), Echtem Faulbaum (*Frangula alnus*), Birke (*Betula* sp.), Apfel (*Malus* sp.) und anderen Bäumen und Sträuchern zu finden. Die Falter bringen pro Jahr eine Generation zwischen Juni und Anfang September hervor. Sie bewohnen lichte Laubwälder, Auwälder, Trockenrasen mit Gebüschen und

Flugzeit	J	F	M	A	M	J	J	A	S	O	N	D
Raupen	J	F	M	A	M	J	J	A	S	O	N	D

auch Gärten. Das Vorkommen der Art reicht vom Norden der Iberischen Halbinsel über West- und Mitteleuropa mit den Britischen Inseln bis über Osteuropa hinaus. Im Norden erreicht sie das südliche Skandinavien, im Süden den Mittelmeerraum bis Sizilien.

Unterfamilie Metoponiinae

Panemeria tenebrata (Hornkraut-Tageulchen)

Flugzeit	J	F	M	A	M	J	J	A	S	O	N	D
Raupen	J	F	M	A	M	J	J	A	S	O	N	D

Die mit 19 bis 22 mm Flügelspannweite kleine Eule hat dunkelbraune Vorderflügel mit dunkelgrauen Flecken und zwei bis drei undeutliche, gezackte Querlinien. Die schwarzen Hinterflügel zeigen ein breites, gelbes Mittelband. Im Südosten Europas fliegt die äußerlich kaum unterscheidbare *P. tenebromorpha*. Die Raupen nutzen als Nahrung von Mitte Mai bis Juli Blüten und Samen von Hornkraut (*Cerastium* sp.) oder Sternmiere (*Stellaria* sp.). Sie verpuppen sich zur Überwinterung in einem Kokon am Erdboden und können als Puppe vereinzelt ein weiteres Jahr überwintern. Die Art ist tagaktiv und entwickelt sich in einer Generation von April bis Juni. Sie bewohnen Halbtrockenrasen, Wiesen und Feuchtwiesen, Waldlichtungen, Dämme, Brachflächen und auch Gärten bis in höhere Berglagen. Die Art fehlt in Europa im Norden Skandinaviens, im südlichen und mittleren Spanien und auf einigen Mittelmeerinseln außer Sizilien.

Tyta luctuosa (Ackerwinden-Trauereule, Feldflur-Windeneule)

Die Spannweiten der dunkelbraunen bis schwarzbraunen Vorderflügel erreichen zwischen 21 und 26 mm. Zwischen Flügelmitte und -spitze befindet

Flugzeit	J	F	M	A	M	J	J	A	S	O	N	D
Raupen	J	F	M	A	M	J	J	A	S	O	N	D

sich am Vorderrand ein gelblich weißer bis weißer, länglicher, nach innen gerichteter Fleck. Die ebenfalls dunklen Hinterflügel haben eine weiße, leicht gewellte Mittelbinde. Ab Ende Mai sind die Raupen bis zur Verpuppung im September und der anschließenden Überwinterung an ihren Futterpflanzen, bevorzugt der Ackerwinde (*Convolvulus arvensis*) und auch Zaunwinde (*Calystegia* sp.), Wegerich (*Plantago* sp.), Gänsefuß (*Chenopo-*

dium sp.) oder Lein (*Linum* sp.), zu finden. Abhängig vom Vorkommen der Art in Europa und von klimatischen Bedingungen fliegen die Falter in zwei, im Süden bis drei ineinander übergehenden Generationen von Ende April bis Juni und dann wiederum von Juli bis Oktober. *T. luctuosa* bevorzugt trockene, warme Magerrasen, Wiesen, Ruderalflächen und Ackerbrachen bis in höhere Berglagen. In Europa fehlt die Art nur in den Benelux-Staaten und Dänemark sowie im hohen Norden.

Unterfamilie Noctuinae

Agrotis clavis (Magerwiesen-Bodeneule)

Die Eule erreicht mit ihren rötlich hellbraunen Vorderflügeln 35 bis 40 mm Spannweite. Die Falter können leicht mit *Agrotis segetum*, die eher wärmere Gebiete besiedelt, verwechselt werden. *A. clavis* hat breitere Vorderflügel. Die Nieren- und Ringmakel sind größer und oft dunkel gefüllt. Der Flügelaußenrand und auch der Halskragen sind oft auffallend verdunkelt. Man nimmt an, dass sich die Raupe von August bis November von den Wurzeln von Gräsern und anderen Pflanzen wie Weißem Gänsefuß (*Chenopodium album*), Stumpfblättrigem Ampfer (*Rumex obtusifolius*), Spinat

Flugzeit	J	F	M	A	M	J	J	A	S	O	N	D
Raupen	J	F	M	A	M	J	J	A	S	O	N	D

(*Spinacia oleracea*), Grünem Salat (*Lactuca sativa*) und anderen ernährt und im Raupenstadium überwintert. Die Falter fliegen in einer Generation von Ende Juni bis August. Als Habitat dienen hauptsächlich Magerrasen,

magere Wiesen und Ruderalflächen vom Flachland bis ins Bergland über 1000 m. Es bestehen noch Wissenslücken zur Entwicklung dieser Art. In Europa ist die Art bis auf die Mittelmeerinseln überall verbreitet, aber im Bestand abnehmend.
RL 3, **Naturschutzstatus:** 1

Agrotis exclamationis (Ausrufungszeichen)

35 bis 45 mm Spannweite erreichen die gelbgrauen, rötlich braunen bis hellbraunen Vorderflügel des Männchens. Beim Weibchen sind sie dunkler braun bis schwarzbraun. Je ein zapfenförmiger, tiefschwarzer Fleck ist sehr auffallend und kann zusammen mit dem dunkelbraunen, nierenförmigen Fleck als Ausrufungszeichen interpretiert werden. Die Hinterflügel sind weiß und werden zum Rand hin dunkler. Die Raupe lebt in zwei Generationen von August mit Überwinterung und Mai bis Juli des Folgejahres an Wurzeln von Gräsern und Kräutern wie Einjährigem Rispengras (*Poa annua*), Wegerich (*Plantago* sp.), Wilder Möhre (*Daucus carota*), Löwenzahn (*Taraxacum* sp.) und anderen und verpuppt sich. Die Imagines leben in einer Generation von Mai bis August. In warmen Jahren kann ab August eine zweite, unvollständige Generation ausgebildet werden, die bis Anfang Oktober zu finden ist. Als Lebensräume werden Gärten, Parks, Wiesen, Halbtrockenrasen, Sandmagerrasen, vergraste Brachflächen und Böschungen vom Flachland bis ins Gebirge in Höhen von 2000 m genutzt. Diese in Europa häufige Eulenart fliegt mit Ausnahme einiger Mittelmeerinseln bis zum Polarkreis in fast allen Regionen.

Flugzeit	J	F	M	A	M	J	J	A	S	O	N	D
Raupen	J	F	M	A	M	J	J	A	S	O	N	D

Agrotis ipsilon (Ypsiloneule)

Die Farbe der 40 bis 56 mm Spannweite messenden Vorderflügel geht von hell- bis dunkelbraun, wobei die Männchen meist heller als die Weibchen sind. Ein schwarzer, in Form eines Pfeiles geformter Strich weist von den runden, schwarz umrandeten Flecken nach außen. Die Raupe lebt von Mai bis September, in warmen Lagen auch überwinternd bis April, an Wurzeln, Stängeln und Blättern verschiedener Kräuter und Grasarten wie Rispengras (*Lolium* sp.), Blauem Pfeifengras (*Molinia caerulea*) oder Kulturpflanzen wie Mais (*Zea mays*), Kohl (*Brassica* sp.), Weinrebe (*Vitis vinifera*) und

Flugzeit	J	F	M	A	M	J	J	A	S	O	N	D
Raupen	J	F	M	A	M	J	J	A	S	O	N	D

anderen. Der Falter wandert aus Südeuropa ein, wo er eine ununterbrochene Folge von Generationen bildet und bei uns in warmen Jahren bis zu drei Generationen von Mai bis Oktober erzeugen kann. Die Imagines versuchen teilweise eine Rückwanderung nach Süden. Sie haben keine besonderen Ansprüche an den Lebensraum und sind fast überall auch in Gärten und Kulturland mit den Raupenfutterpflanzen vom Flachland bis in die Mittelgebirgsbereiche anzutreffen. In Europa erreichen sie nur den Norden Skandinaviens nicht.

Agrotis segetum (Saateule, Getreide-Saateule)

Die Saateule erreicht eine Vorderflügelspannweite von 30 bis 46 mm. Die Falter sind in der Färbung sehr variabel von verschiedenen Brauntönen zu hellgrau bis beinahe schwarz. Die Zeichnung kann je nach Exemplar gut sichtbar oder fast nicht zu erkennen sein. Die Unterscheidung zu einigen anderen Arten (siehe *A. clavis*) aufgrund der Zeichnung fällt meist schwer. Die Vorderflügel sind schmaler als bei den anderen Arten und der

Flugzeit	J	F	M	A	M	J	J	A	S	O	N	D
Raupen	J	F	M	A	M	J	J	A	S	O	N	D

Außenwinkel der Flügel ist spitzer. Im Raupenstadium überwintern die Eulen und sind zwischen März und April anzutreffen. Im Juli und August lebt die zweite Generation an den Wurzeln einer Reihe von Kulturpflanzen wie Kartoffeln (*Solanum tuberosum*), Erbse (*Pisum sativum*), Ackerwinde (*Convolvulus arvensis*) und auch Rotfichte (*Picea abies*) und Lärche (*Larix decidua*). In Südeuropa kann auch ein Massenbefall an Kulturpflanzen wie Salat, Gemüsearten, Kohl, Rüben und anderen auftreten. In Mitteleuropa bildet die Art in der Regel zwei Generationen pro Jahr. Die erste Generation fliegt von Mai bis Juli und von August bis September die zweite. In warmen Jahren kann es im Oktober und November noch zu einer dritten, unvollständigen Generation kommen. Das Habitat der Saateule sind Trockenrasen, Böschungen und Wegränder an Äckern und Gärten vom Flachland bis ins Bergland. In Europa ist die häufige Art bis auf Nordskandinavien, Nordrussland und dem europäischen Bereich des Kaukasus überall verbreitet.

Agrotis vestigialis (Kiefernsaateule, Graue Wurzeleule)

Die sehr vielfältig hellbraun, violett- bis dunkelbraun gefärbten Vorderflügel der Eule erreichen 32 bis 44 mm Spannweite. Die dunkelbraun bis schwarz gefüllten Zapfen-, Ring- und Nierenmakel sind recht auffallend und nur in Südeuropa treten einige ähnliche Arten auf. An der Flügelwurzel befindet sich je ein Fleck, der meist rotbraun gefärbt ist. An der Querlinie des Flügelsaums schließt eine Reihe von dunklen Keilflecken an. Als

Flugzeit	J	F	M	A	M	J	**J**	**A**	**S**	O	N	D
Raupen	J	F	**M**	**A**	**M**	**J**	**J**	A	S	O	N	D

Nahrung für die in der Erde lebenden und überwinternden Raupen dienen vom Frühjahr bis Juli die Wurzeln verschiedener Gräser, Ackerwinden (*Convolvulus arvensis*), Kleiner Sauerampfer (*Rumex acetosella*), Beifuß-Arten (*Artemisia* sp.), Jungpflanzen der Waldkiefer (*Pinus sylvestris*) und andere. Die Imagines fliegen in einer Generation pro Jahr zwischen Juli und September. Der Lebensraum besteht aus Sandmagerrasen, Binnendünen und Ruderalflächen auf Sandböden, Kies- und Sandgruben im Flachland bis 200 m Höhe. Die europäische Verbreitung reicht bis in den Norden Finnlands und Norwegens, im Süden nur bis zu den Alpen und dem nördlichen Balkan. Im Mittelmeerraum fehlen die Falter weitgehend.

Anaplectoides prasinus (Grüne Heidelbeereule)

Die Vorderflügel erreichen Spannweiten zwischen 40 und 50 mm. Sie sind rotbraun und unterschiedlich intensiv grünlich bis grünlich-weiß gefärbt. Mehrere schwarze, wellenförmige Querbänder überziehen sie. Die Raupenstadien leben von September, dann überwinternd und wieder von März bis Mai an verschiedenen Farnarten, Schlüsselblumen (*Primula* sp.), Springkraut (*Impatiens* sp.), Himbeere (*Rubus idaeus*) und anderen Pflanzen. Die Falter fliegen in einer Generation von Mai bis Ende August. Als Habitat werden Laub-, Misch- und auch Nadelwälder etwas feuchterer Ausprägung sowie Bruch- und Moorwälder mit Schneisen und Lichtungen vom Flachland bis in Mittelgebirgshöhen von über 1500 m genutzt. Die Verbreitung erstreckt sich fast auf das gesamte Europa.

Flugzeit	J	F	M	A	M	J	J	A	S	O	N	D
Raupen	J	F	M	A	M	J	J	A	S	O	N	D

Axylia putris (Erdeule, Putris-Erdeule)

Die Vorderflügel der Eule erreichen eine Spannweite von 30 bis 40 mm. Sie sind an der Innenseite hell gelblich bis weißlich, während die Außenseite dunkler braun gefärbt ist. Die braun umrandeten Nieren- und Ringmakel sind grau bis schwarz gefüllt. Der Falter imitiert mit angelegten Flügeln ein abgebrochenes Aststückchen. Die Raupen leben in einer Generation von Juni bis September, bei zwei Generationen von Mai bis Juli und Juli bis Oktober an einer Vielzahl von Pflanzenarten wie unter anderem Vogelknöterich (*Polygonum aviculare*), Ampfer (*Rumex* sp.), Luzerne (*Medicago* sp.), Brennnesseln (*Urtica* sp.), Labkräuter (*Galium* sp.), Löwenzahn (*Taraxacum* sp.), Klee (*Trifolium* sp.), Gewöhnlicher Zaunwinde (*Calystegia sepium*) und Gewöhnlicher Waldrebe (*Clematis vitalba*). Die Puppe überwintert. Imagines dieser Art erscheinen in zwei ineinander übergehenden Generationen von Anfang Mai bis Ende September, wobei die zweite meist unvollständig bleibt oder in kühleren Regionen völlig fehlt. Die Putris-Erdeule bewohnt eher kühlere, feuchte Bereiche wie Hochstaudenflächen, Bachufer und Gräben, Auenwälder, Feuchtwiesen und Niedermoore, Laub- und Mischwälder, Streuobstwiesen, Gärten und Parks vom Flachland bis in über 1300 m Höhe. In Europa fehlt diese häufige Eule nur im mittleren und nördlichen Skandinavien und ist im Mittelmeerraum seltener.

Flugzeit	J	F	M	A	M	J	J	A	S	O	N	D
Raupen	J	F	M	A	M	J	J	A	S	O	N	D

Cerastis leucographa (Gelbfleck-Frühlings-Bodeneule, Graubraune Wegericheule)

Flugzeit	J	F	M	A	M	J	J	A	S	O	N	D
Raupen	J	F	M	A	M	J	J	A	S	O	N	D

Die Spannweite der rotbraunen Vorderflügel liegt zwischen 35 und 39 mm. Die rötlich braunen Vorderflügel tragen helle, gelbliche bis weiße Ring- und Nierenmakel. Sie hat im Gegensatz zur sehr ähnlichen Rotbraunen Frühlings-Bodeneule (*C. rubricosa*) keine grauen Färbungsanteile. Die Raupen leben zwischen Juni und Juli von den Blättern der Heidelbeere (*Vaccinium myrtillus*) oder der Gewöhnlichen Schlehe (*Prunus spinosa*) sowie von anderen Stauden und Sträuchern. Sie überwintern als Puppe. Die Imagines erscheinen von März bis Anfang Juni in einer Generation pro Jahr. Die Art bevorzugt verschiedene Lebensräume, wie Gebüschsäume und Lichtungen von Eichenmischwäldern, Buchenwäldern, Auenwäldern, Bruchwäldern, Waldhochmooren und Heidegebieten von der Ebene bis in Höhen von etwa 1500 m. In Europa sind Gelbfleck-Frühlings-Bodeneulen im Westen bis Westfrankreich und Mittelengland, im Süden bis Norditalien und zum Balkan und den Karpaten verbreitet. Im Norden kommt die Art bis Dänemark und dem Süden Schwedens vor.

Chersotis ocellina (Schwarzgraue Alpen-Erdeule)

Die dunkelbraunen bis schwarzgrauen Vorderflügel haben eine Spannweite von etwa 25 bis 28 mm. Die gelbbraunen Ring- und Nierenmakel sind von einem schwarzen Feld eingeschlossen. Der Nierenmakel hat die Form

Flugzeit	J	F	M	A	M	J	J	A	S	O	N	D
Raupen	J	F	M	A	M	J	J	A	S	O	N	D

eines „L“. Die Unterscheidung von den sehr ähnlichen Arten *C. alpestris* und *C. oreina* ist nur zum Teil durch Größe, Färbung und Zeichnung möglich, eine genaue Bestimmung erfordert manchmal eine Genitaluntersuchung. Die Raupen leben an Gräsern und Kräutern und überwintern auch. Die Flugzeit der einzigen Generation im Jahr liegt zwischen Juli und August. Als Gebirgsart ist der überwiegend tagaktive Falter bevorzugt auf Almwiesen und felsigen Regionen zwischen 1500 und 2500 m zu beobachten. Die Eule ist in Europa in den Gebirgs- und Mittelgebirgsregionen wie den Alpen, im Apennin, den Pyrenäen und den kantabrischen Gebirgen verbreitet.

Diarsia brunnea (Braune Erdeule)

Die Braune Erdeule erreicht Spannweiten von 37 bis 45 mm. Verwechslungsmöglichkeiten sind aufgrund von Färbungsvarianten zu *D. mendica* und einigen anderen Angehörigen der Gattung in Europa gegeben. An-

Flugzeit	J	F	M	A	M	J	J	A	S	O	N	D
Raupen	J	F	M	A	M	J	J	A	S	O	N	D

haltspunkte können bei *D. brunnea* die violette Tönung und der meist gut sichtbare, helle, gelblich gefüllte Nierenmakel geben. Die Raupen fressen ab September an ihren Nahrungspflanzen wie beispielsweise Gewöhnlichem Wurmfarn (*Dryopteris filix-mas*), Drahtschmiele (*Deschampsia flexuosa*), Waldzwenke (*Brachypodium sylvaticum*), Heidelbeere (*Vaccinium myrtillus*), Primeln (*Primula* sp.) sowie Gewöhnlicher Schlehe (*Prunus spinosa*), Sternmieren (*Stellaria* sp.) und viele andere Arten. Nach der Überwinterung erfolgt im Mai des folgenden Jahres die Verpuppung in einer Erdhöhle. Die Imagines fliegen in einer Generation im Jahr von Juni bis

Anfang/Mitte August. Zu ihren bevorzugten Habitaten gehören feuchte, etwas beschattete Bereiche in Laub-, Misch- und Nadelwäldern, an Waldrändern und Säumen, Heidegebiete, Hochmoore sowie Parklandschaften vom Flachland bis ins höhere Gebirge. Bis auf den nördlich gelegenen Teil Europas und das südliche Mittelmeer ist *D. brunnea* häufig und weit verbreitet.

Eugnorisma glareosa (Graue Spätsommer-Bodeneule)

Die Falter erreichen eine Flügelspannweite von 30 bis 38 mm. Die Vorderflügel sind in der Farbgebung variabel von hellgrau über rötlich bis schwarzgrau. Der Bereich zwischen der inneren und äußeren Querlinie ist meist etwas dunkler als der Rest des Vorderflügels. Der Ring- und Nierenmakel ist dünn weiß umrandet. Mehrere in Größe und Ausdehnung variable schwarze Flecken entlang der Flügelaußenkante sind ein Merkmal zur Bestimmung. Die Raupen überwintern und fressen ab Ende Februar bis zur Verpuppung Ende Mai an Pflanzen wie Heidekraut (*Erica* sp.), Labkräutern (*Galium* sp.), Besenheide (*Calluna vulgaris*), Rispengräsern (*Poa* sp.), Ampfer (*Rumex* sp.), Habichtskräutern (*Hieracium* sp.), Wegerich (*Plantago* sp.), Wiesensalbei (*Salvia pratensis*), Gewöhnlicher Hundszunge (*Cynoglossum officinale*) und anderen. Sie verpuppen sich in einem Kokon

Flugzeit	J	F	M	A	M	J	J	A	S	O	N	D
Raupen	J	F	M	A	M	J	J	A	S	O	N	D

im Erdboden. Es erscheint eine Generation im Jahr von Ende August bis Oktober. Habitate sind offene, felsige Magerrasenhänge, Sandmagerrasen, Binnenlanddünen, lichte Laubmisch- und Kiefernwälder sowie Truppenübungsplätze von Meereshöhe bis ins Hügelland über 800 m. In Europa reicht die Verbreitung der Eule von der Iberischen Halbinsel über den Westen und Mitteleuropa bis nach Norden zu den Britischen Inseln, ins Baltikum und dem Süden von Schweden und Norwegen.

Eugraphe sigma (Sigma-Bodeneule)

Die breiten, rot- bis schwarzbraun gefärbten Vorderflügel erreichen Spannweiten zwischen 37 und 43 mm. Der Außenrand ist hellbraun, die Rückenpartie schwarz und die Makel sind schwarz umrandet. Die Raupe ist nach dem Schlupf im August bis zur Überwinterung und im Frühjahr des folgenden Jahres bis zur Verpuppung ab Mai an verschiedenen Sträuchern wie Gewöhnlicher Waldrebe (*Clematis vitalba*), Roter Heckenkirsche (*Lo-*

Flugzeit	J	F	M	A	M	J	J	A	S	O	N	D
Raupen	J	F	M	A	M	J	J	A	S	O	N	D

nicera xylosteum), Blutrotem Hartriegel (*Cornus sanguinea*), Liguster (*Ligustrum* sp.), Gewöhnlicher Schlehe (*Prunus spinosa*) und anderen Arten zu finden. Die Imagines der einzigen Generation im Jahr leben zwischen Anfang Juni und Ende Juli. Die Habitate bestehen aus sonniger Strauchvegetation an Rändern von Laubmischwäldern und Feldgehölzen mit angrenzenden Wiesen oder Magerrasen, Wegrändern und Böschungen sowie Hängen von der Ebene bis in Mittelgebirgslagen bis 1500 m Höhe. In Europa sind die Iberische Halbinsel, Großbritannien, der südliche Mittelmeerraum und das nördliche Skandinavien nicht besiedelt.

Graphiphora augur (Augur-Bodeneule)

Die Spannweite der Eule liegt zwischen 35 und 42 mm. Die Vorderflügel sind hellbraun bis rötlich braun. Die Ring- und Nierenmakel werden von einem durch zwei mehr oder weniger gut sichtbare, quer verlaufende schwarze Wellenlinien gebildeten Mittelfeld eingeschlossen. Die schwarzen Makelumgrenzungen sind oft nicht vollständig und nur angedeutet. Die Raupen erscheinen nach dem Schlupf im Juli, überwintern und ernähren sich noch bis zur Verpuppung im Mai von verschiedenen Bäumen und

Flugzeit	J	F	M	A	M	J	J	A	S	O	N	D
Raupen	J	F	M	A	M	J	J	A	S	O	N	D

Sträuchern wie Sal-Weide (*Salix caprea*), Rotem Hartriegel (*Cornus sanguinea*), Gewöhnlicher Schlehe (*Prunus spinosa*), Geißblatt (*Lonicera* sp.) und anderen. Als Falter fliegen sie in einer Generation von Anfang Juni bis Anfang August. Die Habitate bestehen aus feuchten Gewässerufern, Uferböschungen, Waldsäumen mit Wiesen, Bruchwäldern und Auwäldern von der Ebene bis in Gebirgsregionen auf 2000 m Höhe. Die Verbreitung erstreckt sich auf ganz Europa bis auf die südlichsten Teile. In ihren südlichen Verbreitungsgebieten beschränkt sie sich auf die Berg- und Gebirgslagen.

Lycophotia porphyrea (Kleine Heidekrauteule, Porphyr-Eule)

Eine kleinere Art mit einer Flügelspannweite von 25 bis 35 mm, die mit ihrem rotbraunen bis purpurfarbenen Zeichnungsmuster mit weißen, schwarz gerandeten Makeln und Querbändern kaum zu verwechseln ist. Die Raupen schlüpfen ab September und fressen Besenheide (*Calluna*

Flugzeit	J	F	M	A	M	J	J	A	S	O	N	D
Raupen	J	F	M	A	M	J	J	A	S	O	N	D

vulgaris) und Heidekraut (*Erica* sp.), überwintern und verpuppen sich im Mai des folgenden Jahres. Die Falter sind hauptsächlich nachtaktiv und entwickeln sich in einer Generation im Jahr zwischen Juni und August. Als Lebensraum nutzen sie Heiden und Moore, Hanglagen und Waldränder bis in höhere Gebirgslagen. Verbreitung findet dieser Falter hauptsächlich in Nord-, Mittel- und Osteuropa und dringt nach Süden bis in den Norden der Iberischen Halbinsel, Italiens und Griechenlands vor.

Naenia typica (Buchdruckereule, Adereule)

Die Buchdruckereule erreicht eine Flügelspannweite von 36 bis 46 mm. Sie ist durch die dunkelbraune bis graubraune Grundfärbung mit dem Zeichnungsmuster aus hellen Querlinien und Adern und den dunkelbraunen Feldern zwischen den Nieren- und Ringmakeln gekennzeichnet. Ähnlich sind in Europa die Haldenflur-Nelkeneule (*Sideridis reticulata*), Schawerdas Netzeule (*S. kitti*), *S. dalmae*, die Weißgerippte Lolcheule (*Tholera decimalis)* sowie *Th. hilaris*, die meist schmalere und länglichere Vorderflügel sowie hellere Hinterflügel haben. Die Raupen ernähren sich ab September bis zur Überwinterung von vielen verschiedenen Pflanzenarten wie Gewöhnlicher Schlehe (*Prunus spinosa*), Weide (*Salix* sp.), Gewöhnlicher

Flugzeit	J	F	M	A	M	J	J	A	S	O	N	D
Raupen	J	F	M	A	M	J	J	A	S	O	N	D

Esche (*Fraxinus excelsior*), Feldulme (*Ulmus minor*), Großer Brennnessel (*Urtica dioica*) und weiteren. Im Mai des folgenden Jahres verpuppen sie sich in einer Höhle im Erdboden. Die nachtaktiven Falter entwickeln pro Jahr eine Generation zwischen Juni und September und lassen sich gut ködern. Sie benötigen gewässernahe, feuchte Lebensräume wie Flussauen, Bachufer, Moore, Seen und Teiche. Die Buchdruckereule ist in ganz Europa mit Ausnahme des hohen Nordens und des südlichen Mittelmeerraumes weit verbreitet.

Noctua comes (Breitflügelige Bandeule)

Diese Bandeule hat Flügelspannweiten zwischen 35 und 50 mm. Sie ist hinsichtlich der Zeichnung und Färbung sehr variabel von hellgelblichbraunen über grünlich- oder rötlichbraunen bis zu dunkelbraunen Tönungen. Die Nieren- und Ringmakel sind meist dunkler als die Flügelfarbe. Die Raupen schlüpfen im Herbst und fressen bis zur Überwinterung und danach bis zur Verpuppung ab April bis Ende Mai an einer Vielzahl verschiedener Pflanzen. Die Bandeule erscheint in einer Generation pro Jahr und ist je nach klimatischen Bedingungen von Anfang Juni bis Mitte Oktober zu finden. Sie kann fast jeden Lebensraum nutzen und ist über ganz Europa verbreitet.

Flugzeit	J	F	M	A	M	J	J	A	S	O	N	D
Raupen	J	F	M	A	M	J	J	A	S	O	N	D

Noctua fimbriata (Gelbe Bandeule)

Die Vorderflügel erreichen Spannweiten von 45 bis 61 mm. Sie sind sehr variabel grau oder bräunlich-grün oder rotbraun mit deutlicher, bunter Querlinienzeichnung. Die Hinterflügel sind gelb und tragen ein schwarzes Saumband. Die Art sieht *N. tirrenica* sehr ähnlich und ist im Gelände

Flugzeit	J	F	M	A	M	J	J	A	S	O	N	D
Raupen	J	F	M	A	M	J	J	A	S	O	N	D

schwer zu unterscheiden. Die Raupe findet man ab September bis zur Überwinterung und im Frühjahr bis zur Verpuppung im Mai des Folgejahres an Pflanzenarten wie Gewöhnlicher Schlehe (*Prunus spinosa*), Salweide (*Salix caprea*), Löwenzahn (*Taraxacum* sp.) und anderen. Die nachtaktiven Falter haben eine sehr lange Flugzeit in einer ausgedehnten Generation von Anfang Juni bis Oktober. Als Wanderfalter sind sie auch oft außerhalb ihrer eigentlichen Lebensräume wie Waldränder, Gebüsche, Hänge, Parks und Gärten anzutreffen. Die Art ist europaweit verbreitet, teilt sich im Mittelmeerraum Gebiete mit der nahe verwandten *N. tirrenica* und fehlt nur im hohen Norden.

Noctua janthina (Janthina-Bandeule)

Der Falter erreicht Flügelspannweiten zwischen 36 und 44 mm. Die braunvioletten bis blaugrauen Falter haben unterbrochen weiß umrandete Ring- und Nierenmakel. Die Art ist oft nur schwer von der verwandten Janthe-Bandeule (*Noctua janthe*) zu unterscheiden. Die Unterscheidungsmerkmale befinden sich auf den Hinterflügeln: Die schwarze Randbinde ist bei *N. janthina* in der Regel breiter als bei *N. janthe* und deren innere Begrenzung mündet schräg statt rechtwinklig wie bei *N. janthe*. Ab September schlüpfen die Raupen. Sie fressen an jungen Gehölzen wie Pappeln (*Populus* sp.), Roter Heckenkirsche (*Lonicera xylosteum*), Gewöhnlichem Pfaffenhütchen (*Euonymus europaeus*) und Pflanzen wie Großer Brennnessel (*Urtica dioica*) und möglicherweise Gewöhnlichem Löwenzahn (*Taraxacum officinale*) und anderen. Die dämmerungs- und nachtaktiven Falter entwickeln sich zwischen Ende Juni und Oktober zu einer Generation pro Jahr.

Flugzeit	J	F	M	A	M	J	J	A	S	O	N	D
Raupen	J	F	M	A	M	J	J	A	S	O	N	D

Die Lebensräume dieser Eule bestehen aus Lichtungen, Waldrändern, Saumzonen, Gewässerrändern, Dämmen und Böschungen in Laub- und Laubmischwäldern sowie in Parks und Gärten. *N. janthina* ist in Europa weit verbreitet, fehlt allerdings im größten Teil der Iberischen Halbinsel und dem westlichen Teil Frankreichs sowie im hohen Norden.

Noctua pronuba (Hausmutter)

Die Falter erreichen Flügelspannweiten von 50 bis 60 mm. Die Vorderflügel sind sehr variabel von gelbbraun über graubraun, rotbraun bis dunkelbraun gefärbt und mit je einem dunkel gefüllten Nierenfleck und einem hellen Ringfleck gezeichnet. Die gelben Hinterflügel haben eine schwarze Saumbinde. Die Falter ähneln der kleineren *N. orbona* und der seltenen *N. interposita*. Die Raupen schlüpfen ab September und leben bis zur Überwinterung und im Frühjahr des folgenden Jahres an verschiedensten Gehölzen und Kräutern wie Labkraut (*Galium* sp.), Löwenzahn (*Taraxacum*

Flugzeit	J	F	M	A	M	J	J	A	S	O	N	D
Raupen	J	F	M	A	M	J	J	A	S	O	N	D

sp.), Brennnessel (*Urtica* sp.), Brombeere (*Rubus* sect. *Rubus*), Weide (*Salix* sp.) und anderen. In der Regel erfolgt die Verpuppung im Mai, in Ausnahmefällen aber auch schon vor dem Winter. Imagines leben in einer Generation pro Jahr von Mai bis Anfang Oktober in lichten Wäldern, Parks und Gärten. Die Eule ist in ganz Europa weit verbreitet, fehlt aber im hohen Norden.

Ochropleura plecta (Hellrandige Erdeule)

Die Eule erreicht eine Flügelspannweite von 28 bis 34 mm. Die braunroten Vorderflügel haben am Vorderrand einen hellgraubraunen Streifen sowie

Flugzeit	J	F	M	A	M	J	J	A	S	O	N	D
Raupen	J	F	M	A	M	J	J	A	S	O	N	D

je einen weiß gerandeten Ring- und Nierenmakel in einem schwarzen Längsband. Die Raupen leben von Juni bis Juli und wieder von August bis Oktober an Einjährigem Rispengras (*Poa annua*), Ampfer (*Rumex* sp.), Wegerich (*Plantago* sp.), Labkräutern (*Galium* sp.), Gewöhnlichem Greiskraut (*Senecio vulgaris*), Lattich (*Lactuca* sp.) und weiteren Arten. Sie überwintern als Puppe. Die erste Generation der nachtaktiven Falter tritt zwischen Mai und Mitte Juli, die zweite von Ende Juli bis September auf. Die Falter haben ein breites Spektrum von Lebensräumen wie Gärten, Parks, Böschungen, Dämme, Ruderalflächen, Lichtungen, Waldränder, Wiesen und Weiden. *O. plecta* ist über weite Teile Europas mit Ausnahme einiger Mittelmeerinseln und dem hohen Norden Europas verbreitet.

Paradiarsia punicea (Moorheiden-Bodeneule)

Die 36 bis 40 mm Spannweite erreichenden Falter sehen einigen Arten aus der Gattung *Diarsia* sehr ähnlich, haben aber hellere, dunkel gerandete Querlinien. Die Falter sind rotbraun und besitzen einen dunklen Mittelschatten auch zwischen den Makeln. Ab Sommer leben und ernähren

Flugzeit	J	F	M	A	M	J	J	A	S	O	N	D
Raupen	J	F	M	A	M	J	J	A	S	O	N	D

sich die Raupen bis zur Überwinterung und im folgenden Jahr bis Mitte Mai an Brombeere (*Rubus* sect. *Rubus*), Himbeere (*Rubus idaeus*), Moorbeere (*Vaccinium uliginosum*) oder Weiden (*Salix* sp.) und möglicherweise noch von anderen Arten. Die Falter fliegen in einer Generation schon ab Mai bis in den Juli. Die Eule bevorzugt verbuschte Niedermoore, Hochmoore, Bruchwälder und Auwälder. Im Norden reicht die Grenze der Verbreitung bis ins südliche Finnland und das Baltikum. Im Westen sind die Falter lokal in Ostfrankreich und in Belgien, der Schweiz, Österreich, im Süden bis Norditalien und Bulgarien sowie der Slowakei im Osten zu finden.
RL 3, **Naturschutzstatus:** 1

Xestia baja (Baja-Bodeneule)

Die Falter erreichen 37 bis 43 mm Spannweite und sind rotbraun, hellgraubraun bis ockerbraun gefärbt und meist mit undeutlichen Querlinien gezeichnet. Die Makel haben eine dünne, weiße Umrandung. Zur Unterscheidung von ähnlichen Arten dienen die schwarzen Punkte am Vorderrand der Vorderflügel, die häufig als Doppelpunkt ausgebildet sind. Die Raupe ernährt sich ab August von Blauem Pfeifengras (*Molinia caerulea*),

Wiesensalbei (*Salvia pratensis*), Gewöhnlicher Hasel (*Corylus avellana*), Gewöhnlicher Schlehe (*Prunus spinosa*), Himbeere (*Rubus idaeus*), Weißem Labkraut *(Galium album)* und Heidelbeere (*Vaccinium myrtillus*). Sie überwintert und verpuppt sich ab Mai oder Juni des folgenden Jahres. Die

Flugzeit	J	F	M	A	M	J	J	A	S	O	N	D
Raupen	J	F	M	A	M	J	J	A	S	O	N	D

Falter schlüpfen ab Juni und bilden eine Generation, die spätestens bis September zu finden ist. Sie leben in Wäldern und an deren Rändern, Gebüschen, an Wegen und Fließgewässerufern, Mooren und auch in Parks und Gärten. *X. baja* ist europaweit verbreitet und häufig.

Xestia c-nigrum (Schwarzes C)

Die Spannweite der Falter reicht von 31 bis 40 mm. Die graue, purpurgraue bis braungraue Grundfarbe der Vorderflügel, der weißgraue Halskragen, das tiefschwarze C-förmig eingefasste Mittelfeld machen ihn als einen der häufigsten Eulenfalter unverwechselbar. Im Raupenstadium von Juni bis Juli und von September mit Überwinterung und bis April des folgenden Jahres lebt die Art an Gräsern und Kräutern wie z. B. Pfeifengräsern (*Molinia* sp.), Draht-Schmiele (*Deschampsia flexuosa*), Primeln (*Primula* sp.), Weidenröschen (*Epilobium* sp.), Spitzwegerich (*Plantago lanceolata*), Vogelmiere (*Stellaria media*), Frauenmantel (*Alchemilla* sp.), Gewöhnlicher Schlehe (*Prunus spinosa*), Gewöhnlicher Schafgarbe (*Achillea millefolium)* und an weiteren Arten. Die Falter entwickeln je nach Lage und Klimabedin-

Flugzeit	J	F	M	A	M	J	J	A	S	O	N	D
Raupen	J	F	M	A	M	J	J	A	S	O	N	D

gungen zwei, im Süden Europas bis zu drei Generationen, die von Ende April bis Juli und von August bis Oktober fliegen. Die Art ist fast überall anzutreffen und wandert auch aus dem Süden ein und fehlt in Europa nur im äußersten Norden.

Xestia sexstrigata (Sechslinien-Bodeneule)

Flugzeit	J	F	M	A	M	J	J	A	S	O	N	D
Raupen	J	F	M	A	M	J	J	A	S	O	N	D

Die hell- oder dunkelrötlich braunen Vorderflügel erreichen 35 bis 38 mm Spannweite und haben mit der mittleren Schattenlinie und der Saumlinie sechs Querlinien, die ihr den Namen verleihen. Von August bis zur Überwinterung und im folgenden Jahr bis Mai lebt die Raupe bevorzugt an Gräsern (*Poa* sp.) und vermutlich auch anderen Pflanzen. Pro Jahr entwickelt sich eine Generation und fliegt von Juli bis spätestens September. Ihre Lebensräume sind bevorzugt feuchte Au- und Bruchwälder mit Grasbewuchs, Gewässerufer, Niedermoore und Feuchtwiesen. Die Verbreitung ist auf Europa, mit Ausnahme des hohen Nordens und der Balkanhalbinsel begrenzt.

Xestia triangulum (Triangel-Bodeneule)

Die Flügel haben Spannweiten zwischen 36 und 45 mm. Die gelb-, grau- bis rotbraunen Falter ähneln *X. ditrapezium,* sind aber heller, haben etwas breitere Vorderflügel und kaum einen Helligkeitsunterschied zwischen Vorder- und Hinterflügeln. Die schwarzen Flecken zwischen Ring- und

Flugzeit	J	F	M	A	M	J	J	A	S	O	N	D
Raupen	J	F	M	A	M	J	J	A	S	O	N	D

Nierenmakel erscheinen oft C-förmig. Im September schlüpft die Raupe, überwintert, um sich im folgenden Jahr ab April oder Mai zu verpuppen. Sie ernährt sich von einer ganzen Reihe von Pflanzenarten wie Großer Brennnessel (*Urtica dioica*), Sternmiere (*Stellaria* sp.), Pfeifengras (*Molinia* sp.), Himbeere (*Rubus idaeus*), Gewöhnlicher Waldrebe (*Clematis vitalba*) und weiteren Arten. Die nachtaktive Art hat eine Flugzeit von mehr als vier Monaten von Mai bis September und bildet eine Generation im Jahr. Als

Lebensraum nutzt sie Gebüsche, Hecken, Waldränder, lichte Auwälder und Gewässerufer sowie Parks und Gärten bis in höhere Gebirgslagen. In Europa ist die Art weit verbreitet, fehlt aber in Portugal, auf den Mittelmeerinseln und im hohen Norden.

Unterfamilie Nolinae Kahneulchen

Bena bicolorana (Großer Kahnspinner, Eichen-Kahnspinner)

Die Falter erreichen Flügelspannweiten von 40 bis 48 mm. Die hellgrünen Vorderflügel tragen zwei scharf abgegrenzte, schmale weiße Querlinien,

Flugzeit	J	F	M	A	M	J	J	A	S	O	N	D
Raupen	J	F	M	A	M	J	J	A	S	O	N	D

die schräg parallel verlaufen. Als Raupennahrung dienen ab August bis zur Überwinterung Eichenblätter (*Quercus* sp.). Nach der Überwinterung verpuppen sie sich im Mai oder Juni. Sie leben in lichten, warmen Eichen- und Laubmischwäldern, auf Eichenhutweiden, Eichenalleen und an Einzelbäumen. Als Falter fliegen sie ab Ende Mai bis Anfang September in einer Generation pro Jahr. *B. bicolorana* ist in Europa weit verbreitet.

Earias clorana (Weiden-Kahneulchen, Grüneulchen)

Die breiten Vorderflügel sind grün, haben einen weißen Saum und erreichen eine Spannweite von 17 bis 23 mm. Die Hinterflügel und der Kopf sind gänzlich weiß. Die Raupen der ersten Generation erscheinen zwischen Mai und Juli, die der zweiten von August bis Ende September, wobei es auch hier zu Überschneidungen kommen kann. Die Nahrung der Raupen stellen die Blätter einer Reihe von schmalblättrigen Weidenarten (*Salix* sp.) dar. Sie verpuppen sich in der zweiten Generation zur Überwinterung

Flugzeit	J	F	M	A	M	J	J	A	S	O	N	D
Raupen	J	F	M	A	M	J	J	A	S	O	N	D

in einem kahnförmigen Kokon an den Ästen. Die beiden Generationen im Jahr erscheinen nicht eindeutig voneinander trennbar zwischen April und September. Als Habitat werden die Uferbereiche verschiedener Fließ- und Stillgewässer wie Flüsse, Bäche, Kanäle, Seen, Teiche, Tümpel, Altwässer sowie angrenzender Biotope vom Flachland bis ins Hügelland in Höhen von 700 m genutzt. In Europa sind nur Portugal, Irland, Island, Norwegen und das nördliche Schweden sowie der Norden Finnlands und im Süden Griechenland nicht besiedelt.

Pseudoips prasinana (früher *fragana*) (Buchen-Kahneule, Jägerhütchen, Buchen-Kahnspinner)

Die Falter erreichen Flügelspannweiten zwischen 30 und 37 mm. Die Vorderflügel sind grün mit drei hellen, dunkelgrün gesäumten, spitz aufeinander zulaufenden Querlinien und vereinzelt auch mit mehr oder weniger roter mittlerer Querlinie, rotem Außenrand und roten Beinen. Die Fühler sind in der Regel rot gefärbt. Die Bezeichnung der Art hat eine verwirrende Historie und kann leicht noch mit der von *Bena bicolorana* (früher *B. prasinana*) verwechselt werden. Einige Autoren ordnen die Art einer eigenen Unterfamilie, den *Chloephorinae*, andere der Unterfamilie *Nolinae* zu. Hier ist ähnlich wie bei *B. bicolorana* aktuell einiges im Fluss und scheint nicht abschließend geklärt. Raupenstadien der Art findet man von Juni bis November an Blättern und Trieben von Laubgehölzen wie Rotbuche (*Fagus*

Flugzeit	J	F	M	A	M	J	J	A	S	O	N	D
Raupen	J	F	M	A	M	J	J	A	S	O	N	D

sylvatica), Eiche (*Quercus* sp.), Hängebirke (*Betula pendula*), Gewöhnlicher Hasel (*Corylus avellana*), Edelkastanie (*Castanea sativa*) und Hainbuche (*Carpinus* sp.). Zur Überwinterung bauen sie einen Kokon, der in der Form einem Kahn ähnlich sieht und namensgebend ist. Imagines sind dämmerungs- und nachtaktiv und bilden von Jahr zu Jahr je nach Verbreitung und Klimaverhältnissen eine bis zwei Generationen von April bis Ende Juni und Juli bis spätestens September. Die Buchen-Kahneule ist Bewohner von Laubwäldern und in ganz Europa mit Ausnahme des hohen Nordens verbreitet.

Unterfamilie Oncocnemidinae

Calophasia lunula (Möndcheneule)

Die Spannweite der graubraunen Vorderflügel reicht von 26 bis 32 mm. Auffällig sind der kapuzenartig behaarte Halskragen und die namengebenden halbmondförmigen, weißen Nierenmakel. Die Raupe lebt zwischen Ende Juni und Ende August an Leinkrautarten (*Linaria* sp.) wie Gewöhnlichem Leinkraut (*Linaria vulgaris*), Alpen-Leinkraut (*L. alpina*), Gestreiftem Leinkraut (*L. repens*) und anderen. Die Art überwintert in der Regel als Puppe. Möndcheneulen können zwei, in Südeuropa auch drei sich überlagernde Generationen von April bis September ausbilden. Als Habitat bevorzugt die Eule Magerrasen, warme Hänge, Steppenheiden, Ruderalflächen, Wegränder und trockene Steinbrüche sowie Kiesgruben von der Ebene bis in Gebirgsregionen in Höhen von 2000 m. In Europa beschränkt sich die Verbreitung der Eulenart auf Mittel- und Südeuropa.

Flugzeit	J	F	M	A	M	J	J	A	S	O	N	D
Raupen	J	F	M	A	M	J	J	A	S	O	N	D

Unterfamilie Pantheinae

Colocasia coryli (Haseleule)

Die 32 bis 38 mm Spannweite messenden Vorderflügel sind bis zur Querlinie dunkelbraun und werden zum Außenrand hellgrau. Die welligen oder

Flugzeit	J	F	M	A	M	J	J	A	S	O	N	D
Raupen	J	F	M	A	M	J	J	A	S	O	N	D

gezackten Querlinien sind schwärzlich. Die Ringflecken sind schwarz gerandet mit einem schwarzen Fleck in der Mitte. Die Fühler des Männchens sind doppelt befiedert. Die Raupen leben in den beiden Generationen von Mitte März bis August an Laubholz wie Rotbuche (*Fagus sylvatica*), Stieleiche (*Quercus robur*), Gewöhnlicher Hasel (*Corylus avellana*) oder Hainbuche (*Carpinus betulus*) und einer Reihe anderer Gehölzarten und verpuppen sich ab dem Spätsommer zur Überwinterung. Die Flugzeit der in den wärmeren Regionen meist zwei Generationen reicht von Ende März bis Juni und von Juli bis Anfang September. Die Falter leben in Laub- und Mischwäldern sowie Parks vom Flachland bis in Bergregionen um 1600 m. Die europäische Verbreitung reicht im Norden bis Nordskandinavien, im Süden bis Nordspanien, Sizilien und Griechenland, im Osten über Osteuropa hinaus.

Panthea coenobita (Klosterfrau)

Es treten Flügelspannweiten zwischen 40 und 50 mm auf. Die Vorderflügel tragen ein Muster aus schwarzen oder dunkelbraunen, gezackten Querlinien und Fleckenzeichnungen auf weißem Grund. Am Flügelspitzenrand erscheinen sie stark schwarz- bzw. dunkelbraun-weiß gezähnt. Die Raupen leben zwischen August und Oktober an Nadeln der Fichte (*Picea* sp.), Waldkiefer (*Pinus sylvestris*), Lärche (*Larix* sp.) oder Tanne (*Abies* sp.), in den Alpen an Zirbelkiefer (*Pinus cembra*). Zur Überwinterung verpuppen sie sich am Boden. Als Falter entwickeln sie sich in Nord- und Mitteleuropa in einer Generation im Jahr von Mai bis August. In warmen Jahren und im Süden

Flugzeit	J	F	M	A	M	J	J	A	S	O	N	D
Raupen	J	F	M	A	M	J	J	A	S	O	N	D

des Verbreitungsgebietes erscheint von Ende August bis Anfang Oktober noch eine zweite Generation. Sie leben in Nadelwäldern im Kronenbereich der Nadelbäume. Die Falter haben ihre Verbreitungsgrenze in den Pyrenäen Nordspaniens, im Osten Frankreichs, im Süden Skandinaviens, in Norditalien und auf der Balkanhalbinsel.

Unterfamilie Phytometrinae

Colobochyla salicalis (Weiden-Spannereule)

Die Eule erreicht 26 bis 30 mm Spannweite. Die Grundfärbung der Vorderflügel ist hellbeige. Drei braune, gelblich gesäumte Querlinien, von denen die äußere in der Flügelspitze endet, machen die Art unverwechselbar. Die Nahrungsgrundlage der Raupe bilden von Juni bis September Weiden- (*Salix* sp.) und Pappelarten (*Populus* sp.). Die Puppe überwintert. Die Imagines erscheinen in einer, an wärmebegünstigten Stellen in zwei Generationen von Mai bis Juni und von Juli bis September. Als Habitate dienen lichte, feuchte Auwälder, Laubmischwälder und Waldränder mit angrenzenden Grünland- und Gebüschbereichen. Die Verbreitungsgrenze erreicht im Süden Europas den Norden Spaniens, Süditalien, Dalmatien und den Süden Bulgariens. Im Norden erreicht die Art die Küste der Ostsee und den Süden Finnlands.

Flugzeit	J	F	M	A	M	J	J	A	S	O	N	D
Raupen	J	F	M	A	M	J	J	A	S	O	N	D

Phytometra viridaria (Kreuzblumen-Bunteulchen)

Die kleine Art hat nur etwa 20 bis 25 mm Flügelspannweite. Die Vorderflügel sind olivbraun bis grünlich braun gefärbt und tragen in der hinteren Hälfte zwei mehr oder weniger sichtbare ineinander übergehende rotbraune oder purpurfarbige Bänder, die auch fast gänzlich fehlen können. Die Raupen ernähren sich ab April bis Anfang Juli und August bis Anfang Oktober von Kreuzblümchen (*Polygala* sp.). Sie verpuppen sich zur Überwinterung. Die Falter schlüpfen ab April und fliegen bis Juni und in einer zweiten Generationen von Juli bis Ende August oder spätestens September. Bevorzugte Habitate sind Magerrasen, Waldwiesen und Lichtungen in Schneeheide-Kiefernwäldern, Wacholderheiden sowie Dämme. *P. viridaria* ist über ganz Europa verbreitet und fehlt nur in weiten Teilen Skandinaviens.

Flugzeit	J	F	M	A	M	J	J	A	S	O	N	D
Raupen	J	F	M	A	M	J	J	A	S	O	N	D

RL 3, **Naturschutzstatus:** 1

Trisateles emortualis (Gelblinien-Spannereule)

Die Flügelspannweite der den Spannern ähnlichen Falter liegt bei 29 bis 35 mm. Die Vorderflügel sind hell gelblich braun gefärbt und tragen eine innere und eine äußere hellgelbe bis weiße Querlinie, von der sich die hintere auch auf den Hinterflügeln fortsetzt, sowie je einen strichförmigen Nierenmakel. Die Raupe lebt an abgestorbenen Blättern in der Laubstreu oder an Bäumen wie bevorzugt Eiche (*Quercus* sp.), Buche (*Fagus* sp), Gewöhnlicher Hainbuche (*Carpinus betulus*) oder Brombeere (*Rubus* sect. *Rubus*). Die Überwinterung findet im Puppenstadium statt. Die Falter schlüpfen ab Ende Mai und leben bis Ende Juli in einer Generation, abhängig von Lage und Temperatur. Die Verbreitung erstreckt sich auf ganz

Flugzeit	J	F	M	A	M	J	J	A	S	O	N	D
Raupen	J	F	M	A	M	J	J	A	S	O	N	D

Europa mit Ausnahme des nördlichen Skandinaviens.

Unterfamilie Plusiinae

Abrostola tripartita (Silbergraue Nessel-Höckereule)

Die 27 bis 30 mm Spannweite messende Höckereule ist eine von vier Vertretern der Gattung und ähnelt der Dunkelgrauen Nessel-Höckereule (*A. triplasia*) oder der Schwalbenwurz-Höckereule (*A. asclepiadis*), die in Euro-

Flugzeit	J	F	M	A	M	J	J	A	S	O	N	D
Raupen	J	F	M	A	M	J	J	A	S	O	N	D

pa Bestimmungsschwierigkeiten bereiten können und bei denen eine Differenzierung manchmal nicht sicher ohne Genitalbestimmung abzuklären ist. *A. tripartita* ist die kleinste Vertreterin der Gattung. Die Flügelfärbung reicht von hell- bis dunkelgrau mit einem dunklen Band in der Mitte und einem hellgrauen bis weißlichen Saumbereich. Die Raupen leben von Ende Juli bis Ende September an Großer Brennnessel (*Urtica dioica*). Die Puppe überwintert. Falter fliegen in zwei Generationen von April bis Mai und partiell von September bis Oktober. Die Art ist bezüglich ihres Lebensraums nicht anspruchsvoll und kann sowohl eher feuchte und kühle Waldwegränder, Wälder, Auen und Moorränder als auch Gärten und Parks von der Ebene bis ins Bergland über 1000 m besiedeln. Die Art ist über ganz Europa zu finden.

Abrostola triplasia (Dunkelgraue Nessel-Höckereule)

Die leicht mit den anderen *Abrostola*-Arten zu verwechselnde Eule erreicht mit gestreckten Vorderflügeln 30 bis 36 mm Spannweite. Ihre Grundfarbe ist dunkelgrau mit braunen, schwarz gesäumten Querbändern. Etwas auf-

fälliger ist der mit einem Haarbüschel besetzte Rücken. Eine Anpassung, die dem Falter das Aussehen eines abgebrochenen Astes verleiht. Raupen leben zwischen Juli und Oktober bevorzugt von Großer Brennnessel (*Urtica dioica*). Inwieweit andere in der Literatur angegebene Pflanzen wie Kleine Brennnessel und Hopfen tatsächlich genutzt werden, ist nicht klar nachgewiesen. Die Imagines bilden zwei bis möglicherweise eine dritte, unvollständige Generation im Jahr von Ende April bis Anfang Oktober aus. Ihr Lebensraum sind verschiedenste Bereiche in Wäldern, an Bächen, auf Brachflächen und in Gärten mit dem Vorkommen von Großer Brennnessel. Die Falter sind in ganz Europa bis in den Süden Fennoskandinaviens vom Flachland bis ins Bergland über 800 m verbreitet.

Flugzeit	J	F	M	A	M	J	J	A	S	O	N	D
Raupen	J	F	M	A	M	J	J	A	S	O	N	D

Autographa bractea (Quellhalden-Goldeule)

Die Goldeule ist mit 44 bis 50 mm Spannweite der Vorderflügel eine große Art. Sie hat eine rötlich-, violett- bis dunkelbraune Grundfärbung mit kaum sichtbaren Querlinien. Auffällig ist der unverwechselbare große, goldene, runde Makel. Die Eule überwintert als Raupe ab dem Spätsommer bis zum Frühjahr und frisst bis Juni die Blätter an einer Vielzahl von Pflanzen, wie Wegerich (*Plantago* sp.), Habichtskraut (*Hieracium* sp.), Taubnessel (*Lamium* sp.), Huflattich (*Tussilago farfara*), Ziest (*Stachys* sp.), Sumpf-Pippau (*Crepis paludosa*), Löwenzahn (*Taraxacum* sp.), Brennnessel (*Urtica* sp.) und Gewöhnlicher Wasserdost (*Eupatorium cannabinum*). Die Imagines fliegen von Mitte Juni bis September, wobei die im August und September in wärmeren Lagen fliegenden Tieren einer zweiten, partiellen Generation angehören dürften. Die Lebensräume, in denen die Falter gefunden werden, sind sehr vielfältig und meist eher feuchte Bereiche wie Feuchtwiesen, Bach- und Flussufer, Auen, Wiesentäler, Staudenfluren, Waldränder, Kahlschläge und Grabenränder von der Ebene bis in Gebirgshöhen von über 2000 m. Die Verbreitung erstreckt sich über die Gebirgsregionen Mittel- und Nordeuropas. Im Süden geht sie nicht über die Alpen hinaus. Im Südosten erreicht sie Bulgarien.

Flugzeit	J	F	M	A	M	J	J	A	S	O	N	D
Raupen	J	F	M	A	M	J	J	A	S	O	N	D

Autographa gamma (Gammaeule)

Die Vorderflügel erreichen im ausgestreckten Zustand eine Spannweite von 35 bis 40 mm. Sie variieren von grau bis graubraun und violettbraun und sind mit je einem Y-förmigen Fleck, der meist sehr fein weiß umrandet ist, ausgestattet. Die Hinterflügel sind gelbbraun mit einem breiten verdunkelten Saum. Die Raupen sind bei uns ganzjährig zu finden, können

Flugzeit	J	F	M	A	M	J	J	A	S	O	N	D
Raupen	J	F	M	A	M	J	J	A	S	O	N	D

aber nur milde Winter überstehen. Die Palette von Futterpflanzen ist umfangreich und beinhaltet Arten wie Rotklee (*Trifolium pratense*), Gemüsekohl (*Brassica oleracea*), Große Brennnessel (*Urtica dioica*), Gewöhnlichen Löwenzahn (*Taraxacum* sect. *Ruderale*), Silber-Weide (*Salix alba*) und viele andere. Die Imagines sind pro Jahr in zwei bis drei Generationen witterungsabhängig in warmen Jahren von Anfang März bis Ende November vom Flachland bis in Gebirgsregionen zu beobachten. In Mitteleuropa ist die Art fast überall anzutreffen: in Gärten, auf Kulturflächen, auf Brachen, Trockenrasen, Wiesen und Mooren. Gammaeulen fliegen auch als Wanderfalter aus dem Süden ein. Die überall sehr häufigen Falter sind über ganz Europa verbreitet, aber nur in Südeuropa bodenständig.

Autographa pulchrina (Ziest-Silbereule, Silberpunkt-Höckereule)

Die mittelgroßen Falter haben eine Vorderflügelspannweite von 35 bis 40 mm. Die Grundfarbe ist variabel von rötlich braun bis dunkelbraun mit helleren Partien und Querlinien. Auf den Vorderflügeln sind verschieden geformte, helle weiße Flecken in mehr oder weniger der Form eines V und eines daneben liegenden Punktes, die auch ineinander überfließen können. Die Ziest-Silbereule ist mit der etwas größeren Jota-Silbereule (*A. jota*) verwechselbar, aber wesentlich farbiger und dunkler als diese. Die Raupen schlüpfen im Herbst und überwintern. Sie leben bis zur Verpuppung ab

Flugzeit	J	F	M	A	M	J	J	A	S	O	N	D
Raupen	J	F	M	A	M	J	J	A	S	O	N	D

Mai von Pflanzen wie Taubnessel (*Lamium* sp.), Großer Brennnessel (*Urtica dioica*), Heidelbeere (*Vaccinium myrtillus*), Lungenkraut (*Pulmonaria* sp.) und anderen. Die Imagines sind von Juni bis Anfang August in einer Generation vom Flachland bis in Höhen von über 1600 m anzutreffen. Eine Reihe von Lebensräumen wie verbuschte Waldränder, verbuschende Wiesen, sonnige Wegränder, Böschungen, Hecken und Gebüschränder, Gärten und Parklandschaften werden von dem Eulenfalter besiedelt. In Europa geht die Verbreitung im Süden bis Nordspanien, Süditalien, Griechenland und Bulgarien und im Norden bis Schottland, Skandinavien bis über den Polarkreis und im Osten bis über Osteuropa hinaus.

Diachrysia chrysitis (Messingeule)

Die Spannweite erreicht bis zu 35 bis 44 mm. Die Falter gehören zu einem *Chrysitis*-Artkomplex, dessen Unterscheidung in die zwei Arten *D. chrysitis* und *D. stenochrysis* nicht klar abzugrenzen ist. Hier befindet sich möglicherweise eine Art noch in einem Stadium der Evolution, die erst zur Aufspaltung in zwei Arten führen wird. Die Mittelfelder und Wurzelfelder der Vorderflügel sind braun. Äußerer Bereich und Saumfeld sind messingfarben, die Hinterflügel braungrau. Die Raupe der ersten Generation lebt von September bis zur Überwinterung und im Frühjahr bis Mai des Folgejahres, die zweite Generation von Juni bis Juli an Gefleckter Taubnessel (*Lamium*

Flugzeit	J	F	M	A	M	J	J	A	S	O	N	D
Raupen	J	F	M	A	M	J	J	A	S	O	N	D

maculatum), Großer Brennnessel (*Urtica dioica*), Löwenzahn (*Taraxacum* sp.), Minze (*Mentha* sp.), Wegerich (*Plantago* sp.), Natternkopf (*Echium* sp.) und anderen Pflanzen. Imagines erscheinen in zwei Generationen von Mai bis Anfang Juli und Ende Juli bis Anfang September. In warmen Jahren und im Süden kann es zu einer partiellen, dritten Generation kommen. Geeignete Habitate sind Gärten und offene Biotope, Staudenfluren an Waldrändern, Lichtungen und Waldwege bis in Mittelgebirgshöhen. Die Falter leben in ganz Europa bis Südspanien, Süditalien und der Balkanhalbinsel. Im Norden erreicht die Art fast den Polarkreis.

Diachrysia chryson (Wasserdost-Goldeule)

Die Art ist mit einer Flügelspannweite von 44 bis 55 mm eine der größten der Unterfamilie der Goldeulen. Mit den dunkel- bis violettbraunen Vorderflügeln und dem golden glänzenden Fleck ist die Art gut bestimmbar und nicht zu verwechseln. Die Raupe ernährt sich vor und nach der Überwinterung zwischen Mai und der Verpuppung ab Ende Juni von Blättern des Gewöhnlichen Wasserdosts (*Eupatorium cannabinum*) und von Salbei (*Salvia*

Flugzeit	J	F	M	A	M	J	J	A	S	O	N	D
Raupen	J	F	M	A	M	J	J	A	S	O	N	D

sp.). Die Flugzeit der meist einzigen Generation der Falter im nördlichen Verbreitungsgebiet sind die Monate Juni bis August. Im Süden erscheint von September bis Oktober eine zweite Generation. Die Falter bevorzugen feuchte Habitate in Auwäldern, an Wald- und Wegrändern, in Hochstaudenfluren, Moorgebieten, an Bach- und Grabenufern vom Flachland bis

in Höhen von 900 bis 1200 m. Die europäische Verbreitung reicht im Süden von Nordspanien über Mittelitalien bis in den Norden Griechenlands und den Osten Bulgariens. Im Norden reicht das Vorkommen der Wasserdost-Goldeule nur bis zu den Niederlanden, Belgien und dem Nordrand der Mittelgebirge bis zu den Sudeten, Beskiden und Karpaten.
RL V, **Naturschutzstatus:** 1

Euchalcia modestoides (Lungenkraut-Höckereule, Lungenkraut-Metalleule)

Der Eulenfalter kann eine Spannweite der Vorderflügel von 28 bis 38 mm erreichen. Die Vorderflügel mit der deutlich größeren Flügelspannweite sind ähnlich gefärbt und gezeichnet wie *Euchalcia variabilis*, wobei die rosafarbigen Anteile bei *E. modestoides* stark reduziert sind oder fehlen. Weitere vergleichbare europäische Arten haben ähnliche Zeichnungen,

Flugzeit	J	F	M	A	M	J	J	A	S	O	N	D
Raupen	J	F	M	A	M	J	J	A	S	O	N	D

aber weniger intensive Farbkontraste. Nach der Überwinterung leben die Raupen bis Mai oder Juni an verschiedenen Lungenkrautarten (*Pulmonaria* sp.), Gewöhnlicher Hundszunge (*Cynoglossum officinale*) und Beinwell (*Symphytum* sp.). Die Falter sind hauptsächlich nachts aktiv und bilden zwischen Juni und Juli eine Generation im Jahr. Sie verbringen ihr Leben an den Rändern und auf Lichtungen von Laubwäldern, an Gebüschen sowie

an Hängen und auf Wiesen mit ihren Futterpflanzen bis in Mittelgebirgslagen. Die Verbreitung beschränkt sich auf das mittlere und südliche Europa.
RL 2, **Naturschutzstatus:** 1 & 2

Euchalcia variabilis (Eisenhut-Höckereule, Eisenhut-Metalleule)

Die graubraunen bis dunkelbraunen, teilweise olivgrünen Vorderflügel erreichen Spannweiten zwischen 34 und 42 mm. Zusätzlich zeigt diese farbenprächtige Eule weiße Querlinien und rosa Flecken. Nach dem Schlupf ab August überwintert die Raupe im Jugendstadium und erscheint wieder ab April bis zur Verpuppung Ende Mai, Anfang Juni des Folgejahres. Sie

Flugzeit	J	F	M	A	M	J	J	A	S	O	N	D
Raupen	J	F	M	A	M	J	J	A	S	O	N	D

ernähren sich von Eisenhut (*Aconitum* sp.). Die Flugzeit der einzigen Generation im Jahr dauert von Juni bis August. Die Art bevorzugt schattige Stellen, in Laubmisch- und Nadelwäldern, Erlenbrüchen, an Waldrändern und Waldwegen, in Bachtälern und Waldschluchten vom Flachland bis ins Gebirge in über 2000 m Höhe. In Europa ist die Höckereule von den Pyrenäen über die Vogesen quer durch Deutschland, die Tatra und die Karpaten und südlich bis ins mittlere Italien und dem Balkan eher selten und verinselt zu finden.
RL 3, **Naturschutzstatus:** 2

Lamprotes c-aureum (Wiesenrauten-Goldeule)

Die Flügelspannweite erreicht 36 bis 40 mm. Die Vorderflügel sind dunkelbraun und violett getönt. Die äußere Querlinie ist am Innenrand innen breit goldfarbig angelegt, ebenso wie das Feld zwischen der äußeren dunklen Querlinie und dem Saum vom Vorderrand bis zur Mitte. Die Hinterflügel

Flugzeit	J	F	M	A	M	J	J	A	S	O	N	D
Raupen	J	F	M	A	M	J	J	A	S	O	N	D

sind grau und haben eine dunkle Mittellinie. Die Raupen erscheinen ab August und fressen bis zur Überwinterung von den Blättern verschiedener Pflanzen, so unter anderem an Gelber Wiesenraute (*Thalictrum flavum*), Akeleiblättriger Wiesenraute (*Th. aquilegifolium*) oder der Gewöhnlichen Akelei (*Aquilegia vulgaris*). Im folgenden Jahr im Juni spinnen sie sich zur Verpuppung zwischen den Blättern ein. Die Falter fliegen in einer Generation, im Süden eventuell auch in zwei, von Juni bis Ende August in Auwäldern, Flussauen, an schattigen und feuchten Stellen in Parks bis in höhere Berglagen. Sie sind in Mitteleuropa verbreitet, aber selten, erreichen den Südosten Frankreichs, im Süden das nördliche Italien und die Balkanhalbinsel, Osteuropa und im Norden das südliche Schweden und Finnland.
RL 2, **Naturschutzstatus:** 1

Macdunnoughia confusa (Schafgarben-Silbereule)

Die Falter haben Flügelspannweiten zwischen 36 und 42 mm, sind grau- oder dunkelbraun gefärbt und haben ein rötlich braunes Mittelfeld. An des-

Flugzeit	J	F	M	A	M	J	J	A	S	O	N	D
Raupen	J	F	M	A	M	J	J	A	S	O	N	D

sen seitlicher Begrenzung befinden sich längliche, tropfenförmige Silberflecke, die ein gutes Unterscheidungsmerkmal zu anderen Arten sind. Die Raupen sind in mehreren Generationen von April bis zur Überwinterung ab Oktober an vielen verschiedenen Futterpflanzen wie der Großen Brennnessel (*Urtica dioica*), Wolfsmilch (*Euphorbia* sp.), Schafgarbe (*Achillea* sp.), Gewöhnlicher Waldrebe (*Clematis vitalba*), Echtem Haarstrang (*Peucedanum officinale*) und weiteren Arten zu finden. Die Raupen überwintern. Die Generationenfolge ist bei dieser Art von Temperaturbedingungen und Lage abhängig. So können zwischen Ende März und Oktober zwei bis vier Generationen entstehen. Es wandern auch Falter aus Südeuropa ein und haben so viele Gegenden in Mitteleuropa besiedelt. Die Art hat ein breites Spektrum von offenen Lebensräumen wie Halbtrockenrasen, Wiesenflächen, Feldrändern, Böschungen und Brachflächen bis in höhere Berglagen. Der Wanderfalter scheint sich auch noch weiter auszubreiten. Das Vorkommen erstreckt sich auf weite Teile Europas mit Ausnahme des hohen Nordens.

Plusia festucae (Röhricht-Goldeule)

Die Flügelspannweite dieser Art reicht von 33 bis 40 mm. Die rötlich braunen Vorderflügel haben goldgelbe, teilweise rötlich überstäubte Flecken. Zwei silberweiße Flecken befinden sich in der Mitte, an der Flügelspitze finden sich zwei silberne, keilförmige Flecken. Die Falter können mit der sehr ähnlichen *P. putnami* verwechselt werden und sind nicht leicht zu unterscheiden, da die zur Bestimmung geeigneten äußeren Querlinien oft nur verwaschen oder kaum erkennbar sind. Bei *P. festucae* schneidet die äußere Querlinie den unteren der Silberflecken in Form einer Spitze in Richtung der Flügelwurzel, während diese Querlinie bei *P. putnami* einen bogenförmigen, nicht spitz in Richtung Flügelwurzel gerichteten Verlauf nimmt. Ab September erscheinen die Raupen der ersten Generation, überwintern und verpuppen sich im Mai des folgenden Jahres. Die zweite Generation lebt zwischen Juni und August. Die Nahrungsgrundlage bilden verschiedene Gräser wie Rohrglanzgras (*Phalaris arundinacea*), Sumpf-Reitgras (*Calamagrostis canescens*), Gewöhnliches Schilf (*Phragmites australis*), Breitblättriger Rohrkolben (*Typha latifolia*), Igelkolben (*Sparganium* sp.),

Flugzeit	J	F	M	A	M	J	J	A	S	O	N	D
Raupen	J	F	M	A	M	J	J	A	S	O	N	D

Froschlöffel (*Alisma* sp.) und weitere Arten. Es bilden sich zwei Generationen der Falter von Mai bis Ende Juni und von Juli bis spätestens Anfang Oktober. Sie sind Bewohner von Feuchtgebieten und leben in Hoch- und Niedermooren, Streuwiesen, Auwäldern, Gewässerufern und Erlenbruchwäldern. *P. festucae* ist in ganz Europa verbreitet.

Polychrysia moneta (Eisenhut-Goldeule)

Die Art erreicht Flügelspannweiten zwischen 33 und 40 mm. Das Farbspektrum der Vorderflügel reicht von gelblich braun über goldgelb bis rötlich braun mit deutlicher, dunklerer Aderzeichnung. Charakteristisch sind die hell umrandeten Ringmakel. Die Raupen der ersten Generation leben nach

Flugzeit	J	F	M	A	M	J	J	A	S	O	N	D
Raupen	J	F	M	A	M	J	J	A	S	O	N	D

dem Schlupf ab August bis zur Überwinterung und im folgenden Jahr bis Juni an Blättern von Eisenhutarten (*Aconitum* sp.), vereinzelt auch von Rittersporn der Gattungen *Delphinium* und *Consolida*. Die zweite Generation folgt zwischen Juli und August. Je nach Lage und Temperaturbedingungen kommen pro Jahr eine bis zwei Generationen von Mai bis Juli und von August bis September vor. Man findet die Eule sehr lokal verbreitet an Laubwaldrändern, Lichtungen, in Parks und Gärten. Im Süden Europas reicht die Verbreitung von Nordspanien, Südfrankreich, dem Südrand der Alpen bis zum Balkan. Die Art kann auf den Britischen Inseln im südlichen und mittleren Skandinavien bis ins nördliche Finnland und in Russland bis zum Ural-Gebirge nachgewiesen werden.

Unterfamilie Psaphidinae

Allophyes oxyacanthae (Weißdorneule)

Die bräunlich gefärbten Vorderflügel erreichen eine Spannweite von 35 bis 45 mm. Die je zwei ring- und nierenförmigen Makel sind relativ groß. Das Saumfeld ist heller als der Rest der Flügel. Am äußeren und hinteren Rand fallen Stellen mit einer metallisch grünen Beschuppung auf. Die Raupe lebt

Flugzeit	J	F	M	A	M	J	J	A	S	O	N	D
Raupen	J	F	M	A	M	J	J	A	S	O	N	D

zwischen April und Ende Juni an Rosengewächsen wie Gewöhnlicher Schlehe (*Prunus spinosa*), Weißdorn (*Crataegus* sp.), Zwetschge (*Prunus domestica*), Gartenapfel (*Malus domestica*) und anderen. Die Überwinterung findet im Eistadium statt. Es fliegt eine Generation pro Jahr von Anfang September bis Anfang November. Besiedelt werden wohl fast alle Habitate, an denen die Futterpflanzen vorkommen, wie Waldränder, Hecken, Gebüsche, verbuschte Magerrasen, Streuobstwiesen und auch Gärten vom Flachland bis ins Bergland über 1000 m Höhe. Die Verbreitung erstreckt sich über ganz Europa bis auf den äußersten Norden.

Asteroscopus sphinx (Herbst-Rauhaareule, Sphinxeule)

Die Falter können auf den Vorderflügeln dunkelgraue, braungraue bis hell grauweiße Varianten ausbilden. Sie tragen dunkelbraune Längsstriche und erreichen eine Spannweite von 42 bis 50 mm. Die Hinterflügel sind grauweiß. Die Raupe ernährt sich von Ende April bis Mitte Juni von Laubhölzern wie Gewöhnlicher Schlehe *(Prunus spinosa),* Eiche (*Quercus* sp.), Haselnuss (*Corylus* sp.), Weide (*Salix* sp.), Pappel (*Populus* sp.) und anderen. Die Falter erscheinen in einer Generation spät von Oktober bis in den Dezember hinein. Die Lebensräume bestehen aus Laubmisch- und Auwäldern, Hecken, Parks, Alleen und Gärten vom Flachland bis ins Hügelland auf 800 m Höhe. Die Falter sind vor allem in Mitteleuropa, nördlich bis Dänemark und den Süden Schwedens, und bis Osteuropa verbreitet. Im Süden erreichen sie Nordspanien, den südlichen Alpenrand, Mittelitalien und Nordgriechenland.

Flugzeit	J	F	M	A	M	J	J	A	S	O	N	D
Raupen	J	F	M	A	M	J	J	A	S	O	N	D

Unterfamilie Rivulinae

Rivula sericealis (Seideneulchen)

Die Spannweite beträgt 18 bis 22 mm. Die Vorderflügel sind hell ockerfarben, gelblich gefärbt, glänzen seidig und verlaufen nach hinten ins Dunklere mit je einem dunklen, doppelt schwarz gekernten Nierenfleck. Als

Flugzeit	J	F	M	A	M	J	J	A	S	O	N	D
Raupen	J	F	M	A	M	J	J	A	S	O	N	D

Raupe leben sie von Mai bis Juli und August bis Oktober an verschiedenen Gräsern wie Zwenken (*Brachypodium* sp.) und anderen. Die Falter fliegen in vermutlich zwei schwer zu trennenden Generationen von Mai bis Oktober in lichten Wäldern, Bruchwäldern, Feuchtwiesen, an Böschungen und Dämmen. Die häufige Art fehlt in Europa nur im hohen Norden.

Unterfamilie Xyleninae

Actinotia polyodon (Vielzahn-Johanniskrauteule)

Die schöne Eule erreicht bei ausgestreckten Vorderflügeln eine Spannweite von 31 bis 36 mm. Aufgrund der auffälligen Färbung und der einzigartigen Zeichnung kann die Art kaum verwechselt werden. Die Raupe tritt

Flugzeit	J	F	M	A	M	J	J	A	S	O	N	D
Raupen	J	F	M	A	M	J	J	A	S	O	N	D

vom Sommer bis zum frühen Herbst an ihren Nahrungspflanzen, den Johanniskräutern, hauptsächlich dem Tüpfel-Johanniskraut (*Hypericum perforatum*) auf. Die Überwinterung findet als Puppe statt. Die Eule erscheint in wärmeren Lagen in zwei Generationen von Anfang Mai bis Mitte Juni und Ende Juli bis Mitte August. Geeignete Lebensräume bestehen aus Säumen von Magerrasen, Ruderalflächen, Sandmagerrasen, sonnigen Waldwegen, Straßen- und Wegrändern, Waldwiesen, Sand- und Kiesgruben vom Flachland bis ins Bergland auf Höhen von über 1000 m. In Europa sind die Eulen mit Ausnahme einiger Gebiete im Mittelmeer, Griechenlands und dem Norden Englands und Fennoskandinaviens weit verbreitet.

Agrochola helvola (Rötliche Herbsteule)

Die rötlich braun gefärbten Vorderflügel erreichen zwischen 34 und 45 mm Spannweite. An der Flügelbasis befindet sich ein breites, dunkelbraunes Querband. Ein schmaleres, rötlich braunes Querband befindet sich in der

Flugzeit	J	F	M	A	M	J	J	A	S	O	N	D
Raupen	J	F	M	A	M	J	J	A	S	O	N	D

Mitte. Ein weiteres, schwarzes Band liegt parallel zum Flügelsaum. Als Futterpflanzen dienen den Raupen zwischen Mai und Juni die Blätter vieler Gehölzarten, Sträucher und Stauden wie Weiden (*Salix* sp.), Hasel (*Corylus* sp.), Gewöhnlicher Schlehe (*Prunus spinosa,*) Eichen (*Quercus* sp.), Heidelbeeren (*Vaccinium myrtillus*), Himbeeren (*Rubus idaeus*) und andere. Die Überwinterung erfolgt im Eistadium. Die Eulen sind in einer Generation von Ende August bis Anfang November anzutreffen. Die Habitate der Falter sind trocken bis feucht und reichen von trockenen, warmen Eichenwäldern, gebüschreichen Saumzonen von Magerrasen, Hecken, Steinbrüchen, Gebüschen, Streuobstwiesen, Gärten, Berg- und Wiesentälern, Gewässeruferbereichen, Niedermooren und Hochmooren von der Ebene bis ins höhere Bergland über 1400 m Höhe. Die Verbreitung erstreckt sich auf annähernd ganz Europa.

Agrochola litura (Schwarzgefleckte Herbsteule)

Die Vorderflügel dieser grauen, gelben oder rötlich braunen Eule messen zwischen 38 und 45 mm Spannweite. An der Flügelbasis finden sich hin-

Flugzeit	J	F	M	A	M	J	J	A	S	O	N	D
Raupen	J	F	M	A	M	J	J	A	S	O	N	D

tereinander zwei schmale, schwarze Querlinien. Der obere Ringmakel ist nur weiß umrandet, während der untere schwarz gefüllt ist und in einem dunkelbraunen bis schwarz umgrenzten Feld liegt. Als Nahrungspflanzen nutzen die Raupen von April bis Anfang Juni Sträucher und Kräuter wie Sal-Weide (*Salix caprea*), Große Brennnessel (*Urtica dioica*), Luzerne (*Medicago sativa*), Gewöhnlichen Hornklee (*Lotus corniculatus*), Taubnessel (*Lamium* sp.) und viele andere Arten. Die Überwinterung findet im Eistadium statt. Die Flugzeit des Falters erstreckt sich in einer Generation von August bis Oktober. Die Art lebt in vielen verschiedenen Habitaten von Sandmagerrasen, Trockenrasen und ihren Saumstrukturen, Gebüschbereichen, Hecken, Waldrändern und Lichtungsrändern von Laub- und Laubmischwäldern, Waldwegen und in Siedlungsbereichen vom Flachland bis ins Bergland über 1500 m. Die Eulenart besiedelt ganz Europa bis nach Südfinnland, Mittelschweden und -norwegen.

Agrochola lota (Dunkelgraue Herbsteule)

Die Spannweite der grauen Vorderflügel erreicht 33 bis 40 mm. Die Nierenmakel sind schwarz gefüllt und rötlich umrandet. Eine rötliche Querlinie liegt am Flügelsaum. Die Raupen leben nach dem Schlupf im Frühjahr bis

Flugzeit	J	F	M	A	M	J	J	A	S	O	N	D
Raupen	J	F	M	A	M	J	J	A	S	O	N	D

zum Juni hauptsächlich an verschiedenen Weidenarten (*Salix* sp.), Pappel (*Populus* sp.) und Erle (*Alnus* sp.). Imagines leben in einer Generation von September bis Anfang November. Der bevorzugte Lebensraum sind Auenwälder, aber auch sonstige Gewässerufer, Nieder- und Hochmoore und Ruderalflächen mit Weichholzbeständen vom Flachland bis ins Bergland auf über 800 m. *Agrochola lota* ist weit verbreitet und lebt in ganz Europa, nach Norden bis ins mittlere Fennoskandnavien.

Agrochola lychnidis (Veränderliche Herbsteule)

Die Vorderflügel dieser 30 bis 40 mm Spannweite messenden Art sind sehr variabel von gelb, rot, grauoliv, braun bis fast schwarz. Die Ringma-

Flugzeit	J	F	M	A	M	J	J	A	S	O	N	D
Raupen	J	F	M	A	M	J	J	A	S	O	N	D

kel sind sehr schmal und länglich. Die Falter fliegen in einer Generation von Anfang September bis Anfang November. Die Raupen leben zwischen April und Juni an Gehölzen, Sträuchern und Kräutern wie Weide (*Salix* sp.), Eiche (*Quercus* sp.), Steinklee (*Melilotus* sp.), Klee (*Trifolium* sp.), Nesselblättriger Glockenblume (*Campanula trachelium*) und weiteren Arten. Die Überwinterung findet im Eistadium statt. Die Falter leben in verschiedenen Biotopen wie Magerrasen, Laub- und Laubmischwäldern, Waldlichtungen, Weiden, Waldsäumen, Kiesgruben und Steinbrüchen, Ruderalflächen und vereinzelt auch im Siedlungsbereich von der Ebene bis ins Bergland über 1000 m. Die Eule fehlt nur in Nordeuropa und erreicht ihre Verbreitungsgrenze in Schottland, Dänemark, Südschweden und Polen.

Ammoconia caecimacula (Graubraune Frühherbsteule)

Die Vorderflügelspannweite beträgt 35 bis 48 mm. In der Grundfärbung variiert die Eule von blass ockerfarben bis graubraun. Das innere Querband ist in der Mitte durch einen schwarzbraunen Strich verdickt. Das äußere Querband ist hell von zwei braunen Linien eingefasst. Die Nieren- und

Flugzeit	J	F	M	A	M	J	J	**A**	**S**	**O**	N	D
Raupen	J	F	M	**A**	**M**	**J**	J	A	S	O	N	D

Ringmakel sind rötlich braun umrandet und hell gefüllt. Die Raupen fressen von Ende April bis Juni gerne von den Blüten von Pflanzen wie dem Bleichen Waldvöglein (*Cephalanthera damasonium*) und Karthäusernelke (*Dianthus carthusianorum*). Hauptsächlich wurden sie an einer Vielzahl unterschiedlicher Pflanzen wie Ginster- (*Genista* sp.), Ampfer- (*Rumex* sp.), Braunwurz- (*Scrophularia* sp.), Leimkraut- (*Silene* sp.), Labkraut- (*Galium* sp.) und Löwenzahnarten (*Taraxacum* sp.) gefunden. Die Überwinterung findet im Eistadium statt. Die Falter fliegen in einer Generation ab Ende August bis Anfang Oktober. Als Lebensraum bewohnt die Art warme Hänge und Saumbereiche von Halbtrockenrasen, Sandmagerrasen, magere Wiesen, Wegränder und Böschungen von der Ebene bis ins Bergland. Die Verbreitung erstreckt sich auf ganz Europa mit Ausnahme Südspaniens, der Britischen Inseln und dem Norden Fennoskandinaviens.

Amphipoea fucosa (Gelbbraune Stängeleule)

Der Falter hat eine Vorderflügelspannweite von 29 bis 35 mm, ist gelblich braun gefärbt und hat eine deutliche wellenförmige Querlinienzeichnung. Die Ring- und Nierenmakel können gelbbraun oder weiß gefüllt sein. Eine Unterscheidung zur in Hochmooren lebenden Moor-Stängeleule (*A. lucens*) ist nur anhand einer genaueren Untersuchung der Geschlechtsmerkmale möglich. Die Raupen leben von April bis Ende Mai nach Literaturangaben

Flugzeit	J	F	M	A	M	J	J	A	S	O	N	D
Raupen	J	F	M	A	M	J	J	A	S	O	N	D

in der Wurzelhalsregion verschiedener Gräser wie Schafschwingel (*Festuca ovina*), Reitgras (*Calamagrostis* sp.), Einjährigem Rispengras (*Lolium perenne*), Aufrechter Trespe (*Bromus erectus*) und anderen. Das Überwinterungsstadium ist das Ei. Die Flugzeit der einzigen Generation liegt zwischen Anfang Juli und Ende August. Die Lebensräume reichen von trockenen, mageren Wiesen und Weiden, Straßen-, Wald- und Wegrändern, Böschungen, Steinbrüchen und Kiesgruben bis zu feuchten Bachauen und Feuchtwiesen von der Ebene bis ins Bergland. Die Falter fehlen im Mittelmeergebiet und sind von Südnorwegen bis ins südliche Mitteleuropa, bis Ostfrankreich und am Nordrand der Alpen, Ungarn und der Ukraine verbreitet.

Amphipoea oculea (Rotbraune Stängeleule)

Die Spannweite der Vorderflügel beträgt zwischen 29 und 34 mm. Die Färbung variiert von gelb- bis dunkelbraun. Die auffälligen und attraktiven Nierenmakel sind meist weiß oder gelbbraun gefüllt und tragen innen eine schmale, längliche Ringzeichnung. Von der ähnlichen Art der Gelbbraunen Stängeleule (*A. fucosa*) unterscheidet sie sich durch die weniger gut sichtbare Querlinienzeichnung. Nach dem Schlupf leben die Raupen von April bis Mai an den Stängeln und Wurzeln von Gräsern und niedrigen Pflanzen wie Land-Reitgras (*Calamagrostis epigejos*), Knäuelgras (*Dactylis* sp.), Ein-

Flugzeit	J	F	M	A	M	J	J	A	S	O	N	D
Raupen	J	F	M	A	M	J	J	A	S	O	N	D

jährigem Rispengras (*Poa annua*), Pestwurz (*Petasites* sp.) und anderen. Das Ei überwintert. Die Falter fliegen von Ende Juni bis September in einer Generation pro Jahr. Lebensraum sind trockene bis feuchte, magere Weiden und Wiesen, Bachtäler, Uferbereiche, Staudenfluren, Wald-, Straßen- und Wegränder und Ruderalflächen vom Flachland bis ins Bergland auf 1000 m Höhe. In Europa reicht die Verbreitung bis Nordschottland, Mittelnorwegen, den Norden Schwedens und Finnlands, im Süden bis Mittelfrankreich, den südlichen Rand der Alpen, Slowenien, den Süden Rumäniens und Russlands.

Antitype chi (Chi-Eule)

Die Vorderflügel erreichen Spannweiten von 32 bis 40 mm und erscheinen in verschiedenen Grautönen von weißgrau über silbergrau und dunkelgrau

Flugzeit	J	F	M	A	M	J	J	A	S	O	N	D
Raupen	J	F	M	A	M	J	J	A	S	O	N	D

bis zu grünlich grau. Eine Reihe grauer und schwarzer Wellenlinien überzieht die Vorderflügel. In der Flügelmitte fällt eine schwarze, namengebende balken- bis x-förmige Zeichnung auf. Die Raupe frisst zwischen Ende Mai und Ende Juli an einer ganzen Reihe von Pflanzen wie Ampfer (*Rumex* sp.), Weidenröschen (*Epilobium* sp.), Flockenblumen (*Centaurea* sp.), Leimkrautarten (*Silene* sp.), Heidekraut (*Calluna vulgaris*), Flatter-Binse (*Juncus effusus*) und anderen. Die Überwinterung findet im Eistadium statt. Die Art fliegt spät im Jahr in einer Generation von August bis Oktober. Als Habitate werden sowohl trockene Magerrasen, Wacholderheiden an den

Säumen und Waldränder als auch feuchte Lebensräume wie Hochmoorränder, Niedermoore und Feuchtwiesen genutzt, vom Flachland bis in Höhen von 2000 m. In Europa ist nur der Süden Spaniens und Griechenlands sowie der Norden Fennoskandinaviens nicht besiedelt.

Apamea crenata (Große Veränderliche Grasbüscheleule)

Die Vorderflügel erreichen Spannweiten zwischen 35 und 45 mm. Die Eule tritt in einer helleren und einer deutlich dunkleren, häufigeren Form auf. Die dunklere Form ist einfarbig rötlich braun gefärbt und trägt als einziges

Flugzeit	J	F	M	A	M	J	J	A	S	O	N	D
Raupen	J	F	M	A	M	J	J	A	S	O	N	D

Merkmal die gelbbraunen Makelumrandungen. Die Larve schlüpft im Spätsommer, überwintert und frisst bis zur Verpuppung im April an verschiedenen Gräsern wie Drahtschmiele (*Deschampsia flexuosa*), Pfeifengras (*Molinia* sp.), Land-Reitgras (*Calamagrostis epigejos*) und auch an anderen Pflanzen wie Brombeere (*Rubus* sect. *Rubus*). Die Falter fliegen in einer Generation von Mai bis Anfang August. Sie besiedeln sonnige bis halbschattige, von Gräsern bestandene, feuchte bis trockene Stellen wie lichte Laubmischwälder, Nadelwälder und Waldsäume, Feuchtwiesen, Flachmoore und Kahlschläge, unter anderem von der Ebene bis ins Bergland über 1500 m Höhe. Die Falter sind in nördlichen Regionen Europas überall verbreitet, während sie im Mittelmeerraum nur in den kühleren Teilen und Gebirgsbereichen vorkommen.

Apamea lithoxylaea (Weißlichgelbe Grasbüscheleule)

Die Vorderflügel erreichen eine Spannweite von 43 bis 50 mm. Sie sind dunkelbraun bis hellbraun und weißlich gefärbt und tragen sehr undeut-

Flugzeit	J	F	M	A	M	J	J	A	S	O	N	D
Raupen	J	F	M	A	M	J	J	A	S	O	N	D

liche Querbänder. Die Ringflecken sind lang, schmal, liegend und schwarz gerandet. Die Raupe lebt von September bis November mit Überwinterung und von April bis Mai des Folgejahres an den Wurzeln von Gräsern wie dem Wiesen-Rispengras (*Poa pratensis*). Imagines fliegen in einer lang gestreckten Generation von Juni bis August. Das Lebensraumspektrum reicht von Trockenrasen über Wiesen, Weiden, Dämme, Böschungen, Steinbrüche und Kiesgruben bis zu Gärten vom Flachland bis ins Bergland über 1200 m Höhe. Die Weißlichgelbe Grasbüscheleule ist in ganz Europa bis auf den Norden Skandinaviens verbreitet.

Apamea monoglypha (Große Grasbüscheleule)

Die Große Grasbüscheleule hat eine Flügelspannweite von 47 bis 55 mm. Sie ist von der Farbe und Größe her ausgesprochen variabel. Es kommen Tiere mit sehr dunkler, brauner bis beinahe schwarzer Färbung und nicht erkennbarer Zeichnung vor. Ebenso gibt es Tiere mit einer mittelbraunen Farbe und erkennbarer Zeichnung und schließlich sehr kontrastreich gefärbte und gezeichnete Tiere mit gelbbrauner bis dunkelbrauner Färbung und sehr ausgeprägter Zeichnung. Diese Variante lässt auch das markante W-Zeichen der Wellenlinie am besten erkennen. Die Raupen leben nach dem Schlupf ab Juli bis zum Herbst, überwintern und fressen von März bis zur Verpuppung ab Juni an verschiedenen Süßgräsern wie Reitgras (*Calamagrostis* sp.), Rasen-Schmiele (*Deschampsia cespitosa*), Echtem Schaf-

Flugzeit	J	F	M	A	M	J	J	A	S	O	N	D
Raupen	J	F	M	A	M	J	J	A	S	O	N	D

schwingel (*Festuca ovina*), Lolch (*Lolium* sp.) und Wiesen-Knäuelgras (*Dactylis glomerata*). Eine lang gezogene Flugzeit zwischen Ende Mai und Anfang Oktober lässt auf zwei Generationen schließen, was aber noch nicht eindeutig nachgewiesen ist. Die Lebensräume bestehen aus Grasfluren aller Art auf Bergwiesen, Magerrasen, in Waldgebieten, Böschungen, an Wegrändern, an Dämmen, auf Weiden, in Gärten und Parkanlagen sowie Heidegebieten von der Ebene bis auf mehr als 2500 m Höhe. In Europa fehlt diese häufige und weit verbreitete Art nur im nördlichen Fennoskandinavien, dem südlichen Teil der Iberischen Halbinsel und Griechenland.

Apamea scolopacina (Bräunlichgelbe Grasbüscheleule)

Die Flügelspannweite erreicht 32 bis 36 mm. Die Art ist meist gelbbraun, seltener dunkel- oder schwarzbraun gefärbt. Die Zeichnung, die weiß gerandeten oder gänzlich weißen Nierenmakel und der schwarzbraune, längliche Fleck in der Nähe der Flügelbasis machen die Falter gut bestimmbar. Die Raupe frisst im Herbst bis zur Überwinterung und dann im nächsten Jahr von Mai bis Juni an Gräsern wie Wald-Flattergras (*Milium effusum*), Wald-Knäuelgras (*Dactylis polygama*), Wiesen-Fuchsschwanzgras (*Alopecurus pratensis*), Wald-Zwenke (*Brachypodium sylvaticum*), Hainsimse (*Luzula* sp.), Simse (*Scirpus* sp.) und anderen. Die Falter fliegen von Anfang Juli bis Ende August in einer Generation. Die Eule ist eine Waldart, die an Rändern von Laub- und Laubmischwäldern, Auwäldern und auch vereinzelt

Flugzeit	J	F	M	A	M	J	J	A	S	O	N	D
Raupen	J	F	M	A	M	J	J	A	S	O	N	D

Nadelwäldern mit Grasbewuchs lebt. *A. scolopacina* ist bis auf den äußersten Norden und Süden in ganz Europa verbreitet.

Apamea sublustris (Rötlichgelbe Grasbüscheleule)

Flugzeit	J	F	M	A	M	J	J	A	S	O	N	D
Raupen	J	F	M	A	M	J	J	A	S	O	N	D

Die Vorderflügel erreichen zwischen 41 und 49 mm Spannweite. Die Grundfärbung reicht von gelblich bis rötlich-braun. Die gezackten, etwas dunkleren Flecken um die Ring- und Nierenmakel sind nicht sehr auffällig. Am Flügelsaum finden sich noch je zwei dunkle Flecken. Die Raupe lebt vom Spätsommer mit Überwinterung bis zum Mai an verschiedenen Grasarten wie Pfeifengras (*Molinia* sp.), Echtem Schafschwingel (*Festuca ovina*) und anderen. Die Imagines fliegen in einer Generation von Mai bis Anfang August. Als Lebensraum dienen nicht zu warme und trockene Bereiche von Magerrasen, Wiesen, Ruderalflächen, Feuchtwiesen, Hochmooren, Straßenrändern und Böschungen. Die europäische Verbreitung reicht bis ins mittlere Skandinavien, im Süden bis zur Balkanhalbinsel mit Ausnahme Griechenlands.

Atethmia centrago (Ockergelbe Escheneule)

Die Flügelspannweite der Vorderflügel erreicht 24 bis 29 mm. Sie sind gelb mit einem braunen Flügelsaum und einem breiten braunen Band, das vor dem Flügelrand in einem helleren Feld mit einem vorspringenden Zapfen endet. An der Basis befinden sich je zwei braune Punkte. Kopf und Rücken sind braun behaart. Als Nahrung nutzt die Raupe von Anfang April bis Mitte Mai verschiedene Eschen-Arten, besonders die Gewöhnliche Esche (*Fraxinus excelsior*). Die Falter treten in einer Generation von Mitte August bis Ende September auf. Das Habitat, in dem die Art anzutreffen ist, sind Auwälder, Laubmischwälder und Schluchtwälder feucht-warmer, aber auch trockenerer Ausprägung mit Esche von der Ebene bis in etwa 800 m Höhe. Die Verbreitung beschränkt sich auf Mittel- und Südeuropa.

RL 3

Flugzeit	J	F	M	A	M	J	J	**A**	**S**	O	N	D
Raupen	J	F	M	**A**	**M**	J	J	A	S	O	N	D

Atypha pulmonaris (Lungenkraut-Staubeule)

Die Spannweite der Vorderflügel variiert zwischen 28 und 32 mm. Die gelbbraune Grundfarbe wird durch eine dezente Zeichnung und Aderung der Vorderflügel mit braunen Flecken und Bändern unterbrochen. Die Raupe lebt von etwa Ende März bis Mitte Mai an verschiedenen Lungenkraut-Arten (*Pulmonaria* sp.) wie Weichem Lungenkraut (*P. mollis*), Echtem Lun-

Flugzeit	J	F	M	A	M	J	J	A	S	O	N	D
Raupen	J	F	M	A	M	J	J	A	S	O	N	D

genkraut (*P. officinalis*) und Ungeflecktem Lungenkraut (*P. obscura*). Das Überwinterungsstadium ist das Ei. Die Imagines leben in einer Generation von Mai bis Anfang August an den Rändern und im lichten Auwald, Laubmischwaldgebieten, den Säumen von Hecken, an Weg- und Wiesenrändern sowie in Gärten mit dem Vorkommen von Lungenkrautarten von der Ebene bis in Bergland in Höhen von 1000 m. Die Art fehlt im Norden ab einer Linie durch Norddeutschland und ist ansonsten in Mittel und Südeuropa verbreitet.

Auchmis detersa (Berberitzeneule)

Die Spannweite der Vorderflügel des Eulenfalters erreicht 40 bis 51 mm. Die Flügel sind in unterschiedlich hellen bis dunklen Grau- und Brauntönen gefärbt. Auffällig sind ein blitzförmig aussehender Zacken in der Nähe der Flügelwurzeln und die schwarze Aderung sowie ein gewellter Außenrand

Flugzeit	J	F	M	A	M	J	J	A	S	O	N	D
Raupen	J	F	M	A	M	J	J	A	S	O	N	D

der Flügel. Die Raupe lebt vom Herbst mit Überwinterung und von März bis Mai an Gewöhnlicher Berberitze (*Berberis vulgaris*), Thunbergs Berberitze (*Berberis thunbergii*) sowie weiteren Berberitzenarten und verpuppt sich anschließend. Die Flugzeit der einzigen Generation im Jahr zieht sich relativ lange von Juni bis Anfang Oktober. Sie nutzen Lebensräume wie Waldränder von Auwäldern und lichte trockene Wälder, Gehölzränder, Hecken, verbuschende Wiesen, Trockenrasen und Wacholderheiden sowie vereinzelt auch Gärten mit Hecken aus ihren Nahrungspflanzen vom Flachland bis in Höhen von knapp 2000 m. Die Art ist über Südeuropa bis nach Mittel- und Osteuropa vertreten.
RL V, **Naturschutzstatus:** 2

Calamia tridens (Grüneule)

Die Falter erreichen Flügelspannweiten zwischen 35 und 40 mm. Nach dem Schlüpfen hat der Falter im frischen Zustand eine tiefgrüne Färbung, die er später verliert, um eine helle, blasse Tönung anzunehmen. Meist findet sich ein heller, rundlicher Strich in der Mitte der Vorderflügel und deren Außenkanten sind ebenso wie die Hinterflügel weiß. Nach der Überwinterung erscheinen die Jungraupen ab März und ernähren sich bis zur Verpuppung im Juni von Stängeln und Graswurzeln, wie denen des Einjährigen Rispengrases (*Poa annua*), der Aufrechten Trespe (*Bromus erectus*), Fiederzwenke (*Brachypodium pinnatum*), des Echten Schafschwingels (*Festuca ovina*) und weiterer Arten. Ab Juli erscheint eine Generation und fliegt bis September. Es sind warme, trockene Magerrasen, Kiefernheiden,

Flugzeit	J	F	M	A	M	J	J	A	S	O	N	D
Raupen	J	F	M	A	M	J	J	A	S	O	N	D

Ruderal- und Brachflächen, die diese Art bevorzugt nutzt. Man findet sie bis in höhere Bergregionen in Europa mit Ausnahme des westlichen Frankreichs, der Britischen Inseln und der südlichen Teile der Iberischen Halbinsel, Italiens und Griechenlands und des nördlichen Skandinaviens.

Caradrina kadenii (Südliche Staubeule, Helle Staubeule, Kadens Staubeule)

Flugzeit	J	F	M	A	M	J	J	A	S	O	N	D
Raupen	J	F	M	A	M	J	J	A	S	O	N	D

Die Falter erreichen Flügelspannweiten zwischen 28 und 33 mm. Sie sind grau gefärbt und tragen rötlich braune Nierenmakel. An den Vorderrändern der Vorderflügel befinden sich schwarze Punkte. Die Raupen sind ab September zu finden und überwintern. Sie ernähren sich ab Frühjahr bis zur Verpuppung im April und von Juni bis Juli von Ampfer (*Rumex* sp.), Löwenzahn (*Taraxacum* sp.) und anderen Kräutern. Die Falter sind nachtaktiv und erscheinen zwischen Mai und Juli und August bis Oktober in zwei Generationen pro Jahr. Bevorzugte Habitate sind trockene, warme, oft felsige Offenlandbereiche, Trockenrasen, Südhänge, Streuobstwiesen, Ruderalflächen und Gärten. Die eigentlich in Süd- und Südosteuropa lokal vorkommende Art breitet sich in den letzten Jahrzehnten zunehmend nach Norden aus und ist in Deutschland und auch bereits im Süden Englands nachgewiesen.

Caradrina morpheus (Morpheus-Staubeule)

Eine dunkelbraun gefärbte Eule, deren Vorderflügel eine Spannweite von 32 bis 38 mm erreicht. Die Vorderflügel sind graubraun bis ockerbraun mit

Flugzeit	J	F	M	A	M	J	J	A	S	O	N	D
Raupen	J	F	M	A	M	J	J	A	S	O	N	D

dunkel ausgefüllten Makeln und einem rötlich gelben Fleck bzw. Strich an den Nierenmakeln. Die Staubeulen sind teilweise schwer unterscheidbar. Die Raupen leben von August bis Oktober an Gewöhnlicher Waldrebe (*Clematis vitalba*), Thymian (*Thymus* sp.), Gewöhnlicher Wegwarte (*Cichorium intybus*), Wegerich (*Plantago* sp.), Weißem Gänsefuß (*Chenopodium album*) und vielen weiteren Arten. Sie können sowohl im Raupenstadium als auch im Puppenstadium überwintern. Die Falter fliegen wahrscheinlich in einer Generation von Anfang Juni bis Mitte August. Eine unvollständige, zweite Generation ist allerdings nicht ganz auszuschließen. Die Eule tendiert eher zu feuchten und teilweise nährstoffreichen Habitaten wie Auen, Gewässeruferstreifen an Bächen, Flüssen und Seen, Hochstaudenflächen, Waldrändern, Gebüschen und Böschungen sowie teilweise auch Parkanlagen und Gärten von der Ebene bis ins Bergland über 900 m. *C. morpheus* ist über fast ganz Europa verbreitet.

Charanyca ferruginea (Dunkle Waldschatteneule)

Die Flügelspannweite reicht von 31 bis 40 mm. Die Art ist rötlich braun bis dunkelbraun gefärbt, trägt am Vorderrand gelbe Striche und Punkte und

Flugzeit	J	F	M	A	M	J	J	A	S	O	N	D
Raupen	J	F	M	A	M	J	J	A	S	O	N	D

einen dunklen Mittelschatten. Die Raupe schlüpft ab Juli und frisst bis zur Überwinterung an Veilchen (*Viola* sp.), Wiesen-Storchschnabel (*Geranium pratense*), Ampfer (*Rumex* sp.), Nelkenwurz (*Geum* sp.) und vielen weiteren Arten und verpuppt sich im folgenden Jahr im April. Der Schlupf der Falter geschieht, abhängig von der Verbreitung und den Temperaturbedingungen, ab Mai. Sie bringen eine Generation pro Jahr hervor und fliegen bis August. Sie finden Lebensraum sowohl in lichten Wäldern und an deren Rändern als auch in Feldgehölzen, Gebüschen, Gärten und Parks. *R. ferruginea* ist in Europa bis auf den hohen Norden weit verbreitet.

Charanyca trigrammica (Dreilinieneule)

Die häufige Art erreicht eine Flügelspannweite von 29 bis 38 mm. Die Vorderflügel können eine gelbe, beige, graue oder rötlich braune Grundfarbe tragen. Die drei dunklen Querlinien sind ein Erkennungsmerkmal, das

Flugzeit	J	F	M	A	M	J	J	A	S	O	N	D
Raupen	J	F	M	A	M	J	J	A	S	O	N	D

nur selten schlecht oder gar nicht zu sehen ist. Als Nahrungsgrundlage werden von den Raupen nach dem Schlupf im Juli bis zur Überwinterung verschiedene Arten von Wegerich wie Spitzwegerich (*Plantago lanceolata*), Breitwegerich (*Plantago major*), Mittlerer Wegerich (*Plantago media*) und andere Pflanzen wie Ampfer (*Rumex* sp.), Löwenzahn (*Taraxacum* sp.) oder Taubnesseln (*Lamium* sp.) genutzt. Die Raupe verpuppt sich nach der Überwinterung im April. Imagines treten in einer Generation pro Jahr von Mai bis Juli auf. Das Spektrum der Lebensräume reicht von halboffenen bis offenen Habitaten an Waldrändern und Lichtungen, Halbtrockenrasenflächen und Kulturlandschaften, aber auch Nasswiesen vom Flachland bis in Höhen von 1000 m. Die Verbreitung der Dreilinieneule erstreckt sich auf ganz Europa.

Conistra rubiginea (Rost-Wintereule)

Die Spannweite der rostfarbenen Vorderflügel liegt bei 30 bis 35 mm. Aufgrund der Färbung und dem Wellenlinien- und Fleckenmuster sind bei den Faltern in Mitteleuropa kaum Verwechslungsmöglichkeiten gegeben. In

Südeuropa können jedoch auch einfarbige, dunkelbraune oder weiß gezeichnete Exemplare auftreten. Die Larven ernähren sich im Jugendstadium ab Ende April zuerst von Blüten, Knospen und Kätzchen von Weiden, später bis Anfang Juli von Eiche (*Quercus* sp.), Gewöhnlicher Schlehe (*Prunus spinosa*), Weißdorn (*Crataegus* sp.), Brombeere (*Rubus* sect. *Rubus*), Löwenzahn (*Taraxacum* sp.) und Erdbeere (*Fragaria* sp.). Die Imagines sind nach dem Schlupf im August in einer Generation auch während der Überwinterung bei milder Witterung und spätestens ab März bis Mai aktiv. Als

Flugzeit	J	F	M	A	M	J	J	A	S	O	N	D
Raupen	J	F	M	A	M	J	J	A	S	O	N	D

Habitate sind Ränder und Säume von lichten Laub- und Mischwäldern, Feldgehölzen, Hecken, Streuobstwiesen und verbuschten Trockenrasen, Kiesgruben, Parks und Gärten von der Ebene bis ins Hügelland um die 800 m zu nennen. Die Rost-Wintereule ist über ganz Mittel- und Südeuropa mit Ausnahme von Nordengland, Fennoskandinavien und höheren Regionen der Gebirge verbreitet.

Conistra rubiginosa (Feldholz-Wintereule, Schwarzgefleckte Wintereule)

Die Vorderflügel erreichen eine Spannweite zwischen 31 und 36 mm. Die Grundfärbung reicht von einem gleichfarbigen Hellbraun über Rötlich- bis Graubraun. Das Erscheinungsbild ist relativ schlank mit einem recht spitzen Außenwinkel der Vorderflügel. Auffällig ist der in mehrere schwarze

Flugzeit	J	F	M	A	M	J	J	A	S	O	N	D
Raupen	J	F	M	A	M	J	J	A	S	O	N	D

Felder unterteilte Nierenmakel, dessen Flecken allerdings auch fehlen können. Zwischen Ende April und Juni leben die Raupen an Gewöhnlicher Schlehe (*Prunus spinosa*), Zwetschge (*Prunus domestica*), Besenheide (*Calluna vulgaris*), Flieder (*Syringa vulgaris*), Kulturapfel (*Malus domestica*), Besenginster (*Cytisus scoparius*) und anderen. Nach wie vor weitgehend ungeklärt ist, in welcher Beziehung die Raupen von *C. rubiginosa* zu Ameisen und deren Nestern stehen. Die Verpuppung findet am Boden in einem Kokon statt. Die Imagines der einzigen Generation pro Jahr erscheinen ab August und überwintern, wobei sie auch an warmen Wintertagen aktiv und noch bis Ende April, Anfang Mai anzutreffen sind. Sie sind an Fallobst und austretenden Stellen mit Baumsaft beim Saugen zu finden und bevorzugen die Ränder und Säume von Laub- und Laubmischwäldern, Wegränder, Feldgehölze, Hecken, Streuobstwiesen, Gärten und Parks von der Ebene bis ins Hügelland auf 800 m Höhe. Die Verbreitung erstreckt sich über ganz Süd- und Mitteleuropa und reicht bis in den Süden Fennoskandinaviens und das Baltikum.

Conistra vaccinii (Heidelbeer-Wintereule)

Unsere häufigste Wintereule hat eine Spannweite der Vorderflügel von 28 bis 38 mm. Die Falter können sich stark in Zeichnung und Färbung unterscheiden. Die Spanne reicht von hellgrauen, hellbraunen, hellrötlichen,

Flugzeit	J	F	M	A	M	J	J	A	S	O	N	D
Raupen	J	F	M	A	M	J	J	A	S	O	N	D

rotbraunen bis zu dunkel-, fast schwarzbraunen Exemplaren. Der Außenwinkel der Vorderflügel ist als Unterscheidungsmerkmal zu anderen Arten wie der Gebüsch-Wintereule (*C. ligula*) stumpf und leicht konkav. Zeichnungselemente wie Querlinien, Nieren- und Ringmakel können mehr oder weniger ausgebildet und auch fast nicht mehr sichtbar sein. Die Raupe lebt zwischen Mai und Juni an einer Vielfalt verschiedener Gehölze und Pflanzen wie Sal-Weide (*Salix caprea*), Eichen (*Quercus* sp.), Erlen (*Alnus* sp.), Zitterpappel (*Populus tremula*), Brombeeren (*Rubus* sect. *Rubus*), Königskerzen (*Verbascum* sp.), Löwenzahn (*Taraxacum* sp.) und vielen anderen. Imagines der einzigen Generation im Jahr erscheinen nach dem Schlupf Ende August oder September und können bei warmer Witterung bis November angetroffen werden. Sie gehen anschließend in Winterruhe, um dann ab Februar bis in den Mai hinein wieder zu erscheinen. Die Palette der verschiedenen geeigneten Lebensräume feuchter, kühler, aber auch trockener, warmer Ausprägung reicht von den Rändern und Gebüschsäumen von Laub- und Mischwäldern, Lichtungen, Waldwegen bis zu Gebüschen im Offenlandbereich an Trockenrasen, Heckenbiotopen, Streuobstwiesen, Parkanlagen und Gärten. Die Höhenverteilung erstreckt sich vom Flachland bis ins Bergland auf 1200 m Höhe. Mit Ausnahme des südlichen Spaniens, einiger Mittelmeerinseln (Balearen, Korsika und Sardinien) und dem nördlichen Fennoskandinavien sind Heidelbeer-Wintereulen in ganz Europa zu finden.

Cosmia affinis (Rotbraune Ulmeneule)

Die Spannweite der rötlich braun bis gelbbraun gefärbten Vorderflügel liegt zwischen 28 und 33 mm. Zum Teil können neben den immer vorhandenen weißen Strichen am Saum und an den Querlinien auch manchmal schwarze Flecken auftreten. Die Makel sind bei dieser Art hell umrandet

Flugzeit	J	F	M	A	M	J	J	A	S	O	N	D
Raupen	J	F	M	A	M	J	J	A	S	O	N	D

und tragen einen dunklen Punkt in der Mitte. Sie haben dunkle Hinterflügel mit gelblichen Fransen. Die Raupen leben von Mai bis Juni und gehören zu den sogenannten Mordraupen, die Raupen anderer Arten, manchmal auch der eigenen Art, angreifen und aussaugen. Sie ernähren sich ansonsten hauptsächlich von den Blättern von Ulmen (*Ulmus* sp.), Linden (*Tilia* sp.), Eichen (*Quercus* sp.) oder Gewöhnlicher Schlehe (*Prunus spinosa*). Sie überwintern im Eistadium. Die Flugzeit der vermutlich zwei Generationen liegt zwischen Juni und Oktober. Der Nachweis für die zweite Generation ist noch nicht ganz erbracht und so kann es sich auch um eine einzige, lang gestreckte Generation handeln. Die Rotbraune Ulmeneule nutzt als Habitate warme Laubwälder mit hohem Ulmenanteil, Waldränder, Auwälder in Hang und Südrandlagen. Die Verbreitung reicht von Mittel- und Südeuropa lokal bis nördlich nach Nordengland, Dänemark und in den Süden Schwedens.
RL 3, **Naturschutzstatus:** 2

Cosmia pyralina (Violettbraune Ulmeneule)

Die dunkelbraun bis violett-rötlich braun gefärbten Vorderflügel erreichen eine Spannweite von 28 bis 32 mm. Die Querlinien sind schwarz, die hintere ist meist stärker weißlich gesäumt. Am Außenwinkel der Vorderflügel findet sich neben einem schwarzen Fleck ein weißer Strich, der sich manchmal auch in einen Fleck verbreitert. Die Hinterflügel sind stark verdunkelt.

Flugzeit	J	F	M	A	M	J	J	A	S	O	N	D
Raupen	J	F	M	A	M	J	J	A	S	O	N	D

Als Raupennahrung werden zwischen Mai und Juni Ulmen (*Ulmus* sp.), Eichen (*Quercus* sp.), Weiden (*Salix* sp.) und andere Laubgehölze genutzt. Die Raupen sind allerdings auch als Mordraupen bekannt und greifen andere Raupen an, um sie auszusaugen. Die Überwinterung findet im Eistadium statt. Imagines fliegen laut Literaturangaben in einer Generation von Juni bis August, wobei sich auch bei dieser Art spät fliegende Exemplare im September beobachten lassen, was die Vermutung einer zweiten Generation zulässt. Die Art bevorzugt Laubmischwälder etwas trockener bis feuchter Ausprägung im Bereich der Ränder und Saumzonen. Es werden oft Wegränder und Gebüschzonen von Auwäldern, aber auch Streuobstwiesen, Parkanlagen und Gärten vom flachen Land bis in Gebirgsregionen auf 1600 m genutzt. In Europa erreichen die Falter Mittelengland und den Süden Fennoskandinaviens. Im Süden liegt die Grenze der Verbreitung in Nordspanien, Mittelitalien und Bulgarien.

Cosmia trapezina (Trapezeule)

Die Eule hat ockergelbe bis braune oder hellrote bis kupferrote Vorderflügel mit einer Spannweite von 29 bis über 36 mm. Das Mittelfeld ist trapezförmig und wird durch zwei dunkle, weiß gesäumte Linien eingefasst. Die Nierenmakel sind mit je einem schwarzen Punkt versehen. Die Raupe lebt zwischen April und Juni an Sträuchern und Laubbäumen wie Gewöhnlicher Schlehe (*Prunus spinosa*), Haselnuss (*Corylus* sp.), Stieleiche (*Quercus robur*), Gewöhnlicher Hainbuche (*Carpinus betulus*), Hängebirke (*Betula pendula*), Linde (*Tilia* sp.) und vielen anderen Gehölzarten. Die Raupe

Flugzeit	J	F	M	A	M	J	J	A	S	O	N	D
Raupen	J	F	M	A	M	J	J	A	S	O	N	D

gehört ebenfalls zu den sogenannten Mordraupen, siehe vorhergehende Arten. Die Trapezeule fliegt in einer Generation von Ende Juni bis Ende September an Gebüschen, in Wäldern, Gärten und Parkanlagen von der Ebene bis in Gebirgslagen von 1600 m. Die Verbreitung reicht über ganz Europa bis ins mittlere Fennoskandinavien.

Crypsedra gemmea (Bunte Waldgraseule)

Die Spannweite der oliv- bis dunkelbraunen Vorderflügel erreicht bei dieser Eule 42 bis 44 mm. Eine weiß gefüllte, schwarz umrandete, wellenför-

Flugzeit	J	F	M	A	M	J	J	A	S	O	N	D
Raupen	J	F	M	A	M	J	J	A	S	O	N	D

mige Querlinie liegt innen vor den weißen, dunkel zentrierten Ringmakeln. An den weißen Nierenmakeln läuft die äußere, weiße Querlinie. Nach der Überwinterung im Eistadium schlüpfen ab März die Raupen. Die Nahrung, die sie bis zur Verpuppung Ende Juni zu sich nehmen, besteht aus Gräsern wie Wiesen-Rispengras (*Poa pratensis*), Einjährigem Rispengras (*Poa annua*), Rasenschmiele (*Deschampsia cespitosa*) und anderen. Die bevorzugten Lebensräume liegen in feuchten, lichten Nadelwäldern mit Grasbewuchs, an Waldrändern und Waldwegen, Mooren mit Heidekraut- und Heidelbeerbeständen und Kiefern-Birkenwäldern vom Flachland bis ins Hügel- und Bergland auf über 1300 m Höhe. Die Flugzeit einer Generation im Jahr dauert von Ende Juli bis September. *C. gemmea* ist bis zum mittleren Skandinavien, Südfrankreich und die Atlantikküste, Mittelitalien und Makedonien verbreitet.

Dicycla oo (Eichen-Nulleneule)

Die Flügelspannweite dieses Falters liegt zwischen 32 und 39 mm. Die Grundfärbung variiert meist zwischen einem hellen gelblichen oder rötlich gelben Braun. Dazu treten Exemplare mit dunkelbraunen oder schwarzbraunen Zeichnungselementen auf. Allen gemeinsam sind die beiden dunkel umrandeten, namengebenden Zapfen- und Ringmakel, die Nierenmakel und die dunkle Fleckenschattierung in Nähe der Vorderflügelbasis sowie das helle, mit dunklen Adern durchzogene Saumband. Nach dem

Flugzeit	J	F	M	A	M	J	J	A	S	O	N	D
Raupen	J	F	M	A	M	J	J	A	S	O	N	D

Schlupf aus dem überwinterten Ei erscheinen die Raupen ab Ende April und fressen bis Juni an zusammengesponnenen Blättern verschiedener Eichenarten wie beispielsweise der Stieleiche (*Quercus robur*) oder der Flaumeiche (*Q. pubescens*). Pro Jahr erscheint eine Generation von Faltern zwischen Mitte Juni und Anfang August. Der Lebensraum sind lichte, warme und sonnige Eichenwälder und deren Ränder und Säume, meist im Flachland bis ins Hügelland über 500 m. Hauptverbreitungsgebiet von *D. oo* ist Süd- und Mitteleuropa, oft sehr lokal, bei uns zunehmend seltener werdend und im Norden nur sehr vereinzelt vertreten.
RL 3, **Naturschutzstatus:** 2

Dypterygia scabriuscula (Dunkle Knötericheule, Trauereule)

Die dunkel- bis schwarzbraunen Vorderflügel haben eine Spannweite von 32 bis 38 mm. Am Innensaum der Vorderflügel zieht sich ein langer, gelblich brauner Fleck entlang, der sich ab der Mitte in zwei Stufen verschmälert. Die Makel sind trotz ihrer schwarzen Umrandung nur schlecht zu erkennen. Ab September sind die Raupen der ersten Generation bis zur Überwinterung und Verpuppung im April des nächsten Jahres zu finden. Die zweite Generation lebt von Juni bis Juli. Sie nutzen die Blätter verschiedener Pflanzen wie Sauerampfer (*Rumex* sp.), Knöterich (*Persicaria* sp.) und Löwenzahn (*Taraxacum* sp.) als Nahrungsgrundlage. Im Süden des Verbreitungsgebietes erscheinen die Eulenfalter in zwei nicht eindeutig trennbaren Generationen von Mai bis Mitte September. Im Norden ist eine zweite Generation möglich. Die Eule lebt sowohl in feuchten wie trockenen Wiesen, auf Trockenrasenhängen, an Waldrändern und Waldlichtungen, in

Flugzeit	J	F	M	A	M	J	J	A	S	O	N	D
Raupen	J	F	M	A	M	J	J	A	S	O	N	D

Mooren, Auwaldbereichen und Ruderalflächen vom Flachland bis in Mittelgebirgsregionen in Höhe von 1500 m. *D. scabriuscula* besiedelt beinahe ganz Europa.

Elaphria venustula (Marmoriertes Gebüscheulchen)

Der sehr kleine Falter erreicht nur 18 bis 22 mm Flügelspannweite. Die Vorderflügel tragen eine weiße und bräunliche Musterung mit einer schmalen rosafarbenen Binde. Raupen sind zwischen Juni und August an ihren Futterpflanzen wie z. B. Fingerkraut (*Potentilla* sp.), Besenginster (*Cytisus scoparius*), Hunds-Rose (*Rosa canina*) und Brombeere (*Rubus* sect. *Rubus*) zu

Flugzeit	J	F	M	A	M	J	J	A	S	O	N	D
Raupen	J	F	M	A	M	J	J	A	S	O	N	D

finden. Die Überwinterung findet im Puppenstadium statt. Jährlich treten die Falter bei klimatisch günstigen Bedingungen in zwei Generationen von Mai bis September auf, in kühleren Jahren und im Norden nur in einer von Juni bis Juli. Eine Vielzahl von Lebensräumen wie Wegränder, Schneisen und Lichtungen in Laub-, Laubmisch- und Auwäldern, auch Feuchtwiesen, Niedermoore und Schilfbestände, Streuobstwiesen, Glatthaferwiesen, Trockenrasen und viele weitere Biotopen im Flachland und bis in Höhen von 700 m werden besiedelt. Das Marmorierte Gebüscheulchen ist bis auf den Hohen Norden in Europa weit verbreitet.

Enargia paleacea (Gelbe Blatteule)

Die Falter können in der Größe sehr variieren und erreichen Flügelspannweiten von 35 bis 60 mm. Die Grundfärbung reicht von rötlich gelb über

Flugzeit	J	F	M	A	M	J	J	A	S	O	N	D
Raupen	J	F	M	A	M	J	J	A	S	O	N	D

bräunlich gelb bis hellbraun. Zwei dunkle Querlinien begrenzen das Mittelfeld der Vorderflügel mit den ebenso dunkel umrandeten Ring- und Nierenmakeln. Charakteristisch für die Art ist ein dunkelbrauner bis schwarzer Punkt im Nierenmakel, der in Europa nur bei der viel verwaschener und undeutlicher gezeichneten *E. abluta* ähnlich auftritt. Nach der Überwinterung im Eistadium schlüpft die Raupe ab Mai und ernährt sich bis Juni von den Blätter der Futterpflanzen wie Zitterpappel (*Populus tremula*) und anderen Pappelarten, Hängebirke (*Betula pendula*) und Moorbirke (*B. pubescens*). Sie verpuppt sich zwischen zusammengesponnenen Blättern. Die Imagines fliegen je nach Höhenlage und klimatischen Bedingungen von Ende Juni bis September, hauptsächlich von Mitte Juli bis August. Als Lebensräume nutzen sie Auwälder, Laub- und Eichenmischwälder oder Moore und Moorwälder vom Flachland bis in 1500 m Höhe. Die Verbreitung erstreckt sich auf den mittleren Teil Europas von den Pyrenäen bis Südskandinavien, Osteuropa, Italien und den Balkan ohne Griechenland.

Euplexia lucipara (Gelbfleck-Waldschatteneule)

Die rötlich-dunkle bis violettbraune Eule erreicht mit ihren Vorderflügeln eine Spannweite von 27 bis 32 mm. Ein dunkles Mittelfeld umschließt den etwas helleren Ringmakel. Ein heller, gelblicher Fleck liegt am Mittelfeld an. Am Außenrand der Vorderflügel ist ein dunkles Saumband zu erkennen. Eine ähnliche Art in Europa ist *E. euplexina*, bei der jedoch die

Flugzeit	J	F	M	A	M	J	J	A	S	O	N	D
Raupen	J	F	M	A	M	J	J	A	S	O	N	D

hellen gelblichen Flecken nicht gänzlich vom dunklen Mittelfeld umschlossen werden. Eine Vielzahl von Pflanzen und Sträuchern werden von den Raupen zwischen August und Oktober als Nahrungsgrundlage genutzt, wie z.B. Gewöhnliche Hasel (*Corylus avellana*), Brombeeren (*Rubus* sect. *Rubus*), Schwarzer Holunder (*Sambucus nigra*), Gewöhnliche Waldrebe (*Clematis vitalba*), Gewöhnlicher Wurmfarn (*Dryopteris filix-mas*), Großes Springkraut (*Impatiens noli-tangere*), Große Brennnessel (*Urtica dioica*), Schöllkraut (*Chelidonium majus*) und andere. Die Puppe überwintert in einer Kammer im Erdreich. Die Art bringt eine Generation pro Jahr hervor, die zwischen Mai und Ende Juli fliegt. In warmen Regionen und Jahren kommt es zu einer zweiten, unvollständigen Generation, deren Exemplare noch im September auftreten können. Die Lebensräume sind hauptsächlich schattig und kühl, wie Ränder und Lichtungen von Laubmisch- und Nadelwäldern, Bruch- und Auwälder, Bach- und Teichufer, Gärten und Parks. Die Verbreitung von *E. lucipara* erstreckt sich auf ganz Europa.

Eupsilia transversa (Satellit-Wintereule)

Der Falter hat eine Flügelspannweite von 40 bis 48 mm. Die Vorderflügel sind bräunlich grau, rotbraun oder graubraun bis gelbrot. Die dunkleren, schmalen Querlinien sind in der Regel deutlich erkennbar. Die Nierenmakel sind weiß, gelb, rötlich oder braun gekernt mit je einem gleichfarbigen, kleinen Punkt (Satellit) links und rechts darunter. Die Raupe wird zu den sogenannten Mordraupen gezählt, die andere Raupen überfällt und frisst.

Flugzeit	J	F	M	A	M	J	J	A	S	O	N	D
Raupen	J	F	M	A	M	J	J	A	S	O	N	D

Ansonsten lebt sie von Ende April bis Juni vom Laub einer Vielzahl verschiedener Laubhölzer wie Stieleiche (*Quercus robur*), Rotbuche (*Fagus sylvatica*), Zitterpappel (*Populus tremula*), Sommer-Linde (*Tilia platyphyllos*), Feldahorn (*Acer campestre*) und anderen. Die einzige Generation der kälteresistenten Eulenart schlüpft Ende August, Anfang September, ist noch bis zur Winterpause ab November aktiv und lebt dann bis zur Verpuppung im Mai. Sie bewohnen Laub- und Laubmischwälder, Obstwiesen, Hecken, Feldgehölze, Gärten und Parkanlagen vom Flachland bis in Gebirgsregionen von knapp 1800 m Höhe. In Europa reicht die Verbreitung im Norden bis zum Polarkreis, im Süden bis Nordspanien, Sardinien, Mittelitalien, Makedonien, Bulgarien, Kleinasien und das Kaukasusgebiet.

Gortyna flavago (Kletteneule)

Die Spannweite der Eule liegt bei 32 bis 41 mm. Die Grundfarbe der Vorderflügel reicht von hellgelb über goldgelb bis rötlich gelb. Zwei dunkelbraune

Flugzeit	J	F	M	A	M	J	J	A	S	O	N	D
Raupen	J	F	M	A	M	J	J	A	S	O	N	D

Querbänder ziehen sich zum einem in der Flügelbasis und zum anderem im Saumbereich über die Vorderflügel. Den Zwischenbereich durchziehen Längsadern. Ring- und Nierenmakel sind meist heller und schmal braun umrandet. Die Überwinterung findet als Ei statt. Im Raupenstadium zwischen Juni und August dienen Pflanzenarten wie Jakobskreuzkraut (*Senecio jacobaea*), Gewöhnliche Kratzdistel (*Cirsium vulgare*), Klettenarten (*Arctium* sp.), Knotige Braunwurz (*Scrophularia nodosa*), Baldrian (*Valeriana* sp.), Gewöhnlicher Wasserdost (*Eupatorium cannabinum*), Königskerze (*Verbascum* sp.) und weitere Arten als Nahrungsgrundlage. Die Imagines sind abhängig von Klimabedingungen und Höhenlage in einer Generation zwischen August und Oktober zu finden. Lebensräume sind Waldränder, Kahlschläge und Lichtungen, Ruderalflächen, Hochstaudenfluren, Uferbereiche von Teichen und Bächen vom Flachland bis in Höhen von 1200 m. In Europa fehlt die Art im Norden Schottlands, Norwegens, Schwedens und Finnlands und im Süden von Spanien und Griechenland.

Griposia aprilina (Grüne Eicheneule)

Die attraktive Art liegt bei der Spannweite seiner Vorderflügel zwischen 45 und 52 mm. Die grünen Vorderflügel tragen eine relativ unverwechsel-

Flugzeit	J	F	M	A	M	J	J	A	S	O	N	D
Raupen	J	F	M	A	M	J	J	A	S	O	N	D

bare schwarz-weiße Zeichnung. Ähnliche Arten sind im Südosten Europas *Griposia pinkeri, G. wegneri* und *G. skyvai*. Das Überwinterungsstadium ist das Ei. Nach dem Schlupf im April ernährt sich die Raupe von verschiedenen Eichenarten (*Quercus* sp.), gelegentlich auch von Rotbuchen (*Fagus sylvatica*), selten Linden (*Tilia* sp.), Eschen (*Fraxinus* sp.) und Obstbäumen. Die Verpuppung findet in einem Kokon im Erdboden statt. Die Imagines erscheinen in einer Generation von Ende August bis Ende Oktober. Als Lebensraum benötigt die Eule trockene Laub- und Laubmischwälder mit hohem Eichenanteil, Eichenwälder und deren Ränder. In Europa fehlt *G. aprilina* nur in Südspanien und dem Süden Griechenlands und Italiens.

Hoplodrina ambigua (Hellbraune Staubeule)

Die Vorderflügel haben Spannweiten zwischen 32 und 34 mm. Die Färbung der Oberseite ist ein helles bis dunkleres Graubraun, manchmal auch mit rötlichem Einschlag, während die Hinterflügel beim Männchen gänzlich weiß sind. Ring- und Nierenmakel sind weiß umrandet. Die Raupen der ersten Generation schlüpfen im Herbst und überwintern. Im Frühjahr, ab April sind sie erwachsen und verpuppen sich. Raupen der zweiten Generation erscheinen ab Juni und verpuppen sich im Juli. Sie ernähren sich unter anderem von Königskerzen (*Verbascum* sp.), Luzerne (*Medicago sativa*), Gewöhnlichem Löwenzahn (*Taraxacum officinale*) und anderen. Der Falter fliegt in zwei Generationen von Anfang Mai bis Mitte Oktober. Sie leben

Flugzeit	J	F	M	A	M	J	J	A	S	O	N	D
Raupen	J	F	M	A	M	J	J	A	S	O	N	D

in warmen Halbtrockenrasen, auf Hängen, Ruderalflächen und im Siedlungsbereich vom Flachland bis ins Bergland auf 1200 m Meter Höhe. Die nördliche Grenze des Vorkommens von *H. ambigua* reicht bis in den Süden Englands, Dänemarks, den Süden Schwedens und bis Lettland. Mittel- und Südeuropa sind die Hauptverbreitungsgebiete der Art.

Hoplodrina octogenaria (Gelbbraune Staubeule)

Die Eule hat eine Spannweite zwischen 28 und 34 mm und ist schwer bestimmbar. Im Verlauf der Zeichnung und der Querlinie ähnelt sie sehr *H. blanda,* ist aber meist kontrastreicher. Die Vorderflügel sind braun mit gelblich braunem bis rötlich braunem Einschlag, die Makel meist dunkler. Nach der Überwinterung lebt die Raupe zwischen April und Mai an verschiedenen Pflanzen, wie zum Beispiel Wegerich (*Plantago* sp.), Greiskraut (*Senecio* sp.), Königskerze (*Verbascum* sp.), Taubnessel (*Lamium* sp.), Ampfer (*Rumex* sp.) und vielen anderen Arten. Imagines fliegen in einer Generation von Ende Mai bis August. Es werden größtenteils trockene, warme bis feuchte, offene bis halboffene Habitate wie Mähwiesen, Streuwiesen, Waldwiesen, Halbtrocken- und Magerrasen, Feucht- und Moorwiesen, Kiesgruben und Steinbrüche sowie Gärten und Parks vom Flachland bis in Gebirgsregionen um 2000 m besiedelt. *H. octogenaria* kommt praktisch in fast ganz Europa vor.

Flugzeit	J	F	M	A	M	J	J	A	S	O	N	D
Raupen	J	F	M	A	M	J	J	A	S	O	N	D

Hydraecia micacea (Markeule

Die Flügelspannweite dieser Art unterliegt einer großen Variationsbreite von 32 bis 50 mm. Die hellbraun bis graubraun gefärbten Vorderflügel haben manchmal im unteren Bereich des Mittelfeldes ein dunkelbraunes Feld, sind jedoch in der Intensität der dunklen Felder und Zeichnungs-

Flugzeit	J	F	M	A	M	J	J	A	S	O	N	D
Raupen	J	F	M	A	M	J	J	A	S	O	N	D

elemente recht variabel. Zwei weitere *Hydraecia*-Arten, deren Verbreitung sich in Europa überschneiden kann, sind ähnlich – Holsts Markeule (*H. ultima*) und *H. nordstroemi*. Sie sind oft nur schwer zu unterscheiden. Die Raupe schlüpft nach der Überwinterung im April aus dem Ei und ernährt sich bis Juni von den Wurzeln und Stängeln einer Vielzahl verschiedener Pflanzen, bevorzugt Gräser. Sie verpuppt sich im Boden. Ab Ende Juni fliegen die ersten Falter in einer Generation und sind bis Anfang Oktober zu beobachten. Überwiegend ist die Markeule in feuchten Lebensräumen an Bächen und Flüssen, in Feuchtwiesen und Niedermooren, an Waldrändern, in Hochstaudenfluren, aber auch in trockeneren und warmen Biotopen bis ins Hügelland anzutreffen. In Europa fehlt die Art nur im südlichen Mittelmeerraum.

Hyppa rectilinea (Heidelbeer-Stricheule, Heidelbeerwald-Stricheule, Stricheule, Heidelbeer-Krauteule)

Der Falter erreicht Flügelspannweiten zwischen 35 und 42 mm. Die sehr kontrastreich, schwarz, dunkelbraun bis grauweiß gefärbte Art hat eine stark gezackte vordere Querlinie und im grauweißen Wurzelfeld zwei auffällige, gerade, nach hinten verlaufende schwarze Streifen. An ein dunkelbraunes Mittelfeld schließt das grauweiße Saumband an. Die Raupe schlüpft im Juli und ernährt sich bis zur Überwinterung von Heidelbeere (*Vaccinium myrtillus)*, Rauschbeere (*Vaccinium uliginosum*), Brombeere (*Rubus* sect. *Rubus*), Heidekraut (*Calluna vulgaris*) und anderen Pflan-

Flugzeit	J	F	M	A	M	J	J	A	S	O	N	D
Raupen	J	F	M	A	M	J	J	A	S	O	N	D

zenarten. Nach der Überwinterung verpuppt sie sich im Frühjahr des folgenden Jahres. Die nachtaktive Heidelbeer-Stricheule fliegt von Mai bis Anfang August in einer Generation pro Jahr. Die Falter leben in Nadel- und Mischwäldern, Hochmooren und auf Heideflächen, oft mehr in höheren Bergregionen. Die Verbreitung erstreckt sich auf Nord- und Mitteleuropa und beschränkt sich im Süden verstreut auf die Gebirgs- und höheren Bergregionen.
RL V, **Naturschutzstatus:** 1

Ipimorpha retusa (Weidenbusch-Blatteule)

Die bräunlich graue bis rötlich braune Eule erreicht 28 bis 32 mm Flügelspannweite. Die innere und äußere Querlinien verlaufen fast parallel und

Flugzeit	J	F	M	A	M	J	J	A	S	O	N	D
Raupen	J	F	M	A	M	J	J	A	S	O	N	D

neben den Flügelspitzen befindet sich im Gegensatz zur ähnlichen Pappel-Blatteule (*I. subtusa*) eine Ausbuchtung. Nahrungsgrundlage bilden für die Raupen Weiden (*Salix* sp.) und Pappelgebüsch (*Populus* sp.), an dessen Blättern und Trieben sie von Mai bis Juni gemeinschaftlich fressen. Ab Ende Juni schlüpfen die nachtaktiven Falter in einer Generation und fliegen bis September. Lebensraum bilden Auwälder, Bruchwälder, Uferzonen von Bächen, Flüssen und Seen, verbuschte Feuchtwiesen, Niedermoore und Kiesgruben mit Gewässern. Die Verbreitung erstreckt sich über den größten Teil Europas bis in höhere Berglagen.

Lateroligia ophiogramma (Schlangenlinien-Grasbüscheleule)

Die Eule liegt mit ihrer Flügelspannweite zwischen 32 und 35 mm. Es kommen sowohl helle, gelblich-braune als auch dunkelbraune, verdüsterte Ex-

Flugzeit	J	F	M	A	M	J	J	A	S	O	N	D
Raupen	J	F	M	A	M	J	J	A	S	O	N	D

emplare vor. Die häufigere, helle Form hat je ein sehr charakteristisches, von der Flügelinnenseite halbkreisförmig ausgebuchtetes, dunkelbraunes, dreieckförmiges Feld, in dem sich der hellbraune Ring- und der Nierenmakel befinden. Am Innenrand des Dreiecks fällt meist noch ein weißer Rand auf. Ein schwarzer, keilförmiger Fleck liegt an der doppelten Flügelsaumlinie an. Bei den verdunkelten Exemplaren sind die Makel sehr undeutlich zu erkennen. Die Raupen leben nach dem Schlupf bis in den Herbst, danach überwinternd und von April bis zur Verpuppung ab Mai hauptsächlich an Rohr-Glanzgras (*Phalaris arundinacea*), auch an Großem Schwaden (*Glyceria maxima*) und Gewöhnlichem Schilf (*Phragmites australis*). Die Imagines treten in einer Generation von Juni bis Ende August auf. Die Habitate, in denen die Eulen leben, sind Feuchtgebiete, Feuchtwiesen und Verlandungszonen von Seen und Teichen, Bach- und Flussufer, Grabenränder, lichte Au- und Bruchwälder, feuchte Ufer von Kiesgruben und Baggerseen. In Europa ist die Art hauptsächlich über Mitteleuropa verbreitet und fehlt in Nordskandinavien und dem größten Teil des Mittelmeergebietes.

Lithophane hepatica (Gelbbraune Holzeule)

Die Flügelspannweite beträgt 36 bis 45 mm. *L. hepatica* ist eine gelblich oder vereinzelt rötlich braune Eule mit je einem mehr oder weniger gut sichtbaren rötlich braunen bis schwarzen Längsfleck auf den Vorderflügeln. Die ähnliche *L. semibrunnea* ist insgesamt dunkler. Die Raupe findet man zwischen Mai und Juli an Blättern und Trieben von Laubgehölzen wie Kirsche (*Prunus* sp.), Weide (*Salix* sp.) und weiteren Arten. Ab August

Flugzeit	J	F	M	A	M	J	J	A	S	O	N	D
Raupen	J	F	M	A	M	J	J	A	S	O	N	D

fliegen die Falter in einer Generation bis Oktober, überwintern dann bis zum Frühjahr und leben bis Mai, vereinzelt noch bis Juni des folgenden Jahres. Lebensbereich der Falter sind Laub- und Mischwälder. Die Art ist in Europa weit verbreitet, fehlt aber im hohen Norden und dem südlichen Mittelmeerraum.

Lithophane ornitopus (Hellgraue Holzeule)

Die 35 bis 41 mm Spannweite messenden Eulen sind hellgrau und haben mehr oder weniger gelblich braun gefärbte Nierenmakel. Die Raupe ist von Mai bis Juni ein Eichenbewohner (*Quercus* sp.) in lichten Laub- und Misch-

Flugzeit	J	F	M	A	M	J	J	A	S	O	N	D
Raupen	J	F	M	A	M	J	J	A	S	O	N	D

wäldern, Eichenwäldern, an Waldrändern oder auch Parks mit Eichenbeständen. Nach dem Schlupf ab September sind die Falter bis November aktiv, überwintern dann und fliegen wieder ab Februar bis in den Mai in einer Generation. Ihre Verbreitung erstreckt sich über Mittel- und Südeuropa.

Mesapamea secalis (Getreide-Halmeule)

Die Vorderflügel erreichen Spannweiten von 26 bis 34 mm. Die Falter sind sehr variabel in Farbe und Zeichnung und können von *M. secalella* und *M. didyma* nach äußerlichen Merkmalen nicht unterschieden werden. Die Vorderflügel können rotbraun, gelblich braun, dunkelbraun oder graubraun gefärbt sein mit weißen oder gelblich braun gefärbten Nierenmakeln. Die Raupen ernähren sich ab August von Gräsern wie Knäuelgras (*Dactylis* sp.), Schwingel (*Festuca* sp.), Glatthafer (*Arrhenatherum* sp.) und Lieschgras (*Phleum* sp.). Sie überwintern und verpuppen sich Ende Mai bis Anfang

Flugzeit	J	F	M	A	M	J	J	A	S	O	N	D
Raupen	J	F	M	A	M	J	J	A	S	O	N	D

Juni. Die Falter fliegen in einer Generation zwischen Ende Juni und Anfang September. Die Getreide-Halmeule ist europaweit verbreitet.

Mesogona oxalina (Auenwald-Winkeleule)

Die Spannweite beträgt 35 bis 40 mm. Die graubraune Eule hat ein sich zur Vorderflügelinnenkante verjüngendes, braunes Mittelfeld, das durch

Flugzeit	J	F	M	A	M	J	J	A	S	O	N	D
Raupen	J	F	M	A	M	J	J	A	S	O	N	D

gelbbraune Querlinien begrenzt wird. Die ähnliche Art *M. acetosella* ist wesentlich brauner gefärbt. Zwischen Februar und Mai fressen die Raupen an Kätzchen, Trieben und Blättern von Pappeln (*Populus* sp.), Weiden (*Salix* sp.) und vereinzelt an anderen Gehölzen wie Gewöhnlichem Sanddorn (*Hippophae rhamnoides*). Es fliegt eine Generation im Jahr von Ende August bis Anfang Oktober. Die Falter sind Bewohner von Auwäldern und Bachtälern sowie Ufern stehender Gewässer, die mit Pappeln und Weiden bewachsen sind. In Europa reicht die Besiedlung im Norden bis in die Niederlande, Dänemark, Südschweden, Südfinnland und Nordrussland, im Süden bis Zentralspanien, Süditalien, Sizilien, Nordgriechenland und die pontischen Gebirge.

Mesoligia furuncula (Trockenrasen-Halmeulchen)

Die Falter erreichen etwa 20 bis 30 mm Flügelspannweite. Die sehr variablen Vorderflügel sind immer farblich zweigeteilt in ein dunkleres Mittel-

Flugzeit	J	F	M	A	M	J	J	A	S	O	N	D
Raupen	J	F	M	A	M	J	J	A	S	O	N	D

feld und einen helleren hinteren Teil. Falter der Gattung *Oligia* sind ähnlich, aber farblich nicht in der Mitte zweigeteilt. Die Raupen erscheinen Ende Juli und fressen bis zur Überwinterung in den Stängeln verschiedener Gräser. Sie verpuppen sich im Frühjahr des folgenden Jahres. Die dämmerungs-

und nachtaktiven Falter entwickeln sich in einer Generation pro Jahr von Ende Juni bis Anfang September. Sie nutzen Wiesen, Trocken- und Halbtrockenrasen, Hänge und Böschungen, Ruderalflächen, Kulturland und auch Gärten – oft auf Sandböden – als Lebensräume. Die Art fehlt nur im hohen Norden Europas.

Mniotype satura (Dunkelbraune Waldrandeule)

Die Spannweite der Vorderflügel beträgt 40 bis 50 mm. Färbung, Kontrast und Zeichnung sind sehr variabel. Die rotbraunen Vorderflügel werden durch eine innere und eine äußere zackenförmige Querlinie unterteilt. Die

Flugzeit	J	F	M	A	M	J	J	A	S	O	N	D
Raupen	J	F	M	A	M	J	J	A	S	O	N	D

Raupe ernährt sich von Juli bis zur Überwinterung in einem Kokon von vielen verschiedenen Pflanzenarten wie Braunwurz (*Scrophularia* sp.), Geißblatt (*Lonicera* sp.), Kratzdistel (*Cirsium* sp.) und weiteren. Die Verpuppung findet im Frühjahr statt. Je nach Lage und Klimabedingungen fliegen die Falter in einer Generation von Mai bis September. Die lokal verbreiteten Eulen bevorzugen kühlere, feuchte Laub-, Misch- und Nadelwälder und deren Ränder und Lichtungen, Moore, Zwergstrauchheiden und auch vereinzelt Kulturland und Gärten. Sie sind in ganz Europa zu finden.

Mormo maura (Schwarzes Ordensband)

Eine mit 63 bis 74 mm Spannweite sehr große Art. Die Vorderflügel sind graubraun oder dunkelbraun. Das Mittelfeld ist schwärzlich braun verdunkelt. Am Flügelvorderrand befinden sich schwarze, strichförmige Querfle-

Flugzeit	J	F	M	A	M	J	J	A	S	O	N	D
Raupen	J	F	M	A	M	J	J	A	S	O	N	D

cke. Die Raupe lebt von August mit Überwinterung und von Frühjahr bis zur Verpuppung im Mai des Folgejahres an Esche (*Fraxinus* sp.), Erle (*Alnus* sp.), Weide (*Salix* sp.), auch an Brennnessel (*Urtica* sp.), Löwenzahn (*Taraxacum* sp.), Großem Sauerampfer *(Rumex acetosa*) und anderen Gehölzen und Stauden. Die nachtaktiven Falter entwickeln eine Generation von Juli bis Ende September und leben an Waldrändern, in lichten Auwäldern, Mooren, an Gewässerufern und auf Offenland bis in höhere Berglagen. Die Eulenart ist in Südeuropa verbreitet, erreicht aber nur das nördliche Mitteleuropa.
RL V, **Naturschutzstatus:** 2

Oligia latruncula (Dunkles Halmeulchen, Bergheiden-Graseulchen)

Der Falter ist mit 20 bis 26 mm Spannweite einer der kleineren Vertreter der Eulenfalter und die kleinste Art der Gattung. Die Färbung der Vorderflügel differiert meist und reicht von rötlich braunen, graubraunen, dunkelbraunen bis zu fast schwarzen Exemplaren. Die Unterscheidung zum Bunten Halmeulchen (*Oligia versicolor*), Striegel-Halmeulchen (*Oligia stri-*

Flugzeit	J	F	M	A	M	J	J	A	S	O	N	D
Raupen	J	F	M	A	M	J	J	A	S	O	N	D

gilis) und vom Zweifelhaften Halmeulchen (*Oligia dubia*) ist oft nur anhand der Genitalien möglich. Im September erscheinen die Raupen an Futterpflanzen wie Rispengras (*Poa* sp.) und Knäuelgras (*Dactylis* sp.), überwintern und verpuppen sich im folgenden Jahr im Mai. Die Falter fliegen in der Dämmerung und nachts zwischen Mai und August in einer Generation. Verschiedene grasbewachsene Habitate wie Wiesen, Waldlichtungen, Heiden, Gärten und Parks dienen als Lebensraum. Sie bewohnen zudem Waldgebiete, Heiden, Halbtrockenrasen, Grasland, genauso wie Feuchtwiesen, Moore, Gärten und Parkanlagen bis in höhere Gebirgsregionen. *O. latruncula* ist eine in Europa weit verbreitete Art mit Ausnahme des hohen Nordens.

Oligia strigilis (Striegel-Halmeulchen)

Die Falter haben 20 bis 28 mm Flügelspannweite und sind die größten Vertreter der Gattung. Die graubraunen, rötlich braunen, dunkelbraunen bis schwarzen Vorderflügel besitzen ein weißes bis graubraunes, durch eine dunkle Wellenlinie abgetrenntes, stark nach innen gebogenes Saumfeld. Die Unterscheidung von verdunkelten Exemplaren von *O. latruncula* ist oft nicht sicher möglich. Die Raupen leben ab Herbst in Gräsern wie dem Wiesen-Knäuelgras (*Dactylis glomerata*). Sie überwintern und verpuppen sich

Flugzeit	J	F	M	A	M	J	J	A	S	O	N	D
Raupen	J	F	M	A	M	J	J	A	S	O	N	D

dort im Mai auch. Ab Mai bis August fliegt die einzige Faltergeneration im Jahr. Die Art lebt in grasreichen Habitaten auf Waldlichtungen, Magerrasen, Wiesen, in Gärten und Parks. Die Verbreitung erstreckt sich auf ganz Europa.

Phlogophora meticulosa (Achateule)

Die Flügelspannweite dieser häufigen Art beträgt zwischen 45 und 55 mm. Die Vorderflügel sind ockergelb bis olivbraun und rötlich violett getönt. Der hintere Rand der Vorderflügel ist stark gezackt. Das Mittelfeld erscheint dunkler durch die am Innenrand zusammenlaufenden Querlinien, die wie zwei verschachtelte olivbraune und rötlich violette Dreiecke aussehen. Raupen findet man ab Juni bis in den August und in der folgenden Generation ab September bis zur Überwinterung und im Jahr darauf bis Mai an einer Vielzahl von Pflanzen, wie z. B. Löwenzahn (*Taraxacum* sp.), Brennnesseln (*Urtica* sp.), Sauerampfer (*Rumex* sp.), Besenginster (*Cytisus scoparius*), Sal-Weide (*Salix caprea*) und auch Garten- und Zierpflanzen. Es kommen gelegentlich auch Überwinterungen im Puppen- oder Falterstadium vor. Die Flugzeit der beiden im Jahr auftretenden Generationen reicht von April bis Juli und von August bis November. Die Herbstgeneration wird in Mittel- und Nordeuropa oft noch durch aus dem Süden einwandernde Falter erheblich verstärkt, deren Folgegeneration im folgenden Jahr zum

Flugzeit	J	F	M	A	M	J	J	A	S	O	N	D
Raupen	J	F	M	A	M	J	J	A	S	O	N	D

Ende des Sommers auch teilweise wieder zurückfliegt. Die nachtaktiven Wanderfalter sind in vielen offenen Lebensräumen an Waldrändern, Lichtungen, Wiesen, Hochstaudenfluren, Wegrändern, Böschungen und auch im Siedlungsbereich in Parks und Gärten zu finden. Die europäische Verbreitung reicht vom südlichen Mittelmeerraum bis ins mittlere Skandinavien, wobei die Falter dort zuwandern und nicht überall bodenständig sind.

Phragmatiphila nexa (Wasserschwaden-Röhrichteule)

Die Falter erreichen Flügelspannweiten zwischen 18 und 30 mm. Die Vorderflügel sind heller oder dunkler rotbraun gefärbt und tragen einen auffällig L-förmigen, weißen bis hellgelblichen Nierenmakel und machen die Falter gut bestimmbar. Im Raupenstadium frisst die Art ab Juni bis Ende Juli hauptsächlich in und an den Stängeln von Wasser-Schwaden (*Glyceria maxima*), Sumpf-Seggen (*Carex acutiformis*) und Gewöhnlichem Schilf (*Phragmites australis*). Die Überwinterung findet in der Regel im Eistadium statt. Spät im Jahr ab August beginnt die Flugzeit der einzigen Generation der dämmerungs- und nachtaktiven Falter und dauert längstens bis Mitte Oktober. Lebensräume bilden Feuchtbiotope wie Moore und Niedermoore, Feuchtwiesen, Bruch- und Auwälder sowie Gewässerufer. Im Westen Europas reicht die Verbreitung der oft nur lokal vorhandenen Eule bis Mittel- und Nordfrankreich, im Süden bis in die Schweiz, Norditalien, Österreich

Flugzeit	J	F	M	A	M	J	J	A	S	O	N	D
Raupen	J	F	M	A	M	J	J	A	S	O	N	D

und Südungarn, östlich bis Polen, das Baltikum und Weißrussland sowie nördlich bis ins südliche Skandinavien.
RL 3, **Naturschutzstatus:** 1

Polymixis xanthomista (Blaugraue Steineule, Felsbuschhalden-Graueule)

Die Art erreicht Flügelspannweiten von 37 bis 42 mm. Die Vorderflügel sind heller oder dunkler grau gemustert und haben manchmal orangefarbene

Flugzeit	J	F	M	A	M	J	J	A	S	O	N	D
Raupen	J	F	M	A	M	J	J	A	S	O	N	D

oder gelbliche Einmischungen. Die Raupenzeit erstreckt sich von April bis August. Zu den vielen verschiedenen Futterpflanzen zählen Arten wie Ampfer (*Rumex* sp.), Wegerich (*Plantago* sp.), Königskerzen (*Verbascum* sp.), Löwenzahn (*Taraxacum* sp.), Traubenkirsche (*Prunus padus*), Geißblatt (*Lonicera* sp.) und weitere. Die Überwinterung findet im Eistadium statt. Die nachtaktive Art fliegt ab August bis Oktober in einer Generation und siedelt an felsigen Hängen, Böschungen, auf Trockenrasen, Geröllhalden und in Steinbrüchen. Die europäische Verbreitung reicht vom westlichen Südeuropa bis nach Mittel- und Süditalien und weiter bis Rumänien, Ungarn und Slowenien. Im Norden findet sich die Art bis zum Westen Englands, dem mittleren Frankreich und den nördlichen Karpaten. In den Alpen ist sie noch bis auf etwa 2000 m Höhe zu finden.
RL V, **Naturschutzstatus:** 1

Rhizedra lutosa (Schilfrohr-Wurzeleule)

Die Flügelspannweiten dieser Eule bewegen sich zwischen 35 und 48 mm. Die Vorderflügel sind gelblich braun bis gelblich grau gefärbt und haben

Flugzeit	J	F	M	A	M	J	J	A	S	O	N	D
Raupen	J	F	M	A	M	J	J	A	S	O	N	D

eine bogenförmige, aus schwarzen Punkten bestehende äußere Querlinie und eine spitz zulaufende Flügelspitze. Nach der Überwinterung im Eistadium schlüpfen die Raupen im April und fressen sich bis zur Verpuppung ab Juli bis Anfang August zuerst in die Stängel und später in die Wurzelstöcke von in trockeneren Bereichen stehendem Schilf (*Phragmites* sp.). Im August schlüpft die einzige Generation und lebt bis November. Die Art bewohnt Gewässerufer und Schilfbestände in Feuchtwiesen und Moorbereichen und kommt in weiten Teilen Europas mit Ausnahme des hohen Nordens vor.

Staurophora celsia (Malachiteule)

Die Flügelspannweite reicht von 36 bis 46 mm. Charakteristisch ist die leuchtend grüne, schnell verblassende Färbung der Vorderflügel mit einem gezackten braunen Mittelband und gleichfarbigen Seitenrändern, die im geschlossenen Zustand ein Kreuz bilden, das den Falter unverwechselbar macht. Die Hinterflügel sind bräunlich grau. Nach dem Schlupf im Juni leben die Raupen bis August an Wurzeln verschiedener Gräser wie z. B. Borstgras

Flugzeit	J	F	M	A	M	J	J	A	S	O	N	D
Raupen	J	F	M	A	M	J	J	A	S	O	N	D

(*Nardus stricta*), Rasen-Schmiele (*Deschampsia cespitosa*), Gewöhnlichem Ruchgras (*Anthoxanthum odoratum*) oder Land-Reitgras (*Calamagrostis epigejos*). Die Falter schlüpfen sehr spät im September und fliegen nur in tieferen Lagen in einer Generation bis Anfang Oktober in lichten, sonnigen Kiefernwäldern, an den Rändern von Nadel- und Laubmischwäldern, auf Trockenrasen, in Heidegebieten, oft auf Sandböden und in Mooren. *St. celsia* ist zwar in Frankreich, der Schweiz, Österreich, Italien ohne Sizilien

und Sardinien bis Polen, der Slowakei und Rumänien im Osten, Dänemark, dem Baltikum und dem südlichen Skandinavien im Norden verbreitet, aber nur sehr vereinzelt zu finden. Sie fehlt auf den Britischen Inseln, in Spanien und Portugal und den Benelux-Staaten gänzlich.
RL 3, **Naturschutzstatus:** 1

Tiliacea aurago (Rotbuchen-Gelbeule, Gold-Gelbeule)

Der Falter hat Flügelspannweiten zwischen 28 und 36 mm. Das Mittelfeld der Vorderflügel ist goldgelb bis rötlich orange gefärbt, während Wurzel- und Saumfeld rötlich braun oder braungelb erscheinen. Nieren- und Ringmakel sind meist wie Saum- und Wurzelfeld getönt, fehlen oft aber

Flugzeit	J	F	M	A	M	J	J	A	S	O	N	D
Raupen	J	F	M	A	M	J	J	A	S	O	N	D

auch völlig. Im Saumfeld an den Flügelspitzen finden sich meist gelbliche oder zumindest hellere Flecken. Nach der Überwinterung im Eistadium schlüpfen die Raupen im Frühjahr ab April und fressen zunächst an Knospen und Blüten und später bis zur Verpuppung an Blättern verschiedener Laubgehölze wie Rotbuchen (*Fagus sylvatica*), Eichen (*Quercus* sp.), Gewöhnlicher Hainbuche (*Carpinus betulus*) und weiterer Arten. Ab August schlüpft die einzige Faltergeneration im Jahr und ist bis Oktober zu finden. Die Art ist dämmerungs- und nachtaktiv. Zu ihren Lebensräumen zählen Laub- und Mischwälder, deren Ränder und auch auch Parks bis in höhere Berglagen. Die weitverbreitete Art fehlt in Europa nur im hohen Norden und in den südlichen Teilen Spaniens und Griechenlands.

Tiliacea citrago (Linden-Gelbeule)

Die Flügelspannweiten liegen bei 30 bis 33 mm. Die Färbung der Vorderflügel reicht von gelb bis rötlich gelb. Eine mittlere, auffällige dunkle und

Flugzeit	J	F	M	A	M	J	J	A	S	O	N	D
Raupen	J	F	M	A	M	J	J	A	S	O	N	D

breite Querlinie, die an den oft ebenfalls dunkel gefüllten Nierenmakeln anliegt, und die sich deutlich abhebenden weiteren Querlinien und Längsadern, sind eindeutige Unterscheidungsmerkmale. Nach der Überwinterung als Ei erscheinen die ersten, frisch geschlüpften Raupen ab April an Lindenarten (*Tilia* sp.) und fressen zunächst an den Knospen und später an den Blättern, zwischen die sie sich bis zur Verpuppung im Juni einspinnen. Der Falter fliegt in einer Generation im Jahr zwischen August und Oktober. Er lebt bevorzugt in Laub- und Laubmischwäldern mit hoher Einmischung von Linden, aber auch an gepflanzten Einzelbäumen oder Baumgruppen in der Feldflur und im Siedlungsbereich. In Europa ist die Eule weit verbreitet, fehlt aber im hohen Norden.

Trachea atriplicis (Meldeneule)

Diese Eule erreicht Flügelspannweiten zwischen 40 und 48 mm. Die Vorderflügel sind braungrau bis schwarzbraun gefärbt und tragen in frisch geschlüpftem Zustand grüne Zeichnungselemente und Makel, die allerdings rasch verblassen und dann nur noch gelblich oder bräunlich erscheinen.

Auffällig ist ein gelblich bis rötlich brauner Streifen in der Flügelmitte. Von Juli bis zur Verpuppung spätestens Anfang Oktober ernähren sich die Raupen von einer Reihe verschiedener Pflanzen wie z. B. Ampfer (*Rumex* sp.), Gänsefuß (*Chenopodium* sp.), Melde (*Atriplex* sp.), Winde (*Convolvulus* sp.) oder Knöterich (*Polygonum* sp.). Als hauptsächlich nachtaktive Falter sind sie je nach Lage und Klimabedingungen in einer bis zwei Generationen zwischen Mai und Juli und Ende August bis Oktober zu finden. Sie leben auf stickstoffreichen Ruderalflächen, an Gewässerufern, Wegrän-

Flugzeit	J	F	M	A	**M**	**J**	**J**	**A**	**S**	**O**	N	D
Raupen	J	F	M	A	M	J	**J**	**A**	**S**	**O**	N	D

dern, Wiesen, auf Waldlichtungen und auch in Parks und Gärten bis in Gebirgshöhen. Die Verbreitung erstreckt sich auf ganz Europa mit Ausnahme der Britischen Inseln, dem nördlichen Skandinavien und dem Süden der Iberischen und der Balkanhalbinsel.

Xanthia (Cirrhia) icteritia (Bleich-Gelbeule)

Die Art erreicht 31 bis 34 mm Flügelspannweite. Die Farbgebung der Vorderflügel reicht von hellgelb bis orangegelb. Auf den Flügeln befinden sich an der Wurzel sowie zwischen Mittelschatten und äußerer Querlinie violett- oder rotbraune Fleckenzeichnungen. Die Fleckenzeichnung hat im Gegensatz zur sehr ähnlichen *X. togata* nicht die Form einer Binde oder kann sogar gänzlich fehlen. Halskragen und Kopf sind gelb. Im Nierenmakel befindet sich ein schwarzer, weiß gekernter Ringfleck. Die Hinterflügel

Flugzeit	J	F	M	A	M	J	J	A	S	O	N	D
Raupen	J	F	M	A	M	J	J	A	S	O	N	D

sind weiß. Die Eier überwintern und im März schlüpfen die Raupen. Sie fressen bis zur Verpuppung im Mai anfangs an den Kätzchen von Weiden (*Salix* sp.), vereinzelt auch Pappeln (*Populus* sp.), begeben sich im weiteren Entwicklungsverlauf auf den Boden und ernähren sich von verschiedenen Kräutern. Die ersten Falter erscheinen im August und bilden eine Generation im Jahr, die bis Oktober zu beobachten ist. Die Lebensräume sind von Weichhölzern dominiert, so findet man die Art an Waldrändern, Lichtungen, verbuschten Magerrasen, Gebüschen, Hecken, Heideflächen, Uferbereichen, Mooren, Alleen, Parks und Gärten. *X. icteritia* ist in weiten Teilen Europas nachgewiesen und verbreitet.

Xanthia (Cirrhia) ocellaris (Pappel-Gelbeule)

Die Falter erreichen Spannweiten zwischen 33 und 38 mm. Sie ähneln *X. gilvago*, haben aber spitzer zulaufende Vorderflügel. Es dominieren meist einfarbige, braungraue oder hellbraune Exemplare mit gelblicher, heller

Flugzeit	J	F	M	A	M	J	J	A	S	O	N	D
Raupen	J	F	M	A	M	J	J	A	S	O	N	D

Aderzeichnung. Seltener kommen auch rötlich braune Falter mit schwarzer Fleckenzeichnung vor. Die Nierenmakel besitzen einen weiß gekernten, grauen oder schwarzen Fleck. Im Raupenstadium lebt die Art nach der Überwinterung im Ei ab April bis zur Verpuppung im Juni zuerst an den Kätzchen von Pappeln (*Populus* sp.) und siedelt dann in späteren Entwicklungsstadien wahrscheinlich auf Kräuter am Boden um. Die Falter leben in einer Generation von August bis Oktober. Die Lebensräume bestehen aus Auwäldern mit Pappelbewuchs, Misch- und Nadelwäldern, Bachtälern und Gewässerufern, aber auch Trockenrasen in Gehölznähe und vereinzelt auch Gärten. *X. ocellaris* kommt in ganz Europa mit Ausnahme des hohen Nordens vor.

Xanthia togata (Violett-Gelbeule)

Die Falter erreichen Flügelspannweiten von 27 bis 30 mm. Die Vorderflügel sind goldgelb bis dunkelgelb gefärbt und tragen eine breite, braune oder

Flugzeit	J	F	M	A	M	J	J	A	S	O	N	D
Raupen	J	F	M	A	M	J	J	A	S	O	N	D

braunrote bis violette Binde. Die Makel liegen am Flügelvorderrand an und haben die gleiche Färbung wie die Binde. Die Raupen leben ab Mitte März an den Kätzchen von Weiden (*Salix* sp.) und Pappeln (*Populus* sp.) und begeben sich später zu Boden, wo sie sich von Arten wie Stumpfblättrigem Ampfer (*Rumex obtusifolius*), Brombeeren (*Rubus* sect. *Rubus*), Rauschbeere (*Vaccinium uliginosum*) oder anderen Arten ernähren und im Mai verpuppen. Ab August schlüpft die einzige Generation im Jahr und ist bis Oktober, Anfang November zu beobachten. Eine Reihe von Biotopen wie lichte Auwälder, Waldränder, Feuchtwiesen, Magerrasen sowie Moore mit Weiden- oder Pappelgebüschen sind ihre Lebensräume. Die Art ist in ganz Europa mit Ausnahme des hohen Nordens verbreitet.

Xylena vetusta (Braune Moderholzeule, Braunes Moderholz, Fahlgelbe Moderholzeule)

Die große Art mit einer Flügelspannweite von 54 bis 60 mm hat lange und schmale, gelblich braune Vorderflügel mit einem dunkelbraunen bis graubraunem Mittelfeld, kaum erkennbaren Ringmakeln und schwarz gekernten Nierenmakeln mit daran anliegenden schwarzen Flecken. Zwischen Mai und Juli frisst die Raupe an verschiedensten Pflanzen wie Schwertlilien (*Iris* sp.), Vogelknöterich (*Polygonum* sp.), Fluss-Ampfer (*Rumex hydrolapathum*), Flockenblume (*Centaurea* sp.), Riedgras-Gewächsen

Flugzeit	J	F	M	A	M	J	J	A	S	O	N	D
Raupen	J	F	M	A	M	J	J	A	S	O	N	D

(*Cyperaceae*) und vielen weiteren Arten. Sie verpuppt sich im Erdreich und schlüpft ab August. Die einzige Faltergeneration im Jahr überwintert und ist im Frühjahr des folgenden Jahres bis spätestens Juni aktiv. Ihr Lebensraum sind Waldränder und Lichtungen, Feuchtwiesen, Gewässerufer und auch Gärten bis in höhere Gebirgsregionen. *X. vetusta* ist in ganz Europa verbreitet.

RL V, **Naturschutzstatus:** 1 & 2

Literaturverzeichnis

Bellmann H. (2003): Der neue Kosmos Schmetterlingsführer. Franckh-Kosmos Verlag.

Blab, J., Ruckstuhl T., Esche, T. & Holzberger, R. (1987): Aktion Schmetterling – So können wir sie retten. Ravensburger Buchverlag.

Ebert, G. (Hrsg.) (1991–2005): Die Schmetterlinge Baden-Württembergs, Bd. 1–10. Ulmer Verlag.

Gerstmeier R. (2000): Schmetterlinge. Kosmos.

Hickler, T., Kühn, E., Halder, I.v., Veling, K., Vliegenthart, A., Wynhoff, I. & Schweiger O.: Climatic Risk Atlas of European Butterflies. Pensoft.

Karsholt, O. & Razowski, J. (Hrsg.) (1996): The Lepidoptera of Europe. A Distributional Checklist. Stenstrup. Apollo Books.

Koch, M. (1984): Schmetterlinge. Neumann-Neudamm.

Novak, I. & Severa, F. (1992): Der Kosmos Schmetterlingsführer. Franckh-Kosmos Verlag.

Pähler, R. & Dudler, H. (2010, 2013): Die Schmetterlingsfauna von Ostwestfalen-Lippe und angrenzender Gebiete in Nordhessen und Südniedersachsen, Band 1 & 2. Eigenverlag.

Pro Natura – Schweizerischer Bund für Naturschutz (1987–2000): Schmetterlinge und ihre Lebensräume, Band 2 und 3. Fotorotar AG.

Reichholf, J.H. (2001): Schmetterlinge. BLV.

Settele, J., Kudrna, O., Harpke, A., Kühn, I., Swaay, C.v., Verovnik, R., Warren, M., Hanbspach, J.,

Segerer, A., Behounek, G., Speidel, W., Witt, T.J. & Hausmann, A. (2011): Die Großschmetterlinge Deutschlands. Budapest, Heterocera Press.

Steiner, A., Ratzel, U., Top-Jensen, M & Fibiger, M. (2014): Die Nachtfalter Deutschlands. Ein Feldführer. Ostermarie, Bugbook Publishing.

Weidemann, H.J. (1986–1990): Nachtfalter, Band 3. Neumann-Neudamm.

Internet

Lepidopterologische Vereine und Arbeitsgruppen in Deutschland:
Lepiforum e.V.
http://www.lepiforum.de/lepidopterenforum/forum/verein.htm

Deutsche Forschungszentrale für Schmetterlingswanderungen:
http://www.entomologenportal.de/

ACTIAS-Forum, Internetbörse für Insekten, Spinnen und Käfer:
http://www.actias.org/
http://www.pyrgus.de/

Portal für Schmetterlinge und Raupen, von Walter Schön:
http://www.schmetterling-raupe-de/
www.euroleps.ch/

Schmetterlinge Europas und Nordafrikas: http://www.leps.it/
Deutsche Forschungszentrale für Schmetterlingswanderungen e.V., DFZS:
http://www.dfzs.info/

Wanderfalterbeobachtung der DFZS: http://www.science4you.org/

Arbeitsgemeinschaft Bayerischer Entomologen e. V.:
http://www.abe-entomofaunistik.de/

Münchner Entomologische Gesellschaft e.V.:
http://www.zsm.rnwn.de/meg/index.html

Entomologischer Verein Stuttgart 1869 e.V.:
http://www.entomologie-stuttgart.de/

Thüringer Entomologenverband e.V.:
http://www.thueringer-entomologenverband.de/

Entomologischer Verein Apollo e.V., Frankfurt:
http://www.apollo-frankfurt.de/

Entomologischer Verein Krefeld e.V.: http://entomologica.de/

Arbeitsgemeinschaft der Hessischen Lepidopterologen:
http://www.arge-helep.de/

Arbeitsgemeinschaft ostwestfälisch-lippischer Entomologen e.V., Bielefeld:
http://www.nwv-bielefeld.de/arbeitsgruppen/entomologie/

Arbeitsgemeinschaft Rheinisch-Westfälischer Lepidopterologen, Dusseldorf:
http://www.ag-rh-W-lepidopterologen.de/

Entomologische Gesellschaft Orion Berlin (gegr. 1890):
http://www.orion-berlin.de/

Verein für Naturwissenschaftliche Heimatforschung zu Hamburg e.V.:
http://www.entomologie.de/hamburg/

Entomologische Gesellschaft Basel (Schweiz): http://www.egbasel.ch/

Butterflies and Moths of the Netherlands (Niederlande):
http://www.leps.nl/

Vlindernet (Niederlande): http://www.vlindernet.nl/

Lépi' Net – Les Carnets du Lépidoptériste Français (Frankreich):
http://www.lepinet.fr/

Jeff Higgott's UK Lepidcptera (Großbritannien):
http://www.ukleps.c0.uk/

Ian Kimber's UK moths (Großbritannien): http://ukmoths.org.uk/

Reg Fry's UKLeps (Großbritannien): http://www.ukleps.org/

Societas Europaea Lepidopterologica, S.E.L.: http://www.soceurlep.org/

Naturschutzverbände

Bund für Umwelt und Naturschutz Deutschland (BUND)
Bundesgeschäftsstelle
am Köllnischen Park 1
10179 Berlin
030/275864-0
E-Mail: bund@bund.net
www.bund.net

Bund Naturschutz in Bayern e.V.
Dr. Johann-Maier-Str. 4
93049 Regensburg
Tel. 0941/29720-0
E-Mail: info@bund-naturschutz.de
www.bund-naturschutz.de

Naturschutzbund Deutschland e.V. NABU
Charitestr. 3
10117 Berlin
Tel. 030/284984-0
E-Mail: NABU@NABU.de
www.nabu.de

Glossar

Abdomen (Plural: Abdomina): Der Hinterleib eines Falters, der aus ringförmigen Abschnitten (Segmenten) besteht und an dessen Spitze Darmausgang und Fortpflanzungsorgane liegen.
Biotop: Lebensraum
Determination: Im biologischen Sinne die Bestimmung einer Art.
Diapause: Bezeichnet einen durch Hormone gesteuerten Ruhezustand mit verzögerter Entwicklung (auch: Dorinanz) bei Insekten und anderen Wirbellosen, um längere Kälte-, Trocken- oder Hitzeperioden zu überstehen.
Endemit: Eine Tier- oder Pflanzenart, die nur in einem geografisch eng begrenzen Bereich vorkommt, ist endemisch.
Entomologie: Insektenkunde, aus dem griech. entomon = das Insekt, das Eingeschnittene, das Kerbtier.
Gattung: Steht in der Hierarchie oberhalb der Art, kann eine einzige, aber auch viele Arten enthalten.
Generation: Die Zugehörigkeit zu einer Entwicklungsabfolge (Faltergeneration) von Ei, Raupe, Puppe und Schmetterling. Das Wort wird in der Regel im Sinne von Faltergeneration gebraucht. Ein Individuum kann nur einer Generation angehören, z.B. ist ein im Sommer abgelegtes Ei und die daraus schlüpfende Raupe, die sich im Herbst verpuppt und als Puppe überwintert, ein Angehöriger der 1. (Falter-)Generation des Folgejahres.
Genitalien, Genitaluntersuchung, -präparation: Die Fortpflanzungsorgane, die am Hinterleib liegen, können durch eine Präparation am Mikroskop zur Unterscheidung herangezogen werden, was allerdings mit der Tötung des Tieres verbunden ist. Bei einigen Arten lässt sich das betäubte Tier auch durch die Entfernung der Haare und Schuppen am Hinterleib mit einem Pinsel bestimmen.
Habitat: Biotop, Lebensraum
Habitus: Äußeres Erscheinungsbild
Imago (Plural Imagines): Das auf das Ei-, Raupen- und Puppenstadium folgende, fertig entwickelte, zur Fortpflanzung fähige Insekt.
Lepidoptera: Ordnung der Schmetterlinge
Lepidopterologie: Schmetterlingskunde
Nomenklatur: Zoologische, wissenschaftliche Namensgebung
Palpen: Vor allem dem Tasten dienende Anhänge am Kopf verschiedener wirbelloser Tiere.
Tribus: Eine Bezeichnung für die Angehörigen einer Artengruppe, die in der Rangfolge zwischen Gattung und Unterfamilie angeordnet ist.
Taxonomie: Die Bezeichnung für die Einordnung eines Lebewesens in ein meist abstammungsgeschichtlich begründetes Ordnungssystem.

Bildquellennachweis

Die Abkürzungen bedeuten: o = oben, u = unten

Die Bilder stammen vom Autor des Buches mit Ausnahme von:

Robert Hirmer: 31, 35, 43, 48, 54, 78, 80, 81 o, 83 o, 91, 94 u, 97, 98, 99, 101, 102, 111, 113 u, 120, 121, 124, 125, 126, 129, 135, 140, 144, 145 u, 156, 159, 161, 162, 166 o, 170, 171, 176 u, 177, 178, 179 u, 184, 185 u, 186, 198, 200, 214, 220 o, 222, 235, 236, 240, 244, 252, 255 o, 259, 261, 265 u, 266, 371 o, 411, 413, 448, 457, 458, 481 o, 487, 489 u, 495 o, 516, 523, 537, 557, 564 o, 577, 588 u, 609, 627, 629, 631 o, 653, 655, 681, 686, 701, 704, 707 o, 717 u, 724, 729

Werner Redl: 315 o, 610, 667 o, 703 o

Heinrich Vogel: 50, 51, 76 o, 84, 85 o, 87, 105, 106 u, 112, 116 o, 118, 167, 272 o, 542 o, 639 u, 669 u, 707

Wolfgang Wagner: 289

Wikipedia, Foto Kulac: 35 u, 49 u, 52, 83 u, 100, 104, 175 u, 226, 368, 570, 573 o, 574 u, 749 o

Register der deutschen Artnamen

Register der wissenschaftlichen Artnamen

A